普通高等教育
艺术类“十二五”规划教材

DECORATION ENGINEERING
PROJECT MANAGEMENT
AND BUDGET

装饰工程项目管理与预算

/朱艳 主编
/王艳春 张文举 副主编

人民邮电出版社
北京

图书在版编目（CIP）数据

装饰工程项目管理与预算 / 朱艳主编. -- 北京 : 人民邮电出版社, 2015.7(2021.12重印)
普通高等教育艺术类“十二五”规划教材
ISBN 978-7-115-38991-6

Ⅰ. ①装… Ⅱ. ①朱… Ⅲ. ①建筑装饰－建筑工程－项目管理－高等学校－教材②建筑装饰－建筑预算定额－高等学校－教材 Ⅳ. ①TU767②TU723.3

中国版本图书馆CIP数据核字(2015)第124167号

内 容 提 要

本书以装饰工程项目管理和预算报价过程为主线，全面系统地阐述了装饰工程项目管理与预算的概念、内容、方法和应用。本书在编写过程中注重理论和工程实践相结合，突出教材的实用性。

全书分为上篇和下篇，包括九章内容。上篇依次介绍了装饰工程项目管理的概念，装饰工程项目前期管理的内容，装饰工程项目施工管理的基本知识与技能，工程项目监理的基本知识和工程项目资料档案管理的要求和内容；下篇依次介绍了建设工程造价原理，建筑装饰工程清单项目工程量的计算规则与应用，建筑装饰工程工程量清单的编制内容与方法以及工程量清单投标报价的编制内容与要求。

本书可作为普通高等院校、高职高专院校环境设计、装饰装修工程管理及相关专业学生的工程技术必修课程的教材，同时也可作为从事装饰工程项目管理和装饰工程造价管理领域相关工作的技术人员的自学参考书。

◆ 主　　编　朱　艳
副 主 编　王艳春　张文举
责任编辑　许金霞
责任印制　沈　蓉　彭志环

◆ 人民邮电出版社出版发行　北京市丰台区成寿寺路 11 号
邮编　100164　电子邮件　315@ptpress.com.cn
网址　http://www.ptpress.com.cn
固安县铭成印刷有限公司印刷

◆ 开本：787×1092　1/16
印张：23　2015 年 7 月第 1 版
字数：575 千字　2021 年 12 月河北第 13 次印刷

定价：49.00 元

读者服务热线：(010) 81055256　印装质量热线：(010) 81055316
反盗版热线：(010) 81055315

前　言

随着21世纪我国建设进程的加快，国家工程建设领域对从事工程建设的复合型高级技术人才的需求逐渐扩大，而这种扩大又主要体现在对应用型人才的需求上。这使得高校工程技术、工程管理、工程造价管理和环境设计类专业人才的教育培养面临新的挑战与机遇。

本书是在总结以往教学经验的基础上编写的，本着“概念准确、基础扎实、突出应用”的编写原则，主要突出以下4个特点：

（1）专业的融合性。环境设计类专业是个多学科的复合型专业，根据国家提出的“宽口径、厚基础”的高等教育办学思想，本教材按照该专业指导委员会制定的平台课程的结构体系方案进行内容规划。编写时注重不同的平台课程之间的交叉、融合，使之不仅有利于形成全面完整的教学体系，同时又可以满足不同类型、不同专业背景的院校开办环境设计专业的教学需要。

（2）知识的系统性和完整性。因为环境设计类专业人才是在国内外工程建设领域从事相关艺术与科学技术相结合的工作，同时可能是在政府、教学和科研单位从事教学、科研和管理工作的复合型高级工程技术人才，所以本教材所包含的知识点较全面地覆盖了不同行业工作实践中需要掌握的装饰工程项目管理和预算的专业知识，同时在组织和设计上也考虑了与相邻学科有关课程的关联与衔接。

（3）内容的实用性。教材编写遵循教学规律，避免大量理论问题的分析和讨论，提高可操作性和工程实践性，特别是与执业人员注册资格培训的要求相吻合，并通过案例分析和例题讲解，使学生能够在工程项目管理和造价管理领域获得系统深入的专业知识学习和基本训练。

（4）教材的创新性与时效性。本教材及时地反映了工程管理和造价理论与实践知识的更新，将本学科最新的技术、标准和规范纳入教学内容，同时在法规、相关政策等方面与最新的国家法律法规保持一致。

本书充分考虑了环境设计类学科学生的知识结构以及相关专业水平，力求简明扼要，浅显易懂，注重基本概念及实际操作的要求，划定了基本的知识范围。

本书由天津城建大学朱艳担任主编，天津天盈新型建材有限公司王艳春和天津城建大学张文举担任副主编，具体编写分工如下：张文举编写第一章、第二章，王艳春编写第三章、第四章和第五章，朱艳编写第六章、第七章、第八章和第九章，最后由朱艳进行统稿。

特别感谢北京建筑大学房志勇教授在百忙之中对本书进行审校，并提出建设性的宝贵意见。

由于编者水平和时间有限，书中不妥之处在所难免，希望广大读者提出宝贵意见，以便再版时不断完善。

编　者

2015年1月

目　录

上篇　装饰工程项目管理

第一章　装饰工程项目管理概述 ……… 2

第一节　装饰工程项目管理的概念 …… 3

一、装饰工程项目 ……………………… 3
二、装饰工程项目管理 ………………… 4
三、项目管理与企业管理的关系 …… 6

第二节　装饰工程项目组织 …………… 7

一、装饰工程项目组织的含义和职能 …………………………… 7
二、装饰项目管理组织机构的设置原则与程序 …………………… 7
三、组织结构 …………………………… 8
四、装饰工程项目组织团队的组建 … 11

复习思考题 ……………………………… 13

第二章　装饰工程项目前期管理 ……… 14

第一节　工程项目前期策划与评价 …… 15

一、工程项目立项审批与前期策划 … 15
二、工程项目可行性研究与评价 …… 17

第二节　装饰工程项目设计管理 ……… 19

一、装饰工程项目设计的概念 ……… 19
二、装饰工程项目设计资质管理 …… 20
三、装饰工程项目设计管理的内容 ………………………………… 20
四、装饰工程项目设计质量管理 …… 26
五、装饰工程项目设计进度管理 …… 29

第三节　装饰工程项目招标与投标管理 ………………………………… 31

一、装饰工程项目招标与投标概述 ………………………………… 31
二、装饰工程项目招标 ……………… 33
三、装饰工程项目投标 ……………… 36
四、装饰工程项目开标、评标和决标 ………………………………… 42

第四节　装饰工程项目合同与风险管理 ……………………………… 45

一、装饰工程项目合同管理 ………… 45
二、装饰工程项目的风险管理 ……… 50

第五节　装饰工程项目信息管理 ……………………………………… 51

一、装饰工程项目信息管理概述 …… 51
二、装饰工程项目信息管理系统 …… 54
三、计算机辅助工程项目信息管理 ………………………………… 57

复习思考题 ……………………………… 60

第三章　装饰工程项目施工管理 ……… 62

第一节　装饰工程项目施工管理概述 … 63

一、装饰工程项目施工管理的内容 ………………………………… 63
二、装饰工程项目施工管理目标体系 ………………………………… 63
三、装饰工程项目施工的准备工作内容 ………………………………… 65

四、装饰工程项目施工资源管理……65
第二节 装饰工程项目施工现场管理 …77
一、装饰工程项目施工进度管理……77
二、装饰工程项目施工成本管理… 107
三、装饰工程项目施工质量管理… 117
四、装饰工程施工现场安全管理… 129
五、装饰工程现场文明施工管理… 132
六、装饰工程施工现场的环境保护管理………………………… 133
第三节 装饰工程项目施工后期管理 ……………………… 135
一、装饰工程项目竣工验收管理… 135
二、装饰工程项目保修与回访…… 138
三、装饰工程项目后评价………… 142
复习思考题 ……………………… 143
第四章 工程项目监理………………… 145
第一节 工程项目监理概述 ………… 146
一、工程项目监理的定义………… 146
二、监理工程师…………………… 147
三、监理企业……………………… 149
四、委托监理合同管理…………… 149
五、工程项目管理与监理的区别… 153
第二节 工程项目实施各阶段监理 … 154
一、工程项目勘察设计阶段监理… 154
二、工程项目招投标阶段监理…… 157
三、工程项目施工准备阶段监理… 157
四、工程项目施工阶段监理……… 158
五、工程项目设备采购监理和设备监造………………………… 162
六、工程项目竣工验收监理……… 163
七、工程项目保修阶段监理……… 165
复习思考题 ……………………… 166
第五章 工程项目资料档案管理 …… 167
第一节 工程项目资料管理 ………… 168
一、工程项目资料的作用………… 168
二、工程项目资料档案编制分工和编制依据………………… 168
三、工程项目资料的内容………… 169
四、工程项目技术档案资料举例… 170
五、工程项目验收记录表（以装饰工程项目为例）………… 171
六、工程项目技术资料的管理…… 173
第二节 工程项目竣工验收资料 …… 174
一、工程项目申请竣工验收的条件………………………… 174
二、工程项目竣工验收程序……… 174
三、工程项目竣工验收报告……… 175
四、工程项目竣工图……………… 176
第三节 工程项目监理文件档案管理 ……………………… 178
一、工程项目监理文件…………… 178
二、工程项目监理档案管理……… 178
复习思考题 ……………………… 180

下篇 装饰工程预算

第六章 建设工程造价原理 ………… 182
第一节 概述 ……………………… 183
一、工程项目的组成划分………… 183
二、工程造价的构成……………… 184
三、建设工程定额………………… 194
四、施工过程……………………… 196
五、工时研究……………………… 197
六、工时定额的测定……………… 199

第二节　人工、材料、机械台班消耗量 ………………………… 200
一、人工消耗定额 ………………… 200
二、材料消耗定额 ………………… 203
三、机械消耗定额 ………………… 206
第三节　人工、材料、机械台班单价 ………………………… 208
一、人工单价 ……………………… 208
二、材料价格 ……………………… 209
三、机械台班单价 ………………… 211
四、工程单价 ……………………… 214
第四节　预算定额和施工图预算 …… 214
一、预算定额的概念 ……………… 214
二、预算定额的编制 ……………… 215
三、预算定额的内容及应用 ……… 218
四、施工图预算的分类及作用 …… 220
五、施工图预算的编制依据 ……… 220
六、施工图预算的编制方法 ……… 221
复习思考题 ……………………………… 221

第七章　建筑装饰工程清单项目工程量的计算………………… 223

第一节　建筑装饰工程量计算概述 … 224
一、建筑装饰工程工程量计算的原则和依据 ……………………… 224
二、建筑装饰工程工程量计算方法 ……………………………… 224
三、正确计算建筑装饰工程量的注意事项 ……………………… 225
第二节　建筑面积的计算 ………… 225
一、建筑面积计算的意义 ………… 226
二、建筑面积的计算规则 ………… 226
第三节　楼地面工程 ……………… 234
一、整体面层及找平层（011101） 234
二、块料面层（011102） ………… 235
三、橡塑面层（011103） ………… 236
四、其他材料面层（011104） …… 237
五、踢脚线（011105） …………… 238
六、楼梯面层（011106） ………… 239
七、台阶装饰（011107） ………… 241
八、零星装饰项目（011108） …… 242
第四节　墙、柱面装饰与隔断、幕墙工程 ……………………… 247
一、墙面抹灰（011201） ………… 247
二、柱（梁）面抹灰（011202） … 249
三、零星抹灰（011203） ………… 250
四、墙面块料面层（011204） …… 250
五、柱（梁）面镶贴块料（011205） ……………………… 251
六、镶贴零星块料（011206） …… 252
七、墙饰面（011207） …………… 253
八、柱（梁）饰面（011208） …… 253
九、幕墙（011209） ……………… 254
十、隔断（011210） ……………… 254
第五节　天棚工程 ………………… 257
一、天棚抹灰（011301） ………… 258
二、天棚吊顶（011302） ………… 258
三、采光天棚（011303） ………… 259
四、天棚其他装饰（011304） …… 259
第六节　门窗工程 ………………… 261
一、木门（010801） ……………… 262
二、金属门（010802） …………… 263
三、金属卷帘（闸）门（010803） ……………………… 264
四、厂（库）房大门、特种门（010804） ……………………… 264
五、其他门（010805） …………… 266
六、木窗（010806） ……………… 267
七、金属窗（010807） …………… 268
八、门窗套（010808） …………… 269
九、窗台板（010809） …………… 271
十、窗帘、窗帘盒、窗帘轨（010810） ……………………… 272
第七节　油漆、涂料、裱糊工程 …… 273

一、门油漆（011401）…………… 273
二、窗油漆（011402）…………… 274
三、木扶手及其他板条、线条油漆（011403）……………… 274
四、木材面油漆（011404）……… 275
五、金属面油漆（011405）……… 278
六、抹灰面油漆（011406）……… 278
七、喷刷涂料（011407）………… 278
八、裱糊（011408）……………… 279

第八节 其他装饰工程 ……………… 281

一、柜类、货架（011501）……… 281
二、压条、装饰线（011502）…… 282
三、扶手、栏杆、栏板装饰（011503）……………………… 283
四、暖气罩（011504）…………… 284
五、浴厕配件（011505）………… 285
六、雨篷、旗杆（011506）……… 287
七、招牌、灯箱（011507）……… 287
八、美术字（011508）…………… 288

第九节 建筑装饰工程清单工程量计算实例 …………… 289

一、地面工程……………………… 299
二、墙面工程……………………… 301
三、天棚工程……………………… 302
四、油漆、涂料、裱糊工程……… 303
五、其他工程……………………… 305

复习思考题 ………………………… 306

第八章 建筑装饰工程工程量清单的编制……………………… 307

第一节 工程量清单的编制方法 …… 308

一、工程量清单的概念…………… 308
二、招标工程量清单的作用……… 308
三、招标工程量清单的编制依据… 308
四、招标工程量清单的编制方法… 309
五、工程量清单的格式…………… 314

第二节 工程量清单编制实例 ……… 319

复习思考题 ………………………… 330

第九章 工程量清单投标报价的编制………………… 331

第一节 工程量清单投标报价的编制方法 …………… 332

一、工程量清单计价的适用范围… 332
二、工程量清单计价的作用……… 332
三、工程量清单投标报价文件的内容………………………… 333
四、编制工程量清单投标报价的依据………………………… 343
五、工程量清单投标报价文件的编制步骤…………………… 343

第二节 工程量清单投标报价实例 … 344

复习思考题 ………………………… 358

参考文献 …………………………… 359

上篇

装饰工程项目管理

第一章 装饰工程项目管理概述

学习目标

通过本章学习，了解装饰工程项目管理的概念和特征；熟悉选择装饰项目管理组织机构的基本方法；掌握如何组建高绩效的装饰工程项目管理团队。

装饰工程项目管理是装饰施工企业管理中非常重要的管理工作内容，但是它并不是施工企业管理的全部，因此合理地配置施工企业内部的各种资源从而实现最大的经济价值才是企业管理的最终目的。

第一节　装饰工程项目管理的概念

装饰工程项目管理是管理者综合地将专业知识、技术、人力等运用到项目的活动当中，从而达到利益相关者要求的行为。

一、装饰工程项目

1. 项目的定义

随着社会的发展，有组织的活动逐步分化为两种类型：一类是连续不断、周而复始的活动，人们称之为“日常工作”（operation），如企业日常生产产品的活动；另一类是临时性、一次性的活动，人们称之为“项目”（project），如企业的一项技术改造活动、一个环保项目的实施、一所学校的建设等。

项目是指在特定环境和一定约束条件下，具有特定目标的有组织的一次性工作和任务。如工业生产项目、科学研究项目、工程建设项目等。项目的约束条件一般是指限定的资源、明确的时间和确定的质量标准。任何项目都具有产生时间、发展时间和结束时间，不同阶段又具有特定的任务，任何项目都要有启动、计划、实施、收尾 4 个阶段，这 4 个阶段连接在一起就称为项目的生命周期。

2. 工程项目

工程项目是指通过特定工作或劳动建造某种“工程实体”的过程，工程实体一般是指建筑物或构筑物。建筑物是满足人们生产和生活需要的场所，即房屋建筑；构筑物是不具有建筑面积特征，不能在其上生产、生活的道路、桥梁、隧道、水坝、线路、电站等土木产出物。

工程项目的基本特征是在一定的约束条件下，已形成固定资产为特定目标，约束条件有时间、资源、质量和功能性等；工程项目的建设需要遵循必要的建设程序和经过特定的建设过程；工程项目的建设周期长、投资大；工程项目建设活动具有特殊性，表现为建设地点的固定性、设计施工的一次性等；不确定性因素多，风险大等。

3. 装饰工程项目

装饰工程项目是指通过特定工作或劳动进行建筑内外固定表面的装修、装饰和可以移动的布置，与空间视觉共同创造整体效果的过程。它是将建筑要素与色彩、质感、光影、陈设品等有机结合，使建筑在环境中创造美观、舒适和实用、具有个性的艺术效果。装饰工程项目的概念可归纳为以下几个方面：

（1）建筑装饰既非单纯艺术，也非单纯技术，而是艺术与技术的结合体。建筑装饰有着与绘画艺术相同的美学原理，如统一和变化、均衡和重点、韵律和节奏，以及色彩和光线等。但是装饰效果在很大程度上依赖一定的施工技术手段来实现，采用的物质材料直接影响装饰效果。

（2）装饰工程项目包括室内外环境的创造。其造型要素包括空间、色彩、光线和材质等，这些可视要素共同组合构成了建筑室内外环境的整体效果。

（3）建筑装饰贯穿于建筑整体环境和建筑的全过程而不是与建筑主体分离的事后附加和点缀。

（4）建筑装饰受到社会制度、生活方式、文化、风俗习惯、宗教信仰、经济条件以及气候和地理等多种因素的影响和制约。

二、装饰工程项目管理

1. 项目管理的含义

项目管理是指对某项一次性任务，在界定的范围内和明确的目标下，优化各项约束条件进行实际有效的管理。

项目管理通常定义为“项目管理是在一定的约束条件下，以最优地实现项目目标为目的，按照其内在的逻辑规律对工程项目进行有效的计划、组织、协调、控制的系统管理活动。”

美国项目管理专家哈罗德·科兹（Haroldkerzher）博士从另一个角度把项目管理定义为“为了限期实现一次性特定目标对有限资源进行计划、组织、指导、控制的系统管理方法。”

总之，项目管理是一种管理思想和管理模式；项目管理的根本目的是满足或超越项目有关各方对项目的要求和期望；项目管理需要运用各种知识、技能、方法和工具开展管理活动。

项目管理的五要素一般认为是：工作范围（scope）、时间（time）、成本（cost）、质量（quality）、组织（organization）。在五要素中，范围和组织是必不可少的，没有范围就没有项目，没有组织项目就无法实施，而时间（进度）、成本、质量三要素是相互制约的，项目管理的目的是谋求进度快、成本低、质量好的有机统一。

项目管理知识体系首先是由美国项目管理学会提出的，他们将项目管理知识划分为9个领域，即范围管理、时间管理、费用管理、质量管理、人力资源管理、沟通管理、风险管理、采购管理及综合管理。

中国项目管理知识体系的研究工作开始于1993年，2001年5月正式推出了《中国项目管理知识体系》。它以项目生命周期为主线，将项目管理知识领域分为88个模块。

2. 装饰工程项目管理

装饰工程项目管理是指装饰工程项目的管理者为了使项目实现所要求的功能、质量、时限、费用、预算的目标，运用系统的现代管理观念、理论和方法，对装饰工程项目生命周期全过程进行的计划、组织、控制、协调和监督等活动过程的总称，其管理对象是各类装饰工程项目。

（1）装饰工程项目管理的特征

① 目标管理是装饰工程项目管理的核心。装饰工程项目管理是紧紧围绕目标的顺利实现进行的管理。装饰工程项目的整体或局部、全过程或某一阶段、全部管理者或部分管理者都应围绕总体目标的实现制定相应的目标措施并进行管理活动。管理目标一般可包括功能目标、工程进度目标、工程质量目标和工程费用目标。

② 装饰工程项目管理是科学系统的管理。装饰工程项目管理是把管理对象作为一个系统进行管理，首先对装饰工程项目进行整体管理，把项目作为一个有机整体，全面实施管理，使管理效果影响到整个项目范围；其次把装饰工程项目分解成若干个子系统，把每个子系统作为整体进行管理，以小系统的成功保证大系统的成功。系统理论是现代工程项目管理的指导思想和理论基础。计算机应用技术、信息论、控制论等现代化技术是工程项目管理的主要手段和方法。

③ 装饰工程项目管理以项目经理为管理中心。由于装饰工程项目管理涉及的因素多，且具有较大的责任和风险，因此装饰工程项目管理应实施以项目经理为中心的项目管理体制。在项目管理过程中，应授予项目经理必要的权力，以使项目经理能及时处理项目进行过程中发生的各种问题。

④ 装饰工程项目管理应是动态管理。装饰工程项目管理是一个复杂的系统工程，其管理活动要贯穿于装饰工程项目的整个生命周期，由于装饰工程项目管理涉及面广，影响因素多，持续时间长，因此应通过阶段性的管理活动不断地纠正偏差，以保证总体目标的最后实现。

⑤ 装饰工程项目管理具有复杂性。装饰工程项目投资规模一般都比较大，项目组成复杂，建设周期长、阶段多，装饰工程项目施工生产工艺技术具有专业特殊性，这些都决定了项目管理工作内容的复杂性。

⑥ 装饰工程项目管理主体是多方面的。装饰工程项目建设过程涉及建设单位（业主）、监理单位、设计单位、施工单位、材料设备供应商、政府职能部门、投资商以及其他相关单位。他们站在各自立场上，出于不同目的对同一项目进行管理，既有冲突又有统一，从而增加了项目管理的复杂性，使项目协调和沟通困难重重。

⑦ 合同管理是装饰工程项目管理的纽带。装饰工程项目实施过程中参与者较多，为实现项目总目标，各参与主体及当事人都要签订很多份合同来明确各自的责任、权利和义务。严格履行合同是确保装饰工程项目顺利实施的主要措施之一。

⑧ 社会经济环境是装饰工程项目管理的组织保证。社会制度、经济环境、法律法规体系等决定了装饰工程项目的管理模式、程序及制度。国内外项目管理发展史上众多的项目管理模式，对项目管理效率有着直接的影响。

综上所述，装饰工程项目管理的宗旨是“以项目为主线，以合同为纽带，以目标管理为核心，以项目经理为管理中心，以制度创新为保证，顺利实现项目目标”。

（2）装饰工程项目管理的内容

根据管理职能和项目特点，装饰工程项目管理主要有以下工作内容：装饰工程项目组织管理以及人力资源管理、装饰工程项目范围管理、装饰工程项目进度管理、装饰工程项目费用管理、装饰工程项目质量管理、装饰工程项目信息管理、装饰工程项目风险管理、装饰工程项目招标和投标管理、装饰工程项目环境保护管理等。

从管理过程来看，装饰工程项目管理可概括为决策、计划、实施、控制和处理等管理过程。项目管理过程是一个循环过程，不断的计划、实施、检查、处理的循环过程构成了项目管理的全过程。

（3）装饰工程项目管理的类型

一项工程的建设涉及到不同的管理主体，如项目业主、项目使用者、设计单位、施工单位、监理单位等。从管理主体来看，各实施单位在各阶段的任务、目的、内容不同，也就构成了项目管理的不同类型，概括起来大致有业主方、咨询监理方、承包方、金融机构、政府机构等几种类型的装饰工程项目管理。

三、项目管理与企业管理的关系

1. 项目管理与企业管理的联系

项目管理和企业管理相互依存、相互作用，企业管理的发展离不开项目的开发，项目管理是企业管理的组成部分。成功的项目管理是企业发展的基础，企业管理水平的高低决定了项目管理的成败。

项目管理和企业管理又都是管理学科的组成部分，它们在管理思想、管理方法等方面具有共性。

2. 项目管理与企业管理的区别

（1）管理对象不同

项目管理的对象是项目，项目是一次性活动；而企业管理的对象是企业实体，是一种持续稳定的经济实体。不同的管理对象，有着不同的管理目标、内容、特点以及运行规律，相应地也就需要进行不同的管理。

（2）管理目标不同

项目管理以项目成果和项目约束条件为目标，项目管理的目标是短期的、临时的；而企业管理是以持续稳定的利润增长为管理目标，企业管理的目标是长远的和稳定的。

（3）管理特点和运行规律不同

项目进行的是一次性的和多变的活动，其管理基础是项目生命周期和项目活动的内在规律，其管理的特殊性在于管理的灵活适应性；而企业管理进行的是一种持续性的稳定活动，其管理的基础是现代企业制度和企业经营活动的内在规律，其管理的特殊性在于生产活动的规范化和系统化。

（4）管理内容不同

项目管理局限于一个具体项目从诞生到完成的全过程，主要包括项目立项、项目规划设计、项目实施、项目总结评价等活动，是一种任务型的管理；而企业管理是职能管理与作业管理的综合，主要包括企业综合性管理、专业化管理和作业管理，本质上是一种实体型管理。

（5）管理手段和方法不同

项目管理的手段和方法主要是以单次任务为基础的管理技术，如分析论证技术、规划控制技术等；而企业管理的手段和方法很广泛，包括许多综合性的管理技术，如财务会计技术、企业战略技术和市场开拓技术等。

（6）管理的直接责任主体不同

项目管理是以项目经理作为项目全过程的全权负责人，是一种相对集中的个人负责制；而企业管理是以企业领导班子作为全权负责人，企业经理一般只是主要的执行代理人，是一种有约束条件的个人负责制。

第二节　装饰工程项目组织

项目经理在启动一个项目之前，首先要做组织准备，要建立一个能完成管理任务、使项目经理指挥灵便、运转自如、效率高的项目组织机构——项目经理部。

一、装饰工程项目组织的含义和职能

1. 装饰工程项目组织的含义

在管理领域，组织一词有两个方面的含义，其一是组织的名词性，表示一个团体为了某种目的，按照一定功能和要求建立起来的集体或系统，又有正式组织和非正式组织之分；其二是组织的动词性，是指安排分散的人或物使之具有一定的功能和系统性的行为过程，即强调组织关系建立的行为和方式。

组织一词的两个方面含义派生出组织管理理论的两个分支，即组织结构学和组织行为学。组织结构学侧重于组织的静态研究，以建立高效的组织机构为目的；组织行为学侧重于组织的动态研究，以建立良好的组织关系和实现组织职能为目的。

现在我们把“组织”和“项目”结合起来，“项目组织”定义为：“人们为了实现项目目标，通过明确分工协作关系，建立不同层次的责任、权力、利益制度而构成的从事项目具体工作的运行系统”。它包括两个层面，一是项目业主、承包商等管理主体之间的相互关系，即通常意义上的项目管理模式；二是某一管理主体内部针对具体项目所建立的组织关系。

2. 装饰工程项目组织的职能

项目管理组织是项目管理的基本职能之一，其目的是通过建立合理的职权关系结构来使各方面的工作协调一致。项目管理组织的职能有以下 3 个方面。

（1）组织设计与建立

组织设计与建立是指经过筹划、设计建成一个可以完成项目管理任务的组织机构，建立必要的规章制度，划分并明确岗位、层次、部门的责任和权力，建立和形成管理信息系统及责任分工系统，并通过一定岗位和部门内人员规范化的活动和信息流通来实现组织目标。

（2）组织运行

组织运行是指在组织系统形成后，按照组织机构中各部门、各岗位的分工完成各自的工作，规定各组织的工作流程和业务管理活动的进行过程。

（3）组织调整

组织调整是指在组织运行过程中，对照组织目标，检查组织系统的各个环节，并对不适合组织运行和发展的各方面进行改进和完善。

二、装饰项目管理组织机构的设置原则与程序

1. 项目管理组织机构的设置原则

一般来说，项目管理组织机构的设置应遵循整体性原则、目标统一性原则、统一指挥原则、

分工协作原则、适当管理宽度原则、集权与分权相结合的原则、权力和职责对称性原则、精干高效原则、稳定性与适应性相结合的原则以及均衡性原则。

2. 项目管理组织机构的设置程序

项目组织是为一个明确项目目标而存在并运行的。通过对项目的目标、项目的结构以及项目的环境进行分析，设计一种最适合的组织系统，从而有利于保障项目目标的实现。项目组织机构的设计程序如图 1–1 所示。

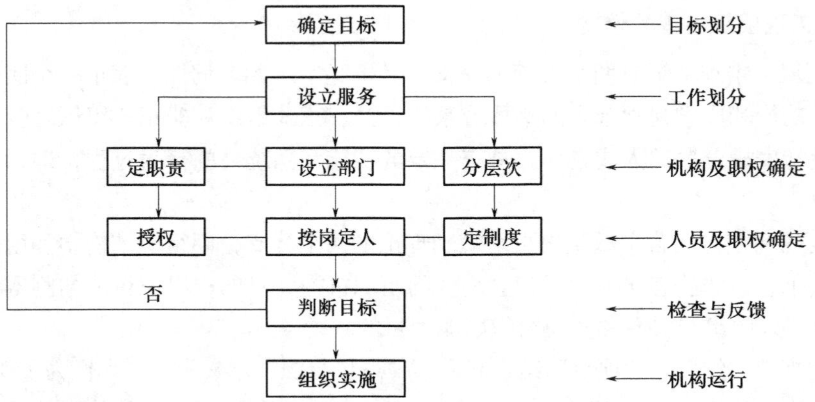

图 1–1　项目组织机构的设计程序

三、组织结构

项目组织机构的形式不同，其在处理层次、跨度、部门设置和上下级关系的方式也不同。下面以工程项目组织机构设置为例介绍几种的组织机构主要形式。

1. 工作队式项目组织

这种形式的项目经理在企业内招聘，项目的管理机构（工作队）由企业职能部门抽调职能人员组成，并由项目经理直接指挥，如图 1–2 所示。

这种组织形式的特点如下：

（1）项目管理班子成员来自各职能部门，并与原所在部门脱钩。原部门负责人员仅负责业务指导及考核，但不能随意干预其工作或调回人员。项目与企业的职能部门关系弱化，减少了行政干预。项目经理权力集中，运用权力的干扰少，决策及时，指挥灵活。

（2）各方面的专家现场集中办公，减少了扯皮等待时间，办事效率高。

（3）由于项目管理成员来自各个职能部门，他们在项目管理中配合工作，有利于取长补短，培养一专多能人才并发挥作用。

（4）职能部门的优势不易发挥，削弱了职能部门的作用。

（5）各类人员来自不同部门，专业背景不同，可能会产生配合不利的问题。

（6）各类人员在项目寿命周期内只能为该项目服务，因此对稀缺专业人才不能在企业内调剂使用，导致人员浪费。

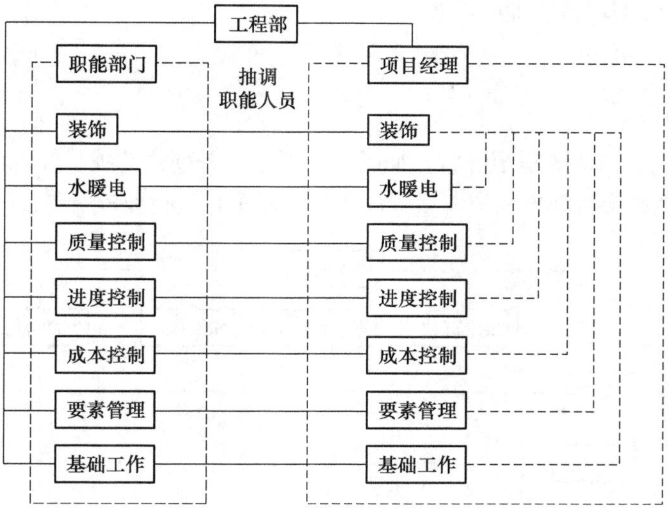

图 1–2　工作队式项目组织

（7）由于项目结束后，所有人员均回原部门和岗位，有些人员会产生“临时性”的意识，从而影响工作情绪。

2. 直线职能式项目组织

直线职能式项目组织是一种按职能原则建立的项目组织，它并不打乱企业现行的建制，而是把项目委托给企业某一专业部门或委托给某一施工队，由被委托的部门（施工队）领导，在本单位组织人员负责实施的项目组织，项目终止后恢复原职，如图 1–3 所示。

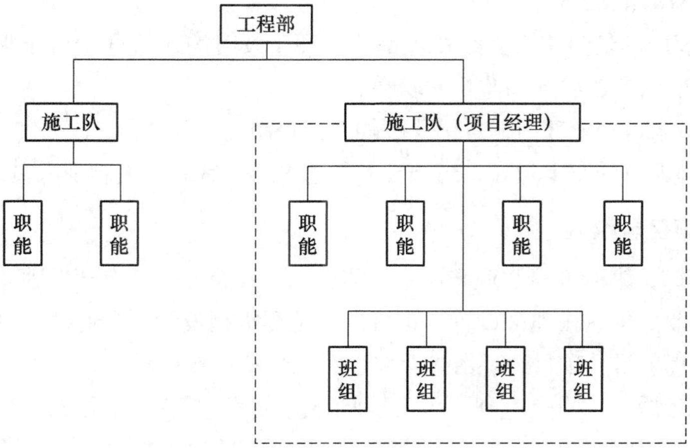

图 1–3　直线职能式项目组织

直线职能式组织形式具有如下特点：

（1）由于各类人员均来自同一专业部门或施工队，他们互相之间熟悉，关系协调，有利于发挥人才作用。

（2）从接受任务到组织运转启动所需时间短。

（3）职责明确，职能专一，关系简单。

（4）不能适应大型项目管理的需要。

（5）不利于精简机构。

3. 矩阵式项目组织

矩阵式项目组织结构形式呈矩阵状，如图 1–4 所示，各项目的项目经理由公司任命，职能部门是永久性的，它为各项目派出相应项目管理人员，对项目进行业务指导。

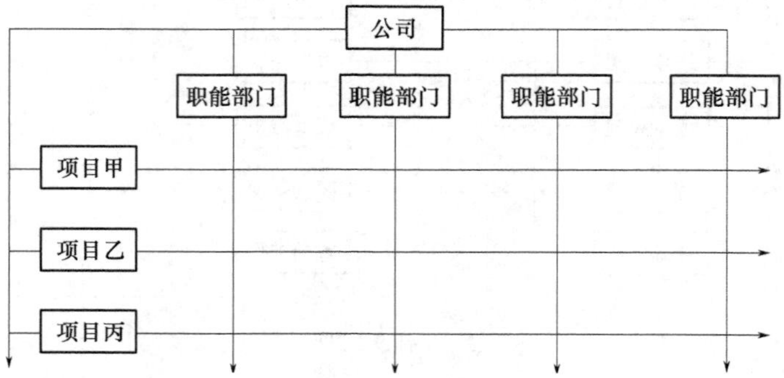

图 1–4　矩阵式项目组织

矩阵式项目组织的特点如下：

（1）矩阵中的每个人员或部门，均接受原部门负责人和项目经理的双重领导。部门负责人有权根据不同项目的需要和忙闲程度，在项目之间调配本部门人员。专业人员可能同时为几个项目服务，因而特殊人才可充分发挥作用，从而可以大大提高人才利用率。

（2）项目经理对调配到本项目经理部的人员有控制和使用权，当感到人力不足或某些人员不得力时，可以要求职能部门给予解决。

（3）项目管理中的信息来自各个职能部门，便于及时沟通信息，加强业务系统化管理，发挥各项目系统人员的信息、服务和监督的职责。

（4）由于人员来自职能部门，且仍受职能部门控制。

（5）由于管理人员受双重领导，当领导各方意见不一致时，使管理人员无所适从。

4. 事业部式项目组织

企业成立事业部，事业部对企业来说是职能部门，在企业外，有相对独立的经营权，可以是一个独立单位。事业部可以按地区设置，也可以按工程类型设置。事业部下设置项目经理部，具体负责所承担的工程项目，项目经理由事业部选派。如图 1–5 所示。

事业部式组织形式的特点是有利于企业延伸经营范围，扩大企业经营业务，有利于迅速适应环境变化，提高企业的应变能力，但企业对项目经理部的约束力减少，协调指导的机会减少。

一个装饰工程项目应选择哪种项目组织形式，应由企业做出决策，企业要将综合考虑企业的综合素质、管理水平、战略决策、基础条件等同项目的规模、性质、环境等因素。一般可按下列思路进行选择：

（1）大型综合企业一般要求人员素质好，管理水平高，业务综合性强，可以承担大型任务，常采用矩阵式、工作队式、事业部式的项目组织形式。

（2）简单项目、小型项目、承包内容专一的项目，应采用直线职能式项目组织。

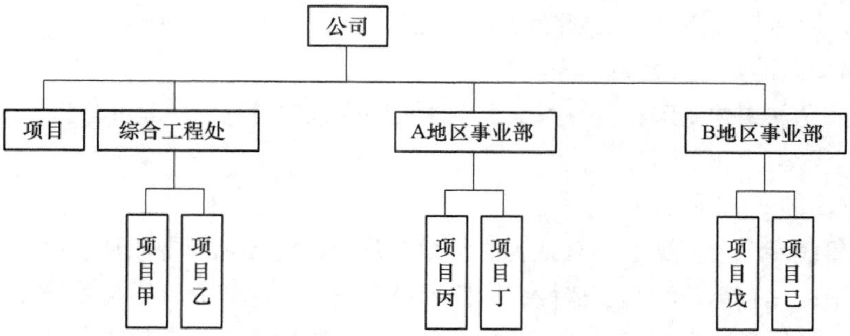

图 1–5 事业部式组织形式

（3）同一企业内可以根据项目情况采用多种组织形式，但要注意避免造成管理渠道和管理秩序的混乱。

选择项目组织形式时可参考表 1–1。

表 1–1 选择项目组织形式参考因素表

项目组织形式	项目性质	企业类型	企业人员素质	企业管理水平
工作队式	大型项目、复杂项目、工期紧的项目	大型综合建筑企业，项目经理能力较强	人员素质较高、专业人才多、职工技术素质较高	管理水平较高，基础工作较强，管理经验丰富
直线职能式	小型项目、简单项目、只涉及个别少数部门的项目	小型建筑企业，任务单一的企业，大中型基本保持直线职能的企业	素质较差、力量薄弱，人员构成单一	管理水平较低，基础工作较差，缺乏有经验的项目经理
矩阵式	多工种、多部门、多技术配合的项目，管理效率要求很高的项目	大型综合建筑企业，经营范围很宽、实力很强的建筑企业	文化素质、管理素质、技术素质很高，但人才紧缺,管理人才多,人员一专多能	管理水平很高，管理渠道畅通，信息沟通快捷，管理经验丰富
事业部式	大型项目，远离企业基地项目，事业部制企业承揽的项目	大型综合建筑企业，经营能力很强的企业,海外承包企业,跨地区承包企业	人员素质高，项目经理能力强，专业人才多	经营能力强，信息手段强，管理经验丰富，资金实力雄厚

四、装饰工程项目组织团队的组建

1. 项目组织团队

团队是指为了达到某一确定目标，具有不同分工以及不同层次权力和责任的群体。

项目团队就是为了实现项目目标以及适应项目环境变化而组建的团队。项目团队的一般职责是项目计划、组织、指挥、协调和控制。

（1）项目团队的职责

项目团队领导者的职责主要是实现团队的目标和保证团队的效率。项目团队成员的职责是做好自己的工作，应尽其所能地完成分配给自己的任务。

（2）项目团队的发展与建设

一个项目团队从组建到解体，是一个不断成长和变化的过程。一般可分为组建、磨合、规范、成效和解体五个阶段。

（3）建立高绩效的项目团队

美国项目管理专家哈罗德·科兹认为高绩效项目团队应具有的特征是：项目团队具有较高的业绩和工作效率；具有革新性和创造性；团队成员责任明确、职业目标与项目要求相一致；具有解决冲突的能力（但当冲突可能引起有益的结果时，鼓励冲突）；有效的交流和沟通；较高的信任度；相互合作和高度的工作热情，以及高昂的士气。建立高绩效项目团队的方法主要体现在以下 4 个方面：

① 招聘项目成员时要重视成员解决问题的能力，以及技术专长与创造性。

② 召开项目工作会议时，第一次会议项目经理力图实现三个目标：提出对项目的总体看法；确定项目团队的任务及关系；解决项目团队如何合作问题。项目经理还要管理好以后的项目会议。

③ 制定基本规则时，项目经理要迅速建立起具有操作性的基本规则，以规范团队的合作形式和行为。

④ 建立奖励系统时要制定关心项目成员的措施，以及奖罚分明的工作制度。

2. 项目经理

现行《建设工程项目管理规范》规定："施工企业在进行施工项目管理时，应实行项目经理负责制"，同时指出"项目经理是企业法人代表在承包的建设工程施工项目上的委托代理人"。在项目实施管理过程中，项目经理既要对业主负责，实现项目成果性目标，又要对施工企业负责，实现项目效率性目标。

项目经理应具有符合施工项目管理要求的协调能力、宏观调控能力，以及资源合理分配和优化的能力等；应具备相应的施工项目管理经验和业绩；应具有必要的知识结构；应具有良好的道德品质；应具有强健的体魄。

项目经理具有根据企业法人代表授权的范围、时间和内容，对施工项目自开工准备直至竣工验收实施全过程全面管理的权力，对项目负责，同时也享受相应的利益。

3. 项目经理部的组建与解体

项目经理部是项目管理的工作班子，由项目经理直接领导，是项目经理的办事机构，为项目经理决策提供信息依据，同时又要执行项目经理的决策和意图。项目经理部同时也是代表企业履行项目合同的主体，是对最终产品和项目建设单位全过程全面负责的管理实体。项目经理部作为项目管理的一次性管理机构，负责项目从开工到竣工的生产经营管理，是企业在项目上的管理层，同时对作业层负有管理和服务的双重职能。

（1）建立项目经理部的基本原则

要根据所设计的项目组织形式设置项目经理部，不同的组织形式对项目经理部的管理权限和管理职责提出了不同的要求，同时也提供了不同的管理环境。项目经理部应随工程任务的变化而进行调整。项目经理部不应有固定的作业队伍，而应根据项目的需要从劳务分包公司吸收人员，进行优化组合和动态管理。要根据项目的规模、复杂程度和专业特点设置项目经理部。项目经理部的人员配备应面向现场，以满足现场生产经营的需要为目的。在项目管理机构建成后，应建立有益于组织运转的工作制度。

（2）项目经理部的人员配备和部门设置

项目经理部的人员配备和部门设置的指导思想是：把项目经理部建成一个能够代表企业形象、面向市场的管理机构，真正成为企业加强项目管理，实现管理目标，全面履行合同的主体。项目经理部的编制及人员配备由项目经理、总工程师、总经济师、总会计师、政工师和技术、预算、劳资、定额、计划、质量、安全、计量及辅助生产人员组成。具体人员的配备应根据项目管理的实际、项目的使用性质和规模等来综合确定。项目经理部一般可设置经营核算、工程技术、物资设备供应、监控管理、测试计量等部门，大型项目经理部还可设置后勤、安全防卫等部门。项目经理部也可按控制目标设置，如进度控制、质量控制、成本控制部门等。

（3）项目经理部的解体

项目经理部是一次性具有弹性的现场生产组织机构。项目竣工后项目经理部应及时解体并做好善后工作。项目经理部的解体由项目经理部提出解体申请报告，经有关部门审核批准后执行。

项目经理部解体的条件如下：工程已经交工验收，已经完成竣工结算；与各分包单位已经结算完毕；《项目管理目标责任书》已经履行完毕，经承包人审计合格；各项善后工作已经与企业部门协商一致，并办理完有关手续。

项目经理部解体后的善后工作包括：项目经理部剩余材料的处理；由于工作需要项目经理部自购的通信、办公等小型固定资产的处理；项目经理部的工程结算、价款回收及加工订货等债权债务的处理；项目的回访和保修；整个工程项目的盈亏评估、奖励和处罚等。项目经理部解体、善后工作结束后，必须做到人走场清、账清、物清。

复习思考题

1. 什么是项目？什么是装饰工程项目？
2. 什么是项目管理？
3. 什么是装饰工程项目管理？装饰工程项目管理有什么特征？
4. 项目管理与企业管理的关系是什么？
5. 项目组织的含义是什么？
6. 项目管理组织机构的设置原则是什么？
7. 各种组织结构形式的特点是什么？如何选择项目组织形式？
8. 高绩效项目团队应具有哪些特征？如何建立高绩效的项目团队？
9. 项目经理的素质要求是什么？
10. 建立项目经理部的基本原则是什么？
11. 项目经理部解体的条件是什么？

第二章

装饰工程项目前期管理

学习目标

通过本章学习，了解工程项目前期策划与评价，以及装饰工程的项目信息管理的基本知识；熟悉怎样实施装饰工程项目设计管理；掌握装饰工程项目的招投标与合同管理的基本知识。

工程项目前期管理是指工程建设中的项目决策阶段，它主要包括项目建议书、可行性研究报告、项目设计、工程招投标以及签订工程合同等管理工作。

第一节　工程项目前期策划与评价

工程项目的前期策划是项目的孕育阶段，它对项目的整个生命周期，甚至对上层系统都有决定性的影响。因此作为项目管理者，特别是项目决策者应对这个阶段的工作给予高度的重视。工程项目的确立是一个极其复杂的过程，同时又是十分重要的过程。要使项目成功实施，必须在项目前期策划阶段进行科学、严格的管理。

一、工程项目立项审批与前期策划

工程项目的立项是一个极其复杂，同时又是十分重要的过程，这个阶段主要是从上层系统，即从全局和战略的角度和高度出发研究和分析问题，主要是上层管理者的工作。

工程项目前期策划工作的主要任务是寻找项目立项机会、确定项目目标、定义项目，并对项目进行详细的技术经济论证，使整个项目建立在可靠、坚实和优化的基础之上。

1. 工程项目立项审批

在工程项目立项阶段，业主的主要工作是组织编制工程项目建议书和工程项目可行性研究报告。在工程项目进行可行性研究的前期，要进行选址和选址勘察，编制选址报告，进行工程项目总体设计。在进行可行性研究的同时，要委托地质勘查单位、环境保护部门做项目的建设场地地震安全评价和建设项目环境影响评价。它们与可行性研究报告一并上报，作为主管部门对该项目进行最后决策审批的依据。

工程项目立项的审批：新建工业区或大型建设项目报国家计委审批；中小型项目按隶属关系由国务院主管部门或省（自治区、直辖市）计委审批。国务院各部门直属的中小型项目的具体建设地点，要取得所在省（自治区、直辖市）政府的同意。

2. 工程项目前期策划

（1）工程项目前期策划的工作流程

工程项目前期策划的工作流程如图2-1所示。

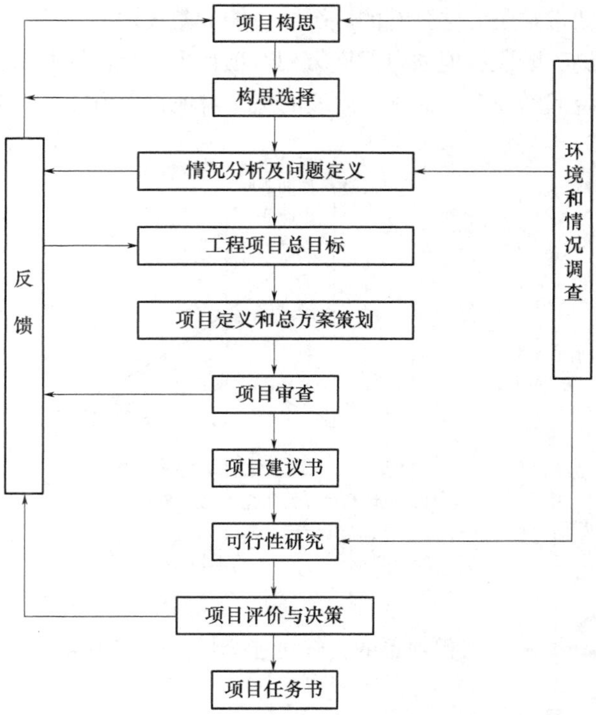

图2-1　工程项目前期策划的工作流程

（2）工程项目前期策划的主要工作

工程项目前期策划的主要工作主要包括工程项目构思的产生、项目的目标设计和项目定义等方面的工作。

任何项目都起源于项目的构思，它是对项目机会的寻求，产生于为了解决上层系统（国家、地区、企业等）的问题，或是为了满足上层系统的需要，亦或是为了实现上层系统的战略目标和计划等。

工程项目的目标设计和项目定义阶段主要是通过对上层系统的情况和存在的问题进行深入研究，提出项目的目标因素，进而构成项目目标系统，通过对目标的书面说明形成项目定义。主要工作有项目的目标设计、项目的定义、项目的总体方案策划、项目的审查、提出项目建议书、进行可行性研究、项目的评价和决策。此外，在整个过程中必须不断地进行环境调查，并对环境发展趋势进行合理的预测。环境是确定项目目标、进行项目定义、分析可行性的最重要的影响因素，是进行正确决策的基础。在整个过程中有一个多重反馈的过程，要不断地进行调整、修改、优化，甚至放弃原定的构思、目标或方案。

在工程项目前期策划过程中，阶段决策是非常重要的。在整个过程中必须设置几个决策点，对阶段工作结果进行分析、评价和选择。

（3）工程项目前期策划工作的作用

工程项目的前期策划工作主要是产生项目的构思，确立目标，并对目标进行论证，为项目的批准提供依据。这是确定项目方向的过程，是项目的孕育过程。它不仅对项目的整个生命期，而且对项目的实施和管理也起着决定性作用。

工程项目前期策划是为了确立项目方向。方向错误必然会导致整个项目的失败，而且这种失败常常是无法弥补的。图 2–2 能清楚地说明这个问题。项目的前期费用投入较少，而主要投入在施工阶段；但项目前期策划对项目生命期的影响最大，稍有失误就会导致项目的失败，产生不可挽回的损失，而施工阶段的工作对项目生命期的影响很小。

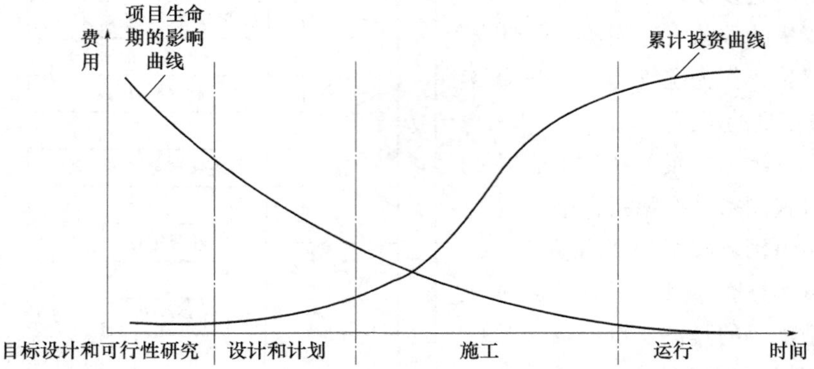

图 2–2　工程项目累计投资和影响对比

一个工程项目的失败可能会导致经济损失、社会问题和环境破坏等影响。

二、工程项目可行性研究与评价

1. 工程项目可行性研究

工程项目可行性研究是从市场、技术、法律（包括政策）、经济、财力、环境等方面对工程项目进行全面策划和论证。

在工程项目投资决策前进行可行性研究，是保证项目以最少资源耗费取得最佳效益的科学手段。可行性研究的作用主要是作为工程项目投资决策的依据；作为工程项目融资的依据；作为工程项目主管部门进行合同谈判、签订协议的依据；作为工程项目进行设计、设备订货、施工准备等建设前期的依据；作为工程项目采用新技术、新材料、新设备研制计划和补充地形、地质工作和工业性试验的依据；作为环保部门审查工程项目对环境影响的依据，并作为向工程项目建设所在地政府和规划部门申请建设执照的依据。

可行性研究是一个由粗到细的分析研究过程，按照国际惯例，可行性研究可以分为投资机会研究、初步可行性研究和详细可行性研究三个阶段。在可行性研究的各个阶段，由于基础资料的占有程度、研究深度以及可靠程度要求不同，决定各阶段的工作内容和投资估算精度也不同，具体比较见表 2–1。

表 2–1　工程项目可行性研究三个阶段比较

工作阶段	投资机会研究	初步可行性研究	详细可行性研究
工作性质	工程项目设想	工程项目初选	工程项目拟定
工作内容及成果	鉴别投资方向，寻找投资机会，提出项目建议、为初步选择项目提供依据	对工程项目进行专题辅助研究，编制初步可行性研究报告，确定是否有必要进行详细可行性研究，进一步判明项目的生命力	对工程项目进行深入细致的技术经济论证，编制可行性研究报告，提出结论性意见，作为项目投资决策的重要依据
投资估算精度	± 30%	± 20%	± 10%
费用占投资总额百分比（%）	0.1 ~ 1.0	0.25 ~ 1.25	大项目 0.2 ~ 1.0 小项目 1.0 ~ 3.0
所需时间	1 ~ 3 个月	4 ~ 6 个月	6 ~ 12 个月或更长

可行性研究报告是业主做出投资决策的依据，因此业主要对该报告进行详细的审查和评价。审查其内容是否确定、完整，分析和计算是否正确，最终确定投资机会的选择是否合理、可行。

业主对可行性研究报告审查的主要内容包括工程项目建设的必要性、建设条件与生产条件、工程项目方案和标准、基础经济数据的测定、财务效益、国民经济效益、社会效益、不确定性分析等。

业主对以上各方面进行审查后，对工程项目的投资机会做出总的评价，进而做出投资决策。若认为推荐方案成立，可就审查中所发现的问题，要求咨询单位对可行性研究报告进行修改、补充、完善，并提出结论性意见后，上报有关主管部门审批。

对于需要报批可行性研究报告的工程项目，当可行性研究报告经过正式批准后，应当严格执行，任何部门、单位或个人都不能擅自变更。确有正当理由需要变更时，需将修改的建设规模、工程项目地址、技术方案、主要协作条件、突破原定投资控制数、经济效益的提高或降低等内容报请原审批单位同意，并正式办理变更手续。

2. 地震安全性评价

建设工程项目可行性研究报告中，如果没有相应的地震安全性评价内容和省（自治区、直辖市）地震局审核批准的抗震设防标准，计划部门则不予批准，其他主管部门则不予办理有关手续。

业主持工程项目立项审批书和所选建设场地厂址，征询地震主管部门，审定是否重做场地地震安全性评价工作和评价区域范围，并征询评价单位的资质；选择评价单位并签订评价合同；在评价单位进行地震地质勘察、收集国内外资料等工作时，业主应给予方便；业主按合同收到《建设项目场地地震安全性评价报告》后，须立即上报当地地震安全评价委员会审批，评审意见转呈评价单位进行修正评价报告，再送评价委员会评审；经过评审通过的地震安全性评价报告送省（自治区、直辖市）地震局审核批准，确定抗震设防标准，对于大型和特大型工程项目由当地地震局确定后送国家地震局审核批准；业主最后将评价报告副本和审批副本转交设计单位，进行抗震设计。经过审核批准后的抗震设防标准，任何单位和个人都不得擅自降低或提高。

地震安全性评价报告的主要内容包括工程项目概述和地域地震概述；区域及近场区地震地质研究；区域及近场区地震活动性研究；地震的工程参数、振动衰减规律、振动力学模型，人工合成基岩人造地震加速度过程，地震反应分析，地震波传播的地表面加速度及地表面频谱曲线；震害分析；地震预报；地震小区划分；结论，应明确指出场地类别、未来地震趋势、不宜建设的场地划分、地基处理、工程抗震要求，以及地震监测、防灾救灾综合措施等；附图。

3. 工程项目经济评价

工程项目经济评价是工程项目可行性研究的重要组成部分，内容包括国民经济评价和财务评价。它是采用现代经济分析方法，对拟建工程项目计算期（建设期和生产经营期）内投入产出的诸多经济因素进行调查、预测、研究、计算和论证，比选推荐最优方案的过程。国民经济评价是从国家整体的角度出发，按照合理配置资源的原则，采用影子价格等国民经济评价参数，分析计算项目需要耗费的社会资源和对社会的贡献，考查投资行为的经济合理性和宏观可行性。财务评价是指从工程项目或企业的财务角度出发，根据国家现行财税制度和市场价格体系，分析、预测项目投入的费用和产出的效益，计算财务评价指标，考查拟建项目的财务盈利能力、清偿能力，从而判断建设工程项目的财务可行性。

在市场经济条件下，大部分工程项目的财务评价结论可以满足投资决策的要求。但有些工程项目需要进行国民经济评价，以便从国民经济角度评价其是否可行。需要进行国民经济评价的项目主要是铁路、公路等交通运输项目，较大的水利水电项目，国家控制的战略性资源开发项目，动用社会资源和自然资源较大的中外合资项目，以及主要产出物和投入物的市场价格不能反映其真实价值的项目。

工程项目经济评价的主要作用是在预测、选址、技术方案等项研究的基础上，对工程项目投入产出的各种经济因素进行调查研究，通过多项指标的计算，对工程项目的经济合理性、财务可行性及抗风险能力做出全面的分析与评价，为工程项目决策提供主要依据。

4. 工程项目社会评价

工程项目社会评价是指分析拟建项目对当地社会的影响以及当地社会条件对工程项目的适应

性和可接受程度的系统分析过程。工程项目社会评价旨在系统调查和预测拟建项目的建设、运营产生的社会影响与社会效益，分析工程项目所在地区的社会环境对工程项目的适应性和可接受程度。通过分析项目涉及的各种社会因素，评价工程项目的社会可行性，提出工程项目与当地社会协调关系、规避社会风险、促进项目顺利实施、保持社会稳定的方案。

经济评价主要是从经济可行性方面判断一个项目的好坏，以经济收益水平的高低来决定工程项目的取舍。但是，一个工程项目的实施，不仅对经济产生影响，而且还会影响到当地社会的各个方面。一个在经济方面可行的工程项目，有可能在社会方面不可行，甚至产生负面影响。因此，对项目进行社会评价是十分必要的。

5. 工程项目环境影响评价

工程项目的建设一般会引起项目所在地自然环境、社会环境和生态环境的变化，对环境状况、环境质量产生不同程度的影响。为了实施可持续发展战略，预防因工程项目规划和建设实施后对环境造成不良影响，促进经济、社会和环境的协调发展，国家制定了《中华人民共和国环境影响评价法》。该法已于 2003 年 9 月 1 日起施行。

工程项目环境影响评价是在研究确定场址方案和技术方案中，调查研究环境条件，识别和分析拟建工程项目影响的因素，提出预防或减轻不良环境影响的对策和措施，比选和优化环境保护方案。进行工程项目建设应注意保护场址及周围地区的水土资源、海洋资源、矿产资源、森林植被、文物古迹、风景名胜等自然环境和社会环境。

工程项目环境影响评价的原则是符合国家环境保护法律、法规和环境功能规划的要求；坚持污染物排放总量和达标排放的要求；坚持“三同时”原则，环境治理设施应与工程项目的主体工程同时设计、同时施工、同时投产使用；力求环境效益与经济效益的统一，在研究环境保护治理措施时，应从环境效益与经济效益相统一的角度进行分析论证，力求环境保护治理方案技术可行和经济合理；注重资源综合利用，对环境治理过程中工程项目产生的废气、废水、固体废弃物，应提出回收处理和再利用方案。

第二节　装饰工程项目设计管理

设计管理是工程项目实施项目管理的重要组成部分，是项目管理团队利用自身的专业技术和管理技能，根据业主方的需求，通过对项目性质和特点进行分析，为项目目标（质量、安全、工期、成本等）寻求最佳契合点，并进行优化组合，使项目各方（业主、使用者、施工方等）利益获取最大化的过程。项目管理团队通过对设计质量、进度、成本等进行跟踪管理，从而实现对装饰工程项目的质量、进度、成本等全面的控制。

一、装饰工程项目设计的概念

装饰工程项目设计是一门涉及科技、经济和方针政策等各个方面综合性的应用技术科学。装饰工程项目设计是指根据工程项目的要求，对工程项目所需的技术、经济、资源、环境等条件进行综合分析、论证，编制工程项目设计文件的活动。工程项目设计是对拟装饰工程项目在技术和经济上进行全面的安排，是工程建设计划的具体化，是组织施工的依据。它根据工程项目的总体需求，对工程的外形和内在的实体进行筹划、研究、构思、设计和描绘，形成设计说明书、设计方案和设计施工图等相关文件，使工程项目的质量目标和水平具体化。

工程设计需严格贯彻执行国家经济建设的方针、政策，符合国家现行的工程建设标准和设计规范，遵守设计工作程序，以提高经济效益、社会效益、环境效益为核心，大力促进技术进步。设计要切合实际、安全可靠、技术先进、经济合理、美观适用，要节约资源，有利生产、方便生活，要注意资源的综合利用，要重视环境保护工作，重视技术与经济的结合，积极采用新技术、新工艺、新材料、新设备，以保证项目建设的先进性和可靠性。

二、装饰工程项目设计资质管理

设计单位是指依照国家规定经批准成立，持有国家规定部门颁发的工程项目设计资格证书，从事工程项目设计活动的单位。国家对从事工程项目设计活动的单位，实行资质管理制度，对从事工程项目设计活动的专业技术人员，实行执业资格注册管理制度。

工程设计资质分为工程设计综合资质、行业资质和专项资质三类。工程设计综合资质只设甲级。

工程设计行业资质根据其工程性质划分为煤炭、电力、冶金、海洋、建筑等 21 个行业。工程设计行业资质设甲、乙、丙三个级别，除建筑工程、市政公用、水利和公路等行业设工程设计丙级外，其他行业工程设计丙级设置对象仅为企业内部所属的非独立法人单位。对建筑工程设计资质，如边远地区及经济不发达地区确有必要设置丁级设计资质，需经省、自治区、直辖市建设行政主管部门报建设部同意后方可批准设置。对于每一个行业，工程设计行业资质分为该行业的全部设计资质、该行业的部分设计资质和该行业的主导工艺（主导专业）设计资质三种情况。工程设计行业资质范围包括本行业建设工程项目的主体工程和必要的配套工程（含厂区内自备电站、道路、铁路专用线、各种管网和配套的建筑物等全部配套工程）以及与主体工程、配套工程相关的工艺、土木、建筑、环境保护、消防、安全、卫生、节能等。

工程设计专项资质划分为建筑装饰、环境工程、建筑智能化、消防工程、建筑幕墙、轻型房屋钢结构六个专项。工程设计专项资质根据专业发展需要设置级别。工程设计专项资质的设立，需由相关行业部门或授权的行业协会提出，并经建设部批准，其分级可根据专业发展的需要设置甲、乙、丙或丙以下级别。

三、装饰工程项目设计管理的内容

装饰工程项目设计管理的好坏直接影响到工程项目管理的成功与否。装饰工程项目设计管理的内容包括工程项目设计的投资（限额设计）管理、进度管理、质量管理、合同管理、信息管理和组织协调等方面的管理内容。若从工程项目设计阶段划分的角度考虑，工程项目设计管理涉及到从工程项目设计任务的承接、总体设计、初步设计、技术设计、施工图设计以及设计文件实施时相关的设计交底、施工图纸会审、设计变更、现场跟踪服务、技术档案管理等各个阶段或环节的管理。

1. **装饰工程项目设计的特点和工作程序**

（1）装饰工程项目设计的特点

① 装饰工程设计工作表现为创造性的脑力劳动。

② 装饰设计工作需要进行大量的协调工作和修改完善工作。

③ 装饰设计是决定工程项目价值的主要因素。

④ 装饰设计是影响装饰工程项目投资的关键环节。

⑤ 装饰设计质量是决定工程项目质量的关键因素。

（2）装饰工程项目设计的工作程序

设计单位的工作模式在实践中因工程规模、性质和特点的不同而有较大的灵活性。现按设计准备和设计展开两大阶段给出工程项目设计的工作程序。图 2-3 为装饰设计准备阶段的工作程序示意图，图 2-4 为装饰设计展开阶段的工作程序示意图。

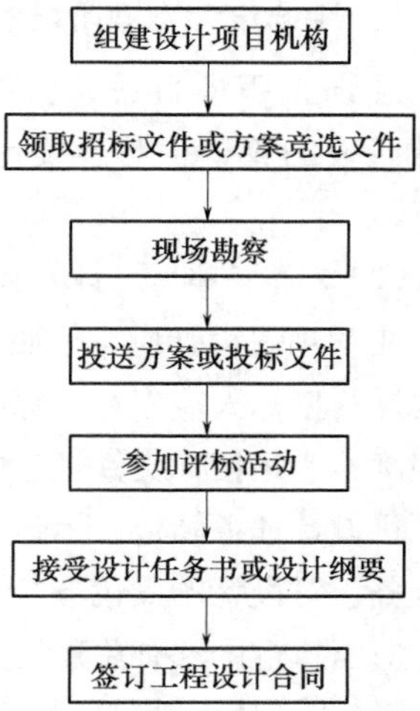

图 2-3　装饰设计准备阶段的工作程序

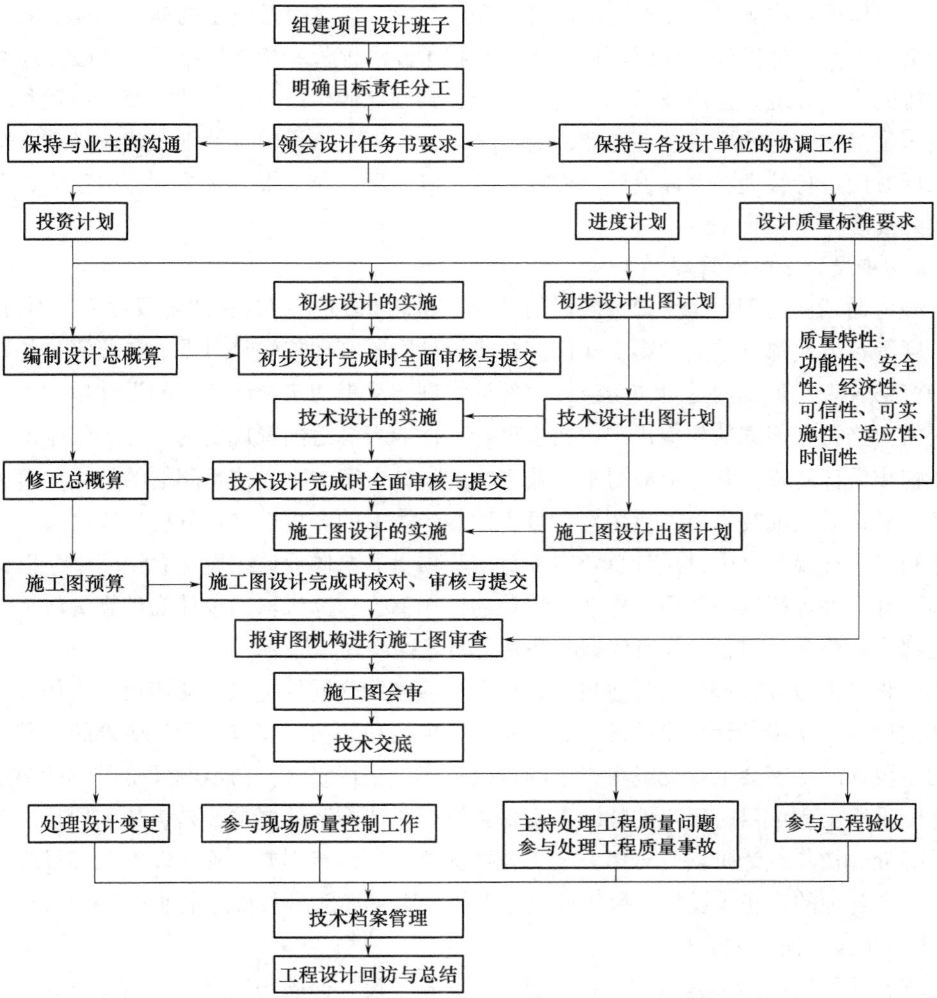

图 2-4　装饰设计展开阶段的工作程序

2. 装饰设计方案阶段的管理

装饰工程项目设计方案阶段的管理内容主要包括工程项目设计发包与承包管理、总体设计阶段的管理、初步设计阶段的管理和技术设计阶段的管理，现就各部分管理内容做简要介绍。

（1）工程项目设计发包与承包管理

工程项目设计应当依照《中华人民共和国招标投标法》的规定实行招标发包或直接发包，工程设计的招标人应当在评标委员会推荐的候选方案中确定中标方案，但若推荐的候选方案不能最大限度地满足招标文件规定的要求时，应当依法重新招标。工程项目设计单位不得将所承揽的工程项目设计任务转包，承包方必须在工程项目设计资质证书规定的资质等级和业务范围内承揽设计业务。对设计的发包方与承包方应当执行国家规定的设计程序，应当签订建设工程项目设计合同，应当执行国家有关建设工程设计费用的管理规定。

（2）总体设计阶段的管理

总体设计是为解决总体开发方案和工程项目的总体部署等重大问题所进行的总体规划设计或总体设计。总体设计应满足国家规定的内容和深度要求，应当满足业主的期望和受益者的要求，并符合社会要求。总体设计文件应当进行多方案技术经济评价和相类似项目的比较，应侧重对生产工艺安排的先进合理、生产技术的先进与能否达到预计的生产规模、“三废”治理和环境保护方案是否满足当地政府的要求、各种能源的需求是否合理、工程估算及工程建设周期等是否符合有关要求等方面进行管理。总体设计文件经评审和修改后，应上报上级主管部门审查，取得上级主管部门的批准。

（3）初步设计阶段的管理

初步设计阶段的管理对整个设计阶段的管理是非常重要的，因为在此阶段对工程项目的投资、质量、进度等各方面都有重大的影响作用。初步设计阶段管理首先是对设计单位资质的管理和从业人员的资格管理，重要的是对初步设计文件的管理。从事初步设计工作的设计单位资质和从业人员的资格应当符合国家的相应规定；初步设计文件应当满足国家规定的内容和编制深度的有关要求。在初步设计阶段，各专业应对本专业内容的设计方案或重大技术问题的解决方案进行综合技术经济分析，对认证技术上的适用性、可靠性和经济上的合理性进行分析，并将其主要内容写进本专业初步设计说明书中，设计总负责人对工程项目的总体设计在设计总说明中予以论述。为编制初步设计文件进行的必要内部作业，有关的计算书、计算机辅助设计的计算资料、方案比较资料、内部作业草图、编制概算所依据的补充资料等均需妥善保存。

在初步设计阶段要控制好设计进度，设计单位应按照合同约定进行初步设计工作并按时提交初步设计文件。对初步设计阶段的设计成果应进行审核和评估，要审核设计概算的合理性和准确性，对初步设计的专家会审意见或报告中的修改内容应进行修改。初步设计阶段设计图纸内容的管理重点侧重于工程项目所采用的技术方案是否符合总体方案的要求，是否达到项目决策阶段确定的质量标准。初步设计阶段应对多方案比较择优管理工作特别要重视，以确保其最终的初步设计成果是先进合理的。初步设计成果文件也应上报上级主管部门，获得批准。

（4）技术设计阶段的管理

技术设计是针对技术上复杂或有特殊要求而又缺乏设计经验的工程项目而增设的一个设计阶

段。技术设计阶段管理的重点在于对技术设计文件的编制、审核、评审、上报批准等各方面。技术设计文件应符合国家制定或有关部门自行制定的内容和编制深度等方面的要求，对技术设计图纸内容的管理主要是审核各专业设计是否符合预定的质量标准和要求，同样还要审核相应的修正概算文件是否符合投资限额的要求。

（5）设计方案竞选

设计方案竞选即通常所说的设计方案竞赛，分公开竞赛和邀请竞赛两种方式。设计方案竞选的适用面很广，大的可以是区域规划、城市建设规划、风景区规划方案的竞选，小的可以是室内空间、设施以及住宅设计方案等的竞选。设计方案竞选可以分层次分期组织进行。

设计方案竞选的管理内容主要有实行设计方案竞选的工程项目范围的管理，组织设计方案竞选的建设单位或中介机构应具备的条件和工程项目应具备的条件，参加竞选设计单位资质资格管理，设计方案竞选基本程序的履行管理，竞选评审及评价报告的管理，中选方案修改与整合方面内容的管理等。其中最主要的管理内容是对设计方案的技术经济评价。据统计，技术经济合理的设计，可以降低工程造价 5% ~ 10%，有时甚至可达到 10% ~ 20%。设计方案竞选就是通过对可行工程项目设计方案的经济分析，从若干设计方案中选出最佳方案的过程。由于设计方案的经济效果不仅取决于技术条件，而且还受不同地区自然条件和社会条件的影响，故取舍方案时，需综合考虑各方面因素，对方案进行全方位技术经济的分析与比较，需结合当时当地的实际条件，选择功能完善、技术先进、经济合理的设计方案。在设计方案技术经济评价中，需管理的具体内容是多方面的，因此要重点加强。

3. 装饰施工图设计阶段的管理

装饰施工图是指导施工的直接依据，也是设计阶段质量管理的一个重点，因此在工程项目设计管理中施工图设计阶段的管理是极其重要的。

（1）施工图设计的管理

施工图设计管理涉及设计班子的组成与配合，设计内容及深度要求的满足，使用功能及质量要求的满足，设计进度管理、设计合同管理，设计标准化的推广，设计规范以及工程建设强制性标准的遵守，设计人员之间的协调配合、校对，以及施工图的审核、出图、签字、盖章，施工图预算的编制等方面的管理内容。其中施工图设计质量的管理尤为重要。完成的施工图设计文件应具备相应的质量特性，如功能性、安全性、经济性、可信性、可实施性、适应性和时间性。设计单位要严格履行委托工程项目设计合同约定的日期，保质、保量、按时交付施工图及概（预）算文件。

（2）施工图设计文件的审查管理

为加强工程项目设计质量监督与管理，施工图设计文件必须进行审查，施工图审查是指国务院建设行政主管部门和各省（直辖市、自治区）人民政府建设行政主管部门，依照《建筑工程施工图设计文件审查暂行办法》（建设 [2000]41 号文件）认定的设计审查机构，根据国家的法律、法规、技术标准与规范，对施工图进行结构安全和强制性标准、规范执行情况等进行的独立审查。施工图审查是政府主管部门对工程项目设计质量监督管理的重要环节，是基本建设必不可少的程序，工程建设有关各方必须认真贯彻执行。

设计审查机构必须符合相应条件方可申请承担设计审查工作，设计审查人员也必须具备相应条件，经省级建设行政主管部门组织考核认定后，方可从事审查工作。施工图审查机构和审查人员应当依据法律、法规和国家与地方的技术标准认真履行审查职责。施工图审查机构应当对审查的施工图质量负相应的审查责任，但不代替设计单位承担设计质量责任。施工图审查机构不得对本单位，或与本单位有直接经济利益关系的设计单位完成的施工图进行审查。审查人员要在审查过的施工图纸上签字。

4. 装饰设计文件使用阶段的管理

装饰设计文件使用阶段的管理内容主要有设计交底、施工图会审、设计变更、现场设计服务和设计技术档案管理等内容。

（1）设计交底与施工图会审

设计交底是指在施工图完成并经审查合格后，设计单位在设计文件交付施工时，按照法律规定的义务就施工图设计文件向施工单位和监理单位做出详细的说明。其目的是对施工单位和监理单位正确贯彻设计意图，使其加深对设计文件特点、难点、疑点的理解，掌握关键工程部位的质量要求，确保工程项目质量。

施工图会审是指承担施工阶段监理的监理单位组织施工单位以及建设单位，材料、设备供货等相关单位，在收到审查合格的施工图设计文件后，在设计交底前进行的全面细致的熟悉和审查施工图的活动。其目的，一是使施工单位和各参建单位熟悉设计图，了解工程特点和设计意图，找出需要解决的技术难题，并制定解决方案；二是为了解决图中存在的问题，减少差错，将图中的质量隐患消灭在萌芽之中。

设计交底与施工图会审不仅是工程项目建设中的惯例，而且是法律、法规规定的相关各方的义务，因此它也是设计管理工作中的一部分组成内容。在管理中要组织好设计交底与施工图会审工作，并且应在施工开始前完成，设计交底应该由设计单位整理会议纪要，施工图会审应由施工单位整理会议纪要，要求与会各方会签。设计交底与施工图会审中涉及设计变更的，还应当按设计变更的程序办理，设计交底会议纪要、施工图会审会议纪要一经各方签字确认，即成为施工和监理以及竣工验收的依据。

（2）设计变更管理

在施工图设计文件交于建设单位投入使用前或使用后，均会出现由于建设单位要求，或现场施工条件的变化，或国家政策法规的改变等原因而引起设计变更的情况。设计变更可能由设计单位自行提出，也可能由建设单位提出，还可能由承包单位提出，不论谁提出都必须征得建设单位同意并且办理书面变更手续。凡涉及施工图审查内容的设计变更，还必须报请原审查机构审查后再批准实施。设计变更管理也是工程项目设计管理中不可缺少的组成部分。

为了确保工程项目的质量，设计变更应进行严格管理和控制。施工中承包单位未得到监理工程师的同意，不允许对工程设计随意变更，如果承包单位擅自变更设计，发生的费用和由此而导致的建设单位的直接损失，应由承包单位承担，延误的工期不予顺延。

（3）现场设计服务管理

现场设计服务管理的主要内容是参与现场质量控制工作，主持处理工程质量问题，参与处理工程质量事故和参与工程验收等工作，这对保证工程建设项目质量，保证施工单位严格按图施工具有重要作用。

在参与现场质量控制方面，要参与工程重点部位及主要设备安装的质量监督；在主持处理工程质量问题和参与处理工程质量事故方面，要进行危害性分析，提出处理的技术措施，或对处理措施组织技术鉴定等工作；在参与工程验收方面，要参与重要隐蔽工程、单位（单项）工程的中间验收工作，以确保施工单位严格按照图纸施工，确保工程项目质量。

（4）设计技术档案管理

工程项目在使用过程中，不论改建、扩建、改变功能布置，还是经损坏后维修、修复，甚至拆除等均离不开设计技术文件，即竣工图，因此设计技术档案管理工作显得尤为重要。在设计技术档案管理时，应将设计全部资料，特别是原始计算资料、设计变更资料等，进行分类编目，归档永久保存。

5. 标准设计的管理

工程标准设计是指在工程项目设计中，国家和行业对建设工程、建筑物、构筑物、工程设施、构配件与制品和装置等编制的在一定范围内通用的标准图、通用图和复用图，一般统称为标准图，它是为推广使用新产品、新技术、新工艺和新材料所编制的工程项目设计文件。标准设计的编制、采用、推广，构成了标准设计管理的主要内容。

（1）采用和推广标准设计的意义

标准设计是在经过大量调查研究，反复总结生产、建设实践经验和吸收科研成果的基础上制定出来的，因此在工程项目中积极采用和推广标准设计具有以下现实意义：

① 有利于提高设计效率，减少重复劳动，缩短设计周期，节约设计费用。据统计，采用标准设计一般可加快设计进度 1 ~ 2 倍。

② 可使工艺定型、容易提高工人技术水平，容易使生产均衡，提高劳动生产率和节约材料，有利于较大幅度地降低工程项目建设投资。

③ 可加快施工准备和定制预制构件等工作，并能使施工速度大大加快，既有利于保证工程质量，又能降低建筑安装工程费用。

④ 按通用性条件编制，按规定程序审批，可供大量重复使用，做到既经济又优质，并且便于采用和推广新技术、新成果。

⑤ 贯彻执行国家的技术经济政策，密切结合自然条件和技术发展水平，合理利用资源和材料（设备），考虑施工、生产、使用和维修的要求，便于工业化生产。

（2）标准设计的分类

标准设计的种类很多，有工厂全厂的标准设计（如火电厂、纺织厂和造纸厂等），有车间或某个单项工程的标准设计，有公用辅助工程（如供水、供电等）的标准设计，有某些建筑物、构筑物（如冷水塔等）的标准设计等。标准设计从管理权限和适用范围方面划分的主要类型有国家标准设计、部级标准设计、省（直辖市、自治区）标准设计、设计单位自行制定的标准设计。

（3）标准设计管理要点

① 标准设计的编制。国家标准设计可以跨行业、跨地区在全国范围内使用，编制标准设计应考虑整体协调，行业和地方标准设计不宜与国家标准设计相重复和抵触，在执行建设工程有关标准的前提下，应提高其通用性。技术经济指标先进，综合效益显著的标准设计，可以在全国范围内推广和使用。行业或省市标准设计，可推荐修编为国家标准设计。标准设计的编制应当实行

合同制。编制标准设计一般由技术设计和施工图设计两个阶段完成。

② 标准设计的质量管理。为保证标准设计质量，应当建立健全论证与审查制度。国家级标准设计由主管部门组织专家委员会论证、审定；行业及地方标准设计由相应的技术委员会论证、审定。编制单位报审的标准设计文件，经相应的专业技术委员会审查通过后，按审批权限上报主管部门批准颁发。编制标准设计应当采用先进技术，认真编制并确保质量和水平。

③ 标准设计的推广应用。重复建造的建筑类型及生产能力相同的企业、单独的房屋构筑物均应采用标准设计或通用设计。批准颁发的标准设计是具有技术指导性的设计文件，各类工程项目都应结合实际，积极采用。各级建设行政主管部门，应积极组织开展与标准设计相关的建筑构配件及其制品的推广工作；积极推动标准设计产品的商品化，建立和健全全国标准设计文件供应网络，保障市场供应；强调和采取积极措施推动标准设计的有偿使用。

四、装饰工程项目设计质量管理

1. 装饰工程项目设计质量的影响因素

进行设计质量的控制，是确保装饰工程项目质量、缩短工期、节约投资、提高经济效益的关键性工作。工程项目质量目标与水平，是通过设计使其具体化，据此作为施工依据。装饰设计质量涉及面广，影响因素多，其影响因素如图 2–5 所示。

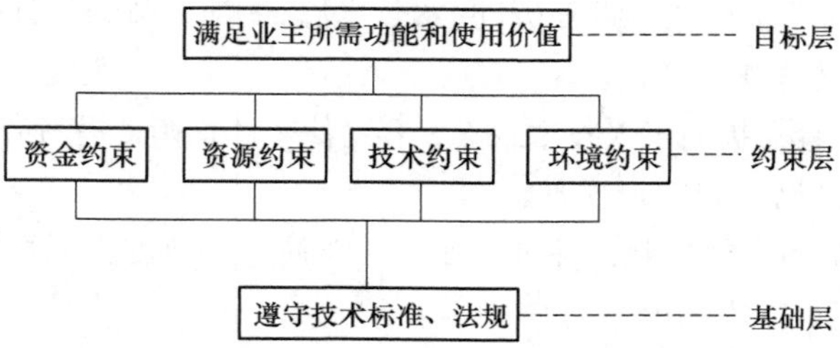

图 2–5 装饰设计质量影响因素

作为目标层，设计的项目首先应满足业主所需的功能和使用价值，符合业主投资的意图。而业主所需的功能和使用价值，又受到资金、资源、技术、环境等因素的限制，这些因素都会使工程项目的质量目标与水平受到限制。

装饰工程项目设计都必须遵守有关城规、环保、质量、防灾、抗灾、安全等一系列的技术标准和技术规程。实践证明，不遵守有关技术标准、法规，不但业主所需的功能和使用价值得不到保障，还有可能造成更大的危害和损失。因此，设计质量就是在严格遵守技术标准、法规的基础上，正确处理和协调资金、资源、技术、环境条件的制约，使工程项目设计能更好地满足业主所需要的功能和使用价值，能充分发挥项目投资的经济效益。

2. 装饰工程项目设计质量的控制依据

经国家决策部门批准的设计任务书，是工程项目设计阶段质量控制及评定的主要依据。工程项目设计合同根据项目设计任务书规定的质量水平及标准，提出项目的具体质量目标。因此，工程项目设计合同是开展设计工作质量控制及评定的直接依据。此外，作为工程项目设计质量控制及评定的依据还有有关工程项目建设及质量管理方面的法律、法规，有关工程项目建设的技术标准，经批准的工程项目可行性研究报告、评估报告、选址报告，有关建设主管部门核发的建设用地规划许可证，反映工程项目建设过程及使用寿命周期的有关自然、技术、经济等方面情况的数据资料。

3. 装饰工程项目设计质量控制的要点

（1）装饰工程项目设计准备过程中的质量控制

设计准备是提高项目设计工作质量的重要过程，是项目规划阶段工作内容的自然延续。在设计准备过程中的质量控制主要包括以下几方面的工作：

① 设计纲要的编制。在设计准备阶段，正确掌握建设标准，编制设计纲要是确保设计质量的重要环节。设计纲要是确定工程项目的质量目标、质量水平、反映业主的意图、编制设计文件的主要依据，是决定工程项目成效的关键。

② 组织设计招标或方案竞选。这项工作是在提出初步勘察任务，取得初步勘察报告后进行的。通过选择中标的设计方案，使得在设计单位的选择上引进了竞争机制，体现了优胜劣汰。

③ 签订设计合同。根据设计招标或方案竞选最后批准的装饰设计方案，在对设计承包单位的资质进行审查认可后才与其签订设计合同，并在合同中写明承包方的质量责任。如果工程项目位于城市规划地域内，设计方案还需向城市规划部门报批，设计单位应及时办理方案报批手续，并取得有关部门批准。

（2）装饰设计方案的审核

装饰设计方案的审核是控制设计质量的重要步骤，以保证装饰工程项目设计符合设计纲要的要求；符合国家有关项目建设的方针、政策；符合现行建筑设计标准、规范；适应国情并结合工程实际；确保工艺合理、技术先进；能充分发挥项目的社会效益、经济效益和环境效益。装饰设计方案的审核应贯穿于初步设计、技术设计和扩大初步设计阶段，它包括总体方案和各专业设计方案的审核两部分内容。

（3）装饰设计图纸的审核

设计图纸既是设计工作的最终成果，又是工程项目施工的直接依据。设计阶段质量控制的任务，最终还要体现在设计图纸的质量上。

① 业主（监理工程师）对设计图纸的审核，不同的阶段有不同的审核内容。初步设计阶段设计图纸的审核，侧重于项目所采用的技术方案是否符合总体方案的要求，是否达到项目决策阶段确定的质量标准，并同时审核相应的概算文件，做到限额设计。技术设计阶段设计图纸的审核侧重于各专业设计是否符合预定的质量标准和要求，并同时审核相应的修正概算文件。施工图设计阶段对施工图的审核，应侧重于反映使用功能及质量要求是否得到满足。

② 政府机构对设计图纸的审核。政府机构对设计图纸的审核主要内容有：是否符合城市规划方面的要求，工程项目占地面积及界限、建筑红线、建筑层数及高度、立面造型及与所在地区的环境协调等；建设对象本身是否符合法定的技术标准，例如在安全、防火、卫生、三废治理等方面是否符合有关标准的规定；有关专业工程设计的审核，如对供水、排水、供电、供热、供煤气、交通道路、通信等专业工程的设计，应主要审核是否与工程项目所在地区的各项公共设施相协调、相衔接等。

（4）施工图会审

为了严格工程项目设计质量的审查，加强设计与采购、施工、试车各个环节的联系，需要实行各环节负责单位共同参加的联合会审制度。联合会审时要充分吸收多方面意见，提高设计的可操作性和安全性。

施工图会审的内容包括：是否属于无证设计或越级设计，施工图是否经设计单位正式签署；地质勘探资料是否齐全；设计图纸与说明是否齐全，有无分期供图的时间表；设计地震烈度是否符合当地要求；几个设计单位共同设计的专业图纸相互间有无矛盾，专业图之间、平立剖面图之间有无矛盾，标注有无遗漏；总平面与施工图的几何尺寸、平面位置、标高等是否一致；防火要求是否满足；建筑图与结构图的表示方法是否清楚，是否符合制图标准，预埋件是否表示清楚，有无钢筋明细表或钢筋的构造要求在图中是否表示清楚；施工图中所列各种标准图册，施工单位是否具备；材料来源有无保证，能否代换，图中所要求的条件能否满足，新材料、新技术的应用有无问题；地基处理方法是否合理，建筑与结构构造是否存在不能施工、不便于施工的技术问题，是否存在易导致质量、安全、工程费用增加等方面的问题；工业管道、电气线路、装置、运输道路与建筑物之间或相互间有无矛盾，是否合理；施工安全、卫生有无保证等。

4. 装饰工程项目设计方案的质量控制

根据工程项目设计开展的先后次序，装饰工程项目设计方案质量控制的主要内容有：

（1）收集和熟悉资料。包括已批准的项目建议书、可行性研究报告、选址报告、城市规划部门的批文、土地使用要求、环保要求；工程地质和水文地质勘察报告、区域图、地形图；动力、资源、设备、气象、人防、消防、地震烈度、交通运输、生产工艺、基础设施等资料；有关设计规范、标准和技术经济指标等。

（2）分析研究可行性研究报告和有关批文、资料，对项目总目标进行系统论证，分析设计准备阶段的投资、进度计划。

（3）根据建设项目总目标的要求，编制方案竞选文件，组织设计方案竞选。

（4）协调、落实外部有关条件。如水、电、气、热、通信、运输、消防、人防、环保等。

（5）参与主要设备、材料的选型，对设计工作进行协调、控制，检查控制设计进度，按期完成设计任务。

（6）组织对设计方案的评审或咨询。审查设计方案、设计图纸、概算和主要设备材料清单，保证各部分设计符合质量目标的要求，符合有关技术法规和技术标准的规定，保证有关设计文件、设计图纸符合现场和施工的实际条件，保证工程造价符合投资限额。

5. 施工图设计的质量控制

（1）施工图设计阶段质量控制存在的主要问题

① 对设计阶段监理的重视程度不够高。虽然设计阶段对整个工程项目建设的影响大，但错误地认为，工程项目质量、投资、进度控制的重点是在施工阶段，甚至认为设计阶段的管理属政府管理职能，而且设计单位本身有一套完善的管理制度，进行设计监理没有必要。这种观点，一方面造成了业主在工程项目设计阶段很少委托监理，另一方面，也影响了设计阶段监理的范围及深度。

② 设计阶段监理的成效有待提高。目前设计阶段监理在内容、手段等方面有许多不完善之处，

并没有充分发挥高智能监理人员的作用，具体表现在：只重视对设计方案的审查，而忽视对相应结构方案、设备方案的审查；只重视事后控制，而忽视事前、事中的控制，设计阶段监理并没有深入到工程项目设计中去，其监理手段多为事后的设计成果审查；忽视合同管理，工程项目设计合同中涉及双方责权利的条款粗略，确定合同标的的具体特征不具体，缺乏对合同履行情况的检查与监督；监理人员素质不高。

（2）施工图设计阶段质量控制

为了切实提高施工图设计质量，必须对设计过程中各目标进行事前指导、事中检查和事后审核的控制。落实好相应的组织、技术和经济措施，及时收集项目实施过程中有关目标值并与目标规划值进行比较，一旦发生偏差，应及时纠偏。

① 施工图设计的事前控制的主要内容有：确定设计目标、完善质量保证体系、审核设计纲要、设置目标控制点。

② 施工图设计的事中控制的主要内容有：参与各专业设计方案的定案工作；定期对各子目标的质量情况进行检查；协调涉及各部门和专业的工作。

③ 施工图设计的事后控制的主要内容有：审核施工图及预算；做好设计技术交底及后期现场服务工作；设计变更的控制；合同的管理，处理好索赔。

五、装饰工程项目设计进度管理

1. 装饰工程项目设计进度管理的意义

（1）装饰工程项目设计进度管理是设备和材料供应进度管理的基础。设计单位必须提出设备清单才能进行加工订货或购买。

（2）装饰工程项目设计进度管理是施工进度管理的前提。通常必须是先有设计图纸，然后才能按图施工。只有及时供应设计图纸，才可能有正常的施工进度。

（3）装饰工程项目设计进度管理是工程项目进度管理的重要内容。设计进度是工程项目总进度的组成部分，其设计周期也是建设工期的构成部分。

2. 装饰工程项目设计进度管理的主要任务

装饰工程项目设计进度管理的主要任务是出图控制，也就是通过采取有效措施使工程项目设计者如期完成初步设计、技术设计、施工图设计等各阶段的设计工作，并提交相应的设计文件。为此，设计单位要制订科学的设计进度计划和出图计划，并在工程项目设计实施过程中，跟踪检查这些计划的执行情况，定期将实际进度与计划进度进行比较，进行纠正或修订进度计划，若发现进度拖后，设计单位应采取有效措施加快进度。

3. 设计进度管理的目标体系

装饰工程项目设计进度管理的最终目标是保质、保量、按时提供施工图设计文件。为了对设计进度进行有效的管理，要按照实际需要将进度管理总目标按设计进展阶段和专业进行分解，从而形成设计阶段进度管理目标体系。

（1）设计进度管理分阶段目标

项目设计主要包括设计准备、初步设计、技术设计、施工图设计等阶段的工作，为了确保设计进度管理总目标的实现，应明确每一阶段的进度管理目标。

① 设计准备工作时间目标。设计准备工作阶段主要包括规划设计条件的确定、设计基础资料的提供以及委托设计等工作，它们都应有明确的时间目标。

② 初步设计、技术设计工作时间目标。初步设计应根据业主提供的设计基础资料进行编制，技术设计应根据初步设计文件进行编制。为了确保项目设计进度总目标的实现，并保证项目设计质量，应根据项目的具体情况，确定合理的初步设计和技术设计周期目标。该时间目标中，除了要考虑设计工作本身及进行设计分析和评审所花的时间外，还应考虑设计文件的报批时间。

③ 施工图设计工作时间目标。施工图设计应根据批准的初步设计文件或技术设计文件和主要设备订货情况进行编制。施工图设计是设计工作的最后一个阶段，其工作进度将直接影响项目的施工进度，进而影响工程项目设计进度总目标的实现。因此，必须确定合理的施工图设计交付时间，确保工程项目设计进度总目标的实现，从而为工程施工的正常进行创造良好的条件。

（2）设计进度管理分专业目标

为了有效地管理项目设计进度，还应将各阶段设计进度目标具体化，进行更细的分解。例如，可以将初步设计工作时间目标分解为方案设计时间目标和初步设计时间目标；将施工图设计时间目标分解为装饰装修设计时间目标和安装图设计时间目标等。这样，设计进度管理目标便构成了一个从总目标到分目标的完整的目标体系。

4. 装饰工程项目设计进度管理措施

设计工作属于多专业协作配合的脑力劳动。在设计过程中，影响其进度的因素很多，如建设意图及要求改变的影响、设计审批时间的影响、设计各专业之间不协调配合等的影响。这些影响因素发生时，都会改变工程项目的设计进度，并产生进度偏差。为了履行工程项目设计合同，按期提交施工图设计文件，要求设计单位必须事先充分考虑这些影响因素，并对设计进度进行有效管理。其管理措施主要有：

（1）建立进度计划部门。负责设计单位年度计划的编制和工程项目设计进度各目标计划的编制。

（2）建立健全设计技术经济定额。设计要经济合理，避免返工，并按定额要求进行计划的编制与考核。

（3）实行设计工作技术经济责任制。将设计人员的经济利益与其完成任务的质量和设计进度挂钩。

（4）编制切实可行的设计总进度计划、阶段性设计进度计划和设计进度作业计划。在编制计划时，加强与业主、监理单位、科研单位及承包商的协作与配合，使设计进度计划积极可行。

（5）精心实施设计讲度计划，力争设计工作有节奏、有秩序、合理搭接地进行。在执行计划时，要经常检查计划的执行情况，发现有偏差应及时对设计进度进行调整，使设计工作始终处于可控状态，保证将各设计阶段的每一张图纸（包括其相应的设计文件）的进度都纳入监控之中。

（6）坚持按基本建设程序办事。尽量避免“边设计、边准备、边施工”的“三边”设计。

（7）不断分析总结设计进度管理工作经验，逐步提高设计进度管理工作水平。

（8）推广和应用标准设计。在设计工作中，尽量推广和应用标准设计，以加快设计进度，并能不断总结和自行编制本设计单位使用或本专业使用的通用图和复用图。

（9）与业主和监理单位密切配合。要严格管理设计变更，消除业主对设计进度的不利影响。当业主委托监理单位进行工程设计监理时，应积极配合监理人员对设计进度的监控，以加快设计进度。

（10）处理好 CM（Construction Management）方法的应用。CM 是一种广泛应用于美国、加拿大、欧洲各国和澳大利亚等国的工程承包和管理模式。CM 模式在缩短建设周期、降低工程费用、提高工程质量等方面为投资者创造了明显的效益。对周期长、工期要求紧迫的大型复杂工程项目，当采用 CM 承发包模式时，由于采取分阶段发包，使设计与施工充分地搭接，这就对设计方案的施工可行性和合理性，设计文件的质量和设计进度提出了更高、更严的要求。进度管理人员必须采取有效措施，使项目设计与施工能协调地进行，避免出现因设计进度拖延而导致施工进度受影响的不正常情况，最终确保项目进度总目标的实现。

第三节 装饰工程项目招标与投标管理

招投标是市场经济的一种交易方式，通常用于大宗的商品交易。其特点是由唯一的买主（或卖主）设定标的，招请若干卖主（或买主）通过报价进行竞争，从中选择优胜者与之达成交易协议，随后按协议实现“标的”。

“标的”是指招标单位标明的项目内容、条件、工程量、质量、工期、规模、标准及价格等。

招投标活动应本着公开、公正、公平和诚信的原则进行。

一、装饰工程项目招标与投标概述

1. 招标和投标制度的作用

实行招标和投标制度的作用是有利于打破垄断，开展竞争；促进建设单位做好工程前期工作；有利于节约造价；有利于缩短工期；有利于保证质量；有利于管理体系的法律化。

2. 招投标的特点

（1）招投标是在国家宏观计划指导和政府监督下的竞争。

（2）投标是在平等互利基础上的竞争。

（3）竞争的目的是相互促进、共同提高，竞争并不排斥互助联合，联合寓于竞争之中。

（4）对投标人的资格审查避免了不合格的承包商参与承包。

3. 招标投标程序

招标和投标要遵循一定的程序，招投标过程按工作特点不同，可划分成招投标准备阶段、招投标实施阶段、定标成交阶段三个阶段。招标投标程序如图 2-6 所示。

（1）招投标准备阶段

在这个阶段，建设单位要组建招标工作机构（或委托招标代理机构），决定招标方式和工程承包方式，编制招标文件，并向有关工程主管部门申请批准；对投标单位来说，主要是对招标信息的调研，决定是否投标。

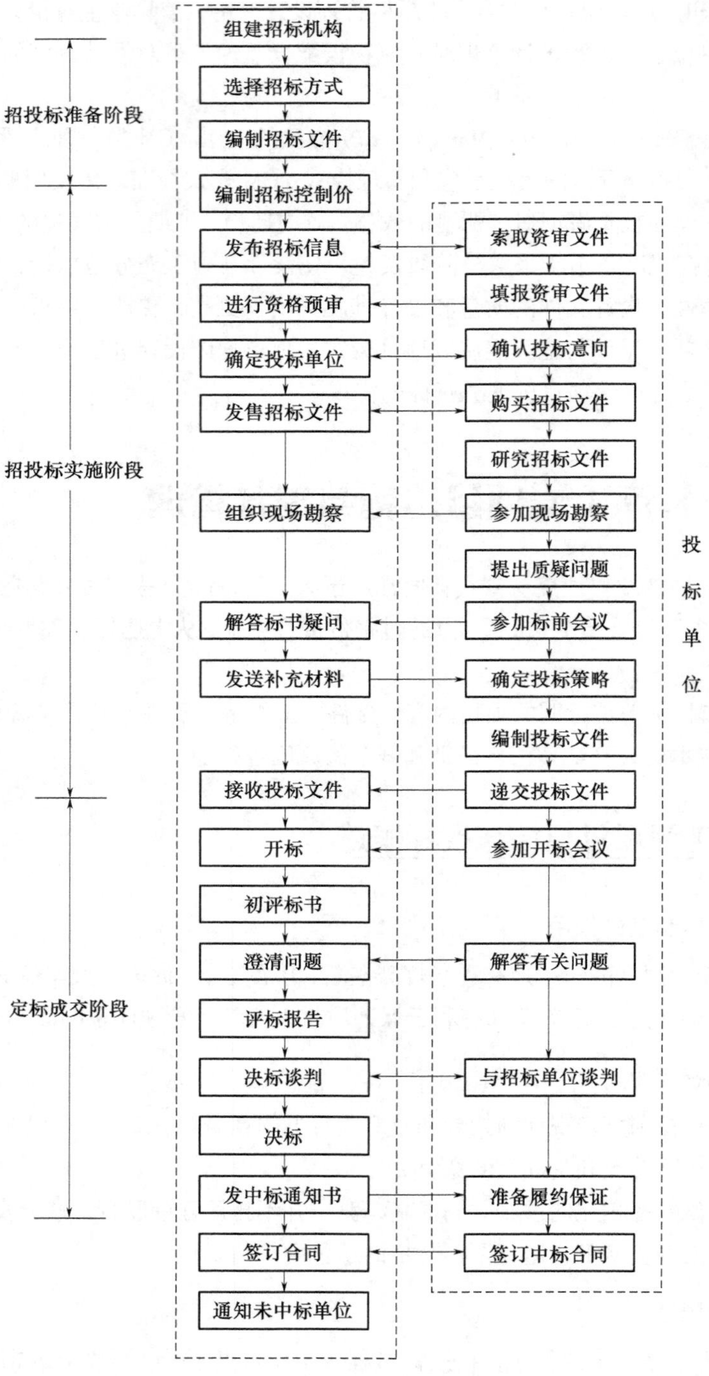

图 2-6　建设工程项目招标投标程序

（2）招投标实施阶段

在这个阶段，对于招标单位来说，其主要过程包括编制招标控制价、发布招标信息（招标公告或投标邀请书）、对投标者进行资格预审、确定投标单位名单、发售招标文件、组织现场勘察、解答标书疑问、发送补充材料、接收投标文件。对投标单位来说，其主要任务包括索取资格预审文件、填报资格审查文件、确定投标意向、购买招标文件、研究招标文件、参加现场勘察、提出质疑问题、参加标前会议、确定投标策略、编制投标文件并送达。

（3）定标成交阶段

在这个阶段，招标单位要开标、评标、澄清标书中的问题并得出评标报告、进行决标谈判、决标、发中标通知书，签订合同，通知未中标单位；投标单位要参加开标会议、提出标书中的疑问、与招标单位进行谈判、准备履约保证，最后签订合同。

4. 招投标中政府的职能

（1）监督工程项目实施是否经过招投标程序签订合同。

（2）招标前的监督。审查是否具备自行招标的条件和招标前的备案。发布招标公告或者发出投标邀请书的 5 日前应向工程项目所在地县级及以上地方人民政府建设行政主管部门或受其委托的建设工程项目招投标监督管理机构备案，并报送相关资料。

（3）公开招标应在有形建筑市场中进行。

（4）招标文件备案。招标人在发出招标文件的同时，应将招标文件报工程所在地县级及以上地方人民政府建设行政主管部门备案。

（5）招标结果备案。招标人应在中标人确定之日起 15 日内，向工程项目所在地县级及以上地方人民政府建设行政主管部门提交招投标情况的书面报告。内容包括工程项目招标投标的基本情况和相关资料。

（6）对重新进行工程项目招标的审查备案。当发生以下情况时，招标人可以宣布本次招标无效，依法重新招标：提交文件的投标人少于三个；经评标委员会评审，所有投标文件被否决。

二、装饰工程项目招标

招标是指由工程项目招标人将工程项目的内容和要求以文件形式标明，招引工程项目承包单位来报价，经过比较选择理想承包单位并达成协议的活动。招标可以是全过程的招标，其工作内容包括工程项目设计、施工和使用后的维修；也可以是阶段性的招标，如工程项目设计、施工、材料供应等。

1. 必须招标的建设工程项目

（1）建设工程项目招标范围

在中华人民共和国境内进行下列工程建设项目包括工程项目的勘察、设计、施工、监理以及与工程建设有关的重要设备、材料等的采购，必须进行招标：大型基础设施、公共事业等关系社会公共利益、公共安全的项目；全部或者部分使用国有资金或者国家融资的项目；使用国际组织或者外国政府资金的项目。

（2）建设工程项目招标规模标准

《工程建设项目招标范围和规模标准规定》规定的上述各类建设工程项目，包括项目的勘察、设计、施工、监理以及与工程建设有关的重要设备、材料等采购，达到下列标准之一的，必须进行招标：施工单项合同估算价在 200 万元人民币以上的；重要设备、材料等货物的采购，单项合同估算价在 100 万元人民币以上的；勘察、设计、监理等服务的采购，单项合同估算价在 50 万元人民币以上的；单项合同估算价低于以上规定的标准，但项目投资总额在 3000 万元人民币以上的。

2. 招标的条件

（1）建设工程项目招标条件

建设工程项目已列入政府的年度固定资产投资计划；已向建设工程项目招投标管理机构办理报建登记；有批准的概算、建设资金已经落实；建筑占地使用权依法确定；招标文件经过审批；其他条件。建设工程招标的内容不同，招标条件会有些相应变化，都有各自的特点。

（2）建设工程项目招标人条件

具有法人资格或是依法成立的其他经济组织；具有与招标工作相应的经济、技术管理人员；具有组织编写招标文件、审查投标单位资质的能力；熟悉和掌握招投标法及有关法律和规章制度；有组织开标、评标、定标的能力。

3. 项目招标方式

（1）公开招标

公开招标又叫无限竞争性招标，是指招标人以招标公告的方式邀请不特定的法人或者其他组织投标。即招标人在指定的报刊、电子网络或其他媒体上发布招标公告，吸引众多的单位参加投标竞争，招标人从中择优选择中标单位的招标方式。

公开招标的优点是可以广泛的吸引投标人，投标单位的数量不受限制，凡通过资格预审的单位都可参加投标；公开招标的透明度高，能赢得投标人的信赖，而且招标单位有较大的选择范围，可在众多的投标单位之间选择报价合理、工期较短，信誉良好的承包者；体现了公平竞争，打破了垄断，能促使承包者努力提高工程质量，缩短工期和降低成本。

公开招标的缺点是投标单位多，招标单位审查投标人资格及投标文件的工作量大，付出的时间多，且为准备招标文件也要支付许多费用；由于参加竞争的投标人多，而投标费用开支大，投标人为避免这种风险，必然将投标的费用反映到标价上，最终还是由建设单位负担；公开招标也存在一些其他的不利因素，如一些不诚实、信誉又不好的投标者为了“抢标”，往往采用故意压低报价的手段以挤掉那些信誉好、技术先进而报价较高的投标者；另外从招标实践来看，公开招标中出现串通投标的情况并不少见。

（2）邀请招标

邀请招标也称选择性招标、有限竞争性招标，是指招标人以投标邀请书的方式邀请特定的法人或者其他组织投标。即由招标人根据承包者资信和业绩，选择一定数目的法人或其他组织，向其发出投标邀请书，邀请他们参加投标竞争。

《招标投标法》规定，招标人采用邀请招标方式的，应当向 3 个以上具备承担招标项目的能力、资信良好的特定法人或者其他组织发出投标邀请书。

采用邀请招标是为了克服公开招标的缺陷，防止串通投标。通过这种方式，业主可以选择经验丰富、信誉可靠、有实力、有能力的承包者完成自己的项目。采用邀请招标方式，由于被邀请参加竞争的投标人为数有限，可以节省招标费用和时间，提高投标单位的中标机率，降低标价，所以这种方式在一定程度上对招标投标双方都是有利的。当然，邀请招标也有其不利之处，这就是由于竞争的对手少，招标人获得的报价可能并不十分理想；而且由于招标人视野的局限性，在邀请时可能漏掉一些在技术、报价上有竞争实力的承包者。

（3）公开招标与邀请招标的主要区别

① 发布信息的方式不同。公开招标通过招标公告发布信息，邀请招标通过投标邀请书发布信息。

② 竞争强弱不同。公开招标竞争性极强，邀请招标竞争性较弱。

③ 时间和费用不同。公开招标用时长、费用高；邀请招标用时较短，费用较低。

④ 公开程度不同。公开招标透明度高，邀请招标的公开程度相对较低。

⑤ 招标程序不同。公开招标进行资格预审，邀请招标不进行资格预审。

⑥ 适用条件不同。邀请招标一般用于工程规模不大或专业性较强的工程。

4. 建设工程项目施工招标的主要工作

（1）招标准备阶段

招标准备阶段的主要工作是建设单位向建设行政主管部门提出招标申请；组建招标机构；确定发包内容、合同类型、招标方式；准备招标文件：发布招标广告、资格预审文件及申请表、招标文件；编制招标控制价、报主管部门审批。

（2）招标阶段

招标阶段主要工作是邀请承包商投标，发布资格预审公告，编制并发出资格预审文件；进行资格预审；分析资格预审材料、发出资格预审合格通知书；发售招标文件；组织勘察现场；对招标文件进行澄清和补遗；接受投标人提问并以函件或会议纪要方式答复；接收投标书，记录接收投标书的时间、保护有效期内的投标书。

（3）决标成交阶段

决标成交阶段的主要工作是开标；评标，初评投标书，要求投标人提出澄清文件，召开评标会议，编写评标报告，作出授标决定；授标，发出中标通知书，进行合同谈判，签订合同，退回未中标人的投标保函，发布开工令；招标结果备案。

5. 施工招标文件的内容

招标文件是投标人编制投标书的依据，应参照“招标文件范本”编写招标文件。招标文件应包括的主要内容有投标须知；合同条件；协议合同格式；技术规范；图纸和技术资料；投标文件格式；采用工程量清单计价的，提供工程量清单。

招标文件是编制投标文件的重要依据、是评标的依据、是签订承发包合同的基础、是双方履约的依据。因此，招标文件还应包括投标人必须遵守的规定、要求、评标标准和程序；投标文件中必须按规定填报的各种文件、资料格式，包括投标书格式、资格审查表、工程量清单、投标保函格式及其他补充资料表等；中标人应办理文件的格式，如合同协议书格式、履约保函格式、动员预付款保函格式等；由招标人提出的构成合同的实质性内容等。

6. 招标控制价

（1）招标控制价的概念

招标控制价是招标人根据国家或省级、行业建设主管部门颁发的有关计价依据和办法，按设计施工图纸计算的，对招标工程限定的最高工程造价，也可称其为拦标价、预算控制价或最高报价等。

招标控制价是《建设工程量清单计价规范》（GB50500—2008）修订中新增的专业术语，它是在建设市场发展过程中对传统标底概念的性质进行界定，这主要是由于我国工程建设项目施工招标从推行工程量清单计价以来，对招标时评标定价的管理方式发生了根本性的变化。

（2）招标控制价的计价依据

① 中华人民共和国国家标准《建设工程工程量清单计价规范》GB50500—2013（现行）；

② 国家或省级、行业建设主管部门颁发的计价定额和计价办法；

③ 建设工程设计文件及相关资料；

④ 招标文件中的工程量清单及有关要求；

⑤ 与建设项目相关的标准、规范、技术资料；

⑥ 工程造价管理机构发布的工程造价信息，如工程造价信息没有发布的，参照市场价；

⑦ 其他的相关资料。

（3）招标控制价的编制内容

招标控制价的编制内容主要包括分部分项工程费、措施项目费、其他项目费、规费和税金等，各个部分有不同的计价要求。

三、装饰工程项目投标

投标是指承包商向招标单位提出承包该工程项目的施工方案、标价等，供招标单位选择以获得承包权的活动。

建设工程项目施工投标实施过程是从填写资格预审表开始，到将正式投标文件送交招标人为止所进行的全部工作，它与招标实施过程实质上是一个过程的两个方面，它们的具体程序和步骤通常是互相衔接和对应的。

1. 投标准备

参与投标竞争是一件十分复杂并且充满风险的工作，因而承包者正式参加投标之前，要进行一系列的准备工作，只有准备工作做得充分和完备，投标的失误才会降到最低。投标准备主要包括投标信息调研、投标资料的准备、办理投标担保等工作。

投标信息的调研就是承包者对市场进行详细的调查研究，广泛收集项目信息并进行认真分析，从而选择适合本单位投标的项目。主要调查项目的规模、性质，材料和设备来源、价格；当地气候条件和运输情况。承包者通过以上准备工作，根据掌握的项目招标信息，并结合自己的实际情况和需要，确定是否参与资格预审。如果决定参与资格预审，则准备资格预审材料，开始进入下一步工作。

在招标投标活动中，投标人参加投标将面临一场竞争，不仅比报价的高低、技术方案的优劣，而且比人员、管理、经验、实力和信誉。因此建立一个专业的、优秀的投标班子是投标获得成功的根本保证。

2. 资格预审表的填写

要做到在较短时间内报出高质量的投标资料，特别是资格预审资料，平时要做好本单位在财务、人员、设备、经验、业绩等各方面原始资料的积累与整理工作，分门别类，并不断充实、更新，这也反映出单位信息管理的水平。参与投标经常用到的资料包括：营业执照；资质证书；单位主要成员名单及简历；法定代表人身份证明；委托代理人授权书；项目负责人的委任证书；主要技术人员的资格证书及简历；主要设备、仪器明细情况；质量保证体系情况；合作伙伴的资料；经验与业绩；经审计的财务报表。

资格预审表一般包括五大方面的内容：投标申请人概况、经验与信誉、财务能力、人员能力和设备。项目性质不同、招标范围不同，资格预审表的样式和内容也有所区别。但一般包括：投标人身份证明、组织机构和业务范围表；投标人在以往若干年内从事过的类似项目经历；投标人的财务能力说明表；投标人各类人员表以及拟派往项目的主要技术、管理人员表；投标人所拥有的设备以及为拟投标项目所投入的设备表；项目分包及分包人表；与本项目资格预审有关的其他资料。资格预审文件的目的在于向愿意参加前期资格审查的投标人提供有关招标项目的介绍，并审查由投标人提供的与能否完成本项目有关的资料。对该项目感兴趣的投标人只要按照资格预审文件的要求填写好各种调查表格，并提交全部所需的资料，均可被接受参加投标前期的资格预审。否则，将会失去资格预审资格。在不损害商业秘密的前提下，投标人应向招标人提交能证明上述有关资质和业绩情况的法定证明文件或其他资料。

无论是资格预审还是资格后审，都是主要审查投标人是否符合下列条件：具有独立订立合同的权利；具有圆满履行合同的能力，包括专业、技术资格和能力；设施状况，管理能力，经验、信誉和相应的工作人员；以往承担类似项目的业绩情况；没有处于被责令停业，财产被接管、冻结、破产状态；在最近几年内（如 2 年内）没有与骗取合同有关的犯罪或质量责任和重大安全责任事故及其他违法、违规行为。

3. 分析招标文件并参加答疑

招标文件是投标的主要依据，投标单位应仔细研究招标文件，明确其要求。熟悉投标须知，明确了解表述的要求，避免废标。

（1）研究合同条件，明确双方的权利义务，包括：工程承包方式；工期及工期惩罚；材料供应及价款结算办法；预付款的支付和工程款的结算办法；工程变更及停工、窝工损失的处理办法。

（2）详细研究设计图纸、技术说明书。明确整个工程设计及其各部分详图的尺寸，各图纸之间的关系；弄清工程的技术细节和具体要求，详细了解设计规定的各部位的材料和工艺做法；了解工程对建筑材料有无特殊要求。

4. 投标文件的编制与递交

（1）投标文件的内容

投标人应当按照招标文件的规定编制投标文件。投标文件中应载明以下内容：投标书、投标书附录；投标人资格、资信证明文件；授权委托文件；投标项目施工方案及说明；投标价格；投标保证金或其他形式的担保；招标文件要求具备的其他内容；辅助文件（设计修改建议、优惠条件承诺等）。

（2）投标文件的密封及送达

投标人应在规定的投标截止日期前，将投标文件密封、送到招标人指定的地点。招标人在接到投标文件后，应签收或通知投标人已收到投标文件。投标人在规定的投标截止日期前，在递送标书后，可用书面形式向招标人递交补充、修改、或撤回其投标文件，投标截止日期后撤回投标文件，投标保证金不能退还。

（3）编制投标文件应注意的事项

必须使用招标人提供的投标文件表格格式，招标文件要求填写的内容，必须填写，实质性内容未填写（工期、质量、价格）将作为无效标书处置；采用正、副本形式，一正多副，不一致时以正本为准；投标文件应按要求打印或书写。法人代表签字盖章；投标人对投标文件应反复校核，确保无误；投标文件应保密；投标人应按规定密封、送达标书。

5. 装饰工程项目施工投标报价

装饰工程投标报价是投标人对招标工程报出的工程价格，是投标企业的竞争价格，它反映了建筑企业的经营管理水平，体现了企业产品的个别价值。

装饰工程施工项目投标报价是装饰工程施工项目投标工作的重要环节，报价的合适与否对投标的成败和将来实施工程的盈亏起着决定性的作用。

（1）装饰工程投标报价的依据

招标文件、施工组织设计、发包人的招标倾向、招标会议记录、风险管理规则、市场价格信息、政府的法律法规及制度、企业定额、竞争态势预测、预期利润。

（2）标价的组成

投标价格应该是项目投标范围内，支付投标人为完成承包工作应付的总金额。工程招标文件一般都规定，关于投标价格，除非合同中另有规定，具有标价的工程量清单中所报的单价和合价，以及报价汇总表中的价格应包括施工设备、劳务、管理、材料、安装、维护、保险、利润、税金、政策性文件规定及合同包含的所有风险、责任等各项费用。工程量清单中的每一单项均需计算，填写单价和合价，投标单位没有填写出单价和合价的项目将不予支付，并认为此项费用已包括在工程量清单的其他单价和合价中。

（3）装饰工程投标报价的原则

要按照招标要求的计价方式确定报价内容及各细目的计算深度；按经济责任确定报价的费用内容；充分利用调查资料和市场行情资料；投标报价计算方法应简明适用。

（4）装饰工程项目投标报价工作程序

装饰工程项目投标报价工作程序包括投标环境、工程项目调查，制定投标策略、复核工程量清单、编制施工组织设计、确定联营或分包询价及计算分项工程直接费，分摊项目费用编制综合单价分析表、计算投标基础价、获胜分析及盈亏分析、提出备选投标报价方案、决定投标报价方案。

（5）装饰工程项目工程量清单报价的确定方法

投标人应当根据招标文件的要求和招标项目的具体特点，结合市场情况和自身竞争实力自主报价，但不得以低于成本的报价竞标。投标报价计算是投标人对承揽招标项目所发生的各种费用的计算，包括单价分析、计算成本、确定利润方针，最后确定标价。在进行标价计算时，必须首先根据招标文件复核或计算工作量，同时要结合现场踏勘情况考虑相应的费用。标价计算必须与采用的合同形式相协调。按照建设部《建筑工程施工发包与承包计价管理办法》的规定，建筑工程施工发包与承包价在政府宏观调控下，由市场竞争形成。投标报价由成本（直接费、间接费）、利润和税金构成。其编制可以采用工程量清单计价方法：

① 核实工程量。对工程量清单中的工程量进行计算校核，如有错误或遗漏，应及时通知招标人。

② 有关费用问题。考虑人工、材料、机械台班的价格变动因素，特别是材料市场，并应计入各种不可预见的费用等。工程保险费用一般由业主承担，应在招标文件的工程量清单总则中单列；承包人的装备和材料到场后的保险费用，一般由承包人自行承担，应分摊到有关分项工程单价中。编制标书所需费用，包括现场考察、资料情报收集、编制标书、公关等费用。各种保证金的费用，包括投标保函、履约保函、预付款保函等。保证金手续费一般占保证金的4% ~ 6%，承包商应事先存在账户上且不计利息。其他有关要求增加的费用，如赶工，交通限制、临时用地限制、二次搬运费、仓库保管等。

③ 编制施工组织设计或施工方案。编制施工组织设计的总原则是高效率、低消耗。基本原则有连续性、均衡性、协调性和经济性。投标竞争是比技术、比管理的竞争，技术和管理的先进性充分体现在其编制的施工组织设计中，先进的施工组织设计可以达到降低成本，缩短工期、确保工程质量的目的。

④ 确定分部分项工程综合单价、计算合价、规费、税费，形成投标总价。

（6）装饰工程项目投标策略

投标策略是指承包者在投标竞争中的指导思想与系统工作部署及其参与投标竞争的方式和手段。承包者要想在投标中获胜，既要中标，又要从项目中赢利，就需要研究投标策略，以指导其投标全过程；在投标和报价中，选择有效的报价技巧和策略，往往能取得较好的效果。正确的策略来自承包者的经验积累、对客观规律的认识和对实际情况的了解，同时也少不了决策者的能力和魄力。

在激烈的投标竞争中，如何战胜对手，是所有投标人在研究的问题。遗憾的是，至今还没有一个完整或可操作的答案。事实上，也不可能有答案。因为建筑市场的投标竞争千姿百态，也无统一的模式可循。在当今的投标竞争中，面对变幻莫测的投标策略，掌握一些信息和资料，估计可能发生的一些情况，并加以认真仔细地分析，找出一些规律加以研究，这对投标人的决策是十分有益的，投标人至少从中能受到启发或提示。

由于招标内容不同、投标人性质不同，所采取的投标策略也不相同。下面仅就工程投标的策略进行简要介绍。工程投标的策略主要有：

① 以诚信取胜。这是依靠投标人长期形成的良好社会信誉，技术和管理上的优势，优良的工程质量和服务措施，合理的价格和工期等因素争取中标。

② 以施工速度快取胜。通过采取有效措施缩短施工工期，并能保证进度计划的合理性和可行性，从而使招标工程早投产、早收益，从而吸引业主。

③ 以报价低取胜。其前提是保证施工质量，这对业主一般都具有较强的吸引力；从投标人的角度出发，采取这一策略也可能有长远的考虑，即通过降价扩大任务来源，从而降低固定成本在各个工程上的摊销比例，既降低工程成本，又为降低新投标工程的承包价格创造了条件。

④ 靠改进设计取胜。通过仔细研究原设计图纸，发现明显不合理之处，提出改进设计的建议和能切实降低造价的措施。在这种情况下，一般仍然要按原设计报价，再按建议的方案报价。

⑤ 采用以退为进的策略。当发现招标文件中有不明确之处并有可能据此索赔时，可报低价先争取中标，再寻找索赔机会。采用这种策略一般要在索赔事务方面具有相当成熟的经验。

⑥ 采用长远发展的策略。其目的不在于在当前的招标工程上获利，而着眼于发展，争取将来的优势，如为了开辟新市场、掌握某种有发展前途的工程施工技术等，宁可在当前招标工程上以微利甚至无利的价格参与竞争。

（7）装饰工程项目投标报价决策

报价决策是指投标人召集算标人和决策人、咨询顾问人员共同研究，就标价计算结果进行讨论，做出调整计算标价的最后决定，形成最终报价的过程。报价决策之前应首先计算基础标价，即根据招标文件的工作内容和工作量以及报价项目单价表，进行初步测算，形成基础标价。其次做风险预测和盈亏分析，即充分估计实施过程中的各种有关因素和可能出现的风险，预测对报价的影响程度；然后测算可能的最高标价和最低标价，也就是测定基础标价可以上下浮动的界限，使决策人心中有数，避免凭主观愿望盲目压价或加大保险系数。完成这些工作后，决策人就可以靠自己的经验和智慧，做出报价决策。为了在竞争中取胜，决策者应当对报价计算的准确度、期望利润是否合适、报价风险及本单位的承受能力、当地的报价水平，以及竞争对手优势劣势的分析等因素进行综合考虑，才能决定最后的报价金额。在工程报价决策中应当注意以下问题：

① 报价决策的依据。决策的主要资料依据应当是自己的算标人员的计算书和分析指标。参加投标的承包商当然希望自己中标，但是，更为重要的是中标价格应当合理，不应导致亏损。以自己的报价计算为依据进行科学分析，而后做出恰当的报价决策，至少不会盲目地落入竞争的陷阱。

② 响应招标文件要求，分析初步报价，对其合理性、竞争性、营利性和风险性，做出最终报价决策。

③ 在最小预期利润和最大风险之间做出决策。由于投标情况纷繁复杂，投标中碰到的情况并不相同，很难界定需要决策的问题和范围。一般来说，报价决策并不仅限于具体计算，而是应当由决策人与算标人员一起，对各种影响报价的因素进行恰当的分析，并做出果断的决策。除了对算标时提出的各种方案、基价、费用摊入系数等予以审定和进行必要的修正外，更重要的是决策人应全面考虑期望的利润和承担风险的能力。承包商应当尽可能避免较大的风险，采取措施转移、防范风险并获得一定利润。决策者应当在风险和利润之间进行权衡并做出选择。

④ 低报价不是中标的唯一因素。招标文件中一般明确申明“本标不一定授给最低报价者或其他任何投标人”。所以决策者可以在其他方面战胜对手。例如，可以提出某些合理的建议，使业主能够降低成本、缩短工期。如果可能的话，还可以提出对业主优惠的支付条件等。低报价是中标的重要因素，但不是唯一因素。

⑤ 替代方案。提交替代方案的前提是必须提交按招标文件要求编制的报价，否则被视为无效标书。

（8）投标人价格风险防范

遵照风险防范程序、风险防范管理体系，编制和利用风险管理规划，充分利用《合同示范文本》防范价格风险。《合同示范文本》中的“通用条款”，是双方的无争议条款，投标人可利用的条款有：合同价款及调整、工程预付款、工程款（进度款）支付、确定变更价款、竣工结算违约、索赔、不可抗力、保险、担保。《合同示范文本》中的“专用条款”对上述各条与防范风险有关的内容进一步具体化、需通过双方谈判达成一致。投标人应力争回避风险、使风险发生的可能性降到最低，取消不利条款、增加约束业主的条款、采取担保－保险－风险分散等办法转移风险，为索赔创造合同条件。

（9）报价技巧

报价技巧是指在投标报价中采用一定的手法或技巧使业主可以接受，而中标后又能获得更多的利润。常用的工程投标报价技巧主要有：

① 灵活报价法。灵活报价法是指根据招标工程的不同特点采用不同报价。投标报价时，既要考虑自身的优势和劣势，又要分析招标项目的特点。按照工程的不同特点、类别、施工条件等来选择报价策略。

② 不平衡报价法。不平衡报价法也叫前重后轻法，是指一个工程总报价基本确定后，通过调整内部各个项目的报价，以期既不提高总报价、不影响中标，又能在结算时得到更理想的经济效益。

③ 零星用工（计日工）单价的报价。如果是单纯报计日工单价，而且不计入总价中，可以报高些，以便在业主额外用工或使用施工机械时多盈利。但如果计日工单价要计入总报价时，则需具体分析是否报高价，以免抬高总报价。总之，要分析业主在开工后可能使用的计日工数量，再来确定报价方针。

④ 可供选择的项目的报价。有些工程的分项工程，业主可能要求按某一方案报价，而后再提供几种可供选择方案的比较报价。但是，所谓“可供选择的项目”并非由承包商任意选择，而只有业主才有权进行选择。因此，提高报价并不意味着一定能取得好的利润，而只是提供了一种可能性。

⑤ 增加建议方案。有时招标文件中规定，可以提一个建议方案，即是可以修改原设计方案，提出投标人的方案。投标人这时应抓住机会，组织一批有经验的设计和施工工程师，对原招标文件的设计和施工方案仔细研究，提出更为合理的方案以吸引业主，促成自己的方案中标。这种新建议方案可以是降低总造价或是缩短工期，可使工程运转更为顺利。但要注意对原招标方案一定也要报价。建议方案不要写得太具体，要保留方案的技术关键，防止业主将此方案交给其他承包商。同时要强调的是，建议方案一定要比较成熟，具有很好的操作性。

⑥ 分包商报价的采用。由于现代工程的综合性和复杂性，总承包商不可能将全部工程内容完全独家包揽，特别是有些专业性较强的工程内容，须分包给其他专业工程公司施工，还有些招标项目，业主规定某些工程内容必须由他指定的分包商承担。因此，总承包商通常应在投标前先取得分包商的报价，并增加总承包商摊入的一定的管理费，而后作为自己投标总价的一个组成部分一并列入报价单中。应当注意，分包商在投标前可能同意接受总承包商压低其报价的要求，但等到总承包商得标后，他们常以种种理由要求提高分包价格，这将使总承包商处于十分被动的地位。解决的办法是，总承包商在投标前找 2 ~ 3 家分包商分别报价，而后选择其中一家信誉较好、实力较强和报价合理的分包商签订协议，同意该分包商作为本分包工程的唯一合作者，并将分包商的姓名列到投标文件中，但要求该分包商相应地提交投标保函。如果该分包商认为这家总承包商确实有可能得标，他也许愿意接受这一条件。这种把分包商的利益同投标人捆在一起的做法，不但可以防止分包商事后反悔和涨价，还可能迫使分包时报出较合理的价格，以便共同争取得标。

⑦ 无利润算标。缺乏竞争优势的承包商，在不得已的情况下，只好在算标中根本不考虑利润去夺标。这种办法一般是在以下条件时采用：有可能在得标后，将大部分工程分包给索价较低的一些分包商；对于分期建设的项目，先以低价获得首期工程，而后赢得机会创造第二期工程中

的竞争优势，并在以后的实施中取得利润；较长时期内，承包商没有在建的工程项目，如果再不得标，就难以维持生存。因此，虽然本工程无利可图，但是只要能有一定的管理费维持公司的日常运转，就可设法渡过暂时的困难，以图将来东山再起。

⑧ 突然降价法。投标报价是一件保密的工作，但是对手往往通过各种渠道、手段来刺探情况，因此在报价时可以采取迷惑对手的方法，即先按一般情况报价或表现出自己对该工程兴趣不大，投标截止时间快到时，再突然降价。采用这种方法时，一定要在准备投标报价的过程中考虑好降价的幅度，在临近投标截止日期前，根据信息与分析判断，再做最后决策。如果由于采用突然降价法而中标，因为开标只降总价，所以在签订合同后可采用不平衡报价的设想调整工程量表内的各项单价或价格，以期取得更高的效益。

四、装饰工程项目开标、评标和决标

1. 开标

开标是招标机构在预先规定的时间和地点将各投标人的投标文件正式启封揭晓的行为。开标由招标机构组织进行，但须邀请各投标人代表参加。在这一环节，招标人要按有关要求，逐一揭开每份投标文件的封套，公开宣布投标人的名称、投标价格及投标文件中的其他主要内容。公开开标结束后，还应由开标组织者整理一份开标会纪要。

按照惯例，公开开标一般按以下程序进行：

（1）主持人在招标文件确定的时间停止接收投标文件；

（2）宣布参加开标人员名单；

（3）确认投标人法定代表人或授权代表人是否在场；

（4）宣布投标文件开启顺序；

（5）依开标顺序，先检查投标文件密封是否完好，再启封投标文件；

（6）宣布投标要素，并做记录，同时由投标人代表签字确认；

（7）对上述工作进行纪录，存档备查。

2. 评标

评标是招标机构确定的评标委员会根据招标文件的要求，对所有投标文件进行评估，并推荐出中标候选人的行为。评标是招标人的单独行为，由招标机构组织进行。在这一环节的步骤主要有：审查标书是否符合招标文件的要求和有关惯例、组织人员对所有标书按照一定方法进行比较和评审、就初评阶段被选出的几份标书中存在的某些问题要求投标人加以澄清、最终评定并写出评标报告等。

评标是审查确定中标人的必经程序，是一项关键性的而又是十分细致的工作，关系到招标人能否得到最有利的投标，是保证招标成功的重要环节。

（1）组建评标委员会

评标是依据招标文件的规定和要求，对投标文件所进行的审查、评审和比较。评标由招标人依法组建的评标委员会负责。评标委员会成员名单一般在开标前确定。《招标投标法》规定，依法必须进行招标的项目，其评标委员会由招标人的代表、有关技术及经济等方面的专家组成，成员人数为五人以上单数，其中技术、经济等方面的专家不得少于成员总数的三分之二。

为了保证评标公正性，防止招标人左右评标结果，评标不能由招标人或其代理机构独自承担，而应组成一个由招标人或其代理机构的必要代表、有关专家等人员参加的委员会，负责依据招标文件规定的评标标准和方法，对所有投标文件进行评审，向招标人推荐中标候选人或者依据授权直接确定中标人。评标是一种复杂的专业活动，在专家成员中技术专家主要负责对投标中的技术部分进行评审；经济专家主要负责对投标中的报价等经济部分进行评审；而法律专家则主要负责对投标中的商务和法律事务进行评审。

评标委员会由招标人负责组织。为了防止招标人在选定评标专家时的主观随意性，我国法律规定招标人应从省级以上人民政府有关部门提供的专家名册或者招标代理机构的专家库中，确定评标委员会的专家成员（不含招标人代表）。专家可以采取随机抽取或者直接确定的方式确定。对于一般项目，可以采取随机抽取的方式；而技术特别复杂、专业性要求特别高或者国家有特殊要求的招标项目，采取随机抽取方式确定的专家难以胜任的，可以由招标人直接确定。

评标工作的重要性，决定了必须对参加评标委员会的专家资格进行一定的限制，并非所有的专业技术人员都可进入评标委员会。法律规定的专家资格条件是：从事相关领域工作满 8 年，并具有高级职称或者具有同等专业水平。法律同时规定，评标委员会的成员与投标人有利害关系的人应当回避，不得进入评标委员会；已经进入的，应予以更换。

评标委员会设负责人（如主任委员）的，评标委员会负责人由评标委员会成员推举产生或者由招标人确定。评标委员会负责人与评标委员会的其他成员有同等的表决权。

评标委员会成员的名单，在中标结果确定前属于保密的内容，不得泄露。

（2）评标程序

评标工作一般按以下程序进行：招标人宣布评标委员会成员名单并确定主任委员；招标人宣布有关评标纪律；在主任委员主持下，根据需要，讨论通过成立有关专业组和工作组；听取招标人介绍招标文件；组织评标人员学习评标标准和方法；提出需澄清的问题，经委员会讨论，并经二分之一以上委员同意，提出需投标人澄清的问题，以书面形式送达投标人；澄清问题，对需要文字澄清的问题，投标人应当以书面形式送达评标委员会；评审、确定中标候选人，评标委员会按招标文件确定的评标标准和方法，对投标文件进行评审，确定中标候选人推荐顺序；提出评标工作报告，经委员会讨论，并经三分之二以上委员同意并签字的情况下，通过评标委员会工作报告，并报送招标人。

（3）评标准备

评标准备主要工作是准备评标场所、评标委员会成员知悉招标情况以及制定评标细则。

（4）初步评审

大型复杂项目的评标，通常分两步进行：先进行初步评审（简称初审），也称符合性审查，然后进行详细评审（简称详评或终评），也称商务和技术评审。中小型项目的评标也可合并为一次进行，但评标的标准和内容基本相同。

在开标前，招标人一般要按照招标文件规定，并结合项目特点，制定评标细则，并经评标委员会审定。在评标细则中，对影响质量、工期和投资的主要因素，一般还要制定具体的评定标准和评分办法以及编制供评标使用的相应表格。

评标委员会应当根据招标文件规定的评标标准和方法，对投标文件进行系统的评审和比较。

这些事先列明的标准和方法在评标时能否真正得到采用，是衡量评标是否公正、公平的标尺。为了保证评标的这种公正和公平性，评标不得采用招标文件未列明的任何标准和方法，也不得改变（包括修改、补充）招标文件确定的评标标准和方法。这一点，也是世界各国的通常做法。

在正式评标前，招标人要对所有投标文件进行初步审查，也就是初步筛选。有些项目会在开标时对投标文件进行一般性符合检查，在评标阶段对投标文件的实质性内容进行符合性审查，判定是否满足招标文件要求。

初审的目的在于确定每一份投标文件是否完整、有效，在主要方面是否符合要求，以便从所有投标文件中筛选出符合最低标准要求的投标人，淘汰那些基本不合格的投标文件，以免在详评时浪费时间和精力。评标委虽会通常按照投标报价的高低或者招标文件规定的其他方法对投标文件排序。初审的主要项目有：

① 投标人是否符合投标条件。

② 投标文件是否完整。

③ 主要方面是否符合要求。

④ 计算方面是否有差错。

（5）详细评审

经初步评审合格的投标文件，评标委员会应当根据招标文件确定的评标标准和方法，对其技术部分和商务部分做进一步评审、比较。总之，评标内容应与招标文件中规定的条款和内容相一致。除对投标报价和主要技术方案进行比较外，还应考虑其他有关因素，经综合评审后，确定选取最符合招标文件要求的投标。

（6）评标方法

评标方法主要有两种，即最低投标价法和综合评估法。

① 经评审的最低投标价法是一种以价格加其他因素评标的方法。以这种方法评标，一般做法是将报价以外的商务部分数量化，并以货币折算成价格，与报价一起计算，形成评标价，然后以此价格按高低排出次序。能够满足招标文件的实质性要求，“评标价”最低的投标应当作为中选投标。

② 综合评估法就是在采购机械、成套设备、车辆以及其他重要固定资产如工程等时，如果仅仅比较各投标人的报价或报价加商务部分，则对竞争性投标之间的差别将不能做出恰如其分的评价。综合评估法最常用的是综合评分法。综合评分法，也称打分法，是指评标委员会按预先确定的评分标准，对各投标文件需评审的要素（报价和其他非价格因素）进行量化、评审记分，以标书综合分的高低确定中标单位的评标方法。由于项目招标需要评定比较的要素较多，且各项内容的计量单位又不一致，如工期是天、报价是元等，因此综合评分法可以较全面地反映出投标人的素质。

3. 决标

决标也称定标，是指招标人在评标的基础上，最终确定中标人，或者授权评标委员会直接确定中标人的行为。决标对招标人而言，是授标；对投标人而言，则是中标。在这一环节，招标人所要经过的步骤主要有：裁定中标人、通知中标人其投标已被接受、向中标人发出中标通知书、通知所有未中标的投标人，并向他们退还投标保函等。

4. 签订合同

签订合同习惯上也称授予合同，因为它实际上是由招标人将合同授予中标人并由双方签署合同的行为。签定合同是购货人或业主与中标的承包者双方共同的行为。在这一阶段，通常先由双方进行签定合同前的谈判，就投标文件中已有的内容再次确认，对投标文件中未涉及的一些技术性和商务性的具体问题达成一致意见；双方意见一致后，由双方授权代表在合同上签字，合同随即生效。为保证合同履行，签定合同后，中标者还应向招标人提交一定形式的担保书或担保金。

第四节 装饰工程项目合同与风险管理

合同管理也就是合同风险管理，无论我们采取何种管理手段，何种管理方式，目的都是降低或规避合同风险。

一、装饰工程项目合同管理

1. 合同的概念

合同是平等主体的自然人、法人、其他社会组织之间设立、变更、终止民事权利义务的协议。合同具有下列法律特征：合同是当事人双方合法的法律行为；合同当事人双方具有平等地位；合同关系是一种法律关系。

合同的订立形式以不要式为原则，合同的形式可以是书面形式、口头形式和其他形式。工程项目合同形式为书面形式。

当事人订立合同，要经过要约和承诺两个阶段。要约是希望和他人订立合同的意思表示。发要约之前，有时做出要约邀请，要约邀请是希望他人向自己发出要约的意思表示。承诺是受要约人做出的同意要约的意思表示。对于建设工程招标项目，招标公告是要约邀请，投标书是要约，而中标通知书是承诺。

合同生效应具备的条件是当事人具有相应的民事权利能力和民事行为能力；意思表示真实；不违反法律或者社会公众利益。

2. 合同的内容

（1）当事人的名称或者姓名和住所。

（2）标的。是当事人双方权利和义务共同指向的对象。标的的表现形式为物、行为、智力成果等。

（3）数量。是衡量合同标的多少的尺度，以数字和计量单位表示。施工合同的数量主要体现的是工程量的大小。

（4）质量。合同对质量标准的约定应当准确而具体。由于建设工程中的质量标准大多是强制性标准，当事人的约定不能低于这些强制性的标准。

（5）价款或者报酬。价款或者报酬是当事人一方交付标的另一方支付货币。合同中应写明结算和支付方法。

（6）履行的期限、地点、方式。履行的期限是当事人各方依据合同规定全面完成各自义务的时间。履行的地点是当事人交付标的和支付价款或酬金的地点。施工合同的履行地点是工程所在地。履行的方式是当事人完成合同规定义务的具体方法。

（7）违约责任。合同的违约责任是指合同的当事人一方不履行合同义务或者履行合同义务不符合约定时，所应当承担的民事责任。

（8）解决争议的方法。在合同履行过程中不可避免地会发生争议，为使争议发生后能够有一个双方都能接受的解决方法，应在合同中对此做出约定。解决争议的方法有：和解、调解、仲裁、诉讼。

3. 合同的履行

合同的履行是指合同依法成立后，当事人双方依据合同条款的规定，实现各自享有的权利，并承担各自负有的义务，使各方的目的得以全面实现的行为。

合同的履行是合同的核心内容，是当事人实现合同目的的必然要求。虽然建设工程合同的履行是发包人支付报酬和承包人交付成果的行为，但是其履行并不单单指最后交付行为，而是一系列行为及其结果的总和。也就是说，建设工程合同的履行是当事人全面地、适当地完成合同义务，使当事人实现其合同权利的给付行为和给付结果的统一。

合同履行是一个过程。合同履行的这一特征的意义是：一方面，它能使当事人自合同成立、生效之时起，就关注自己和对方履行合同义务的情况，确保合同义务得到全面、正确的履行；另一方面，它能使当事人尽早发现对方不能履行或不能完全履行合同义务的情况，以便采取相应的补救措施，避免使自己陷入被动和不利，防止损失的发生和扩大。

合同履行是建设工程合同法律效力的主要内容，而且是核心的内容。合同的成立是合同履行的前提，合同的法律效力既含有合同履行之意，也是合同履行的依据和动力所在。

4. 合同的变更

合同的变更是指合同成立以后，尚未履行或尚未完全履行以前，当事人就合同的内容达成的修改和补充协议。

合同的变更是业主和承包者双方协商一致，并在原合同的基础上达成的新协议。合同的任何内容都是经过双方协商达成的，因此，变更合同的内容须经过双方协商同意。任何一方未经过对方同意，无正当理由擅自变更合同内容，不仅不能对合同的另一方产生约束力，反而将构成违约行为。

合同内容的变更，是指合同关系的局部变更，也就是说，合同变更只是对原合同关系的内容做某些修改和补充，而不是对合同内容的全部变更，也不包括主体的变更。合同主体的变更属于广义的合同变更。

合同的变更，也会产生新的债权债务内容，变更的方式有补充和修改两种方式。补充是在原合同的基础上增加新的内容，从而产生新的债权债务关系。修改是对原合同的条款进行变更，删除原来的条款，更换成新的内容。无论修改还是补充，其中未变更的合同内容仍继续有效。所以，合同的变更是使原合同关系相对的消灭。

当事人变更合同，有时是一方提出，有时是双方提出，有时是根据法律规定变更，有时是由于客观条件变化而不得不变更，无论何种原因变更，变更的内容应当是双方协商一致的结果。

5. 合同转让

合同的转让是指合同的当事人依法将合同的权利和义务全部地或部分地转让给第三人。承包者对工程建设合同的转让，一般称为转包。合同的转让具有以下特点：

（1）合同的转让并不改变原合同的权利义务内容。

（2）合同的转让引起合同主体的变化。

（3）合同的转让通常涉及原合同当事人双方以及受让的第三人。

6. 合同的转让与分包的区别

合同的转让与合同中的分包是不同的。《合同法》第 272 条规定总承包人或者勘察、设计、施工承包人经发包人同意，可以将自己承包的部分工作交由第三人完成，称之为分包。

两者的区别在于合同经合法转让后，原合同中转让人即退出原合同关系，受让人与原合同中转让人的对方当事人成为新的合同关系主体；而分包合同中，分包人与承包者之间的分包合同关系对原合同并无影响，分包人并不是原合同的主体，与原合同中的发包人并无合同关系；合同转让后，受让人成为合同的主体，承担原合同的权利、义务；而分包合同中，分包人取得原合同中承包人的工作义务，它的请求报酬权利只能向承包者主张而不能向原合同中的发包人主张。

7. 合同的担保

担保是当事人根据法律规定或双方约定，为使债务人履行债务，实现债权人的权利的法律制度。担保的方式有保证、抵押、质押、留置、定金。

在工程项目中，保证是最常用的一种担保方式。保证是保证人和债权人约定，当债务人不履行债务时，保证人按照约定履行债务或者承担责任的行为。工程项目的保证人往往是银行（保函），也可以是担保公司（保证书）。如施工投标保证、施工合同的履约保证和施工预付款保证。

8. 承担违约责任的方式

承担违约责任的方式有继续履行、采取补救措施、支付违约金、支付赔偿金以及定金罚则等。

9. 工程项目中的主要合同关系

工程项目是一个大的社会生产过程，参与单位形成了多种经济关系，而合同就是维系这些关系的纽带。在复杂的合同网络中，建设单位和施工单位是两个主要的节点。

（1）建设单位的主要合同关系

建设单位是工程项目的所有者，为实现工程项目的目标，它必须与有关单位签订合同。工程项目建设单位的主要合同关系如图 2–7 所示。

（2）施工单位的主要合同关系

施工单位是工程项目施工的具体实施者，它有着复杂的合同关系。其主要合同关系如图 2–8 所示。

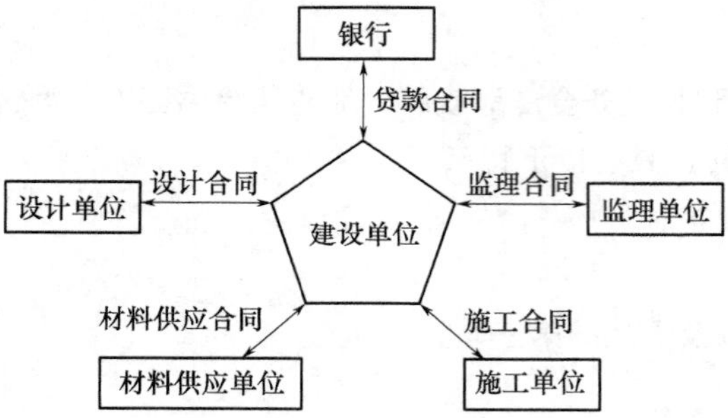

图 2–7　工程项目中建设单位的主要合同关系

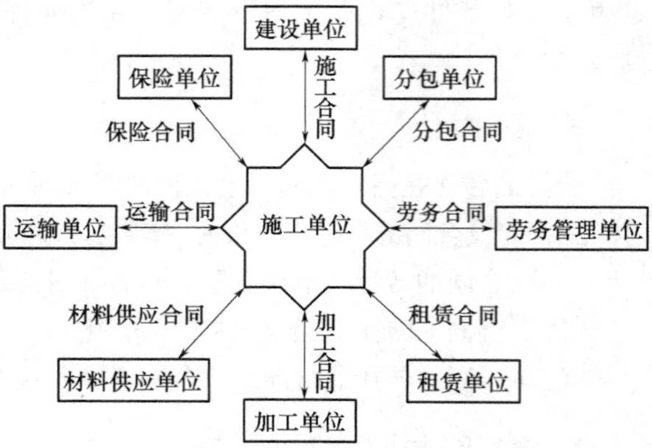

图 2–8　工程项目施工单位主要合同关系

10. 工程项目合同的作用

（1）合同确定了工程项目施工和管理的主要目标，是合同双方在工程项目中各种经济活动的依据。

工程项目合同在实施前签订，确定了工程项目所要达到的进度、质量、成本方面的目标以及与目标相关的所有主要细节的问题。

（2）合同规定了双方的经济关系。工程项目合同一经签订，合同双方就形成一定的经济关系。合同规定了双方在合同实施过程中的经济责任、权利和义务。

（3）工程项目合同是工程项目中双方的最高行为准则。如果任何一方不能认真履行自己的责任和义务，甚至撕毁合同，则必须接受经济的，甚至是法律的处罚。

（4）工程项目合同将工程项目的所有参与者联系起来，协调并统一其行为。

（5）工程项目合同是工程项目进展过程中解决争执的依据。争执的解决方法和解决程序由合同规定。

11. 工程项目合同的谈判

（1）谈判的准备

谈判的准备工作主要有组织谈判代表组、分析和确定谈判目标、分析与摸清对方情况、估计谈判与签约结果以及准备好会谈议程等。

（2）合同谈判的内容

合同谈判的内容主要是明确工程范围；确定质量标准以及所要遵循的技术规范和验收要求；工程价款支付方式和预付款的分期比例；总工期、开竣工日期和施工进度计划；明确工程变更的允许范围和变更责任；差价处理；双方的权利和义务；违约责任与赔偿等。

12. 工程项目合同的订立与无效合同

工程项目合同的订立是指两个以上的当事人，依法就工程项目合同的主要条款经过协商，达成协议的法律行为。

（1）签订工程项目合同的双方应具备的资格

签订工程项目合同的双方应具有法人资格；法人的活动不能超越其职责范围或业务范围；合

同必须由法定代表人或法定代表人授权委托的承办人签订；委托代理人要有合法手续。

（2）无效工程合同

无效工程合同是指合同双方当事人虽然协商签订，但因违反法律规定，从签订的时候起就没有法律效力，国家不予承认和保护的工程合同。无效合同的种类有违反法律和国家政策、计划的合同；采用欺诈、胁迫等手段签订的合同；违反法律要求的合同；违反国家利益和社会公共利益的合同。

13. 工程项目合同类型

（1）按签约各方的关系，工程项目合同可分为总包合同、分包合同、联合承包合同。

（2）按合同标的性质，工程项目合同可分为可行性研究合同、勘察合同、设计合同、施工合同、监理合同、材料设备供应合同、劳务合同等。《合同法》将勘察合同、设计合同、施工合同等三种合同称为建设工程合同。

（3）按计价方法，工程项目合同可分成固定价格合同、可变价格合同及成本加酬金合同。

14. 工程项目施工合同的内容

建设部和国家工商行政管理总局于2013年发布了《建设工程施工合同（示范文本）》（GF—2013—0201）（以下简称《示范文本》），适用于施工承包合同。该《示范文本》由《合同协议书》《通用合同条款》和《专用合同条款》三部分组成。

（1）《合同协议书》是施工合同的总纲领性法律文件。其内容有工程概况、合同工期、质量标准、签约合同价和合同价格形式、项目经理、合同文件构成、承诺以及合同生效条件等，集中约定了合同当事人基本的合同权利和义务。

（2）《通用合同条款》通用于一切建筑工程，规范承发包双方履行合同义务的标准化条款。通用合同条款是合同当事人根据《中华人民共和国建筑法》《中华人民共和国合同法》等法律法规的规定，就工程建设的实施及相关事项，对合同当事人的权利和义务做出的原则性约定。

（3）《专用合同条款》反映招标工程具体特点和要求的合同条款，其解释优先于《通用合同条款》。专用合同条款是对通用合同条款原则性约定的细化、完善、补充、修改或另行约定的条款。合同当事人可以根据不同建设工程的特点及具体情况，通过双方的谈判、协商对相应的专用合同条款进行修改补充。

15. 工程项目合同的履行与变更

工程项目合同的履行是指当事人双方按照工程项目合同条款的规定，全面完成各自义务的活动。工程项目合同履行的关键在于工程项目变更的处理。

合同的变更是由于设计变更、实施方案变更、发生意外风险等原因而引起的甲乙双方责任、权利、义务的变化在合同条款上的反映。适当而及时的变更可以弥补初期合同条款的不足，但过于频繁或失去控制的合同变更会给项目带来重大损失甚至导致项目失败。

（1）合同变更的类型有正常和必要的合同变更以及失控的合同变更等。

（2）合同变更的内容范围包括工作项目的变化、材料的变化、施工方案的变化、施工条件的变化、国家立法的变化等。

16. 工程项目合同纠纷的处理

对于工程项目合同纠纷的处理，通常有协商、调解、仲裁和诉讼四种方式。

二、装饰工程项目的风险管理

1. 风险的概念

风险就是在给定情况下和特定时间内，可能发生的结果与预期目标之间的差异。风险要具备两方面条件：一是不确定性；二是产生损失后果。与风险有关的概念有风险因素、风险事件和损失等。

风险因素是指能产生或增加损失概率和损失程度的条件或因素。风险因素可分为：自然风险因素；道德风险因素；心理风险因素。风险事件是造成损失的偶发事件，是造成损失的外在原因或直接原因。损失是指经济价值的减少，有直接损失和间接损失。

按风险的后果可将风险分为纯风险和投机风险。纯风险是指会造成损失而不会带来收益的风险。投机风险则是可能造成损失也可能创造额外收益的风险。按风险产生的原因可将风险分为政治风险、社会风险、经济风险、自然风险、技术风险等。

建设工程项目风险大，这是由建设工程项目本身的固有特性决定的；参与工程建设各方均有风险，但风险有大有小。

2. 风险管理概念

风险管理是为了达到一个组织的既定目标，而对组织所承担的各种风险进行管理的系统过程，其采取的方法应符合公众利益、人身安全、环境保护及有关法规的要求。风险管理过程一般包括下列几个阶段：风险辨识，分析存在哪些风险；风险分析，衡量各种风险的风险量；风险对策决策，制定风险控制方案，以降低风险量；风险防范，采取各种处理方法，消除或降低风险。这几个阶段综合构成了一个有机的风险管理系统，其主要目的就是帮助参与项目的各方承担相应的风险。

（1）风险管理的任务

合同风险管理的主要任务有在招标投标过程中和合同签订前对风险做全面分析和预测；对风险进行有效预防；在合同实施中对可能发生，或已经发生的风险进行有效的控制。

（2）风险分析的主要内容

风险分析是风险管理系统中的一个不可分割的部分，其实质就是找出所有可能的选择方案，并分析任一决策所可能产生的各种结果。即可以使我们深入了解如果项目没有按照计划实施会发生何种情况。因此，风险分析必须包括风险发生的可能性和产生后果的大小两个方面。

客观条件的变化是风险的重要成因。虽然客观状态不以人的意志为转移。但是人们可以认识和掌握其变化的规律性，对相关的因素做出科学的估计和预测，这是风险分析的重要内容。

风险分析的目标可分为损失发生前的目标和损失发生后的目标。

① 损失发生前的目标。通过风险分析，可以找到科学、合理的方法降低各项费用，减少损失，以获得最大的投资或承包安全保障；通过风险分析，可以使人们尤其是管理人员了解风险发生的概率及后果大小，从而做到有备无患，增强成功信心；对整个社会而言，单个组织或个人发生损失，

也使社会蒙受损失，而风险分析则可以预防此种情况发生，从而承担应尽的社会责任。

② 损失发生后的目标。完善的风险分析，会产生有效的风险防范对策与措施，有助于组织摆脱困境，重获生机；损失发生后的组织，通过风险分析，使损失的资金重新回流，损失得到补偿，从而维持组织收益的稳定性；使组织继续发展。

合同风险分析主要依靠如下几方面因素：要精确地分析风险必须做详细的环境调查，占有第一手资料；对文件分析的全面程度、详细程度和正确性，当然同时又依赖于文件的完备程度；对对方意图了解的深度和准确性；对引起风险的各种因素的合理预测及预测的准确性。

在分析和评价风险时，最重要的是坚持实事求是的态度，切忌偏颇之见。遇到风险并不可怕，关键是能否在充分调查研究基础上做出正确分析和评价，从而找到避开和转移风险的措施和办法。

（3）风险的防范

① 风险回避。通常风险回避与签约前谈判有关，也可应用于项目实施过程中所做的决策。对于现实风险或致命风险多采取这种方式。

② 风险降低。风险降低也称风险缓和，常采用三种措施：一是通过教育培训提高员工素质。二是对人员和财产提供保护措施。三是使项目在实施时保持一致。

③ 风险转移。就是将风险因素转移给第三方，例如保险转移。

④ 风险自留。一些造成损失小、重复性高的风险适合自留，并不是所有风险都可以转移，或者说将某些风险转移是不经济的，在某些情况下，自留一部分风险也是合理的。

第五节　装饰工程项目信息管理

工程项目信息管理是工程管理的主要内容之一，是业主单位、设计单位、施工单位、监理单位之间互相沟通与外界联系及内部各阶段、部门联系必不可少的重要环节，也是管理决策的重要依据及必要手段，它贯穿于项目管理的整个过程中。

一、装饰工程项目信息管理概述

1. 信息和信息管理的概念

（1）信息的概念

信息是经过加工后的数据，它对接收者有用，对决策或行为有现实或潜在的价值。数据是原材料，是一组表示数量、行动和目标的非随机的可鉴别的符号，对此按照某种需求进行一系列的加工和处理所得到的对决策或行动有价值的结果才是信息。

总之，信息是一个社会概念，它是共享的人类的一切知识、学问以及客观现象加工提炼出来的各种消息之和。

在管理信息活动中，充分了解信息的特征，有助于充分、有效地利用信息，更好地为项目管理服务。信息具有以下特征：

① 事实性。事实是信息的中心价值，不符合事实的信息不仅不能使人增加任何知识，而且是有害的。

② 时效性。信息的时效性是指从信息源发送信息经过接收、加工、传递、利用的时间间隔及其效率。时间间隔越短，使用信息越及时，使用程度越高，则时效性越强。

③ 不完全性。关于客观事实的知识是不可能全部得到的，数据收集或信息转换要有主观思路，否则只能是主次不分，只有正确地舍弃无用的和次要的信息，才能正确地使用信息。

④ 等级性。管理信息系统是分等级的，处在不同级别的管理者有不同的职责，处理的决策类型不同，需要的信息也是不同的。因此信息也是分级的。通常把信息分为以下三级：高层管理者需要的战略级信息，中层管理者需要的策略级信息，基层作业者需要的执行作业级信息。

⑤ 共享性。信息只能分享，不能交换，告诉别人一个消息，自己并不失去它。信息的共享性使信息成为一种资源，使管理者能很好地利用信息进行工程项目的规划与控制，从而有利于项目目标的实现。

⑥ 价值性。信息是经过加工并对生产经营活动产生影响的数据，是劳动创造的，是一种资源，因而是有价值的。

（2）信息管理的概念

信息管理是指在项目的各个阶段，对所产生的、面向项目管理业务的信息进行收集、传递、加工、存储、维护和使用等信息规划和组织工作的总称。

① 信息的收集。收集信息先要识别信息，确定信息需求，而信息的需求要由项目管理的目标出发，从客观情况调查入手，加上主观思路规定数据的范围。关于信息的收集，应按信息规划，建立信息收集渠道的结构，即明确各类项目信息的收集部门、收集人，收集地点，收集方法，所收集信息的规格、形式，收集时间等。信息的收集最重要的是必须保证所需信息的准确、完整、可靠和及时。

② 信息的传递。传递信息同样也应建立信息传递渠道的结构，明确各类信息应传输至何地点，传递给何人，何时传输，采用何种传输方法等。应按信息规划规定的传递渠道，将项目信息在项目管理有关各方之间及时传递。信息传递者应保持原始信息的完整、清楚，使信息接收者能准确地理解并接收所需信息。

项目的组织结构与信息流程有关，决定信息的流通渠道。在一个工程项目中存在三种信息流：自上而下的信息流；自下而上的信息流；横向间的信息流。

③ 信息的加工。数据要经过加工以后才能成为信息，信息与决策的关系如下：数据→预信息→信息→决策→结果。

数据经加工后成为预信息或统计信息，再经处理、解释后才成为信息。项目管理信息的加工和处理，应明确由哪个部门、由何人负责，并明确各类信息加工、整理、处理和解释的要求，加工、整理的方式，信息报告的格式，信息报告的周期等。

对于不同管理层次，信息加工者应提供不同要求和不同浓缩程度的信息。项目的管理人员可分为高级、中级和一般管理人员，不同等级的管理人员所处的管理层面不同，他们实施项目管理的工作任务、职责也不相同。因而所需的信息也不相同。如图 2–9 所示，在项目管理班子中，由下向上的信息应逐层浓缩，而由上往下的信息则应逐层细化。

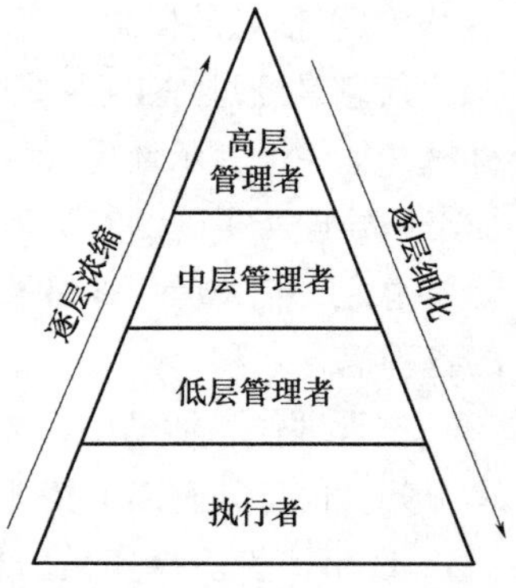

图 2–9　信息处理的原则

④ 信息的存储。信息存储的目的是将信息保存起来以备将来应用，同时也是为了信息的处理。信息的存储应明确由哪个部门、由谁操作；保存在什么介质上；怎样分类，怎样有规律地进行存储；要存储什么信息、存储多长时间、采用什么样的信息存储方式等，主要应根据项目管理的目标确定。

⑤ 信息的维护与使用。信息的维护是指保证项目信息准确、及时、安全和保密，能为管理决策提供使用服务。准确是要保持数据的准确、有效。项目信息的及时性是能够及时地提供信息。安全性和保密性是指要防止项目信息受到破坏和失窃。

2. 装饰工程项目中的资源流

资源在装饰工程项目的实施过程中产生的主要流动过程有：

（1）工作流。工作流是指由工程项目的结构分解得到项目的所有工作。这些工作在一定时间和空间上实施，形成项目的工作流。工作流即构成项目的实施过程和管理过程，主体是劳动力和管理者。

（2）物流。装饰工程的实施需要各种材料、设备、能源，它们由外界输入，经过处理转换成工程实体，最终得到项目产品。物流由工作流引起，物流表现出项目的物资生产、流动过程。

（3）资金流。资金流是工程项目中价值的运动形态。如库存的材料和设备、支付工资和工程款、项目建成后转为固定资产等。

（4）信息流。工程项目的实施过程需要并又不断产生大量信息，这些信息伴随着上述几种物流过程按一定的规律产生、转换、变化和被使用，并被传送到相关部门，形成项目实施过程中的信息流。

这四种流动过程之间相互联系、相互依赖又相互影响，共同构成了项目实施和管理的总过程。其中，信息流对装饰工程项目管理有特别重要的意义。信息流将项目的工作流、物流、资金流与项目环境结合起来，它不仅反映而且控制和指挥着工作流、物流和资金流。

3. 装饰工程项目中的信息

（1）装饰工程项目信息种类

① 装饰工程项目基本状况的信息，它主要存在于装饰工程项目的目标设计文件、装饰工程项目手册、各种合同、设计文件、计划文件中。

② 现场实际工程信息，如实际工期、成本、质量信息等，它主要存在于各种报告，如日报，月报，重大事件报告，设备、劳动力、材料使用报告及质量报告中。

③ 各种指令、决策方面的信息。

④ 其他信息。外部进入项目的环境信息，如市场情况、气候、外汇波动、政治动态等。

（2）装饰工程项目信息的基本要求

信息必须符合管理的要求，要有助于装饰工程项目系统和管理系统的运行，不能造成信息泛滥和污染。一般要求如下：

① 专业对口。不同的项目管理职能人员，在不同的时间，对不同的事件，就有不同的信息要求，故信息首先要专业对口，按专业的需要提供和流动。

② 反映实际情况。信息必须符合实际应用的需要，符合目标，而且简单有效。这里的含义：一是各种工程文件、报表、报告要实事求是，反映客观；二是各种计划、指令、决策要以实际情况为基础。

③ 及时提供。只有及时提供信息，才能有及时的反馈，管理者才能及时地控制项目的实施过程。

④ 简单和便于理解。信息要让使用者方便地了解情况、分析问题，信息的表达形式应符合人们日常接收信息的习惯。如对不懂专业、不懂项目管理的业主，则要采用更直观明了的表达形式，如模型、表格、图形、文字描述、多媒体等。

（3）装饰工程项目信息的载体

信息载体通常有纸张，如各种图纸、说明书、合同、信件、表格等；磁盘、磁带、录像带、光盘以及其他电子文件的载体；照片、微型胶片、X 光片；其他。信息载体选用的影响因素如下：

① 科学技术的发展，不断提供新的信息载体，不同的载体有不同的介质技术和信息存取技术要求。

② 装饰工程项目信息系统运行成本的限制。不同的信息载体需要不同的投资，有不同的运行成本，在符合管理要求的前提下，尽可能降低信息系统运行成本，是信息系统设计的目标之一。

③ 信息系统运行速度的要求。如气象、地震预防、国防、宇航之类等工程项目要求信息系统运行速度快，则必须采取相应的信息载体和处理、传输手段。

④ 特殊要求。如合同、备忘录、工程项目变更指令、会谈纪要等必须采用书面形式，由双方或一方签署才有法律证明效力。

⑤ 信息处理和传递技术费用的限制。

二、装饰工程项目信息管理系统

1. 装饰工程项目信息管理系统的概念

装饰工程项目管理中，信息、信息流和信息处理各方面的总和称为装饰工程项目信息管理系统。信息管理系统是将各种信息管理职能和管理组织沟通起来协调一致的信息处理系统。建立项目信息管理系统，并使它顺利地运行，是项目管理者的责任，也是完成项目管理任务的前提。

装饰工程项目信息管理系统有一般信息所具有的特性，它的总体模式如图 2-10 所示。

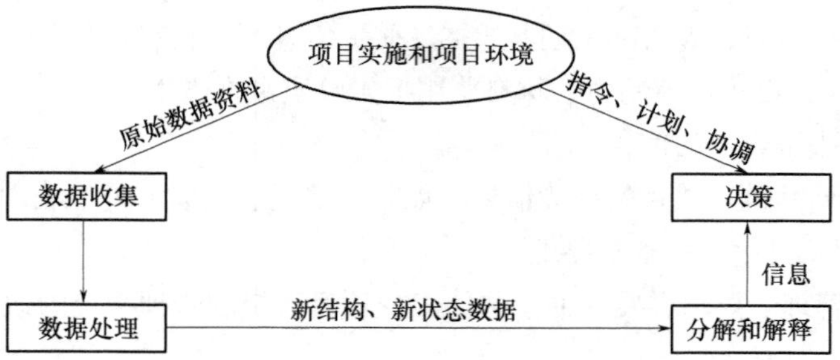

图 2-10　装饰工程项目信息管理系统总体模式

国际上对工程项目信息管理系统的定义是处理项目信息的人——机系统。它通过收集、存储及分析项目实施过程中的有关数据，辅助工程项目的管理人员和决策者规划、决策和检查，其核心是对项目目标的控制，即针对工程项目中的投资、进度、质量目标的规划与控制。另外，基于互联网的项目信息管理系统和全寿命集成化的项目信息管理系统也得到快速发展，使在项目实施过程中，对项目参与各方产生的信息和知识进行集中式管理，主要是项目信息的共享和传递。

2. 装饰工程项目信息管理系统的功能

装饰工程项目信息管理系统的基本功能应包括投资控制、进度控制、质量控制及合同管理四个子系统。如投资控制子系统应实现的功能是：投资分配分析，项目概算和预算；投资分配与项目概算的对比分析；项目概算与装饰工程项目预算的对比分析；合同价与投资分配、概算、预算的对比分析；实际投资与概算、预算、合同价的对比分析；项目投资变化趋势预测；项目结算与预算、合同价的对比分析；项目投资的各类数据查询；提供各种项目投资报表。

（1）满足项目全生命周期管理的需求。实现项目从策划、启动、规划到实施、竣工的全过程动态管理。

（2）满足项目不同管理层级的项目管理需求。从单项目信息层、单项目管理层、多项目管理层直至企业管理层，支持集团性、企业级的远程项目管理应用，实现多项目、多计划、多组织的灵活管理与综合分析，不仅面向单个项目的管理，更可以服务于整个企业。

（3）严格遵循项目管理的国家标准与行业规程，以此作为软件功能设计的基础，实现项目的综合化、规范化管理。

（4）以成本控制作为系统的管理目标，将合同、进度、资源、目标成本、工程预决算等管理要素紧密结合；以质量管理为操作目标，按照工程管理规范设计各类数据、报表和管理流程，实现质量管理工作的自动化。

（5）综合运用各类项目管理技术。如项目结构分解技术（PBS）、组织结构分解技术（OBS）、工作任务分解技术（WBS）、费用结构分解技术（CBS）、网络计划技术、赢得值分析技术等，实现信息技术与项目管理的完美有机结合。

（6）系统提供丰富实用的各类报表功能。包括计划类报表、检测类报表、成本类报表、合同类报表等，可以使项目管理人员从不同层面、不同角度考查项目，提供多维的价值评估。

（7）采用 B/S 体系结构。适用于集团型、分布式的管理架构，具有高度灵活的可维护性，能够很好地满足业务需求的不断变化，快速地实现软件升级；同时系统运行环境可以多元化，满足企业的高端与低端技术需求，实现从高性能平台到低成本代码开放的技术平台的转换。

3. 装饰工程项目信息管理系统的建立

（1）装饰工程项目信息管理系统要确定的基本问题

装饰工程项目信息管理系统的建立要确定以下基本问题：

① 管理者的信息需求。项目管理者和各职能部门为了决策、计划和控制需要的信息，以及以什么形式、在什么时候、从什么渠道取得信息。

② 信息的收集和加工。在项目实施过程中，每天都要产生大量的原始资料，如记工单、领料单、任务单、施工图、报告、指令、信件等。必须确定由谁负责这些原始数据的收集，这些资料、数据的内容、结构、准确程度怎样，由什么渠道获得这些原始数据、资料，并具体落实到责任人。这些原始资料面广量大、形式丰富多样，必须经过信息加工才能符合不同层次项目管理的要求。信息加工的概念很广，包括一般的信息处理方法，如排序、分类、合并、插入、删除等；数学处理方法，如数学计算、数值分析、数理统计等；逻辑判断方法，包括评价原始资料的置信度、来源的可靠性、数值的准确性，利用资料进行项目诊断和风险分析等。

③ 编制索引和存储。为了查询、调用的方便，建立项目文档系统，将所有信息分类编目，妥善保存，要做到既安全可靠，又方便使用。

④ 信息的使用和传递渠道。信息的传递是信息系统活性和效率的表现。信息传递的特点是不仅传输信息的内容，而且还要保持信息结构不变。在项目管理中，要设计好信息的传递路径，按不同的要求选择快速的、误差小的、成本低的传输方式。

（2）装饰工程项目信息管理系统的开发步骤

① 系统规划。系统规划是要提出系统开发的要求，通过一系列的调查和可行性研究工作，确定项目管理信息系统的目标，确定信息系统的主要结构，制定系统开发的全面计划，用以指导信息系统研制的实施工作。

② 系统分析。系统分析是整个开发过程的重要阶段。它包括对项目任务的详细了解和分析，在此基础上，通过数据的收集、数据的分析、系统数据流程图的确定等，决定最优的系统方案。

③ 系统设计。系统设计是根据系统分析的结果，进行新系统的设计。它包括确定系统总体结构、计算机系统流程图和系统配置，进行模块设计、系统编码设计、数据库结构设计、输入输出设计、文件设计和程序设计等。

④ 系统实施。系统实施也称系统实现，它包括机器的购置、安装，程序的调试，基础数据的准备，系统文档的准备，人员培训，以及系统的运行与维护等。

⑤ 系统评价。信息管理系统建成及投入运行以后，需要对系统进行评价，估计系统的技术性能和工作性能，检查系统是否达到预期目标，系统的功能是否按文件要求实现，进而对系统的应用价值和经济效益做出评价。

4. 装饰工程项目信息管理系统的信息沟通

（1）装饰工程项目参加者之间的信息沟通

装饰工程项目的信息流就是信息在项目参加者之间的流通。它通常与项目的组织模式相似，项目管理者要具体设计这些信息的内容、结构、传递时间、精确程序和其他要求。在信息系统中，每个参加者都是信息系统网络上的一个节点，他们都负责具体信息的收集（输入）、传递（输出）和处理工作。

例如，在装饰工程项目实施过程中，业主需要的信息是：项目实施情况月报，包括工程质量、成本、进度总报告；项目成本和支出报表，一般按分部工程和承包商做成本和支出报表；供审批用的设计方案、计划、施工方案、施工图纸等；各种法律、规范和规定，以及其他与项目实施有关的资料等。业主发出的信息有：各种指令，如修改设计、变更施工顺序等；审批各种计划、设计方案、施工方案等；向董事会提交工程项目实施情况报告等。而监理工程师通常需要的信息有：各项目管理职能人员的工作情况报表、汇报、报告、工程问题请示；业主的各种口头和书面的指令，各种批准文件；项目环境的各种信息等。监理工程师发出的信息有：向业主提交各种工程报表、报告；向业主提出决策用的信息和建议；向社会其他方提交工程文件，这些通常是按规定必须提供的，或为审批用的；向承包商下达各种指令、答复各种请示、落实项目计划、协调各方面工作等。

（2）各项目管理职能之间的信息沟通

项目信息管理系统是一个非常复杂的系统，它由许多子系统构成，如计划子系统、合同子系统、成本子系统、质量和技术子系统等，它们共同构成项目信息管理系统。按照管理职能划分，可以建立各个项目信息管理子系统。例如，成本管理信息系统、合同管理信息系统、质量管理信息系统、材料管理信息系统等，它们是为专门的职能工作服务的，用来解决专门信息的流通问题。

（3）项目实施过程的信息沟通

项目实施中的工作程序既可以表示项目的工作流，又可以表示项目的信息流。如在项目计划阶段，既需要大量的信息，也产生大量的信息，这样便构成了项目计划管理系统的信息流。所以，按照项目生命期过程，项目还可以划分为可行性研究信息系统、计划管理信息系统、实施控制信息系统等。

三、计算机辅助工程项目信息管理

1. 计算机在工程项目信息管理中的作用

计算机的广泛应用是工程项目管理现代化的主要标志之一，在国外一些大的承包企业、工程项目管理公司，计算机已广泛应用于项目管理的可行性研究、计划、实施控制各个阶段，应用于成本管理、合同管理、进度控制、风险管理、工程经济分析、文档管理、索赔管理等各个方面。它已成为日常项目管理工作和辅助决策不可缺少的工具。它在项目管理中的作用如下：

（1）可以大量地存储信息，大量地、快速地处理和传输信息，使项目信息管理系统能够高速有效的运行。

（2）能够进行复杂的计算工作，如网络计划分析、资源和成本的优化、线性规划等。

（3）通过计算机能使一些现代化的管理手段和方法在项目中卓有成效地使用，如预测和决策方法、模拟技术等。

（4）能提高项目管理效率，降低管理费用，减少管理人员数目，使管理人员有更多的时间从事更有价值的而计算机不能替代的工作。

（5）计算机网络技术的应用，使人们能够同时对多个项目进行计划、优化和控制，对远程项目进行及时监控。

2. 计算机辅助工程项目信息管理的基础工作

为了适应计算机辅助工程项目管理的要求，首先必须逐步实现管理工作的程序化、管理业务的标准化、报表文件的统一化、数据资料的完善化与代码化。

（1）管理工作程序化。建立完善的工程项目信息流程，使工程项目各参与单位之间的信息关系明确化，从流程图上一眼就能看清楚各参与单位的管理工作是如何一环扣一环地进行，同时结合工程项目的实际情况，对信息流程进行不断的优化和调整，找出不合理、多余的流程予以更正，以适应信息系统运行的需要。

（2）管理业务标准化。就是把管理工作中重复出现的业务，按照现代化生产对管理的客观要求以及管理人员长期积累的经验，规定成标准的工作程序和工作方法，用制度将它固定下来，成为行动的准则。

（3）基础数据管理制度化。注重基础数据的收集和传递，建立基础数据管理的制度，保证基础数据全面、及时、准确地按统一格式输入信息系统，这是工程项目信息管理系统的基础所在。

（4）报表文件的统一化。对信息系统的输入 / 输出报表进行规范和统一，要设计一套通盘的报表格式和内容，并以信息目录表的形式固定下来。

（5）数据类代码化。建立统一的工程项目信息编码体系，包括项目编码、项目各参与单位组织编码、投资控制编码、计划年度控制编码、质量控制编码、合同管理编码等。

3. 计算机辅助工程项目控制系统

（1）计算机辅助工程项目进度控制系统

工程项目进度控制系统是以计算机和网络计划技术为基础建立起来的。对于工程建设项目，简单的横道图已不能满足工程进度编制的需要，也不利于计算机的处理和经常性的进度计划调整，故网络计划技术已成为工程进度控制最有效，也是最基本的方法之一。在工程项目实施之前，可以利用计算机编制和优化进度计划；工程项目实施过程中，可以利用计算机对工程进度执行情况进行跟踪检查和调整。

归纳起来，工程项目进度控制系统的主要功能应包括数据输入；进度计划的编制；进度计划的优化；工程实际进度的统计分析；实际进度与计划进度的动态比较；进度偏差对后续工作影响的分析；进度计划的调整；工程进度的查询、增加、删除及更改；各种图形及报表输出；数据输出。

进度计划的编制包括横道图进度计划的编制和网络进度计划编制。

利用计算机编制横道图进度计划的基本步骤如下：按顺序输入各工作的编号及名称；确定各项工作的持续时间和所需资源（可采用直接输入计算机或从其他模块中获得）；确定各项工作间的合理搭接关系；生成横道图表。

利用计算机编制网络图进度计划的基本步骤如下：建立数据文件；时间参数计算；部分计算结果的输出。

（2）计算机辅助工程项目质量控制系统

工程项目管理人员为了实施对工程项目质量的动态控制，需要工程项目信息系统质量模块提供必要的信息支持。计算机辅助工程项目质量管理系统的基本功能如下：

① 存储有关设计文件及设计变更，进行设计文件的档案管理。

② 存储有关工程项目质量标准，为项目管理人员实施质量控制提供依据。

③ 提供多种灵活的方法帮助用户采集、编辑与修改原始数据。

④ 数据结构清晰，有利于对质量的判定。

⑤ 具有丰富的图形文件和文本文件，为质量的动态控制提供必要的物质基础。

⑥ 根据现场采集的数据资料，逐级生成各层次的质量评定结果。

（3）计算机辅助工程项目成本控制系统

工程项目成本控制系统模块主要用于收集、存储和分析工程项目成本信息，在工程项目实施的各个阶段制定成本计划，收集实际成本信息，并进行实际成本与计划成本的比较分析，从而实现工程项目成本计划的动态控制。

计算机辅助工程项目成本管理系统的基本功能是：输入计划成本数据，明确成本控制的目标；根据实际情况调整有关价格和费用，以反映成本控制目标的变动情况；输入实际成本数据，并进行成本数据的动态比较；进行成本偏差分析；进行未完工程的成本预测；输出有关报表。

4. 计算机辅助工程项目信息管理应用软件简介

（1）Primavera Project Planner（P3）工程项目管理软件

P3 系统项目管理软件是美国 Primavera 公司推出的用于工程项目管理的软件，P3 系列软件在国际上有较高的知名度，是目前比较优秀的项目管理软件之一。P3 在美国是使用最为广泛的用于工程项目管理的软件，许多跨国集团项目工程公司都是 P3 的用户。P3 在我国的一些大型工程项目上也得到良好的应用，建设部于 1995 年也组织推广了 P3 工程项目管理软件。

P3 的功能主要是用于工程项目进度计划，动态控制，以及资源管理及费用控制的项目管理软件。使用 P3，可将工程项目的组织过程和实施步骤进行全面的规划和安排，科学地制定项目进度计划。进度控制需要在项目实施之前确定进度的目标计划值；在项目的实施过程中进行计划进度与实际进度的动态跟踪和比较；随着项目进展，对进度计划要进行定期的或不定期的调整；预测项目的完成情况。

（2）Microsoft Project 项目管理软件

Microsoft Project 是由美国微软公司开发的项目管理的软件。它是应用最普遍的项目管理软件之一。2002 年，微软公司推出了 Project 2002 版，并将其列为 Office 2000 大家族的成员，可适用各种规模的项目。它利用项目管理的理论，建立了一套控制项目的时间性、资源和成本的系统。Project 系统功能强大，具有项目管理所需的各种功能，包括项目计划、资源分配、项目跟踪等，其界面易懂，图形直观，还可以在该系统使用 VBA（Visual Basic for Application），通过 Excel、Access 或各种 ODBC 数据库、CSV 和制表符分隔的文本文件兼容数据库存取项目文件等。

（3）Project Scheduler

Project Scheduler 是 Scitor 公司的产品，它是一个广受欢迎的项目管理软件，可以帮助用户管理项目中的各种活动。Project Scheduler 的资源平衡和资源优先设置非常实用，可以通过工作分解结构、组织分解结构进行调整和汇总。Project Scheduler 还允许用户根据一个周期的数据来评价资源成本利用率，还有模拟分析功能，同时可以通过 ODBC 链接多种类型数据库，并提供一个超级链接网页程序，使用户可以快速、专业地交流项目信息。

（4）清华斯维尔智能项目管理软件

清华斯维尔智能项目管理软件是清华斯维尔软件科技有限公司研制开发的项目管理软件。该系统将网络软件技术、网络优化技术应用于工程项目的进度管理中，以国内建设行业普遍采用的双代号时标网络图作为项目进度管理及控制的主要工具。在此基础上，通过挂接建设行业各地区的不同种类的定额库等，实现对资源与成本的精确计算、分析与控制，使用户不仅能从宏观上控制工期与成本，而且还能从微观上协调人力、设备与材料的具体使用，并以此作为调整与优化进度计划，实现利润最大化的依据。

（5）双代号转换绘图系统 AonAPlot

双代号转换绘图系统 AonAPlot 是中科院管理研究所在 Project2000 的基础上开发的项目管理软件，双代号是我国及亚洲地区习惯使用的网络图。AonAPlot for Project2000 双代号网络图自动生成系统是专门为 MS Project2000 中文版配套的系统，它能把在 MS Project 中文版中建立的项目计划直接转换为我国项目管理人员习惯使用的双代号网络图，使 MS Project 能更加广泛地在我国应用。

还有许多其他的项目管理软件，在此就不再一一介绍，可参考有关资料或登陆有关网站了解其情况。

复习思考题

1. 工程项目前期策划工作的作用是什么？
2. 工程项目可行性研究的作用有哪些？
3. 业主对可行性研究报告审查的主要内容有哪些？
4. 各类工程项目可行性研究的报批制度是什么？
5. 地震安全性评价报告的主要内容是什么？
6. 工程项目经济评价的主要作用是什么？
7. 什么是工程项目社会评价？
8. 什么是工程项目环境影响评价？
9. 工程项目环境影响评价的原则有哪些？
10. 工程设计专项资质划分为哪六项？
11. 装饰工程项目设计的特点主要表现在哪些方面？
12. 装饰设计方案阶段的管理的内容是什么？
13. 对装饰施工图设计阶段应怎样管理？
14. 设计文件使用阶段的管理内容主要有哪些？
15. 在工程项目中积极采用和推广标准设计具有哪些现实意义？
16. 装饰工程项目设计质量控制的要点有哪些？
17. 装饰工程项目设计进度管理措施有哪些？
18. 招投标活动的基本原则是什么？
19. 什么是公开招标？什么是邀请招标？它们的主要区别是什么？
20. 施工招标文件的内容主要包括哪些？
21. 什么是招标控制价？招标控制价的计价依据是什么？
22. 参与投标经常用到的资料包括哪些？
23. 工程投标策略主要有哪些？常用的工程投标报价技巧主要有哪些？
24. 合同的内容包括哪些？合同的担保方式有哪些？
25. 什么是无效工程合同？
26. 工程项目施工合同的内容包括哪些？
27. 工程项目合同纠纷的处理方式有哪些？
28. 如何防范工程项目风险？
29. 信息有哪些特征？
30. 什么是信息管理？怎样收集信息？
31. 装饰工程项目信息种类有哪些？装饰工程项目信息的基本要求是什么？
32. 选用信息载体的影响因素是什么？

33．装饰工程项目信息管理系统的功能有哪些？
34．装饰工程项目信息管理系统的开发步骤是什么？
35．如何进行装饰工程项目信息管理系统的信息沟通？
36．计算机在工程项目信息管理中的作用是什么？
37．计算机辅助工程项目信息管理的基础工作有哪些？
38．计算机辅助工程项目质量管理系统的基本功能是什么？
39．常用的各种计算机辅助工程项目信息管理应用软件的功能有哪些？

第三章 装饰工程项目施工管理

学习目标

通过本章学习，了解装饰工程项目施工管理的内容、目标体系和施工的准备工作内容；熟悉如何进行装饰项目资源管理，以及装饰工程项目施工验收和后评价；掌握装饰工程项目施工现场进度、质量、成本、安全管理，以及文明和环保施工管理的基本知识。

工程项目施工管理是施工企业对施工项目进行的管理。施工管理是以工程项目为对象，以工程项目所确定的效益为目标，以项目经理负责制为基础，建立以项目经理为中心、遵循工程项目内在的规律并服务于工程项目效益的全面质量保证体系。

第一节　装饰工程项目施工管理概述

装饰工程项目施工管理是指装饰工程项目施工企业运用系统的观点、理论和科学技术对装饰施工项目进行的计划、组织、监督、控制、协调等全过程的管理。

一、装饰工程项目施工管理的内容

装饰工程项目施工管理是承包人履行施工合同的过程，也是承包人实现该项目预期目标的过程。施工管理的每一过程，都应体现计划、实施、检查、处理（PDCA）的持续改进过程。施工管理的内容包括：编制“项目管理规划大纲”和“项目管理实施规划”，施工项目进度控制、质量控制、安全控制、成本控制，施工项目人力资源管理、材料管理、机械设备管理、技术管理、资金管理、合同管理、信息管理、施工现场管理，施工项目组织协调，施工项目竣工验收，施工项目考核评价和施工项目回访保修等内容。

二、装饰工程项目施工管理目标体系

1. 目标管理方法的应用

目标管理是指集体中的成员亲自参加工作目标的制定，在实施中运用现代管理技术和行为科学，借助人们的事业感、能力、自信等，实行自我控制，努力实现目标。目标管理是 20 世纪 50 年代由美国的德鲁克提出的，其精髓是以目标指导行动。由于目标有未来属性，故目标管理是面向未来的主动管理。目标管理重视成果的管理，重视人的管理。

施工管理应用目标管理方法，大致可划分为以下几个步骤：

（1）目标展开

总目标任务制定后，把目标分解到最小的可控制单位或个人，目标应自上而下地展开。目标分解与展开从三方面进行：纵向展开，把目标落实到各层次；横向展开，把目标落实到各层次内的各部门；时序展开，把年度目标再分解。

（2）明确任务分工

确定施工项目组织内各层次、各部门的任务分工，既对完成施工任务提出要求，又对工作效率提出要求。

（3）把项目组织的任务转换为具体的目标

该目标有两类：一类是成果性目标，如，工程质量、进度等；一类是管理效率性目标，如工程成本、劳动生产率等。

（4）落实制定的目标

落实目标要做到落实目标的责任主体，即谁对目标的实现负责；明确目标主体的责、权、利；

落实对目标责任主体进行检查、监督的上一级责任人及手段；落实目标实现的保证条件。

（5）目标实现和经济责任

项目管理层的目标实施和经济责任一般有：根据工程承包合同要求，完成施工任务，在施工过程中按企业的授权范围处理好施工过程中所涉及的各种外部关系；努力节约各种生产要素，降低工程成本，实现施工的高效、安全、文明；努力做好项目核算，做好施工任务、技术能力、进度的优化组合和平衡，最大限度地发挥施工潜力；做好作业队伍的精神文明建设；及时向决策层和管理层提供信息和资料。

（6）对目标的执行过程进行调控

监督目标的执行过程，进行定期检查，发现偏差，分析产生偏差的原因，及时进行协调和控制。对目标执行好的主体进行适当的激励。

（7）对目标完成的结果进行评价

把目标执行结果与计划目标进行对比，评价目标管理的好坏。

2. 装饰工程项目施工管理的目标管理体系

装饰工程项目施工管理的总目标是施工企业目标的一部分，企业的目标体系应以施工项目为中心，形成纵横结合的目标体系结构，如图 3-1 所示。分析该图可以了解到，企业的总目标是一级目标，其经营层和管理层的目标是二级目标，项目管理层（作业管理层）的目标是三级目标。对项目而言，需要制定成果性目标；对职能部门而言，需要制定效率性目标。不同的时间周期，要求有不同的目标，故目标有年、季、月度目标。指标是目标的数量表现，不同的管理主体、不同的时期、不同的管理对象，目标值（指标）不同。

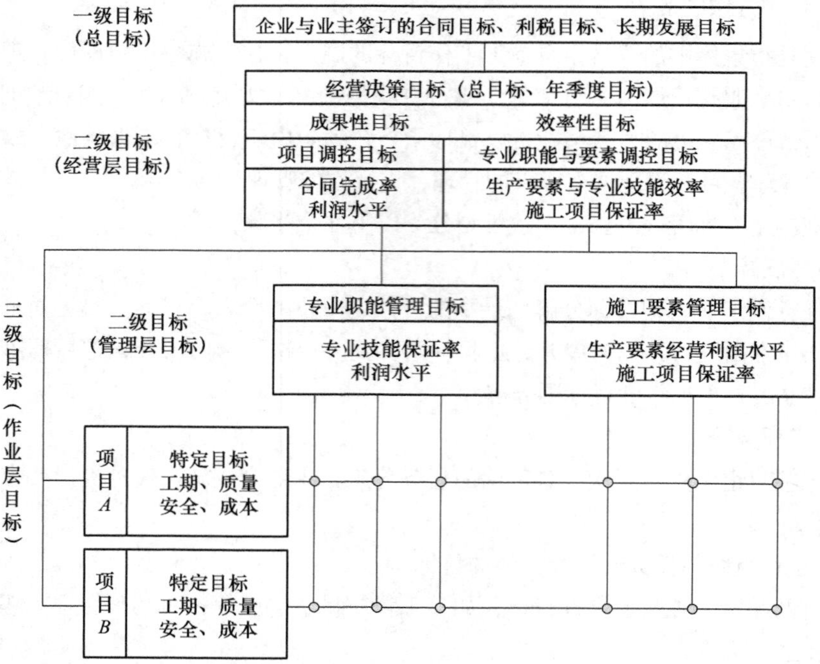

图 3-1　目标管理体系一般模式

三、装饰工程项目施工的准备工作内容

施工准备工作是设计和施工两个阶段之间的纽带，是取得良好施工效果的必经之路，是对拟建工程目标、资源供应和施工方案的选择，及其空间布置和时间排列等诸方面进行的施工决策。“运筹帷幄之中，决胜千里之外”，实践证明，凡是重视施工准备工作，积极为拟建工程创造一切施工条件，其工程项目的施工就会顺利地进行。做好施工准备工作的意义在于能坚持基本建设程序，可降低施工风险，可为工程开工和施工创造良好条件，并能正确处理好施工索赔。

1. 装饰工程项目施工准备的任务

施工准备工作的基本任务是为拟建工程的施工提供必要的技术和物资条件，统筹安排施工力量和施工现场，为工程开工、连续施工创造一切必备条件。具体任务包括：

（1）取得工程项目施工的法律依据。

（2）掌握工程的特点和关键。

（3）调查并创造各种施工条件。

（4）预测施工中的风险和可能发生的变化。

2. 业主方施工准备工作内容

从项目的基本建设程序看，业主方施工准备工作的内容应包括征地拆迁、组织规划设计、完成“三通一平”、大型临时暂设工程安排、组织设备材料订货、报建手续办理、委托建设监理、组织施工招标和投标、施工合同签订等内容。

3. 承包方施工准备工作内容

承包方的施工准备工作，一般是在接受施工任务后，在土地征购、房屋拆迁、基建物资、水、电、路的连接点以及施工图供应等基本落实的情况下进行的。每个工程项目施工准备工作的内容，应视该工程自身及其具备的条件而异。有的比较简单，有的却十分复杂。如一般小型项目和规模庞大的大中型项目，新建项目和改扩建项目等，都因工程的特殊需要和特殊条件而对施工准备工作提出各不相同的具体要求。

一般工程项目必需的准备工作内容主要有调查研究、技术准备、物资准备、劳动组织准备、施工现场准备、施工的场外准备和资金准备等各项准备工作。

4. 装饰工程项目施工准备工作的实施

施工准备工作实施必须有计划、有领导、有分工、有责任、有检查。具体应做到以下各点：编制施工准备工作计划，建立严格的施工准备工作责任制，建立施工准备工作检查制度，坚持按建设程序办事，实行开工报告和审批制度。施工准备工作必须贯穿于施工全过程，以及多方争取协作单位的大力支持等。

四、装饰工程项目施工资源管理

1. 装饰工程项目资源管理概述

资源是人们生产产品所需要的，形成生产力的各种要素。我们把劳动力、材料、机具设备、

技术和资金统称为工程项目施工的资源。装饰工程项目资源管理类型也就包括人力资源管理、建筑及装饰材料管理、施工机械设备管理、技术管理以及资金管理等。

装饰工程项目施工管理就是要对资源进行市场调查研究、合理配置、强化管理，用较小的投入，按要求完成项目施工任务，取得良好的经济效益和社会效益。

资源管理的目的主要是优化配置各种资源，对资源进行动态管理，在施工项目运行过程中合理使用资源，做到节约资源，降低成本。装饰工程项目资源管理的基本工作主要有编制项目资源计划、项目资源供应、节约使用资源、对资源使用效果进行分析等。

2. 装饰工程项目人力资源管理

项目施工企业对人力资源的管理包括有关人力资源和劳动的计划、决策、组织、指挥、监督、协调等项工作的总和，统称为劳动管理。

劳动者在生产活动的三个基本要素中，是最活跃的要素，处于最重要的地位，因此劳动管理做得好不好，劳动者能否人尽其材、才尽其用、各展所长，既有严密分工，又能形成强大的合力，对于项目实施的成败关系重大。项目管理最重要的环节是充分调动人的积极性和创造性，劳动管理是项目管理的重要组成部分。施工企业是劳动密集型企业，搞好劳动管理，具有更为突出的重要意义。

人力资源管理的目的是不断提高劳动生产率，从而提高企业的经济效益和市场竞争力。

人力资源管理的基本任务是根据企业生产的发展和技术进步的要求，组织劳动过程的分工与协作，不断完善企业内部的相互关系，合理地调配和使用劳动力，提高职工队伍工作的积极性，保证企业全面完成国家计划和合同任务，保障职工的健康与安全，在不断提高劳动生产率的基础上逐步改善职工的福利与提高职工的收入。

人力资源管理的主要内容有企业定员工作，劳动定额的制定和执行，劳动的组织与调配，职工的招收、培训、考核和转退工作，工资与奖励，劳动保护以及劳动组织竞赛等。

施工企业劳动定额管理的基本内容是：建立和健全劳动定额管理体制，使用劳动定额，修改和补充劳动定额，统计、考核、分析劳动定额完成情况以及整理和积累劳动定额资料等各项工作。

（1）工资（薪酬）管理

工资（薪酬）是指企、事业单位按照职工劳动的数量和质量、根据国家和企、事业单位预定的标准，以货币形式支付的劳动报酬。

工资分配的基本原则是“各尽所能，按劳分配”。施工企业的工资形式分为计时工资和计件工资两种形式。计时工资，是根据职工的技术熟练程度、劳动的繁简程度和工作时间的长短来支付工资的一种形式；计件工资，是以国家统一劳动定额为尺度按工人完成合格产品的数量、质量和规定的计件单位计算和支付劳动报酬的一种工资形式。

（2）施工队（班组）管理

施工队（班组）管理的内容包括：施工现场施工队（组）对劳动力的平衡调配，对操作人员的技术培训和文化培训，弹性施工队伍管理，施工队（班组）施工管理的基础工作和现场管理等。

施工队（班组）施工管理的任务是根据施工现场的具体情况，搞好劳动力的平衡调整，为施工现场配备必要的技术操作人员，搞好现场施工管理基础工作，加强施工班组建设，充分调动现场施工人员的积极性，全面完成现场施工生产任务。

施工班组是施工企业生产经营活动最基层的组织，是完成施工任务的直接承担者，施工班组工作效率的高低，与企业的生产经营有直接的影响。因此，要重视班组建设，加强班组管理，这是整个施工企业加强各项管理工作的基础。

班组管理的基本任务，就是在施工队或工程承包组的领导下，运用科学的管理方法，采用先进的施工工艺和操作技术，优质、快速、高效、均衡、低耗和安全地完成各项施工任务。

班组管理工作的主要内容有：选好班组长；建立施工班组管理制度，要建立以班组岗位责任制为中心的各项制度，主要有考勤制度、质量三检（自检、互检和交接检查）制度、安全生产制度、材料定额管理制度等；搞好班组核算和原始记录；要保持班组的相对稳定，尤其是采用弹性施工队伍，大量招收临时工而建立的班组，班组成员相对稳定才能提高技术、质量和操作能力，使班组更好地完成任务。

3. 装饰材料管理

材料管理是指工程项目施工中使用的各类材料在流通领域以及再生产领域中的供应与管理工作。

材料管理工作主要包括工程项目施工所需要的全部原材料、燃料、工具性材料、构配件以及各种加工定货的计划、采购、供应、出入库、调拨使用消耗与回收管理。它是在一定的材料（资源）条件下，实现项目一次性特定目标过程对物资需求的计划、组织、协调和控制。

装饰工程项目的一次性和单件性，给材料管理带来一定的风险性，因此要求周密的计划和科学的管理，必须一次成功。局部的系统性和整体的局部性，要求供给与消耗过程建立保证体系，处理好材料与质量、工期的关系。材料的供给与消耗过程具有众多的结合部（点），这给管理带来一定的复杂性。要求对外建立契约供求双方的权力与义务，对内加强工序间、工种间、部门间的协调。

（1）材料管理的层次

材料管理的层次分为管理层和劳务层。其中管理层又可分为决策层、管理（经营）层和执行层。

① 决策层。决策层由材料管理的最高领导人员组成，是企业有关材料经营管理的最高参谋部。其主要职责是：确保项目施工企业有关材料经营和资源开发的发展战略，制定企业材料经营管理的近期方针和目标，材料管理队伍的建设和培养，重大工程项目报价的审定与决策，以及本企业材料管理制度的制定与监督。

② 管理层。管理层亦称经营层，由装饰施工企业从事材料经营活动的管理人员组成，是材料的经营中心和利润中心。其主要职责是：根据企业的发展战略和经营方针，承办材料资源的开发、采购、储运等业务；负责报价、订价及价格核算，确定项目材料管理目标，并负责考核，围绕材料管理制定项目材料管理制度，并组织实施。

③ 执行层。执行层主要指工程项目施工班子，由直接参加材料管理的有关人员（含材料人员）组成，是企业的成本管理中心。其主要职责是：根据企业下达的材料管理目标所规定的材料、用料范围，组织合理使用，进行量差的核算，做好材料进场验收、保管和领退料工作，确保目标的实施。

④ 劳务层。劳务层是指装饰施工现场具有各种技能的施工操作人员。其具体职责是：在限定用料范围内合理使用材料，接受材料管理人员的指导、监督和考核。凡承包部分材料费的，要

负责费用核算，办理材料的领用，实行节约奖、超耗罚。

（2）装饰材料目标管理

材料目标管理，是指装饰工程施工企业在工程承包中标后，在材料供应和使用过程中，为实现期望获得的结果而进行的一系列工作。材料目标管理的主要内容包括确定目标及目标值的测算、制定措施、目标的实施、检查与总结。

装饰材料管理目标一般是按照材料供应与使用的两个过程建立。供应目标主要是及时、按质、齐备的供应和节约采购费用；使用目标主要是降低材料消耗，节约工程费用；目标一经确定，应通过一定的形式落实到材料供应部门和项目施工管理部门，这是对他们工作进行考核、评价和分配的依据。

管理目标包括目的目标和措施目标。目的目标是用一定的量表示最终要获得的结果。例如材料采购降低成本及降低率，材料节约及节约率等。按照工程项目管理的实施过程，目的目标可分为总目标和分项目标、子项目标。总目标是指整个工程项目要达到的目的，分项目标和子项目标是工程项目中的某一工程部位，某一分项工程或某一方面工作要达到的目的，对总目标的实现起保证作用。

目标值的计算方法主要有两种：一是经验估算法；二是措施计算法。经验估算法主要是根据过去的统计资料，考虑目前的变化因素求得的目标值，具有经验性。措施计算法是根据所采取的措施结果与原结果比较而求得的目标值，比经验估算法具有一定的科学性。在实际工作中，一般应把这两种方法结合起来使用。

为了达到预想结果，确保目标的实施，一般应采用指标分管的方法，就是按照实施过程的分工，把总体目标分散为各种小目标，落实到各部门、各岗位，实行“三定”，即定执行者、定时间、定措施，作为考核、评价和决定执行者利益的主要依据。这样做，为目标管理增添了内在动力，有利于全面完成承包任务。

（3）装饰材料管理的任务

装饰工程材料管理具有两大任务：第一，在流通过程的管理，一般称为供应管理。它包括材料从项目采购供应前的策划，供方的评审与评定，合格供方的选择、采购、运输、仓储、供应到施工现场（或加工地点）的全过程。第二，在使用过程的管理，一般称为消耗管理。它包括材料从进场验收、保管出库、拨料、限额领料，耗用过程的跟踪检查，材料盘点，剩余物资的回收利用等全过程。

装饰材料管理的任务归纳起来就是“供”“管”“用”三个方面的应用，具体任务有编制好材料供应计划，合理组织货源，做好供应工作；按施工计划进度需要和技术要求，按时、按质、按量配套供应材料；严格控制、合理使用材料，以降低消耗；加强仓库管理，控制材料储存，切实履行仓库保管和监督的职能；建立健全材料管理规章制度，使材料管理条理化。

（4）装饰材料管理的内容

装饰材料管理的主要内容是确定工程项目供料目标；确定工程项目供料、用料方式及措施；组织工程项目材料及制品的采购、加工和储备，做好施工现场的进料准备；组织材料进场、保管及合理使用；工程完工后及时退料和办理结算；总结经验教训，制定更加完善的材料管理制度。

（5）材料管理的一般程序

装饰材料管理的一般程序为：编制材料计划→材料的供应→材料的使用控制→材料的核算→

材料的使用效果分析与改进。

（6）装饰材料的供应

装饰材料供应是指满足有支付能力的项目材料需求的整个过程，是计划、订购、储运、回收等项业务活动的总称。由于材料供应是在对象确定、质量数量既定、时间限定，并受经济技术等特点制约的条件下进行，这就要求项目管理者在组织材料供应时必须实现数量、品种、规格、时间及地点的配套。否则，必将延误施工和造成浪费。

选择什么样的供应方式，应结合本地区的材料管理体制、甲方的有关要求、工程规模和特点、施工企业常用供应习惯而定。总之，材料供应应从实际出发，以确保施工需要并取得较好的经济效益。材料供应方式主要有集中供应、分散供应、分散与集中相结合的供应方式。材料的供应组织主要进行三个方面的工作：以工程为对象组织材料供应、实行配套供应、实行供应承包责任制。

（7）装饰材料的计划管理

装饰材料的计划管理是指从明确材料的施工生产需要和库存资源，经济综合平衡，确定材料采购、挖掘潜力措施，组织货源，供应施工，监督耗用全过程中管理活动的总和。材料计划是对工程项目施工所需材料的预测和安排，是指导和组织工程项目的材料采购、加工、储备、供货和使用的依据。

装饰材料计划可按以下三种方式分类：按计划的作用可分为需用计划、供应计划、申请（采购）计划和节约计划；按计划的使用方向可分为施工用料计划、临时设施用料计划和周转材料使用计划；按计划的编报时间可分为一次性计划和年、季、月度计划。

装饰材料构成工程项目的实体，材料需用量是指实现工程项目功能要求必须消耗的各种原料、材料、加工品的数量，它包括构成工程项目实体的有效消耗量，必要的损耗量，以及虽不构成实体，但在促使构成实体的各种材料、制品形成、转化过程中起辅助作用的那部分材料的必要消耗量。合理确定材料需用量，对于确定工程成本，做好供应，合理组织材料消耗都具有重要作用。在不同的项目管理阶段，材料需用量有着不同的作用和不同的编制方法。

装饰材料消耗量是指材料在运输、装卸、保管、施工准备、施工过程、发生返工和材料形成工程实体的额外损耗与有效损耗的总和。消耗量定额是计算材料计划消耗量的主要依据。

某种材料的计划消耗量 = 建筑装饰实物工程量 × 某种材料消耗量定额

装饰材料需用量一般包括一次性需用计划和各计划期的需用计划。编制需用计划的关键是确定需用量。

一次性需用计划，反映整个工程项目及各分部、分项材料的需用量，亦称工程项目材料分析，主要用于组织资源和专用特殊材料、制品的落实。其编制的主要依据是：设计文件（图纸）、施工方案、技术措施计划、有关的材料消耗定额。计算程序大体分三步：第一步根据设计文件，施工方案和技术措施计算工程项目各分部、分项的工程量。第二步根据各分部、分项的做法套取相应的材料消耗定额，求得各分部、分项各种材料的需用量。第三步汇总各分部、分项的材料需用量，求得整个工程项目各种材料的总需用量。

计划期材料需用量一般是指年、季、月度用料计划，主要用于组织材料采购、订货和供应。其主要的编制依据是：工程项目一次性计划、计划期的施工进度计划及有关材料消耗定额。编制方法有计算法和卡段法两种。

计算法是用计划期施工进度计划中的各分部、分项工程量，套取相应的材料消耗定额，求得各分部、分项的需用量，然后再汇总求得计划期各种材料的总需用量。

卡段法是根据计划期施工进度的形象部位，从工程项目一次性计划中计算出与施工计划相应部位的材料需用量。

装饰材料需用量计划可采用直接计算法和间接计算法两种方法编制工程项目用料计划。直接计算法公式如下：

某种材料计划需用量 = 工程项目实物工程量 × 某种材料消耗定额

其中：工程项目实物工程量是从工程预算中计算得出的，材料消耗定额则由施工企业根据自身的管理水平而定。

间接计算法公式是：

某种材料计划需用量 = 某类型工程建筑面积 × 每平方米某种材料消耗定额 × 调整系数

计算完成后，编报材料需用量计划表，其参考表格形式见表 3-1。

装饰材料供应计划，亦称平衡分配计划，在此基础上产生材料的申请和采购计划。该计划是施工企业施工技术、财务计划的重要组成部分。是为了完成施工任务，组织材料采购、订货、运输、仓储及供应管理各项业务活动的行为指南。

表 3-1　主要装饰材料需用量计划

年　　月

建设单位及单位工程	材料名称	型号规格	单位	数量	计划需要日期	平衡供应日期	备注

（8）装饰材料的采购管理

装饰材料采购管理就是对项目所需物资的采购活动进行计划、组织、监督、控制，努力降低物流领域的成本。

通过对供应商的评审与评价，选择合理的供应方式和合理的价格，适时地将工程所需材料配套供应至指定地点，保证工程项目施工生产的顺利进行，并在材料的流通过程中为企业创造较好的经济效益。

进入施工现场的物资，要根据工程技术部门的要求，主要材料做到随货同行，证随料走，且证物相符；项目经理部根据国家和地方的有关规定对进入现场的材料按规定进行取样复验，对复验不合格的物资另行堆码，做好标识，防止不合格材料用于工程中。

装饰材料采购应遵循的原则是遵循国家有关的政策法规；按计划采购；坚持三比一算的原则，质量、价格、运距是组成材料流通成本的基本要求，比质量、比价格、比运距、核算成本是对采购人员最基本的要求，采购人员应认真做到“同等质量比价格，同等价格比质量”；开展质量成本活动，在采购前，采购人员应充分了解材料的使用用途，根据工程的不同使用部位和对材料的质量要求选择不同的材质标准进行采购供应，以达到降低成本的目的。

装饰材料采购的品种应符合施工生产的需要，尤其是在材料质量和规格上，要符合一定的要求。在施工企业制订采购计划时，应以材料需用量为依据，同时要考虑进货批量对费用的影响，从而制订出最佳的材料订购批量，确定合理的订购批量。在材料采购中，要尽可能多地掌握市场上的各种信息，选择最适宜的采购价格。材料的采购时间和到货时间往往是不一致的，因此，必须根据材料使用时间来确定材料的采购时间。一般一次所需材料数量较大，而且对运输条件要求高的材料，可就近选择供应；如果没有特殊要求，可以综合考虑价格、质量等因素，再做决策。材料采购的方式是多种多样的，有按国家计划分配的材料，有需要通过进口从国外购买的材料，也有可以在市场上自由购买的材料。

（9）装饰材料的运输管理

装饰材料的运输是材料供应工作的重要环节，是施工企业管理的重要组成部分，是生产供应与消耗的桥梁。材料运输管理要贯彻“及时、准确、安全、经济”的原则，搞好运力调配、材料发运与接运，有效地发挥运力作用。

装饰材料运输要选择合理的运输路线、运输方式和运输工具。以最短的路程，理想的速度，最少的环节，最低的费用把材料运到目的地，避免对流运输、重复运输、迂回运输、倒流运输和过远运输。切实提高运输工具的使用效率。

（10）装饰材料的库存管理

装饰材料的库存管理是材料管理的重要组成部分。项目施工过程对材料的需求是连续不断的，而各种材料的进场则是间断的、分期分批的。为了避免材料供应中的意外或中断，保证施工的连续进行，就必须建立一定的库存，即材料储备。材料库存一般包括经常性库存和安全性库存两部分。经常性库存是指在正常情况下，在前后两批材料到达的供应间隔内，为满足施工生产的连续性而建立的库存。经常性库存的数量是周期性变化的，一般在每批材料入库后达到最高额。随着施工生产的消耗，在下一批材料入库前降到最低额。因此，经常性库存又称为周转性库存。安全性库存是为预防因到货不及时或品种规格不符合要求等原因影响施工生产正常进行而建立的材料库存，它在正常情况下不予动用，是一种固定不变的库存。

施工现场的材料库存量必须经济合理，不能过少也不能过多。如果库存材料的数量过少，就会影响施工生产的正常进行，造成损失；如果库存量过多，就会造成材料积压，也就是资金的积压，增加流动资金占用和材料保管上的负担。因此，必须对库存量进行严格的控制和管理。库存管理的目标是：在保证施工生产正常进行的情况下，使库存量为最小，也就是使库存总费用最少，以提高施工项目的经济效益。

为了达到上述目标，库存管理主要研究解决以下两个方面的问题：一是在一定时期内合理库存量是多少，即确定经济性库存量和安全性库存量；二是什么时候补充库存，即确定合理的订购时间。

① 装饰材料库存管理工作的内容与要求。材料库存管理工作的主要内容与要求是合理确定仓库的设置位置、面积、结构和储存、装卸、计量等仓库作业设施的配备；精心计算库存，建立库存管理制度；把好物资验收入库关，做好科学保管和保养；做好材料的出库和退库工作；做好清仓盘点和理库工作。此外，材料的仓库管理应当既管供又管用，积极配合生产部门做好消耗考核和成本核算，以及回收废旧物资，开展综合利用。

② 装饰材料验收入库。所有材料入库都要严格进行验收，经过数量关、质量关和单据填制关这“三关”。

③ 装饰材料的保管。材料自验收入库到出库的一段时间内需要在仓库里存放和保管。材料保管的基本要求是摆放科学、数量准确、质量不变。

④ 装饰材料出库。材料出库时必须做到保质、保量、按时，严格遵守材料出库的手续，做到账、物相一致。

⑤ 装饰材料零库存管理。零库存是指库存量很小库存管理模式，它有三种类型：库存实物为零、库存实物不为零但库存资金为零和库存期中材料不为零但期末库存资金为零。零库存管理是库存控制到最佳的特殊状态。零库存管理的重点是从实物管理过渡到资金管理，包括两个方面内容：一是通过采取各种行之有效的管理措施，使企业库存达到零的管理过程，如减少储备品种，降低储备数量，优化储备分布等；二是指企业库存在达到零库存目标的过程中，甚至在为零的情况下，通过各种途径保证施工生产所需材料及时、齐备、质量良好地满足施工所需的过程。

装饰材料管理对降低成本的作用体现在降低实物消耗和降低物流成本两个方面。而实现零库存管理，降低储备成本则是降低物流成本切实可行的管理方法。

就施工企业和工程项目而言，零库存管理有利于盘活存量资金，减少资金占用费；有利于归口供应，集中需求，批量采购，降低采购供应成本；也有利于提高材料供应管理水平；由于零库存优化了施工材料的储备结构，降低了储备金额，因此，有利于完成施工项目的成本目标。

（11）装饰材料的现场管理

装饰材料的现场管理是在现场施工的过程中，根据工程施工、场地环境、材料保管、运输、安全、费用支出等需要，采取科学的管理办法，从材料进场到成品产出的全过程中所进行的材料管理。

装饰材料现场管理的原则是按时、按质、按量地组织各种材料进场，保证施工进度的需要；严格保证进场材料的质量完好、数量准确、妥善保管，不降低材料的使用价值；控制使用，确保节约、降耗，实现降低成本的目标。

装饰材料现场管理的任务是做好施工现场材料管理规划，设计好施工现场平面布置图，做好预算，提出现场材料管理目标；按施工进度计划组织材料分期分批进场，既保证需要，又防止过多占用存储场地或仓库，更不能造成大批工程剩余材料；按照各种材料的品种、规格、质量、数量要求，对进场材料进行严格检查、验收，并按规定办理验收手续；按施工现场平面布置图的要求存放材料，既方便施工，又保证道路畅通，在安全可靠的前提下，尽量减少二次搬运；按照各种材料的自然属性进行合理堆放和储存，采取有效措施进行保护，数量上不减少，质量上不降低使用价值，因此，要明确保管责任；按操作者所承担的施工任务，对领料数量进行严格控制；按规范要求和施工使用要求，对操作者手中的材料进行检查，监督班组合理使用，厉行节约；用实物量指标对消耗材料进行记录、计算、分析和考核，以反映实际消耗水平，改进材料管理。上述任务可归纳为：全面规划，计划进场，严格验收，合理存放，妥善保管，控制领发，监督使用，准确核算。

① 施工准备阶段的材料管理。施工准备阶段的材料管理包括以下内容：做好现场调查和规划；根据施工图预算和施工预算，计算主要材料需用量，结合施工进度分期分批组织材料进场并为定额供料做好准备，配合组织预制构配件加工订货，落实使用构配件的顺序、时间及数量，规划材料堆放位置，按先后顺序组织进场，为验收保管创造条件；建立健全现场材料管理制度，做好各种原始记录的填报及各种台账的准备，为做到核算细，数据准，资料全，管理严创造条件。

进入施工现场材料的验收程序是：做好场地、设施、计量器具、有关资料等验收准备；核对凭证；质量验收；数量验收；办理验收手续；如发生问题及时通知经办人，能退货的应及时退货，不一定能退货的，在协商期限内要妥善保管，不丢失，不损坏。

尽量使装饰材料存放场地接近使用地点，以减少二次搬运和提高劳动效率；存料场地及道路的选择不能影响施工用地，避免倒运；存料场地应能满足最大存储量的要求；露天料场要平整、夯实、有排水设施；现场临时仓库要符合防火、防雨、防潮、防盗、防坍塌等要求；现场运输道路要符合道路修筑要求，循环畅通，有回旋余地，有排水措施。

施工准备阶段的材料准备，不仅开工前需要，而且施工各个阶段事先都要做好准备，一环扣一环地贯穿于施工全过程，这是争取掌握施工主动权，按计划顺利组织施工，完成任务的保证。

② 施工阶段的装饰材料管理。施工阶段是材料投入使用消耗，形成建筑产品的阶段，是材料消耗过程的管理阶段，同时贯穿着验收、保管和场容管理等环节，它是现场材料管理的中心环节。施工阶段的材料管理的主要是根据工程进度的不同阶段所需的各种材料，及时、准确、配套地组织进场，保证施工顺利进行，合理调整材料堆放位置，尽量做到分项工程活完料尽；认真做好材料消耗过程的管理，健全现场材料领退料交接制度、消耗考核制度、废旧回收制度、健全各种材料收发（领）退原始记录和单位工程材料消耗台账；认真执行限额领料制、积极推行“定、包、奖”，即定额供料、包干使用、节约奖励的办法，促进降低材料消耗；建立健全现场场容管理责任制，实行划区、分片、包干责任制，促进施工人员及队组作业场地清，搞好现场堆料区、库房、料棚、周转材料及工场的管理。

限额领料，亦称定额领料，是指施工队（施工班组）所领用的材料必须限定在其所担负施工项目规定的材料品种、数量之内。要做好限额领料必须有科学的严密的程序和明确的奖罚规定。限额领料的依据是主要有两个方面：即施工材料消耗定额和队组所承担的工程量或工作量。由于定额是在一般条件下确定的，在实际工作中往往由于不同的施工方法、不同的材质都直接影响到定额标准，因此，要根据具体的技术措施，以及有关的技术翻样等资料来确定定额用料。

③ 施工收尾阶段的材料管理。施工收尾阶段是现场材料管理的最后阶段，其主要内容是认真做好收尾准备工作，控制进料，减少余料，拆除不用的临时设施，整理、汇总各种原始资料、台账和报表；全面清点现场及库存材料；核算工程材料消耗量，计算工程成本；工完场清，余料清理。

④ 周转材料的管理。对于如支撑体系等周转材料的管理，就是工程项目在施工过程中，根据施工生产的需要，及时、配套地组织材料进场，通过合理的计划，精心保养，监督控制周转材料在项目施工过程的消耗，加速其周转，避免人为的浪费和不合理的消耗。

⑤ 施工现场材料统计的内容。施工现场材料统计的内容包括进料计划执行情况的统计；施工现场材料收、发、存的统计；限额领料执行情况的统计；工程项目竣工实际消耗材料的统计；工程项目实际耗料与施工预算对比的节、超统计；临时设施用料与原定额用料计划的节超对比统计；材料超耗数量统计以及超耗原因分析等。

4. 装饰施工机械（机具设备）管理

（1）大型施工机械（机具设备）管理

① 大型施工机械（机具设备）的使用管理。大型施工机械（机具设备）使用管理是机械设

备管理的一个基本环节，正确地、合理地使用设备，可充分发挥设备的效率，保持较好的工作性能，减少磨损，延长设备的使用寿命。机械设备使用管理的主要工作有：人机固定，实行机械使用、保养责任制。机械设备要定机定人或定机组，明确责任制，在降低使用消耗，提高效率上与个人经济利益结合起来；实行操作证制度，机械操作人员必须经过培训合格，发给操作证；操作人员必须坚持搞好机械设备的例行保养，经常保持机械设备的良好状态；遵守磨合期使用规定；实行单机或机组核算；合理组织机械设备施工，培养机务队伍；建立设备档案制度。

② 大型施工机械（机具设备）的保养、修理和更新。机械设备的保养分为例行保养和强制保养。例行保养属于正常使用管理工作，它不占用机械设备的运转时间，由操作人员在机械使用前后和中间进行。例行保养的内容主要有保持机械的清洁、检查运转情况、防止机械锈蚀、按技术要求紧固易于松脱的螺栓、调整各部位不正常的行程和间隙。

强制保养是按一定周期，需要占用机械设备的运转时间而停工进行的保养。这种保养是按一定的周期的内容分级进行的，保养周期根据各类机械设备的磨损规律、作业条件、操作维修水平以及经济性四个主要因素确定，保养级别由低到高，如起重机、挖土机等大型设备要进行一到四级保养，汽车、空压机等进行一到三级保养，其他一般机械设备多为一、二级保养。

（2）施工现场小型机具及手工工具管理

装饰工程施工现场小型机具及手工工具管理主要包括现场使用管理和库存管理。

① 施工机（工）具现场使用管理。施工现场的机具和手工工具使用管理与核算有多种形式，主要是：实行机具和手工工具津贴和学徒期发放机具和手工工具。施工工人按实际工作日发给机具和手工工具津贴；学徒工在学徒期不享受机具和手工工具津贴，由施工企业发给必要的机具和工具。按定额工日实行机具费包干。采用这一形式，要根据施工要求和历史水平制定定额工日机具（工具）费包干标准。实行施工机具（工具）按“百元产值”包干，即“百元产值定额”，就是完成每百元工作量应耗机具（工具）费定额。按分部工程对施工机具（工具）费包干。实行单位工程全面承包或分部分项承包中机具（工具）费按定额包干，节约有奖，超支受罚。按工种机具（工具）配备消耗定额对施工班组集体实行定包。

② 施工机（工）具库存管理。库存管理的内容主要有建立机具（工具）管理仓库和机具（工具）管理账簿；机具（工具）领用要有定额、限额制度；在实行工具费定额包干方式的企业，仓库发放机具（工具）时按日租金标准收费，有偿使用；工人调动时，在企业范围内调动，随手机具（工具）可随同带走，并将工具卡转到调入单位去，调出本企业的，应将全部机具（工具）退还清楚；机具（工具）摊销方法，分为多次摊销、五五摊销和一次摊销。视其机具的价值和耐用程度而定。

（3）施工机械（机具）及周转材料的租赁

施工机械（机具）及周转材料的租赁，是指施工企业向租赁公司（站）及拥有机具和周转材料的单位支付一定租金取得使用权的业务活动。这种方法有利于加速机具和周转材料的周转，提高其使用效率和完好率，减少资源的浪费。项目施工企业因临时、季节性需要，或因推行小集体单位工程承包，需使用大型机具和周转材料，无须购买，只要向租赁企业或部门租赁即可满足施工生产的需要。这样变买为租，用时租借，用完归还，施工企业只负担少量租金，既可减少购置费，加快资金周转，又可提高经济效益。

目前，施工机械（机具）及周转材料的租赁有两种基本形式，一是施工企业内部核算单位的租赁站（组），以对内租赁为主，有多余的，也可以对外租赁；二是具有法人资格的专业租赁公司（站），对外经营租赁业务，为施工企业提供方便。

5. **装饰工程项目技术管理**

现代企业的综合实力的增强，更多地是依靠技术而不是财力、物力。因此，技术管理在施工企业经营管理中，具有十分重要的地位。

技术管理是指装饰施工企业在生产经营活动中，对各项技术活动与其技术要素的科学管理。所谓技术活动，是指技术学习、技术运用、技术改造、技术开发、技术评价和科学研究的过程；所谓技术要素，是指技术人才、技术装备和技术信息等。

施工企业的生产经营活动是在一定的技术要求、技术标准和技术方法的组织和控制下进行的，技术是实现工期、质量、成本、安全等方面的综合保证。现代技术装备和技术方法的生产力依赖于现代科学管理去挖掘，两者相辅相成。在一定技术条件下，管理是决定性因素。

技术管理的基本任务是正确贯彻国家各项技术政策和法令，认真执行国家和上级制定的技术规范、规程，按创全优工程的要求，科学地组织各项技术工作，建立正常的技术工作秩序，提高施工企业的技术管理水平，不断革新原有技术和采用新技术，达到保证工程质量、提高劳动效率、实现安全生产、节约材料和能源、降低工程成本的目的。

为了完成上述基本任务，技术管理必须按照下列要求去做：正确贯彻执行国家的技术政策；严格按科学规律办事；全面讲求经济效益。

（1）技术管理的内容

装饰工程项目施工企业技术管理的内容，可以分为基础工作和业务工作两大部分。基础工作和业务工作是相互依赖并存的，缺一不可。基础工作为业务工作提供必要的条件，任何一项技术业务工作都必须依靠基础工作平台才能进行。但做好技术管理的基础工作不是最终目的，技术管理的基本任务必须要由各项具体的业务工作才能完成。

基础工作是指为开展技术管理活动创造前提条件的最基本的工作。它包括技术责任制、技术标准与规程、技术原始记录、技术文件管理、科学研究与信息交流等工作。

业务工作是指技术管理中日常开展的各项业务活动。它主要包括施工技术准备、项目施工过程中的技术管理以及技术开发等工作。施工技术准备工作包括图纸会审、编制施工组织设计、技术交底、材料技术检验、安全技术等。施工过程中的技术管理工作包括技术复核、质量检督、技术处理等。技术开发工作包括科学技术研究、技术革新、技术引进、技术改造、技术培训等。

（2）技术管理制度

技术管理制度主要有技术责任制度、图纸会审制度、技术交底制度、材料验收制度、技术复核和施工日志制度、工程质量检查和验收制度、工程技术档案制度等。

（3）技术组织措施

技术组织措施是施工企业为完成施工生产任务，提高工程项目质量，加快工程施工进度，保证安全施工，节约原材料和劳动力，降低成本，提高经济效益，在技术和管理上采取的措施。

技术组织措施计划的内容包括：改进施工工艺和操作技术、加强施工速度、提高劳动生产率的措施；提高工程质量的措施；推广新技术、新工艺和新材料的措施；提高机械化施工水平、改进机械设备和组织管理以提高完好率利用率的措施；节约原材料、动力、燃料和劳动力，降低成本，提高经济效益的措施。

为了使技术组织措施得以实施，企业在下达施工计划的同时，将技术组织措施计划下达到工区（或分公司）和施工队，施工队的组织措施计划要直接下达到施工项目承包组、工长及有关班组，督促其执行并认真检查，每月底，施工项目承包组和班组要汇总当月的技术组织措施计划执行情况，以便总结经验，不断完善技术组织措施。

（4）技术革新

技术革新是对企业现有技术水平进行改进、更新和提高的工作。它导致技术发展量的变化，使企业的技术水平不断提高。

技术革新的主要内容有：改进施工工艺和改革操作方法；改革原料、材料和资源的利用方法；改进施工机具，提高机具利用率；管理手段的现代化；施工生产组织的科学化。

开展技术革新必须加强领导，发动群众，调动各方面的积极性与创造性。因此，在组织上和方法上要抓好以下几项工作：联系群众，解决施工生产中的关键问题；解放思想，勇于探索，尊重科学，组织攻关；做好技术革新成果的巩固、提高和推广的工作；认真计算技术革新在促进生产发展中的效果，同时要根据革新者成果被采纳后生产效果的大小，给予适当的奖励。

6. 装饰工程项目资金管理

资金管理的目的是保证收入、节约支出、防范资金风险以及提高经济效益。

（1）资金的收入预测

装饰工程项目的资金是按合同价款收取的，在履行合同的过程中，应从收取工程预付款开始，每月按进度收取工程进度款，直到最后竣工结算。要做出收入预测表，绘出资金按月收入图及施工项目资金按月累加收入图。

进行收入预测时要注意，各职能人员分工负责，加强施工的控制与管理，避免因违约而受到罚款，按合同规定的结算方法测定每月的工程进度款数额，如不能按时全额收取，要尽力缩短滞后时间。

（2）资金的支出预测

装饰工程项目资金支出预测是根据施工组织设计、成本控制计划、材料物资储备计划测算出实施项目施工时每月预计的人工费、材料费、施工机械使用费、物资储运费、临时设施费、其他直接费和施工管理费等支出，应绘出项目资金按月支出图和累计支出图。

支出和收入预测要注意使预测支出计划要接近实际，调整报价中的不确定因素，考虑风险及干扰，考虑资金的时间价值及合同实施过程中不同阶段资金的需要量。

通过支出和收入预测，形成资金收入和支出在时间、金额上总的概念，为管好资金、筹集资金、合理安排使用资金提供依据，在收支预测的基础上要做出年、季、月度收支计划，并上报企业财务部门审批后实施，做好收入和支出在时间上的平衡。

（3）收入与支出的对比

将装饰施工项目资金收入预测累计结果和支出预测累计结果绘制在合同金额百分比和进度百分比分别为 x、y 的坐标图上，进行对比，从而计算两者在相应时间的资金差距，即应筹措的资金数量。

（4）资金的筹措

资金筹措的主要渠道有预收工程备料款、已完工程的进度价款、企业自有资金、银行贷款、企业内部其他项目资金的调剂使用等。

资金的筹措原则是充分利用自有资金，自有资金的好处是调度灵活，不需要支付利息，比贷款更有保证；必须在经过收支对比后，按差额筹集资金，避免造成浪费；把利息的高低作为选择资金来源的主要标准，尽量利用低利率贷款，用自有资金时也应考虑其时间价值。

（5）资金管理要点

确定项目经理当家理财的中心地位，各个项目的资金由其支配使用；企业内部银行是金融的市场化管理，可以进行项目资金的收支预测，统一对外收支结算，统一办理贷款和内部单位的资金借款，负责各单位利税、费用上交，发挥调控管理能力；项目经理部应在企业内部的银行中申请开设独立账户，由内部银行办理项目资金的收支和划转，由项目经理签字确认；内部银行实行“有偿使用、存贷计息、定额考核”；实行定额内低利率，定额外高利率的内部贷款办法，项目资金不足时，通过内部银行解决，不搞平调；项目经理部按月编制资金收支计划，会同企业工程部签订供款合同，公司总会计师批准，内部银行监督执行，月终提出执行情况分析报告；项目经理部应及时向发包方收取工程预付备料款，做好分期结算，预算增减账，竣工结算等工作，定期进行资金使用情况及效果分析，不断提高资金管理水平和效益；建设单位所交“三材”和设备，是项目资金的重要组成部分。项目经理部应设置台账，根据收料凭证及时登记入账，按月分析耗用情况，反映“三材”收入及耗用动态，定期与交料单位核对，保证数据资料完整、正确，为做好竣工结算创造条件；项目经理部每月定期召开业主代表和分包、供应、加工各单位代表的碰头会，协调工程进度、配合关系、资金调度、甲方供料等事宜。

资金项目的管理实际上反映了项目施工管理的水平，在施工项目的各个方面应努力提高管理水平，做到以较少的资金投入，创造较大的经济价值。管理是通过一定手段进行的，要合理的控制材料和资金的占用，制定有效的节约措施。

第二节 装饰工程项目施工现场管理

施工现场管理则是工程项目管理的核心，也是确保工程质量和安全、文明施工的关键。对施工现场进行科学的管理，是树立企业形象，提高企业信誉，获取经济效益和社会效益的根本途径。

装饰工程项目施工现场管理是指装饰工程施工项目部运用系统的观点、理论和科学技术对装饰施工现场进行的计划、组织、监督、控制、协调等全过程的管理。

一、装饰工程项目施工进度管理

装饰工程项目进度管理是以装饰工程项目施工工期为目标，按照项目施工实施进度计划及其实施要求，监督、检查项目实施过程中的动态变化，发现其产生偏差的原因，及时采取有效措施或修改原计划的综合管理过程。进度管理与质量管理、成本管理一样，是装饰工程项目实施中重点控制的目标之一，是衡量管理水平的重要标志。

对装饰工程项目施工进度进行控制是一项复杂的系统工程，是一个动态的实施过程。通过进度控制，不仅能有效地缩短建设周期，减少各个单位和部门之间的相互干扰；而且能更好地落实施工单位各项施工计划，合理使用资源，保证施工成本、进度和质量等目标的实现，也为防止或提出施工索赔提供依据。

装饰工程项目施工进度控制的主要任务是编制施工总进度计划，并控制其执行，按期完成整个项目的任务；编制单位工程施工进度计划，并控制其执行，按期完成单位工程施工的任务；编制分部分项工程施工进度计划，并控制其执行，按期完成分部分项工程施工的任务；编制季度、月（旬）作业计划，并控制其执行，完成规定的目标。

1. 装饰工程项目施工进度管理原理

进度管理始于进度计划的编制，是一个不断编制、执行、检查、分析和调整计划的动态循环过程。装饰工程施工进度管理过程中必须遵循以下原理：

（1）动态控制原理

当实际进度按照计划进度进行时，若存在偏差，要分析偏差的原因，采取相应的措施，调整原计划，使两者在新的起点上重合后，继续按计划进行施工活动。但在新的干扰因素作用下，又需要进行控制，如此反复。项目进度管理就是采用这种动态循环的控制方法。

（2）系统原理

将系统原理运用于进度管理的主要含义是应按项目不同的实施阶段分别编制计划，从而形成严密的进度计划系统；建立由各个不同管理主体及不同管理层次组成的进度管理组织实施系统；进度管理由计划编制开始，经过计划实施过程中的跟踪检查、发现进度偏差、分析偏差原因、制定调整或修正措施等一系列环节再回到对原进度计划的执行或调整，从而构成一个封闭的循环系统；采用网络计划技术编制进度计划并对其执行情况实施严格的量化管理。

（3）信息反馈原理

信息反馈是进度管理的主要环节。工程项目的实际进度通过信息反馈给进度管理的工作人员，在分工的职责范围内，经过对其加工，再将信息逐级向上反馈，直到项目经理部，项目经理部整理统计各方面的信息，经比较分析做出决策，调整进度计划，仍使其符合预定工期目标。

（4）弹性原理

进度计划编制者要充分掌握影响进度的原因并根据统计经验估计出其影响的程度和出现的可能性，并在确定进度目标时，进行实现目标的风险分析，这样编制施工进度计划就会留有余地，使进度计划具有弹性。在进行进度管理时，便可以利用这些弹性，缩短有关工作的时间，或者改变它们之间的搭接关系，使拖延了的工期，通过缩短剩余计划工期的方法，仍然达到预期的计划目标。

（5）封闭循环原理

施工进度计划管理的全过程是计划、实施、检查、比较分析、确定调整措施、再计划。从编制进度计划开始，经过实施过程中的跟踪检查，收集有关实际进度的信息，比较和分析实际进度与计划进度之间的偏差，找出产生的原因和解决办法，确定调整措施，再修改原进度计划，形成一个封闭的循环系统。

（6）网络计划技术原理

在施工进度管理中利用网络计划技术原理编制进度计划，根据收集的实际进度信息，比较和分析进度计划，再利用网络计划的工期优化、费用优化和资源优化的理论调整计划。网络计划技术原理是进度管理完整的计划管理和分析计算理论基础。

2. 装饰工程项目施工进度管理的措施

对装饰工程项目实施进度管理采取的主要措施有组织措施、技术措施、合同措施、经济措施和信息管理措施等。

组织措施主要是指落实各层次的进度管理的人员、具体任务和工作责任，建立进度控制的组织体系；根据项目的进展阶段、结构层次，专业工种或合同结构等进行项目分解，确定其进度目标，建立控制目标体系；确定进度控制工作制度，如检查时间、方法、协调会议时间、参加人员等；对影响进度的因素分析和预测。

技术措施主要是指采用有利于加快施工进度的技术与方法，以保证在进度调整后，仍能如期竣工。技术措施包含两方面内容：一是能保证质量、安全、经济、快速的施工技术与方法（包括操作、机械设备、工艺等）；另一方面是管理技术与方法，包括：流水施工方法、网络计划技术等。

合同措施是指以合同形式保证工期进度的实现，即保持总进度控制目标与合同总工期相一致；分包合同的工期与总包合同的工期相一致；供货、供电、运输、构配件加工等合同对施工项目提供服务配合的时间应与有关进度控制目标相一致，相协调。

经济措施是指实现进度计划的资金保证措施和有关进度控制的经济核算方法。

信息管理措施是指建立监测、分析、调整、反馈进度实施过程中的信息流动程序和信息管理工作制度，以实现连续的、动态的全过程进度目标控制。

3. 影响施工进度的主要因素

装饰工程项目的特点决定了在其实施过程中，将受到诸多因素的影响，其中大多数都对施工进度产生影响。为了有效地控制项目进度，必须充分认识和估计这些影响因素，以便事先采取措施，消除其影响，使施工尽可能按进度计划进行。影响施工进度的主要因素有项目经理部内部因素和外部因素，另外还有一些不可预见因素的影响。

项目经理部内部因素主要有技术性失误、施工组织管理不利等。由此可见，提高项目经理部的管理水平、技术水平，提高施工作业层的素质是极为重要的。

影响施工进度的外部因素也很多。影响施工进度实施的单位主要是施工单位，但是建设单位（或业主）、监理单位、设计单位、总承包单位、资金贷款单位、材料设备供应单位、运输单位、供水供电部门及政府的有关主管部门等，都可能给施工的某些方面造成困难而影响项目施工进度。如设计单位图纸提供不及时或有误；业主要求设计方案变更；材料和设备不能按期供应或质量、规格不符合要求；不能按期拨付工程款或在施工中资金短缺等。

不可预见的因素主要是各种不可抗力的影响。施工过程中如果出现意外的事件，如战争、严重自然灾害、火灾、重大工程事故、工人罢工、企业倒闭、社会动乱等都会影响工程项目的施工进度。

4. 编制进度计划

（1）装饰工程项目进度计划的表示方法

编制进度计划通常需要借助两种方式，即文字说明与各种进度计划图表。其中前者是用文字形式说明各时间阶段内应完成的项目建设任务及所要达到的工程项目形象进度要求。后者是指用图表形式来表达工程项目实施各项工作任务的具体时间顺序安排。根据图表形式的不同，进度计划的表达有横道图、斜线图、线型图、网络图等形式。

① 用线型图表示进度计划。线型图是利用二维直角坐标系中的直线、折线或曲线来表示完成一定工作量所需时间或在一定的时间内所能完成的工作量的一种进度计划表达方式。线型图可以用时间—距离图和时间—速度图等不同表现形式。其中时间—距离图一般用于长距离管道安装、线路敷设、隧道施工及道路建设工程项目的进度计划表达；而时间—速度图则一般用于表达计划完成任务量(或金额)与时间之间的相互关系。线型图的优点在于对进度计划进行表达的概括性强，且利用其对比实际进度与计划进度效果直观；不足之处是针对总体工程任务所含多项工作一一画线，其实际绘图操作较为困难，特别是其绘图结果也往往不易阅读清楚。

② 用网络图表示工程进度计划。网络图是利用由箭线和节点所组成的网状图形来表示总体工程任务各项工作系统安排的一种进度计划表达方式。与横道图相比，网络图具有如下优点：网络图能全面而明确地表达出各项工作的逻辑关系；能进行各种时间参数的计算；能找出决定工程进度的关键工作；能从许多可行方案中，选出最优方案；某项工作推迟或者提前完成时，可以预见到它对整个计划的影响程度，而且能够迅速进行调整；利用各项工作反映出的时差，可以更好地调配人力、物力，达到降低成本的目的；更重要的是，它的出现与发展使电子计算机在进度计划管理中得以应用。网络计划技术的缺点是在计算劳动力、资源消耗量时，比横道图要困难。

（2）装饰工程项目施工进度计划的编制程序

当应用网络计划技术编制装饰工程项目进度计划时，其编制程序一般包括 4 个阶段，分 10 个步骤。

第一个阶段是计划准备阶段，分为 2 个步骤：

① 调查研究。调查研究的方法有：实际观察、测算、询问；会议调查；资料检索；分析预测等。

② 确定网络计划目标。网络计划的目标由项目的目标所决定，一般可分为时间目标、时间—资源目标和时间—成本目标三类。时间目标即工期目标，是指规定工期或要求工期。时间—资源目标分为资源有限、工期最短和工期固定、资源均衡两类。时间—成本目标是指以限定的工期寻求最低成本或寻求最低成本时的工期安排。

第二个阶段是绘制网络图阶段，分为 3 个步骤：

③ 进行项目分解。将装饰工程项目由粗到细进行分解，是编制网络计划的前提。对于控制性网络计划，其工作划分得应粗一些，而对于实施性网络计划，工作应划分得细一些。工作划分的粗细程度，应根据实际需要来确定。

④ 分析逻辑关系。分析逻辑关系的主要依据是施工方案、有关资源供应情况和施工经验等。

⑤ 绘制网络图。根据已确定的逻辑关系，即可按绘图规则绘制网络图。

第三个阶段是计算时间参数及确定关键线路阶段，分为 3 个步骤：

⑥ 计算工作持续时间。其计算方法见本章中流水节拍的计算方法。对于搭接网络计划，还需要确定出各项工作之间的搭接时间。如果有些工作有时限要求，则应确定其时限。

⑦ 计算网络计划时间参数。其计算方法有图上计算法、表上计算法、公式法、电算法等。

⑧ 确定关键线路和关键工作。在计算出网络计划时间参数的基础上，便可根据有关时间参数及其特征确定网络计划中的关键线路和关键工作。

第四个阶段是编制正式网络计划阶段，分为 2 个步骤：

⑨ 优化网络计划。根据所要求的目标不同，网络计划的优化包括工期优化、费用优化和资源优化三种。

⑩ 编制正式网络计划。根据网络计划的优化结果，便可绘制正式的网络计划，同时编制网络计划说明书。网络计划说明书的内容应包括编制原则和依据；主要计划指标一览表；执行计划的关键问题；需要解决的主要问题及其主要措施；以及其他需要说明的问题。

（3）装饰工程项目目标工期的确定

进度管理既然以工程项目的建设工期为管理对象，那么进度管理的成效就必然由工期，即目标工期控制的有效程度来表征。通常情况下，业主单位都会对工程项目的建设期限做出明确要求并在工程项目发包合同中约定，即合同工期；若是由国家或地方政府投资兴建的项目往往还会以指令的方式对工程项目建设期限做出规定，即指令工期。尤其需要指明的是，工程项目进度管理过程中还将经常涉及到施工工期这一概念，施工工期是构成建设工期的基础，进度管理往往需要通过对施工工期的控制过程来最终达成对工程项目建设工期的控制。

工期控制标准除了取决于客观上的合同工期或指令工期要求，目标工期的确定在很大程度上还取决于施工承包企业主观能动性的发挥，因为在合同工期或指令工期不被突破的前提下，施工承包企业在目标工期的确立过程中，通常还可能以预期利润标准确定目标工期，以费用工期标准确定目标工期，或以资源工期标准确定目标工期。

5. 流水施工原理

（1）组织施工的三种方式

在装饰工程项目施工中，可以把整个工程分成若干个分部（分项）工程，每个分部（分项）工程又可以分解为许多施工过程，复杂的施工过程又可分解为若干个连续的工序。通常由一个专业班组或多个专业班组合在一起进行一个工序或施工过程。在施工组织过程中都包括了劳动力的组织和施工机具的调配、材料和构配件的供应等问题。其中，最基本、最重要的问题是劳动力的组织安排。劳动力组织安排的不同，便形成了不同的施工组织方法。通常采用的施工组织方法，主要有依次施工、平行施工和流水施工三种。

依次施工，又叫“顺序施工”，是指在第一施工过程完成后，再进行第二个施工过程，第二个完成后，再进行第三个。即按照一定的先后顺序，一个一个地进行。依次施工的优点是施工现场作业单一，劳动力较少，材料供应量单一，施工组织、劳动力调度、材料供应等都比较简单；缺点是不能充分利用施工的工作面，工期长，在施工组织安排方面也有不合理之处。

平行施工，是指所有房屋或同一建筑物的各层同时开工，同时竣工。平行施工的优点是能充分利用施工工作面，缩短工期；其缺点是施工的专业工作队数目大大地增加，劳动力及物资消耗相对集中。

流水施工，即流水作业，就是将工程在平面或空间上划分为工程量或劳动量大致相等的若干个施工区段，各施工班组从第一个区段直至最后一个区段顺次序像流水一样完成每一个区段的施工任务；当前一个施工班组完成前一个施工过程的任务后，后一个施工班组即可投入后一个施工过程的施工。流水施工的优点是能使施工连续、均衡地进行，能充分、合理地利用工作面，减少或避免“窝工”现象，在不增加施工班组数和劳动力的前提下，合理地缩短了工期，既有利于机械设备的充分利用及劳动力的合理安排和使用，也有利于物资的平衡、组织与供应，做到有计划和科学化，从而促使施工与管理水平不断提高。

（2）组织流水施工的要点

① 把工程项目按施工要求及特点分解为若干个分部工程；每个分部工程又分解为在施工工艺上密切联系的、便于组织流水施工的若干个施工过程，甚至工序。每个施工过程（工序）组织独立的施工班组负责完成其任务。

② 根据不同分部工程的施工要求，把工程项目在平面或空间上划分为工程量（或劳动量）相等（或相近）的若干个施工段（流水段）。

③ 每个施工过程的施工班组，按施工工艺的顺序要求，配备相应的施工机具，各自依次、连续、均衡地从一个施工区段转移到下一个施工区段，各施工班组在每个施工区段重复着相同的施工操作。

④ 每个主要施工过程必须组织成连续流水施工，次要的施工过程从缩短工期或施工实际需要等方面考虑，可以安排成间断式施工。

⑤ 不同的施工过程或施工班组，除考虑某些施工过程必要的技术和组织间歇时间外，在有工作面的条件下，应互相尽可能地组织平行搭接施工。

（3）组织流水施工的必要条件

从组织流水施工的要点可以看出组织流水施工的必要条件有以下四个：

① 装饰工程项目能够划分工程量（或劳动量）相等（或相近）的若干个施工区段。

② 每个施工过程组织独立的施工班组。

③ 安排主要施工过程的施工班组进行连续的、均衡的流水施工。

④ 不同的施工班组按施工工艺要求，尽可能组织平行搭接施工。

如果一个装饰工程规模较小，不能划分施工区段，并且没有其他工程任务可以与它组织流水施工，则该装饰工程就不能组织流水施工。

（4）流水施工的基本参数

由流水施工的要点和必要条件可知：施工过程的分解、流水段的划分、施工班组的组织、各工序流水施工的安排、每段施工时间、工序之间的搭接间隔时间、各工序互相平行施工等问题，都是正确合理地组织流水施工中几个基本因素。为此，在流水施工基本原理中可以归纳出流水施工的几个基本参数，这些基本参数，按其性质不同可划分为工艺参数、空间参数、时间参数三类。正确合理地确定各种参数是组织好流水施工的基础。

① 工艺参数。工艺参数是指用以表达流水施工在施工工艺上开展顺序（表示施工过程数）及其特征的参数。通常，工艺参数包括施工过程数和流水强度两种。

施工过程数是指一个装饰工程项目分解为若干个施工过程而组成一个流水组时，组入到该流水组中施工过程的数目，用符号 N 表示。没有组入到流水组中的施工过程，不属于工艺参数的记数范围。如图 3-2 所示某流水施工流水组的施工过程 A、B、C、D 共四个，每个施工过程组织一个班组施工，则 $N=4$。

当其中某些施工过程齐头并行施工时，则齐头并行的若干个施工过程只能记为一个施工过程数。

在组织流水施工时，首先应确定施工过程数，即把工程项目划分成若干个施工过程，再根据施工要求把能进行流水施工的施工过程组成一个或几个流水组。

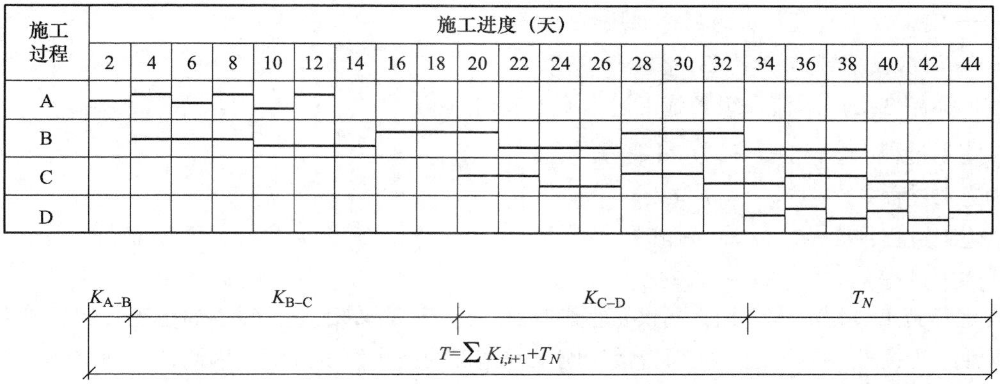

图 3–2　流水施工

流水强度是指某施工过程在单位时间内所完成的工程量。

② 空间参数。空间参数是指根据流水施工的要求，将工程项目在平面或空间上划分为若干个工程量或劳动量大致相等或相近的施工区段（流水段），其施工区段的数目就是空间参数，用符号 M 表示。如图 3–2 所示流水施工的空间参数（施工段数）M=6。

流水段划分应根据工程项目及组织流水施工需要而合理确定。划分流水段的目的是为各施工班组提供一个有明确的工作界限范围的施工空间，以便于不同的班组在不同的流水段上组织连续的、均衡的、有节奏的流水施工，互不干扰。为此，流水段的划分要合理。

流水段划分的大小决定了该段工程量大小，为保证各施工过程的施工班组在各流水段上能均衡地、有节奏地施工，所以要求各流水段上的工程量（或劳动量）应尽可能相等或相近。流水段划分给施工班组提供施工操作的平面或立体空间的大小范围，所以要求各流水段上为直接在段上工作的每个工人有适当大小的工作面，以便每个工人能发挥最好的劳动效率并达到安全操作的要求。流水段划分界线必须以保证工程施工质量并不违反操作的要求为前提。例如在不允许留施工缝的部位不能划为流水段的界线。流水段划分大小要满足施工机械服务半径范围，当选用不能做水平移动的井架作垂直运输时，流水段划分要求与井架的布置和数量相配合。流水段划分数目应大于或等于这个流水组中的施工过程数。流水段的划分要求在同一个流水组中对各施工过程来说都采用相同的流水段分界。

流水段划分的一般部位是：设置有伸缩缝、沉降缝的建筑，可按此分段；单元式的住宅装修，可按单元分段，如果一个单元工作面小，可考虑 2 ~ 3 个单元划为一段；多层或高层建筑可以自然层分段；多幢建筑的建设项目的装修可按一幢房屋为一流水段。

③ 时间参数。时间参数是反映组成一个流水组的各个施工过程，在各段上完成施工的速度；各施工班组在时间安排上的相互制约关系；完成一个流水组所需时间的指标。如图 3–2 所示，流水施工中主要时间参数有流水节拍、流水步距、施工过程流水的延续时间、技术与组织间歇时间、平行搭接时间和流水组的工期。

（5）时间参数的计算与确定

① 流水节拍。流水节拍是指一个施工班组在一个流水段上完成任务所需时间，常用符号 t 表示。为了区别不同施工过程在不同流水段上的流水节拍，可用符号t_i^j表示。

t_i^j——第 i 个施工过程在 j 段上的流水节拍；

i——施工过程或施工班组名称通用代号；

j——流水段编号，[j=1，2，3，…，M]。

例如，图 3-2 所示流水组各施工过程流水节拍为：

A 施工过程：$t_A^1 = t_A^2 = \cdots = t_A^6$ =2d

B 施工过程：$t_B^1 = t_B^2 = \cdots = t_B^6$ =6d

C 施工过程：$t_C^1 = t_C^2 = \cdots = t_C^6$ =4d

D 施工过程：$t_D^1 = t_D^2 = \cdots = t_D^6$ =2d

确定各施工过程流水节拍，不仅直接影响到一个流水组的工期长短，而且还影响到流水施工的节奏性、均衡性、稳定性，从而直接影响工程施工的技术经济效益。因此，要细致研究、合理确定。下面介绍两种确定流水节拍的方法：

根据流水段内施工过程的工程量（或劳动量）大小及施工班组人数、平均产量定额计算流水节拍。其计算公式为：

$$t_i^j = \frac{Q_i^j}{S_i R_i} = \frac{P_i^j}{R_i}$$

式中 t_i^j ——第 i 施工过程在 j 段上的流水节拍；

Q_i^j ——第 i 施工过程在 j 段上的工程量；

S_i ——第 i 施工过程平均每人产量定额；

R_i ——第 i 施工过程施工班组平均出勤人数；

P_i^j ——第 i 施工过程在 j 段上劳动量（工日）。

根据装饰工程工期要求计算流水节拍。这主要确定流水组中各施工过程流水节拍的平均值，然后在此基础上综合平衡各施工过程节拍值，使各节拍值的综合平均值不大于计算值，再通过合理的组织安排才能符合工期要求。其参考计算公式为：

$$t \leqslant \frac{T_L-(t_j+t_d)}{M+N-1}$$

式中 t ——综合平均流水节拍；

T_L ——流水组的工期；

t_j、t_d ——技术和组织间歇时间；

M ——空间参数（流水段）；

N ——工艺参数（施工过程数）。

例如：某工程流水组工期 $T_L \leqslant$ 80d；流水段 M=6 段；施工过程数 N=5 个；无技术、组织间歇时间，即 t_j+t_d=0。则该流水组各施工过程的综合平均节拍为：

$$t \leqslant \frac{T_L-(t_j+t_d)}{M+N-1} \leqslant \frac{80-0}{6+5-1} \leqslant 8\text{d}$$

计算流水节拍的长短，还要考虑施工班组人数应符合施工中最少劳动组合人数的要求。许多施工过程必须有适当施工班组人数组合，少了就不能正常组织施工。要考虑工作面大小或某种条件的限制，也不能使班组人数确定太多，否则就不能发挥正常的工效或由于人员太密集而不安全因素增多。要考虑施工机具机械台班效率或台班产量大小。要考虑某些施工过程或要求在时间上的限制。要考虑各种材料、构配件存放及供应能力等有关条件的制约。流水节拍确定时，首先计算该流水组中几个主要施工过程的节拍（他们的节拍值最大）；然后确定其他过程节拍。流水节拍应尽可能取整，最多保留 0.5d 的小数。

② 流水步距。流水步距是指两个相邻的施工过程（班组）先后投入第一个流水段的间隔时间，一般用符号 K 表示。为了区别不同施工过程之间的流水步距，可加一个下标。例如图 3–2 所示各相邻施工过程的流水步距为：K_{A-B}=2d；K_{B-C}=16d；K_{C-D}=14d。

确定各施工过程间的流水步距，不仅是保证各施工过程流水施工的需要，而且对流水组工期也有很大影响。因此，各施工过程之间的流水步距，要根据流水节拍大小、施工的连续性、均衡性、前后两个施工过程全部完成时间的长短及施工工艺技术要求而合理确定。

如果要组织连续施工，流水步距可通过计算确定。两种计算连续施工的流水步距的方法分别是全等节拍流水施工的流水步距和不等节拍流水施工的流水步距的计算

全等节拍流水施工是指一个流水组中各施工过程在各流水段上的节拍值全部相等。这时流水步距的计算公式为：

$$K=t+(t_j+t_d)$$

式中 K——各施工过程间的流水步距；

t——各施工过程的流水节拍。

不等节拍流水施工是指同一施工过程各段节拍相等，但不同施工过程，它们之间的节拍不全相等。这时各施工过程之间的流水步距的计算公式为

$$K_{i-(i+1)}=\begin{cases} t_i+(t_j+t_d), & （当 t_i \leqslant t_{i+1} 时） \\ t_i+(t_i-t_{i+1})\times(M-1)+(t_j+t_d), & （当 t_i > t_{i+1} 时） \end{cases}$$

式中 t_i ——前一个施工过程的流水节拍；

t_{i+1} ——后一个施工过程的流水节拍；

M ——空间参数（流水段）；

t_j、t_d——技术与组织间歇时间；

$K_{i-(i+1)}$ ——前后相邻施工过程的流水步距。

例如：某工程流水组，有四个施工过程，流水节拍为：t_A=3d、t_B=4d、t_C=2d、t_D=2d；施工程序为 A → B → C → D；各施工过程之间无技术与组织间歇时间，分五个流水段，计算连续施工时各施工过程之间的流水步距：

$\because t_A < t_B$；$t_j+t_d=0$；$t_A=3$d

$\therefore K_{A-B}=t_A+(t_j+t_d)=3+0=3$d

$\because t_B > t_C$；$t_B=4$d；$t_C=2$d

$\therefore K_{B-C}=t_i+(t_i-t_{i+1})\times(M-1)+(t_j+t_d)=4+(4-2)\times(5-1)+0=12$d

$\because t_C=t_D=2$d

$\therefore K_{C-D}=t_C+(t_j+t_d)=2+0=2$d

③施工过程流水的延续时间。施工过程流水的延续时间是指一个施工过程在各流水段上全部完工所需时间之和，一般用符号 T_i 表示。

其计算公式为：

$$T_i= t_i^1 + t_i^2 + t_i^3 +\ldots+ t_i^m = \sum_{j=1}^{m} t_i^j$$

一个流水组中，最后一个施工过程全部完工所需时间通常用 T_N 表示。

④ 技术与组织间歇时间。技术与组织间歇时间是指在组织流水施工时，有些施工过程完成后，后续施工过程不能立即投入施工，必须有一定的间歇时间。由施工工艺或材料性质决定的间歇时间称为技术间歇时间，如抹灰层需养护、提高强度、干燥等必须停顿的时间，一般用 t_j 表示；由施工组织原因造成的间歇时间称为组织间歇时间，如测量、弹线工作、基层清理等，通常用 t_d 表示。有时组织间歇时间也为了对缩短工期有利而安排某些流水节拍短的施工过程组成间断的流水而停顿的时间。技术与组织间歇时间的确定一般不通过计算，而是凭经验或根据实际需要而定。

⑤ 平行搭接时间。平行搭接时间是指在组织流水施工时，有时为了缩短工期，在工作面允许的情况下，如果前一个施工班组完成部分施工任务后，使后一个施工过程的施工班组提前进入该施工段，两个相邻施工过程的施工班组同时在一个施工段上施工的时间，称为平行搭接时间，通常用 t_z 表示。

⑥ 流水组的工期。流水组的工期是指一个流水组从第一个施工过程开始施工到最后一个施工过程全部结束所需时间，一般用符号 T_L 表示。当一项工程从开工的第一个施工过程开始到竣工的最后一个施工过程结束的全部施工过程都组入一个流水组时，其总工期用符号 T 表示。

流水组工期的计算公式为：

$$T_L = \sum K_{i,i+1} + T_N$$

式中　$\sum K_{i,i+1}$ ——流水组中各流水步距之和；

T_N ——流水组中最后一个施工过程流水的延续时间。

6. 网络计划技术

网络计划是以网络图的形式来表达任务构成、工作顺序并加注工作时间参数的一种进度计划。网络图是指由箭线和节点（圆圈）组成的、用来表示工作流程的有向、有序的网状图形。网络图按其所用符号的意义不同，可分为双代号网络图和单代号网络图两种，如图 3–3、图 3–4 所示。

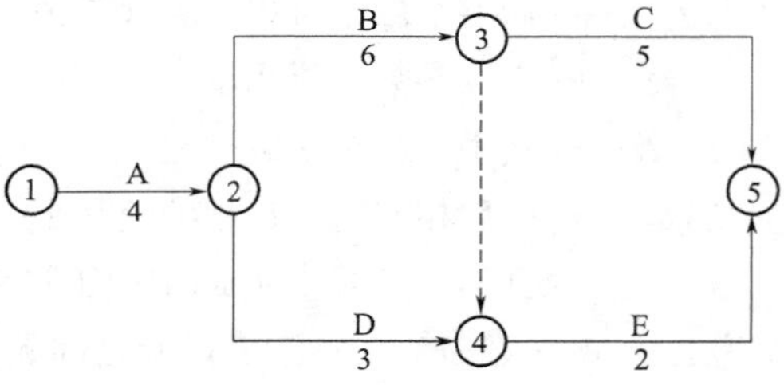

图 3–3　双代号网络图

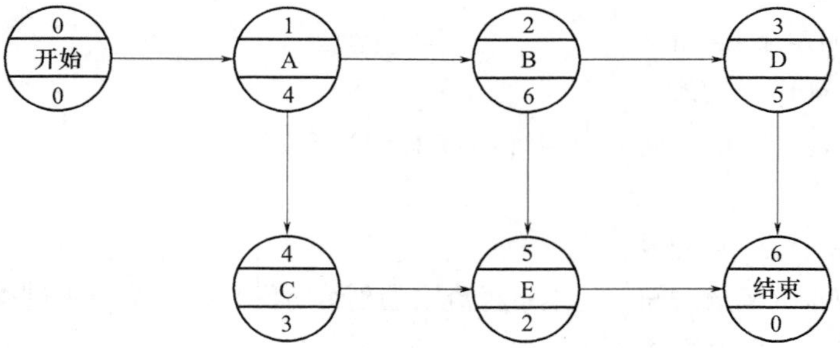

图 3–4　单代号网络图

网络计划方法的基本原理是：首先，绘制工程施工网络图，以此来表达计划中各施工过程先后顺序的逻辑关系；其次，通过计算，分析各施工过程在网络图中的地位，找出关键线路及关键施工过程；再次，按选定目标不断改善计划安排，选择最优方案，并付诸实施；最后，在执行过程中进行有效的控制和监督，使计划尽可能地实现预期目标。

（1）网络计划的分类

① 按网络计划参数的性质不同可分为肯定型网络计划和非肯定型网络计划。如果网络计划中各项工作之间的逻辑关系是肯定的，各项工作的持续时间也是确定的，而且整个网络计划有确定的工期，这类型的网络计划就称为肯定型网络计划，其解决问题的方法主要为关键线路法（CPM）；如果网络计划中各项工作之间的逻辑关系或工作的持续时间是不确定的，整个网络计划的工期也是不确定的，这类型的网络计划就称为非肯定型网络计划。

② 按工作表示方法的不同可分为双代号网络计划和单代号网络计划。双代号网络计划是各项工作以双代号表示法绘制而成的网络计划，如图 3–3 中，①→②代表 A 工作，②→③代表 B 工作；单代号网络计划是以单代号的表示方法绘制而成的网络计划，如图 3–4 中，编号 1 代表 A 工作，编号 2 代表 B 工作，编号 5 代表 E 工作等。

③ 按有无时间坐标可分为无时标网络计划和有时标网络计划。不带有时间坐标的网络计划称为无时标网络计划；带有时间坐标的网络计划称为有时标网络计划。

④ 按网络计划的性质和作用可分为控制性网络计划和实施性网络计划。控制性网络计划是以单位工程网络计划和总体网络计划的形式编制，是上级管理机构指导工作、检查和控制进度计划的依据，也是编制实施性网络计划的依据；实施性网络计划的编制的对象为分部工程或者是复杂的分项工程，以局部网络计划的形式编制，施工过程划分较细，计划工期较短，它是管理人员在现场具体指导施工的依据，是控制性进度计划得以实施的基本保证。

⑤ 按网络计划的目标可分为单目标网络计划和多目标网络计划两种。只有一个最终目标的网络计划称为单目标网络计划，单目标网络计划只有一个终节点；由若干个独立的最终目标和与其相关的有关工作组成的网络计划称为多目标网络计划，多目标网络计划一般有多个终节点。

（2）横道计划与网络计划的比较

① 横道计划。横道计划是结合时间坐标线，用一系列水平线段分别表示各施工过程的施工起止时间及其先后顺序的一种进度计划，如图 3–5 所示。

施工过程
施工进度（天）
1
2
3
4
5
6
7
8
9
10
11
12
安设吊杆
安装龙骨
安装胶合板
贴墙纸

图 3–5　某木龙骨胶合板吊顶横道计划进度表

横道计划的优点是编制容易，绘图较简便；各施工过程排列整齐有序，表达直观清楚；结合时间坐标，各过程起止时间、持续时间及工期一目了然；可以直接在图中进行劳动力、材料、机具等各项资源需要量统计。

横道计划的缺点是不能直接反映各施工过程之间相互联系、相互制约的逻辑关系；不能明确指出哪些工作是关键工作，哪些工作不是关键工作即不能明确表明某个施工过程的推迟或提前完成对整个工程进度计划的影响程度；不能计算每个施工过程的各个时间参数，因此也无法指出在工期不变的情况下，某些过程存在的机动时间，进而无法指出计划安排的潜力有多大；不能应用计算机进行计算，更不能对计划进行有目标的调整和优化。

② 网络计划。网络计划的优点是能明确反映各施工过程之间相互联系、相互制约的逻辑关系；能进行各种时间参数的计算，找出关键施工过程和关键线路，便于在施工中抓住主要矛盾，避免盲目施工；可通过计算各过程存在的机动时间，更好地利用和调配人力、物力等各项资源，达到降低成本的目的；可以利用计算机对复杂的计划进行有目的控制和优化，实现计划管理的科学化。

网络计划的缺点是绘图麻烦、不易看懂，表达不直观；无法直接在图中进行各项资源需要量统计。为了克服网络计划的缺点，在实际工程中可以采用流水网络计划和时标网络计划。

（3）组成双代号网络图的基本要素

由于双代号网络图中各施工过程均用两个代号表示，因此，该表示方法通常称为双代号表示法。用这种表示法将计划中的全部工作根据它们的先后顺序和相互关系，从左到右绘制而成的网状图形就是双代号网络图。用这种网络图表示的计划叫做双代号网络计划。组成双代号网络图的基本要素有箭杆（箭线）、节点（圆圈）和线路。

① 箭杆（箭线）。在一个网络计划中，箭杆分为实箭杆和虚箭杆，两者表示的含义不同，如图3-6所示。

一根实箭杆表示一个施工过程（或一项工作）。一般情况，每个实箭杆表示的施工过程都要消耗一定的时间和资源。箭杆的方向表示工作的进行方向和前进路线。箭杆的长短一般与工作的持续时间无关。按照网络图中，工作之间的相互关系，可将工作分为紧前工作、紧后工作和平行工作三种类型，如图 3-7 所示。

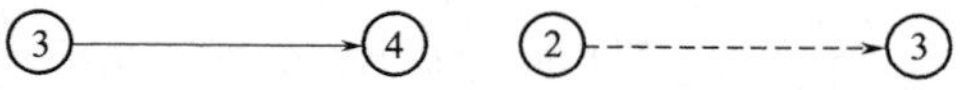

（a）实箭杆　　（b）虚箭杆

图 3-6　箭杆

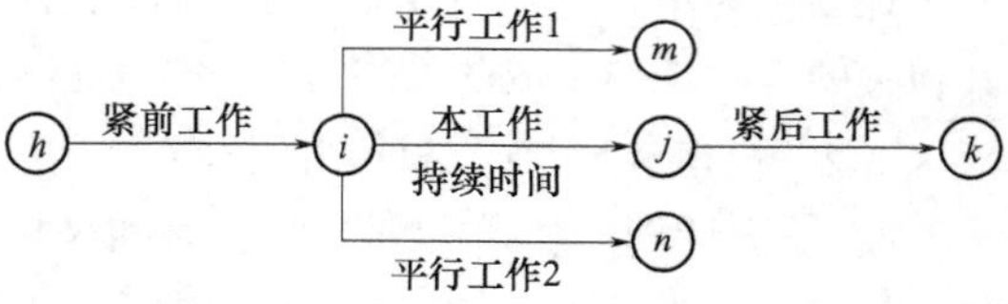

图 3-7　工作的分类

虚箭杆仅表示工作之间的逻辑关系，既不消耗时间也不消耗资源。它在双代号网络图中起逻辑连接或逻辑间断的作用。

②节点（圆圈）。双代号网络图中，节点表示前面工作结束或后面工作开始的瞬间，既不消耗时间也不消耗资源。如图 3-8 所示。

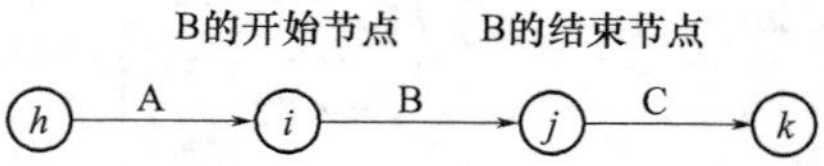

图 3-8　节点的含义

根据节点在网络图中的位置不同可分为起始节点、结束节点、中间节点。起始节点是网络图中第一个节点；结束节点是网络图中最后一个节点；其余节点都称为中间节点。任何一个中间节点既是其紧前各工作的结束节点和又是其紧后各工作的开始节点。

网络图中的每一个节点都要编号。编号的顺序是：从起点节点开始，依次向终点节点进行。编号的原则是：每一个箭线的箭尾节点代号 i 必须小于箭头节点代号 j（即 $i<j$）；所有节点的代号不能重复出现。

③线路。网络图中，从起始节点开始，沿箭杆方向连续通过一系列节点和箭杆，最后到达终节点的若干条通道，称为线路。通常情况下，一个网络图可以有多条线路，某线路上各施工过程的持续时间之和为该线路时间。如图3–9所示，该网络图中，共有8条线路。

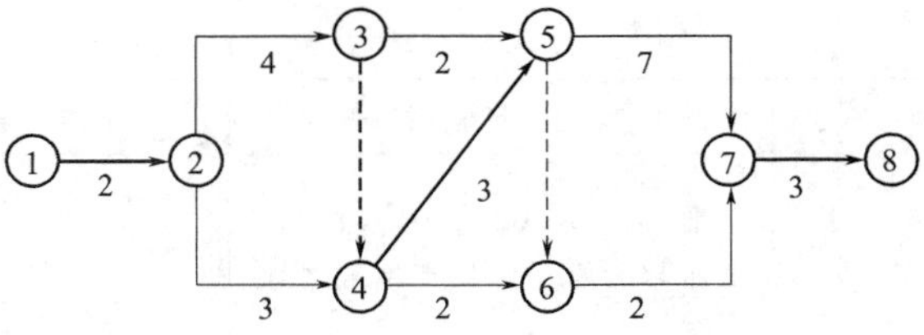

图 3–9　双代号网络图

施工过程根据所在线路的不同，可以分为两类，即关键工作和非关键工作。位于关键线路上的工作称为关键工作。位于非关键线路上，除关键工作之外的其他工作都称为非关键工作。非关键线路与关键线路之间存在的时间差，称为线路时差。

线路时差的意义是非关键施工过程可以在时差允许范围内，将部分资源调配到关键工作上，从而加快施工进度；或者在时差范围内，改变非关键工作的开始和结束时间，达到均衡资源的目的。

（4）双代号网络图的绘制方法

绘图时，必须做到以下两点：首先，绘制的网络图必须正确表达过程之间的各种逻辑关系；其次，必须遵守双代号网络图的绘图规则。也就是一个正确的双代号网络图应是在遵守绘图规则的基础上，正确表达过程之间的逻辑关系的一个网络图。此外，绘制实际工程的网络图时，还应选择适当的排列方法。

① 网络图逻辑关系及其正确表示。网络图中的逻辑关系是指网络计划中所表示的各个工作之间客观上存在或主观上安排的先后顺序关系。这种顺序关系划分为两类：一类是施工工艺关系，简称工艺逻辑；另一类是施工组织关系，简称组织逻辑。工艺逻辑关系是由施工工艺或操作规程所决定的各个工作之间客观上存在的先后施工顺序。组织逻辑关系是施工组织安排中，考虑劳动力、机具、材料或工期等影响，在各工作之间主观上安排的先后顺序关系。表3–2给出了常见逻辑关系及其相对应的表示方法。

表 3–2　网络图中各项工作逻辑关系表示方法

序号	工作之间的逻辑关系	网络图中表示方法	说明
1	有A、B两项工作按照依次施工方式进行	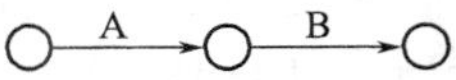	B工作依赖着A工作，A工作约束着B工作的开始
2	有A、B、C三项工作同时开始工作	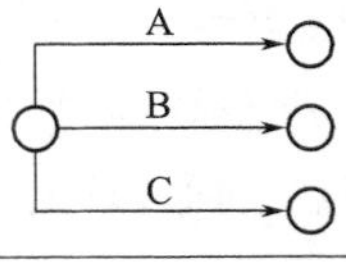	A、B、C三项工作称为平行工作
3	有A、B、C三项工作同时结束	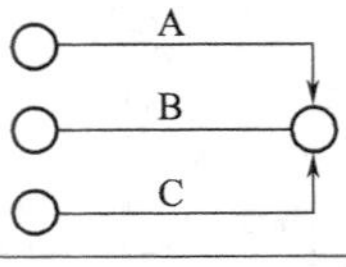	A、B、C三项工作称为平行工作
4	有A、B、C三项工作。只有A完成后，B、C才能开始	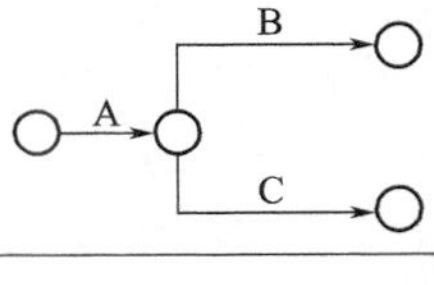	A工作制约着B、C工作的开始，B、C为平行工作

续表

序号	工作之间的逻辑关系	网络图中表示方法	说明
5	有 A、B、C 三项工作。C 工作只有在 A、B 完成后才能开始	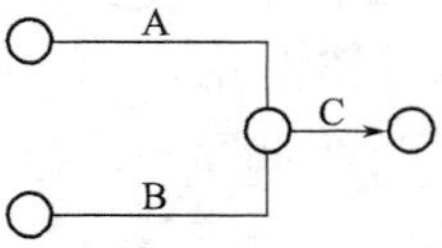	C 工作依赖着 A、B 工作，A、B 为平行工作
6	有 A、B、C、D 四项工作。只有当 A、B 完成后，C、D 才能开始	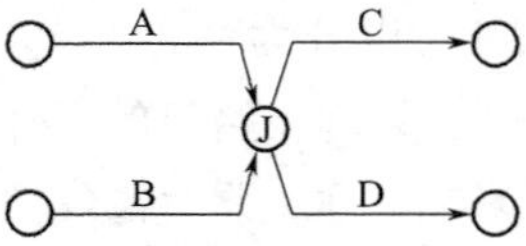	通过中间节点 J 正确地表达了 A、B、C、D 工作之间的关系
7	有 A、B、C、D 四项工作。A 完成后 C 才能开始，A、B 完成后 D 才能开始	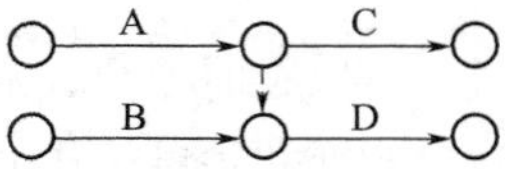	D 与 A 之间引入了逻辑连接（虚工作），只有这样才能正确地表达它们之间的约束关系
8	有 A、B、C、D、E 五项工作。A、B 完成后 C 才能开始，B、D 完成后 E 才能开始	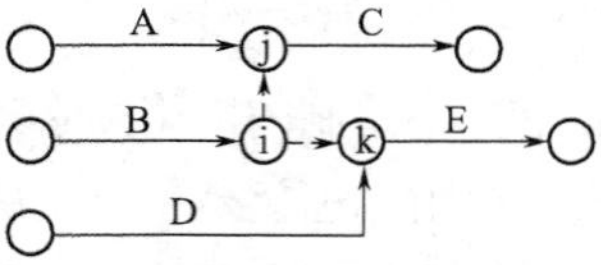	虚工作 i–j 反映出 C 工作受到 B 工作的约束，虚工作 i–k 反映出 E 工作受到 B 工作的约束
9	有 A、B、C、D、E 五项工作。A、B、C 完成后 D 才能开始，B、C 完成后 E 才能开始	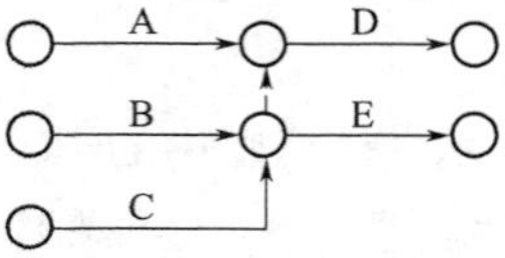	虚工作反映出 D 工作受到 B、C 工作的制约
10	A、B 两项工作分三个施工段，平行施工	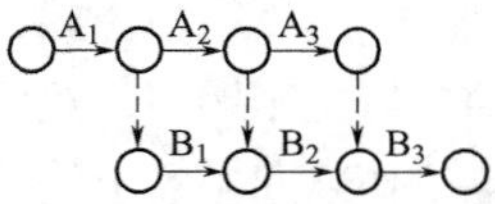	每个工种工程建立专业工作队，在每个施工段上进行流水作业，不同工种之间用逻辑搭接关系表示

② 双代号网络图的绘制规则。双代号网络图必须正确表达过程之间的逻辑关系。双代号网络图中，不允许出现一个代号表示一个工作。双代号网络图中，严禁出现循环线路。双代号网络图中，在节点之间严禁出现带双向箭头或无箭头的箭线。双代号网络图中，严禁出现没有箭头节点或没有箭尾节点的箭线。网络图中，不允许出现节点编号相同的工作。当双代号网络图的某些节点有多条外向箭线或多条内向箭线时，可分别使用开始母线或结束母线法绘制。当箭线线型不同时，可在从母线上引出的支线上标出。绘制网络图时，箭线不宜交叉，当交叉不可避免时，可用过桥法、断线法或指向法，如图 3–10 所示。双代号网络图中只有一个起点节点；在不分期完成任务的网络图中，应只有一个终点节点；而其他所有节点均应是中间节点。

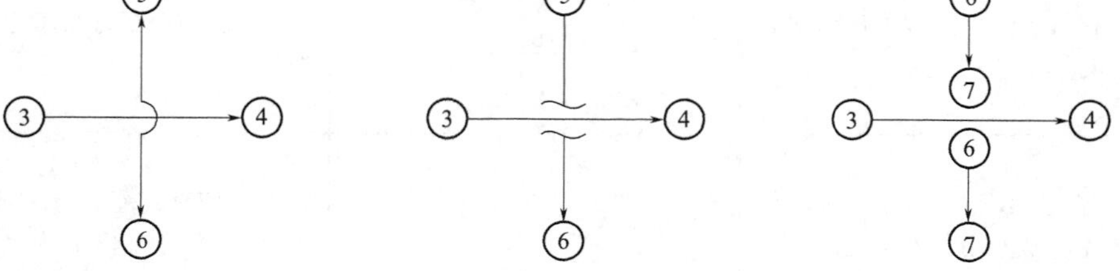

（a）过桥法　（b）断线法　（c）指向法

图 3–10　交叉箭杆绘制方法

③双代号网络图绘制步骤和要求。绘制网络图之前，首先收集整理有关该网络计划的资料；根据工作之间的逻辑关系和绘图规则，从起始节点开始，从左到右依次绘制网络计划的草图；检查各工作之间的逻辑关系是否正确，网络图的绘制是否符合绘图规则；整理、完善网络图，使网络图条理清楚、层次分明；对网络图各节点进行编号。网络图的箭线应以水平线为主，竖线和斜线为辅，不应画成曲线；在网络图中，箭线应保持自左向右的方向，尽量避免“反向箭线”；在网络图中应正确应用虚箭杆，力求减少不必要的虚箭线。

（5）双代号网络图时间参数的计算方法

双代号网络图时间参数的计算主要是工序时间参数计算和节点时间参数计算。计算方法很多，主要有分析计算法、图上计算法、表上计算法、电算法和矩阵计算法等。下面仅以工序时间参数计算的图上计算法为例加以介绍。

① 工序时间参数常用符号如下（设有线路 h → i → j → k）：

D_{i-j}——工作 i—j 的持续时间

ES_{i-j}——工作 i—j 的最早可能开始时间

EF_{i-j}——工作 i—j 的最早可能完成时间

LS_{i-j}——工作 i—j 的最迟必须开始时间

LF_{i-j}——工作 i—j 的最迟必须结束时间

TF_{i-j}——工作 i—j 的总时差

FF_{i-j}——工作 i—j 的自由时差

② 工作的最早可能开始时间（ES_{i-j}）。工作的最早可能开始时间是指各紧前工作全部完成之后，本工作有可能开始的最早时刻。“可能”是指可以开工，但不一定马上开工。计算某工作的最早开始时间的方法是：将该工序的各紧前工作的最早可能开始时间分别与各紧前工作自身的延续时间相加，然后从各数据中取最大的一个值，就是该工作的最早开始时间，其计算公式为：

$$ES_{i-j}=\begin{cases} 0 & （i\text{–}j\ \text{工作无紧前工作即该工作为开始工作}）\\ ES_{h-i}+D_{h-i} & （i\text{–}j\ \text{工作有一个紧前工作}）\\ \max（ES_{h-i}+D_{h-i}） & （i\text{–}j\ \text{工作有多个紧前工作}）\end{cases}$$

计算时应从网络图的起点节点开始，从左到右，顺箭头方向逐项计算，直至网络图的终点节点。

网络图中的各虚工作也与实工作一样，都必须计算时间参数，否则向前计算其他工作时，有可能会发生错误。在网络图中虚工作一般只起逻辑连接作用，而没有延续时间，因此，它的延续时间记为“0”。

实际上，网络图各工作最早开始时间的计算是顺箭头方向依次做加法的过程。只是在碰到有多个紧前工作时，要取最大值。

③ 工作的最早可能结束时间（EF_{i-j}）。工作的最早可能结束时间是指某工作在最早可能开始时间开始工作，持续一段时间后，最早可能完成的时刻。其计算公式为：

$$EF_{i-j}=ES_{i-j}+D_{i-j}$$

④ 工作最迟必须开始时间（LS_{i-j}）。工作最迟必须开始时间是指在不影响总工期的条件下，该工作最迟必须开始的时刻。在总工期决定以后，每项工作都有一个最迟开始时间，在这个时间内如不开始，就会影响总工期的完成。计算某工作的最迟必须开始时间的方法是：将该工作的各紧后工作的最迟开始时间的最小值，减去该工作的施工延续时间，所得的差值就是该工作的最迟

必须开始时间，其计算公式为：

$$LS_{i-j}=LF_{i-j}-D_{i-j}$$

计算最迟开始时间，要从网络图终点节点开始，逆箭头方向逐项依次向起点节点进行计算，直到网络图的起点节点，所以，计算某工作的最迟开始时间必须先计算完它的紧后工作的最迟开始时间。

总工期是与终点节点相连的工作最迟必须完成的时间。这个总工期如有规定，可按规定的时间计算；如无规定，可按前述计算出来的终点节点的计划总工期的时间进行计算。

⑤ 工作最迟必须结束时间（LF_{i-j}）。工作最迟必须结束时间是指在不影响其紧后工作最迟必须开始时间的前提下，本工作最迟必须完成的时刻。这一时间是其紧后工作最迟必须开始的时间。其计算公式为：

$$LF_{i-j}=\begin{cases}T_C & （i-j\text{ 无紧后工序即该工作为结束工作}）\\ LF_{j-k}-D_{j-k} & （i-j\text{ 工作只有一个紧后工序}）\\ \min(LF_{j-k}-D_{j-k}) & （i-j\text{ 工作有多个紧后工序}）\end{cases}$$

⑥ 工作的总时差（TF_{i-j}）。工作的总时差是指在不影响总工期的前提下，各项工作之间所具有的机动时间。总时差的计算方法是：最迟开始时间减去最早开始时间，其计算公式为：

$$TF_{i-j}=LF_{i-j}-EF_{i-j}\text{ 或 }TF_{i-j}=LS_{i-j}-ES_{i-j}$$

有的工作最迟开始时间减最早开始时间的差值为零；有的差值大于零。这说明凡差值大于 0 的工作，在不影响总工期延长的条件下，该工作可以在最早开始的时间工作，也可以在不超过最迟开始的时间工作，有一个机动的余地。这个机动时间，对该工作来说，可以机动使用；可以最早开始，也可以最迟开始；可以延长该工作的施工延续时间，也可以断续施工。如果延长该工作的施工时间，则可以减少该工作的施工人数或减少设备的用量，从而节约施工费用，这对工期没有影响。

必须指出：一项工作的总时差，一般不是该工作单独占有的机动时间而是与存在总时差后相连的若干项工作共同占有。

⑦ 自由时差（FF_{i-j}）。自由时差是指一项工作在不影响其紧后工作最早可能开始时间的前提下，独自占有的机动时间。本工作的自由时差的计算方法是：它的紧后工作的最早开始时间减去本工作最早开始时间与本工作延续时间之和，其计算公式为：

$$FF_{i-j}=ES_{j-k}-(ES_{i-j}+D_{i-j})=ES_{j-k}-EF_{i-j}$$

自由时差是总时差的一部分。一项工作的自由时差的主要区别在于：自由时差属于本工作独自占有的机动时间，如果本工作使用了这个自由时差，也不影响其紧后工作的最早开始时间。所以，计算自由时差的目的是：当工作存在总时差时，本工作是否存在独自占有的机动时间，这是对工作总时差的进一步说明。

（6）工作时间参数的图上计算法

直接在网络图上计算时间参数的方法称为图上计算法。本方法比较直观，适用于线路不很复杂，工作项目不太多的网络图。采用图上计算法时，首先确定采用的时间参数标注形式。常用的双代号网络计划的时间参数标注的形式如图 3-11 所示。

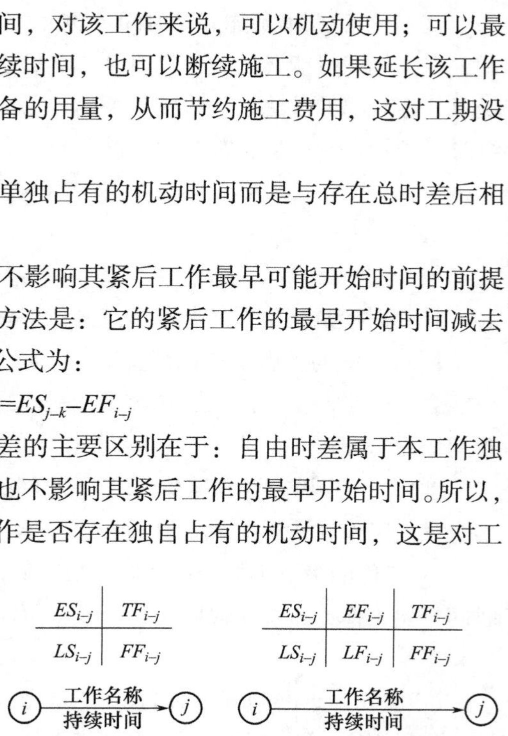

（a）四时间参数标注法　（b）六时间参数标注法

图 3-11　双代号网络计划按工序法计算时间参数标注形式

图上计算法时间参数的标注方法经常采用的是六时间参数标注法，具体计算步骤为：

第一步：首先计算工作最早可能时间，包括工作最早可能开始时间（ES_{i-j}），工作最早可能结束时间（EF_{i-j}）两个，然后，将数据填于图上相应的位置。

第二步：确定网络计划的计算工期 T_C。

第三步：计算工作的最迟必须时间，包括工作的最迟必须开始时间（LS_{i-j}）和工作的最迟必须结束时间（LF_{i-j}）两个，之后，将数据填于图上相应的位置。

第四步：计算各工作的总时差（TF_{i-j}），将数据填于图上相应的位置。

第五步：计算各工作的自由时差（FF_{i-j}），将数据填于图上相应的位置。

第六步：确定关键工作和关键线路，并用双箭杆或粗实线表示。

用图上计算法进行时间参数计算的结果如图 3–12 所示。

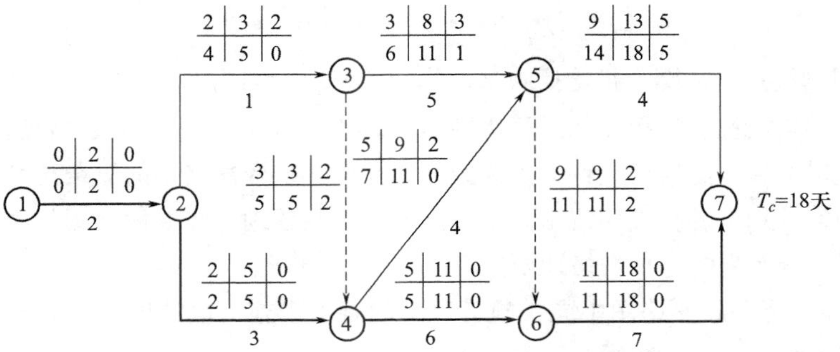

图 3–12 图上计算法示意图

（7）关键线路与非关键线路

任何一个网络图，在计算上述时间参数之后，便可以发现，从起点节点到终点节点为止，总的一系列工作的总时差为零（其自由时差也必为零）。凡是工作的总时差为零的工作叫作关键工作；从网络图的起点到终点，凡是前后相连的一系列关键工作所构成的线路。一个网络图中至少有一条关键线路，但也可能存在两条以上。凡是关键线路上的每一个工作，它的最早与最迟开始（或完成）时间相等，而没有机动的余地，所以关键线路上每项工作施工时间的总和必定最长，也就构成了这个网络图的总工期。如果关键线路上任何一个工作拖延了时间，必定使总工期拖后。为了突出关键线路，在计算时间参数之后，可将总时差为零的工作用粗箭杆（或画双箭杆线、红线等）。这条粗箭杆所构成的线路就是网络图的关键线路。工程的网络图，当找出关键线路之后，也就抓住了工程施工进度计划中的主要矛盾，因为它对工程的总工期起着决定性的影响。要想缩短工期，必须在关键工序上下功夫，增加人力、增加施工机械设备、加强技术组织措施。

所谓非关键线路，就是指网络计划中各工作存在有总时差的一系列工作所构成的线路。这些线路上各工作施工之和（从开始节点至终点节点）必定小于关键线路。非关键线路上各工作的最早与最迟开始（或完成）时间必定存在一个机动时间，这意味着这些工作可以抽调人力和物力去支援关键工作的施工活动，做好平衡协调的工作，使工期缩短。这样，在不增加人力、物力和财力的条件下，可以提高企业的经济效益，为进一步提高经营管理水平提高了科学依据。

（8）流水网络图

前面所述的一般网络计划方法，在每个施工过程之间的逻辑关系上是一种衔接关系，即紧前施工过程完工之后才能开始紧后施工过程。

例如，某三层住宅楼装饰装修工程，划分为五个施工过程。现以每一层楼作为一个施工段，组织流水施工，其双代号网络计划表达如图 3–13 所示。

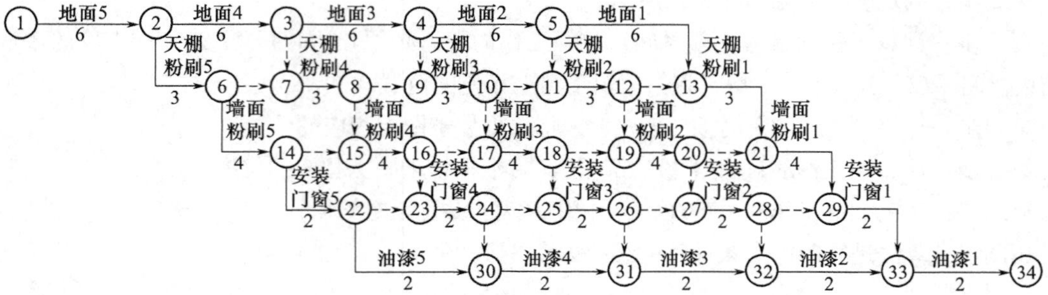

图 3–13　某室内装饰装修工程双代号网络计划

普通网络图的缺点是从图上很难反映流水作业的情况，因为网络计划是以最短工期为目标，不考虑施工过程的均衡性和连续。如果采用网络图表达流水作业，为了正确表达各施工过程和各流水段之间的逻辑关系，必须增加许多虚箭线，因而势必造成网络图的复杂与增大编制网络图的工作量。流水网络计划是综合应用流水施工和网络计划的原理，吸取横道图与网络图表达计划的优点，并使两者结合起来的一种网络计划方法。

① 流水箭线。将一般网络图中同一施工过程的若干个施工段的连续作业的箭杆，合并为一条箭线，该箭线就称为“流水箭线”，如图 3–14 所示。

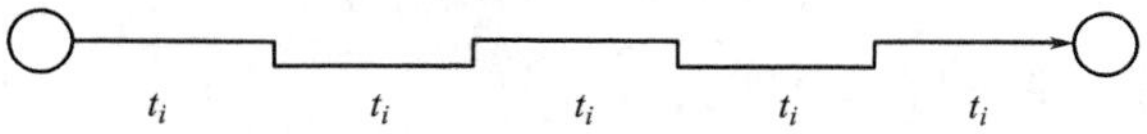

图 3–14　流水箭线

② 时距箭线。时距箭线是用于表达两个相邻施工过程之间逻辑上和时间上相互制约关系的箭线。建立时距箭线是为了替代被简化的需箭线的功能。时距箭线均用细实线表示，如图 3–15 所示。

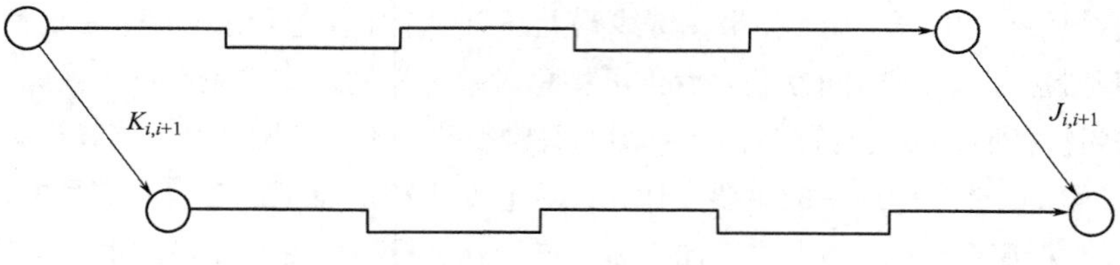

图 3–15　流水网络块基本形式

时距箭线所表示的时距可分为以下四种：开始时距（$K_{i,i+1}$）是指相邻两个施工过程先后进入第一个施工段的时间间隔；结束时距（$J_{i,i+1}$）是指相邻两个施工过程先后退出最后一个施工段的时间间隔；间歇时距（$N_{i,i+1}$）是指前后两个相邻两个施工过程中，从前一个施工过程结束到后一个施工过程开始之间的间歇时间，一般指技术间歇或施工组织间歇；跨控时距（$D_{i,x}$）是指从某一施工过程开始，跨越若干个施工过程之后，到某一施工过程结束之间的控制时间。

③ 流水网络块。流水网络块是组织流水施工时的一种基本形式，如图 3–15 所示。

例如，图 3–13 的某室内装饰装修工程双代号网络计划可以根据流水网络计划的基本理论，改绘成图 3–16 所示的流水网络块。

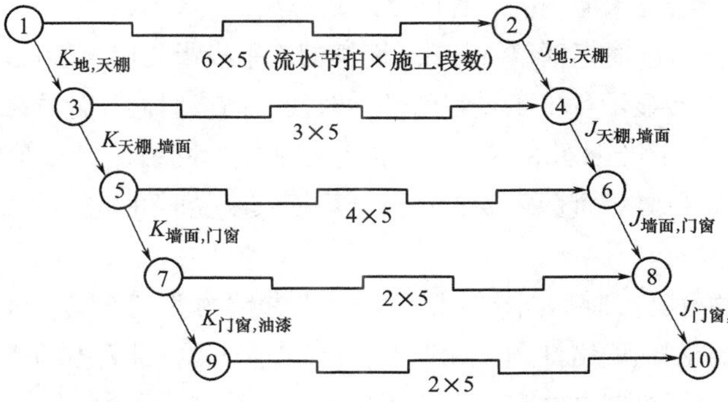

图 3–16　流水网络块

④ 流水网络块之间的连接。两个或多个流水网络块，可按它们相互之间施工工艺上的先后关系在某些流水箭线的开始或完成节点外相连接。也可通过某些不参加流水施工的非流水箭线或虚箭线连接。

⑤ 流水网络块内部节点与非流水箭线之间的连接。进、出节点不得中断该流水箭线，而应画在它的上边或下边。

⑥ 流水网络块内部的逻辑关系箭线的连接。在流水网络块内部，某些在施工工艺上或组织上有逻辑联系的流水箭线，可用虚箭线将它们连接起来。

⑦ 时距的时间参数的计算方法如下：

开始时距（$K_{i,i+1}$）的计算，对于有节奏中流水步距的计算公式为：

$$K_{i,i+1}=\begin{cases} t_i+t_j+t_d-t_z & (t_i \leqslant t_{i+1}) \\ Mt_i-(M-1)t_{i+1}+t_j+t_d-t_z & (t_i > t_{i+1}) \end{cases}$$

计算规律：逐段累加，错位相减，差值取大。

结束时距（$J_{i,i+1}$）的计算公式为：

$$J_{i,i+1}=\begin{cases} t_{i+1}+t_j+t_d-t_z & (t_i \geqslant t_{i+1}) \\ Mt_{i+1}-(M-1)t_i+t_j+t_d-t_z & (t_i < t_{i+1}) \end{cases}$$

间歇时距（$N_{i,i+1}$）的计算，所谓间歇时距也就是流水施工中的技术或组织间歇时间。

跨控时距（$D_{i,x}$）的计算，根据实际工作的开工条件进行计算，没有具体计算公式。

⑧ 流水网络块时间参数的计算。编制单位工程施工进度计划时，常用分别流水法，将单位工程划分为若干分部工程，分别组织每个分部工程的流水施工，一个分部工程的流水网络图称为流水网络块。流水网络块时间参数的计算内容与流水作业基本一致，主要计算流水网络步距。

⑨ 流水网络计划在施工计划中的应用。流水网络用于施工计划网络中有关流水作业的某个局部，只是整个网络计划的一个组成部分，在整个计划网络中还有不能组织流水作业的若干施工内容，这两部分内容是相互联系的。所以，在编制整个工程的网络计划时，要正确分析各施工工艺顺序、施工过程划分和施工组织方案，妥善处理流水网络块和非流水作业部分箭线的图形安排，力求使整个网络计划图面清晰、便于识别。

（9）时标网络图

时标网络计划是带有时间坐标的网络计划，它综合应用横道图的时间坐标和网络计划的原理，吸取了两者长处，使其结合起来应用的一种网络计划方法。

① 时标网络计划的特点。时标网络计划中，箭杆的水平投影长度直接代表该工作的持续时间；时标网络计划中，可以直接显示各施工过程的开始时间、结束时间与计算工期等时间参数；在时标网络计划中，不容易发生闭合回路的错误；可以直接在时标网络计划的下方绘制资源动态曲线，从而进行劳动力、材料、机具等资源需要量；由于箭杆长度受时间坐标的限制，因此，修改和调整不如无时标网络计划方便。

② 时标网络计划的分类。时标网络计划根据节点参数的意义不同，可以分为早时标网络计划（将计划按最早时间绘制的网络计划）和迟时标网络计划（将计划按节点最迟时间绘制的网络计划）两种。时标网络计划绘制方法有间接绘制法和直接绘制法两种。一般情况下，宜按最早时间绘制。

③ 间接绘制法绘制时标网络计划。间接绘制法绘制是先计算网络计划中节点的时间参数，然后根据时间参数，按草图在时间坐标上进行绘制的方法。

按早时间绘制时标网络计划的方法和步骤是：绘制无时标网络计划草图，计算节点最早可能时间，从而确定网络计划的计算工期 T_C。根据计算工期 T_C，选定时间单位绘制坐标轴。根据网络图中各节点的最早时间（也就是各节点后面工作的最早开始时间），从起点节点开始将各节点按照节点最早可能时间，逐个定位在时间坐标的纵轴上。依次在各节点后面绘出箭线。用虚箭线连接原双代号网络图中节点间的虚箭杆。把时差为零的箭线从起点节点到终点节点连接起来，并用粗线或双箭线或彩色箭线表示，即形成时标网络计划的关键线路。

例如，某工程网络计划以及每天资源消耗量如图 3–17 所示，要求：按最早时间绘制双代号网络图和按最迟时间绘制双代号网络图。

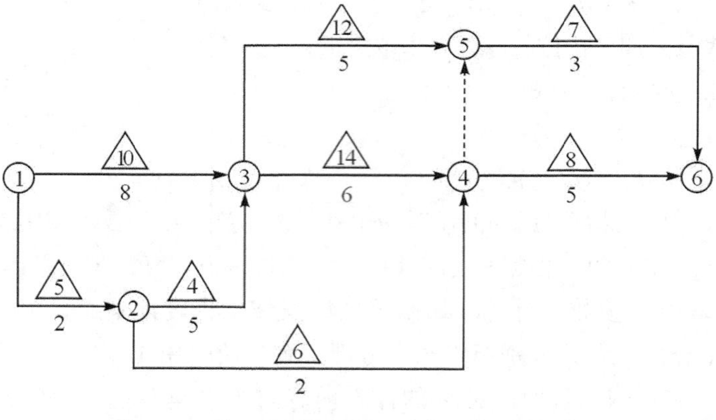

图 3–17　某工程网络计划以及每天资源消耗量

根据间接法绘制的早时标网络计划以及迟时标网络计划如图 3–18 和图 3–19 所示。

④ 直接法绘制时标网络计划。直接法是不计算网络计划的时间参数，直接按草图在时间坐标上进行绘制的方法。直接法绘制时标网络计划的方法和步骤是：将起点节点的中心定位在时间坐标表的横轴为零纵轴上；按工作的持续时间在坐标系中绘制以网络计划起点节点为开始节点的工作箭杆；用上述方法自左向右依次确定各节点位置，直至网络计划终点节点定位为止。

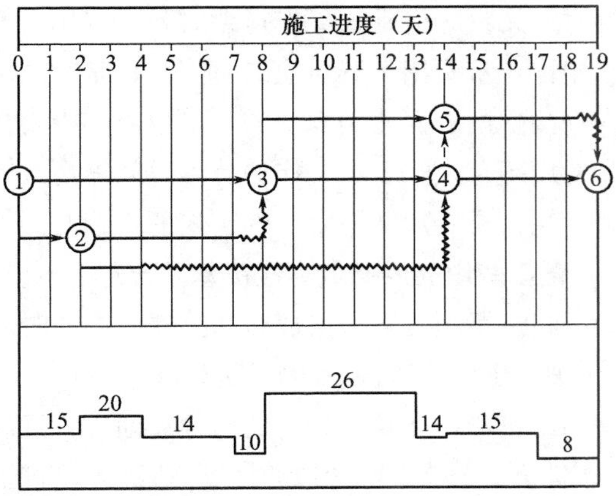

图 3–18　按最早时间绘制的时标网络图

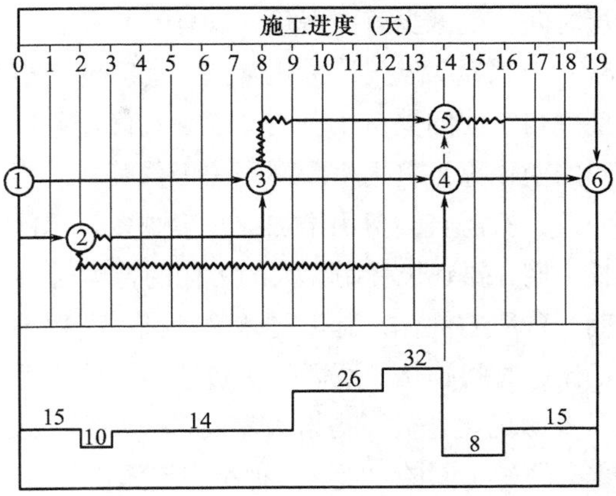

图 3–19　按最迟时间绘制的时标网络图

（10）网络计划的应用

① 网络计划优化。网络计划优化是指通过改善网络计划的最初方案，在满足既定目标的要求下，按某一衡量指标，如工期、成本、资源等寻求最优方案。优化的目的是以最小的消耗取得最大的效益。

网络计划优化的基础是时差。即通过优化，使最初的时差逐渐减少，甚至全部消失，把非关键工作渐渐转变为关键工作，达到工时利用紧凑、工期合理、资源消耗均衡、成本较低的目的。

进行网络计划优化，需要比较完备的技术经济资料和确切的数据作计算依据，而且优化的方法都较复杂，计算工作量大，一般靠手工无法完成，所以，这里仅介绍简单的优化方法。

工期优化：一般工程都有工期要求，并受人力、物力等条件的限制，工期的调整必须牵涉到资源、成本的变化。这里所说的工期优化，是假定各种资源（劳动力、机械、材料、资金等）充足的条件下，只考虑时间问题。当指定工期大于计划工期时，如计划工期与指定工期相差不大，可不必调整，如相差较大时，则需要调整。通常可采用延长关键工作的持续时间的方法，非关键工作的持续时间也可做相应的变化，以减少单位时间内资源的需要量。当指定工期小于计划工期时，此时需缩短计划工期，首先要缩短关键工作的持续时间，使关键线路的工期缩短，同时还应注意其余的线路，必须使缩短后关键线路和其余所有线路的工期都满足指定工期的要求。无论采用哪些方法，都必须在缩短工期的同时，尽可能考虑经济效益，即缩短那些工艺简单、需要费用较少的工作的持续时间；对于施工工艺较复杂、施工质量要求较高的工作，其持续时间应必须保证，不能缩短。

工期—费用优化：在网络计划中，工期和费用是相关的，要缩短工期，往往要增加人力和资金的投入。最优期是指完成工程任务的时间较短而投入费用最少的工期。工程费用有直接费和间接费，在正常条件下，延长工期会引起直接费用的减少和间接费用的增加，而缩短工期会使直接费用增加和间接费用减少。最优工期应是直接费和间接费之和为最小。工期长短取决于关键线路持续时间的长短而连成关键线路的关键工作，其持续时间与费用的关系各不相同，通常，直接费随工作持续时间的变化而变化，需要缩短工作持续时间，就得增加劳动力和机械设备的投入，直接费用即增加。然而，工作持续时间缩短到一定限度时，无论如何增加直接费，时间都不能缩短，此界限点称为临界点，此时的工期，称为极限工期，对应的费用称为极限费用。反之，延长工作持续时间，能减少直接费用，同样，延长到一定限度时，无论如何延长工作持续时间，费用都不会减少，此界限点，称为正常点，此时的最小直接费用称正常费用，其对应的时间称正常时间。直接费与时间的关系用费用率表示：假定单位时间内直接费用的变化是固定的，单位时间内直接费用的变化称为费用率。不同的工作其费用率不同，费用率越大，表示工作的持续时间缩短或延长一天，所需直接费用增加或减少越多。因此，缩短工期，要缩短费用率小的工作的持续时间，延长工期，要延长费用率大的工作的持续时间。这样，直接费用的需要最为经济基础合理。所以，工期—费用的优化，是以时差为基础、费用率为依据。间接费用一般采用按时间分摊，即与时间成正比，时间越长，所需间接费越多。总费用的最低点所对应的工期为最优工期。

资源优化：资源是指为完成任务所需的人力、材料、机械设备及资金等的通称。通常，资源优化有两种不同的目标，一种是在资源供应有限制的条件下，寻求工期最短的计划方案，称为“资源有限，工期最短”的优化；另一种是在工期不变的情况下，力求资源消耗均衡，称为“工期固定，资源均衡”的优化。

② 计算机在网络计划技术上的应用。由于网络计划时间参数计算、网络图的绘制、计划的选择与优化、跟踪调整等工作量很大，用手工计算难以完成，而使用电子计算机，则十分轻松和方便。目前运行的网络计划程序，其功能与效果大致如下：

程序功能：检查网络图及其节点是否有错误，并指出错误所在之处。对于节点编号无序和任意间隔编号的网络图能进行重新编号。计算网络图中各项工作的时间参数，还可以把时间参数换算成日历时间。对网络计划进行工期—资源优化，得出最优方案的计划安排。对网络图进行工期—费用优化，得出最优方案的施工进度安排。具有跟踪调整和修正的功能。具有资源需用或施工强度均衡调整功能。能够打印出施工进度横道图计划表。

应用效果：对于工作项目较多、协作关系复杂的工程，用手工进行网络计算费时费力。用微机编制网络，各种计算及总工期的调整都非常迅速准确。应用网络计划程序，能根据工程进度的实际情况，不断调整和更新计划，使网络计划能及时发挥作用。而手工编制是无法赶上工程变化的需要的。应用网络计划程序，可以对资源进行定量分析，可以进行计划优化，从而达到工期合理、资源消耗均衡、降低成本的目的。

7. 装饰工程项目施工组织设计

（1）装饰工程项目施工组织设计的编制程序

单位装饰工程项目施工组织设计的编制程序如图 3–20 所示。

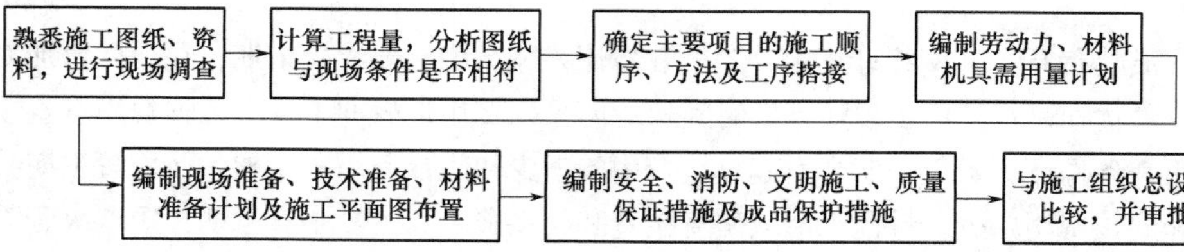

图 3–20　单位装饰工程项目施工组织设计的编制程序

（2）装饰工程项目施工组织设计的编制依据

① 建设工程项目施工组织总设计。

② 装饰工程项目施工合同的要求。

③ 装饰工程项目施工图样及有关说明。

④ 装饰工程项目施工的预算文件及有关定额。

⑤ 项装饰工程目的施工条件。

⑥ 水、电、暖、卫生系统的进场时间及对装饰工程项目施工的要求。

⑦ 有关规定、规程、规范、手册等技术资料。

⑧ 业主单位对工程的意图和要求。

⑨ 有关的参考资料及类似工程的施工组织设计实例。

（3）装饰工程项目施工组织设计的内容

装饰工程项目施工组织设计的内容一般应包括：工程概况、施工方案、施工进度计划、施工准备工作及各项资源需要量计划、施工平面图、消防安全、文明施工及施工技术质量保证措施、成品保护措施等。根据工程的复杂程度有些项目可以合并或简单编写。

① 装饰工程项目概况。装饰工程的概况简述，其主要内容包括工程项目概况、施工条件、建筑地点的特征、水暖电等系统的设计特点和装饰工程项目施工的特点等。

② 施工方案。施工方案的选择本着综合性、耐久性、可行性、先进性和经济性等基本原则，确定施工顺序、施工流向、施工过程名称，编排施工过程的先后顺序，选择施工方法和施工机械，以及制定保证工程质量、保证工期、安全施工、节约工料和文明施工等方面的主要技术组织措施。图 3-21 所示为建筑室内装饰工程项目的一般施工顺序。

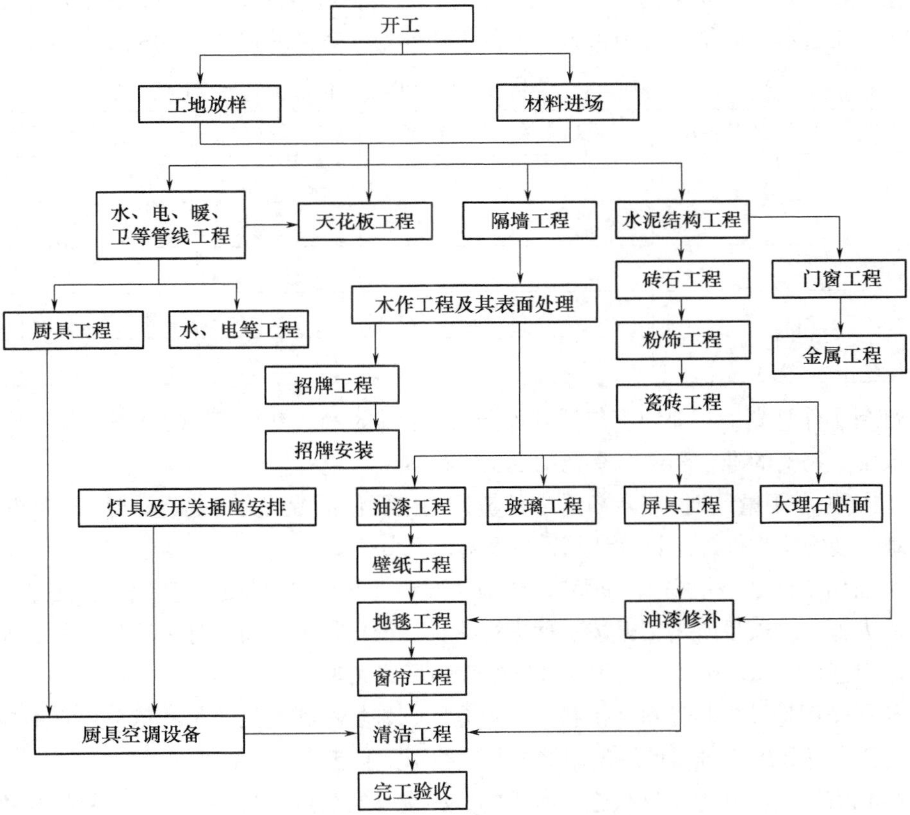

图 3-21　建筑室内装饰工程的一般施工顺序

③ 施工进度计划。它是控制工程施工进程和工程竣工期限等各项施工活动的依据；确定工程项目各个工序的施工顺序及需要的施工持续时间；组织协调各个工序之间的衔接、穿插、平行搭接、协作配合等关系；指导现场施工安排，控制施工进度和确保施工任务的按期完成；为制定各项资源需用量计划和编制施工准备工作计划提供依据；是施工企业计划部门编制月、季、旬计划的基础。施工进度计划编制的依据主要有施工组织总设计中有关对该工程规定的内容及要求；工程项目设计施工图及详图、设备工艺配置图等有关资料；项目施工合同规定的开、竣工日期，即规定工期；施工准备工作的要求，施工现场的条件以及分包单位的情况；主要分部分项工程的施工方案；劳动定额以及有关规范、规程及其他要求和资料。施工进度计划编制的程序如图 3-22 所示。施工进度计划一般用图表来表示，图表的形式有两种，分别是横道图和网络图。

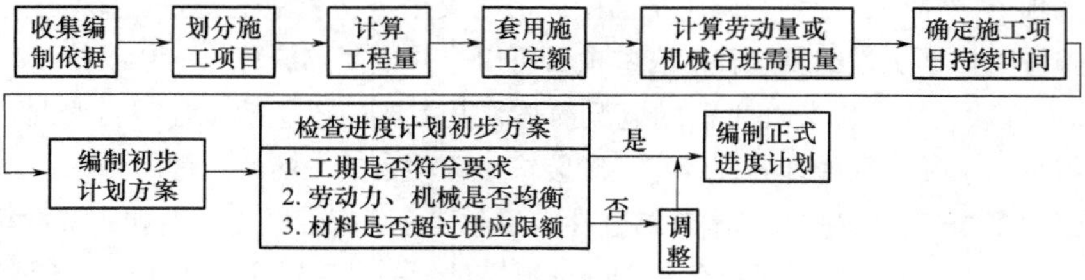

图 3-22　项目施工进度计划的编制程序

④ 施工准备工作计划。施工准备是完成装饰工程项目施工任务的重要环节，也是装饰工程项目施工组织设计的一项重要内容。其在开工前为开工创造条件，开工后为施工作业创造条件，贯穿于整个施工过程。装饰工程项目施工准备工作计划的表格形式见表 3-3。

表 3-3　装饰工程项目施工准备工作计划

编号	施工准备工作项目	简要内容	负责单位	负责人	起止日期	备注
1						
2						
3						
4						
5						

施工准备工作计划的主要内容包括调查研究与收集资料、技术资料的准备、施工现场的准备、劳动力的准备、物资的准备和冬雨季施工准备工作等。

⑤ 各项资源需用量计划。各项资源需用量计划主要包括劳动力、主要材料、施工机械（机具）需用量计划、装饰构配件加工订货计划，以及运输计划等。

劳动力需用量计划是根据施工预算、劳动定额和进度计划编制的。其编制方法是将施工进度计划表上每天施工的项目所需工人按工种进行统计，得出每天（旬、月）所需工种的人数，再按时间进度计划进行汇总。劳动力需用量计划的表格形式见表 3-4。

主要材料需用量计划是备料、供料、确定仓库、堆场面积及运输量的依据。它是根据施工预算、材料消耗定额和施工进度计划编制的。其表格形式见表 3-5。

施工机具需用量计划主要反映施工所需的各种设备的名称、规格、型号、数量及使用时间。它是根据施工方案、施工方法和施工进度计划编制的。其表格形式见表 3-6。

表 3–4　劳动力需用量计划

序号	工种名称	总需要量（工日）	需用人数及时间							备注
			× 月			× 月			…	
			上旬	中旬	下旬	上旬	中旬	下旬	…	

表 3–5　主要材料需用量计划

序号	材料名称	规格	需要量		供应时间	备注
			单位	数量		

表 3–6　施工机具需用量计划

序号	施工机具设备名称	规格、型号	需要量		货源	使用起止时间	备注
			单位	数量			

装饰构配件加工成品和半成品需用量计划用于组织落实加工单位和货源进场时间。它是根据施工图、施工方案、施工方法和施工进度计划要求编制的，其表格形式见表 3–7。

表 3–7　装饰构配件需用量计划

序号	构配件、半成品名称	规格	图号、型号	需要量		使用部门	加工单位	供应日期	备注
				单位	数量				

⑥ 施工现场平面图设计。施工现场平面图的设计内容包括建筑总平面上已建和拟建的地上和地下的房屋、构筑物及地下管线的位置和尺寸；测量放线标桩、渣土及垃圾堆放场地；垂直运输设备、脚手架的平面位置；施工用的临时设施。施工平面图的设计依据主要有设计和施工的原始资料；工程项目的性质；工程项目的施工图；施工方面的资料。施工平面图的设计原则是在满足施工条件下，尽可能减少施工用地；对于局部改造工程，尽可能减少对其他部位的影响；在保证施工顺利的情况下，尽可能减少临时设施的费用；最大限度地减少场内运输，注意材料和机具的保护；临时设施的布置，应便于施工管理及工人的生产和生活，同时要考虑业主的要求，注意成品的保护；垂直运输设备的位置、高度，要结合建筑物的平面形状、高度和材料、设备的重量、尺寸大小，考虑机械的负荷能力和服务范围，做到便于运输，便于组织分层分段流水施工；要符合劳动保护、安全技术和防火的要求。施工平面图的设计步骤一般是：

确定仓库、材料及构件堆放场地的尺寸和位置→布置运输道路→布置临时设施→布置水电管线→布置安全消防设施→调整优化。

施工平面图的评价指标主要是施工场地利用率和临时设施投资率，其计算公式如下：

$$施工场地利用率=\frac{施工设施占地面积（m^2）}{施工用地面积（m^2）}\times 100\%$$

$$临时设施投资率=\frac{临时设施费用总和（元）}{工程造价（元）}\times 100\%$$

8. 装饰工程项目进度控制

（1）进度监测与调整的系统过程

① 进度控制实施系统。进度控制的实施系统如图 3-23 所示，是建设单位委托监理单位进行进度控制。监理单位根据建设监理合同分别对建设单位、设计单位、装饰工程施工单位的进度控制实施监督。各单位都按本单位编制的各种进度计划进行实施，并接受监理单位监督。各单位的进度控制实施又相互衔接和联系，进行合理而协调的运行，从而保证进度控制总目标的实现。

② 进度监测的系统过程。在装饰工程项目实施过程中，管理人员要经常地监测进度计划的执行情况。进度监测系统过程包括进度计划执行中的跟踪检查，整理、统计和分析收集的数据，实际进度与计划进度对比等工作。进度监测系统过程如图 3-24 所示。

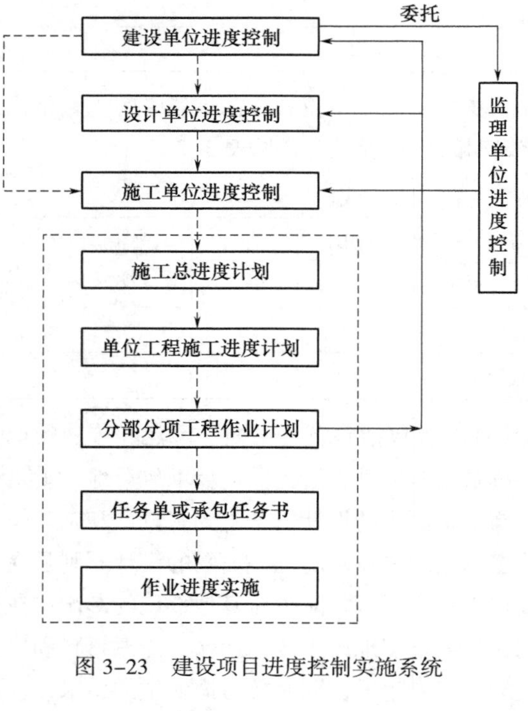

图 3-23 建设项目进度控制实施系统

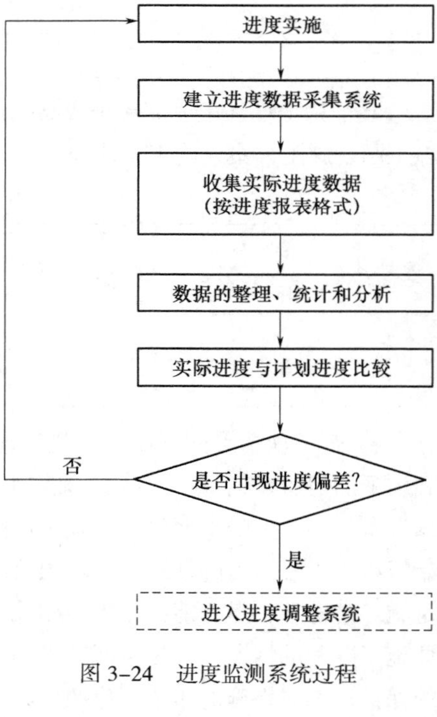

图 3-24 进度监测系统过程

③ 进度调整的系统过程。在装饰工程项目进度监测过程中一旦发现实际进度与计划进度不符，即出现进度偏差时，进度控制人员必须认真分析产生偏差的原因及对后续工作和总工期的影响，并采取合理的调整措施，确保进度总目标的实现。进度调整的系统过程如图 3-25 所示。

（2）装饰工程项目进度计划实施的分析对比

装饰工程施工项目进度比较与计划调整是实施进度控制的主要环节。计划是否需要调整以及如何调整，必须以施工实际进度与计划进度进行比较分析后的结果作为依据和前提。因此，施工项目进度比较分析是进行计划调整的基础。常用的比较方法有以下几种：

① 横道图比较法。横道图比较法是指将项目实施过程中检查实际进度收集的数据，经加工整理后直接用横道线平行绘于原计划的横道线处，进行实际进度与计划进度的比较。采用横道图比较法，可以形象、直观地反映实际进度与计划进度的比较情况。横道图比较法虽有记录和比较简单、形象直观、易于掌握、使用方便等优点，但由于其以横道计划为基础，因而带有不可克服的局限性。在横道计划中，各项工作之间的逻辑关系表达不明确，关键工作和关键线路无法确定。一旦某些工作实际进度出现偏差时，难以预测其对后续工作和工程总工期的影响，也就难以确定相应的进度计划调整方法。因此，横道图比较法主要用于工程项目中某些工作实际进度与计划进度的局部比较。

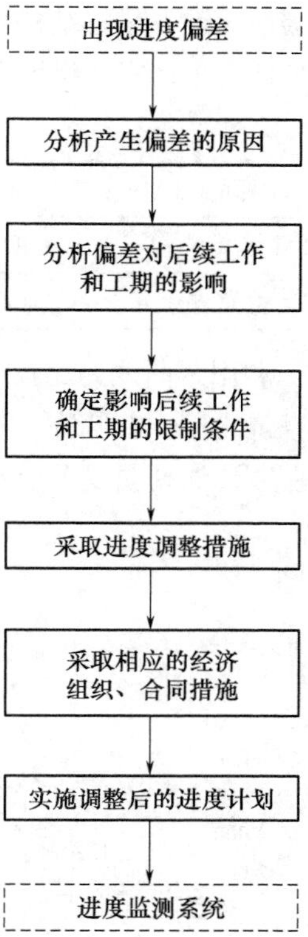

图 3–25　进度调整系统过程

② S 曲线比较法。S 曲线比较法是以横坐标表示时间，纵坐标表示累计完成任务量，绘制一条按计划时间累计完成任务量的 S 曲线；然后将工程项目实施过程中各检查时间实际累计完成任务量的 S 曲线也绘制在同一坐标系中，进行实际进度与计划进度比较的一种方法。从整个工程项目实际进展全过程看，单位时间投入的资源量一般是开始和结束时较少，中间阶段较多。与其相对应，单位时间完成的任务量也呈同样的变化规律，如图 3–26（a）所示。而随工程进展累计完成的任务量则应呈 S 形变化，如图 3–26（b）所示。将这种以 S 形曲线判断实际进度与计划进度关系的方法，称为 S 曲线比较法。

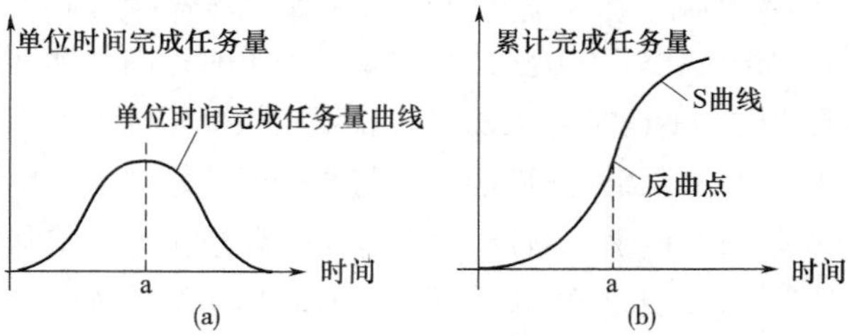

图 3–26　时间与完成任务量关系曲线

下面以一简单的例子来说明 S 曲线的绘制方法。例如，某楼地面铺设工程量为 10000m²，按照施工方案，计划 10d 之内完成，每天计划完成的任务量如图 3–27 所示，试绘制该楼地面铺设工程的 S 曲线。

【解】根据已知条件：首先，确定单位时间计划完成任务量。在本例中，将每月计划完成楼地面铺设量列于表 3–8 中；然后，计算不同时间累计完成任务量。在本例中，依次计算每月计划累计完成

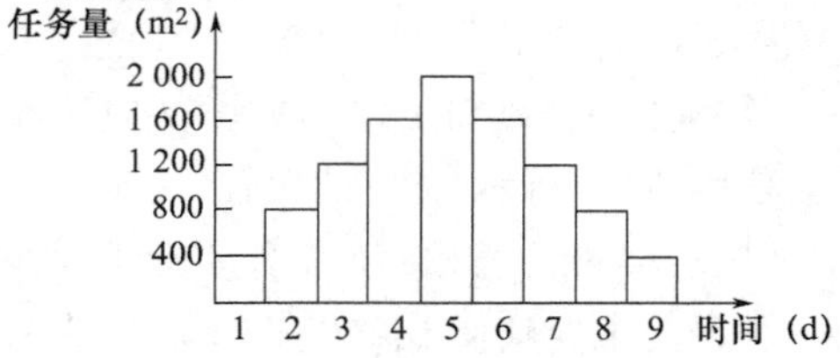

图 3–27　每天完成任务量曲线图

的楼地面铺设量，结果列于表 3–8 中；最后，根据累计完成任务量绘制 S 曲线。在本例中，根据每月计划累计完成楼地面铺设量而绘制的 S 曲线如图 3–28 所示。

表 3–8　计划完成楼地面铺设工程汇总表

时间（d）	1	2	3	4	5	6	7	8	9
每日完成量（m^2）	400	800	1200	1600	2000	1600	1200	800	400
累计完成量（m^2）	400	1200	2400	4000	6000	7600	8800	9600	10000

利用 S 曲线的比较，同横道图比较法一样，是在图上进行装饰工程项目实际进度与计划进度的直观比较。在装饰工程项目实施过程中，按照规定时间将检查收集到的实际累计完成任务量绘制在原计划 S 曲线图上，即可得到实际进度 S 曲线，如图 3–29 所示。

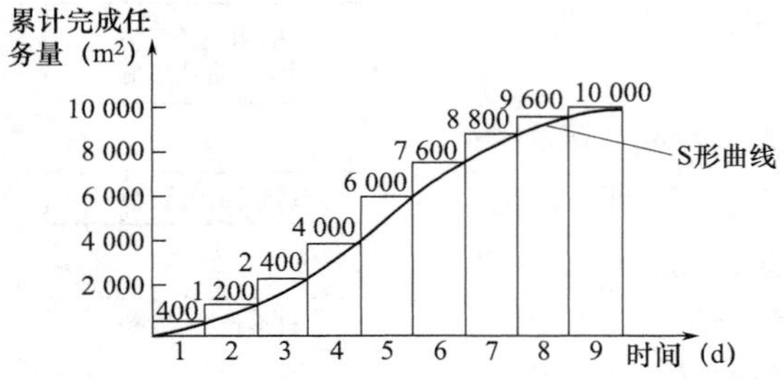

图 3–28　S 曲线图

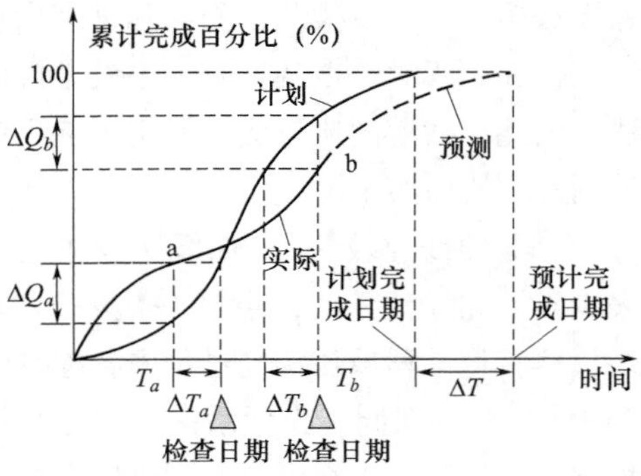

图 3–29　S 曲线比较图

通过比较实际进度 S 曲线和计划进度 S 曲线，可以获得装饰工程项目实际进展状况、装饰工程项目实际进度超前或拖后的时间、装饰工程项目进度实际超前或拖后的任务量，以及后期工程进度预测等信息。

③ 前锋线比较法。前锋线比较法是通过绘制某检查时刻装饰工程项目实际进度前锋线，进行装饰工程实际进度与计划进度比较的方法，它主要适用于时标网络计划。所谓前锋线，是指在原时标网络计划上，从检查时刻的时标点出发，用点划线依次将各项工作实际进展位置点连接而成的折线。前锋线比较法就是通过实际进度前锋线与原进度计划中各工作箭线交点的位置来判断实际进度与计划进度的偏差，进而判定该偏差对后续工作及总工期影响程度的一种方法。前锋线比较法进行实际进度与计划进度的比较的步骤是：绘制时标网络计划图、绘制实际进度前锋线、进行实际进度与计划进度的比较、预测进度偏差对后续工作及总工期的影响。下面举例说明。

例如，某装饰工程项目时标网络计划如图 3–30 所示。该计划执行到第 4d 末检查实际进度时，发现工作 A 已经完成，B 工作已进行了 1d，C 工作已进行 2d，D 工作还未开始。试用前锋线法进行实际进度与计划进度的比较。

【解】根据已知条件：根据第 4d 末实际进度的检查结果绘制前锋线，如图 3–30 中点划线所示。实际进度与计划进度的比较。

由图 3–30 可看出：B 工作实际进度拖后 1d，将使其紧后工作 E、F、G 的最早开始时间推迟 1d，并使总工期延长 1d；C 工作与计划一致；D 工作实际进度拖后 2d，既不影响后续工作，也不影响总工期；如果不采取措施加快进度，该工程项目的总工期将延长 1d。

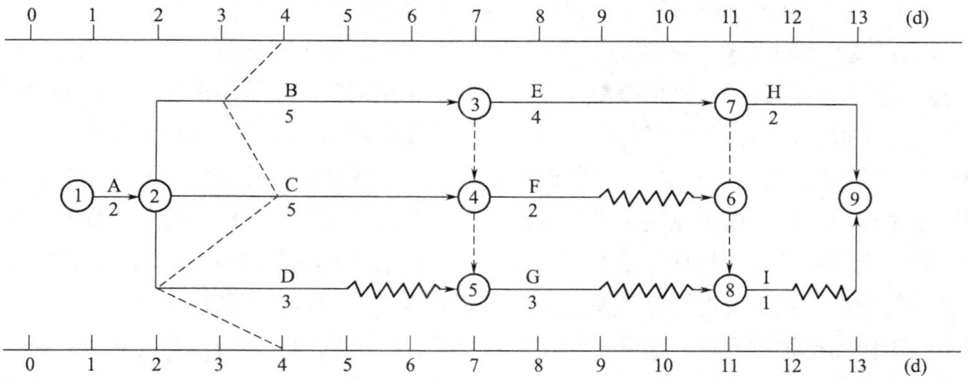

图 3-30　某装饰工程前锋线比较图

④ 列表比较法。当装饰工程进度计划用非时标网络图表示时，可以采用列表比较法进行实际进度与计划进度的比较。这种方法是记录检查日期应该进行的工作名称及已经作业的时间，然后列表计算有关时间参数，并根据工作总时差进行实际进度与计划进度比较的方法。采用列表比较法进行实际进度与计划进度的比较的步骤是：对于实际进度检查日期应该进行的工作，根据已经作业的时间，确定其尚需作业时间；根据原进度计划计算检查日期应该进行的工作从检查日期到原计划最迟完成时尚余时间；计算工作尚有总时差，其值等于工作从检查日期到原计划最迟完成时间尚余时间与该工作尚需作业时间之差；比较实际进度与计划进度。将上例中网络计划及其检查结果，可采用列表法进行实际进度与计划进度比较和情况判断。根据工程项目进度计划及实际进度检查结果，可以计算出检查日期应进行工作的尚需作业时间、原有总时差及尚有总时差等，计算结果见表 3-9。

表 3-9　装饰工程进度检查比较表

工作代号	工作名称	检查时工作尚需作业时间	检查时刻至最迟完成时间尚余时间	原有总时差	尚有总时差	情况判断
2-3	B	4	3	0	－1	影响工期 1 天
2-4	C	3	5	2	2	正常
2-5	D	3	6	5	3	正常

（3）施工阶段的进度控制

① 施工进度的动态检查。在施工进度计划的实施过程中，由于各种因素的影响，常常会打乱原始计划的安排而出现进度偏差。因此，进度控制人员必须对施工进度计划的执行情况进行动态检查，并分析进度偏差产生的原因，以便为施工进度计划的调整提供必要的信息，其主要工作包括跟踪检查施工实际进度、整理统计检查数据、对比分析实际进度与计划进度、施工进度检查结果的处理等。进度报告的编写，原则上由计划负责人或进度管理人员与其他项目管理人员（业务人员）协作编写。进度报告时间一般与进度检查时间相协调，一般每月报告一次，重要的、复杂的项目每旬或每周一次。进度报告的内容依报告的级别和编制范围的不同有所差异，主要包括：装饰工程项目实施概况、管理概况、进度概要；装饰工程项目施工进度、形象进度及简要说明；装饰工程施工图纸提供进度；装饰材料、物资、构配件供应进度；劳务记录及预测；日历计划；

建设单位（业主）、监理单位和施工主管部门对施工者的变更指令等。

② 施工进度计划的调整。在装饰工程项目实施过程中，当通过实际进度与计划进度的比较，发现有进度偏差时，需要分析该偏差对后续工作及总工期的影响，从而采取相应的调整措施对原进度计划进行调整，以确保工期目标的顺利实现。进度偏差的大小及其所处的位置不同，对后续工作和总工期的影响程度是不同的，分析时需要利用网络计划中工作总时差和自由时差的概念进行判断。通过检查分析，如果发现原有进度计划已不能适应实际情况时，为了确保进度控制目标的实现或需要确定新的计划目标，就必须对原有进度计划进行调整，以形成新的进度计划，作为进度控制的新依据。施工进度计划的调整方法主要有两种：一是改变某些工作间的逻辑关系；二是缩短某些工作的持续时间。在实际工作中应根据具体情况选用上述方法进行进度计划的调整。一般来说，不管采取什么措施，都会增加费用。因此，在调整施工进度计划时，应利用费用优化的原理选择费用增加量最小的关键工作作为压缩对象。除了分别采用上述两种方法来缩短工期外，有时由于工期拖延得太多，当采用某种方法进行调整，其可调整的幅度又受到限制时，还可以同时利用这两种方法对同一施工进度计划进行调整，以满足工期目标的要求。

③ 工程延期。在建设工程施工过程中，其工期的延长分为工程延误和工程延期两种。由于承包单位自身的原因，使工程进度拖延，称为工程延误；由于承包单位以外的原因，使工程进度拖延，称为工程延期。虽然它们都是使工期拖后，但由于性质不同，因而所承担的责任也就不同。如果是属于工程延误，则由此造成的一切损失由承包单位承担。同时，业主还有权对承包单位进行误期违约罚款。而如果是属于工程延期，则承包单位不仅有权要求延长工期，而且还有权向业主提出赔偿费用的要求以弥补由此造成的额外损失。因此，对承包单位来说，及时向监理工程师申报工程延期十分重要。由于承包单位以外的原因导致工期拖后，承包单位有权提出延长工期的申请，监理工程师应按合同规定，批准工程延期时间。工程延期的审批程序如图 3-31 所示。当工程延期事件发生后，承包单位应在合同规定的有效期内以书面形式通知监理工程师（即工程延期意向通知），以便于监理工程师尽早了解所发生的事件，及时做出一些减少延期损失的决定。随后，承包单位应在合同规定的有效期内（或监理工程师可能同意的合理期限内）向监理工程师提交详细的申述报告（延期理由及依据）。监理工程师收到该报告后应及时进行调查核实，准确地确定出工程延期时间。

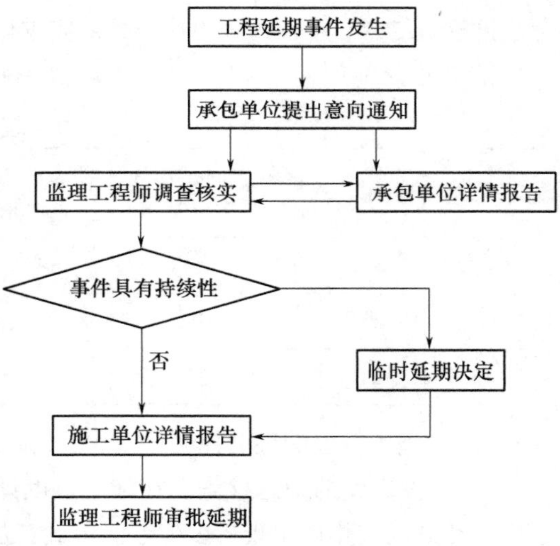

图 3-31　工程延期的审批程序

当延期事件具有持续性，承包单位在合同规定的有效期内不能提交最终详细的申述报告时，应先向监理工程师提交阶段性的详情报告。监理工程师应在调查核实阶段性报告的基础上，尽快做出延长工期的临时决定。临时决定的延期时间不宜太长，一般不超过最终批准的延期时间。待延期事件结束后，承包单位应在合同规定的期限内向监理工程师提交最终的详情报告。监理工程师应复查详情报告的全部内容，然后确定该延期事件所需要的延期时间。

（4）物资供应的进度控制

物资供应是指装饰工程项目建设中所需各种材料、构（配）件、制品、各类施工机具和施工生产中使用的国内制造的大型设备、金属结构以及国外引进的成套设备或单机设备等的供给。

物资供应进度控制是物资管理的主要内容之一。装饰工程项目物资供应进度控制是在一定的资源（人力、物力、财力）条件下，在实现装饰工程项目一次性特定目标的过程中对物资的需求进行计划、组织、协调和控制。其中计划是把工程建设所需的物资供给纳入计划，进行预测、预控，使整个供给有序地进行；组织是划清供给过程诸方的责任、权利和利益，通过一定的形式和制度，建立高效率的组织保证体系，确保物资供应计划的顺利实施；协调主要是针对供应的不同阶段、所涉及的不同单位和部门进行沟通和协调，使物资供应的整个过程均衡而有节奏地进行；控制是对物资供应过程的动态管理，使物资供应计划的实施始终处在动态的循环控制过程中，经常定期地将实际供应情况与计划进行对比，发现问题，及时进行调整，确保装饰工程项目所需物资按时供给，最终实现供应目标。

根据装饰工程项目的特点，在物资供应进度控制中应注意以下 3 个问题：

① 由于装饰工程项目的特殊性和复杂性，使物资的供应存在一定的风险性，因此要求编制周密的计划并采用科学的管理方法。

② 由于装饰工程项目的局部的系统性和整体的局部性，要求对物资的供应建立保证体系，并处理好物资供应与投资、质量、进度之间的关系。

③ 装饰材料的供应涉及到众多不同的单位和部门，因而给装饰材料管理工作带来一定的复杂性，这就要求与有关的供应部门认真签订合同，明确供求双方的权利与义务，并加强各单位、各部门之间的协调。

装饰工程项目物资供应计划是对装饰工程项目施工及安装所需物资的预测和安排，是指导和组织装饰工程项目的物资采购、加工、储备、供货和使用的依据。它的最根本作用是保障项目的物资需要，保证按施工进度计划组织施工。物资供应计划的一般编制程序分为准备阶段和编制阶段。准备阶段主要是调查研究、收集有关资料、进行需求预测和采购决策。编制阶段主要是核算施工需要量、确定储备、优化平衡、审查评价和上报或交付执行。

二、装饰工程项目施工成本管理

装饰工程项目成本管理是指在装饰工程项目成本形成过程中，按照合同规定的条件和事先制定的成本计划，对装饰工程项目所发生的各项费用和支出，按照一定的原则进行指导、监督、调节和限制，对即将发生和已经发生的偏差进行分析研究，并及时采取有效措施进行纠正，以保证实现规定的成本目标。装饰工程项目成本管理的目的是实现“项目管理目标责任书”中的责任目标。项目经理部通过优化施工方案和管理措施，确保在计划成本范围内完成质量符合规定标准的施工任务，以保证预期利润目标的实现。简单地说就是降低装饰工程项目成本，提高经济效益。

1. 装饰工程项目成本管理的原则

（1）政策性原则

政策性原则是指成本管理必须严格遵守国家的方针、政策、法律、法规，维护财经纪律。要正确处理好国家、集体和个人三者之间的关系；当前利益和长远利益之间的关系；成本和质量之间的关系。因此在进行成本管理时应遵守着眼长远利益、服从国家集体利益、质量第一的原则。政策性原则是成本控制的重要原则。装饰施工单位负责人和成本管理人员必须严格把关，绝不能用降低项目质量的方法来降低成本，更不能偷工减料和粗制滥造。

（2）效益性原则

效益是指经济效益和社会效益两个方面。成本管理的目的是为了降低项目成本、提高装饰施工企业的经济效益和社会效益。质量提高，保修费用随之降低；工期提前，可提高社会效益。因此，每个装饰施工企业在成本管理中，必须科学地处理进度、成本和质量三者的关系。

（3）全面性原则

全面性原则是指在成本管理中要对成本进行全面控制。全面性原则有两个含义：一是指全员参与成本管理，成本是一个综合性指标，涉及项目建设的各个部门、施工队组以及全体职工，因此要求所有人都要关心成本，按计划进行成本管理；二是全过程的成本控制，装饰施工项目是指自装饰工程项目施工投标开始到保修期满为止的全过程中完成的装饰工程项目，其中要经过施工准备、施工、竣工验收、交付使用等阶段，每一个阶段都要发生成本，因此，要在全过程各阶段制定成本计划，并按计划进行严格控制。

（4）责、权、利相结合的原则

在确定项目经理和制定岗位责任制时，就决定了从项目经理到每一个管理者和操作者，都有自己所承担的责任，而且被授予了相应的权力，并给予一定的经济利益，这就体现了责、权、利相结合的原则。“责”是指完成成本管理指标的责任；“权”是指责任承担者为了完成成本控制目标所必须具备的权限；“利”是指根据成本控制目标完成的情况，给予责任承担者相应的奖惩。在成本控制中，有“责”就必须有“权”，否则就完不成分担的责任，起不到控制作用；有“责”还必须有“利”，否则就缺乏推动履行责任的动力。总之，在项目的成本管理过程中，必须贯彻“责、权、利”相结合的原则，调动管理者的积极性和主动性，使成本管理工作做得更好。

（5）目标分解控制原则

施工企业的项目经理对成本管理负完全责任，在项目经理领导下，将成本计划目标加以分解，逐一落实到各部门和各施工队及个人，进行层层控制，分级负责，形成一个成本控制网，在施工中不断检查执行结果，发现偏差，分析原因并及时采取纠正措施。

（6）例外管理的原则

例外管理是指企业管理人员对于成本管理标准以内的问题，不必逐项过问，而应集中力量处理脱离标准的差异较大的“例外”事项。这种例外管理原则是管理中较常用的一种方法，具有一定的科学性。装饰工程项目管理工作十分复杂，管理人员如果一一过问，必将分散精力，事倍功半，效果不好。所以，在成本管理中应注意集中力量抓住“例外”事项，解决主要矛盾。

在装饰工程项目施工过程中，例外事项一般有以下几种情况：

① 成本差异金额较大的事项。如工资、奖金往往超支甚多。

② 某些装饰工程项目经常在成本控制线上下波动的事项。间接费中的办公费、差旅费等往往超支较多，难以控制，但是如果加大控制力度，又可不超支或超支较少。

③ 影响企业决策的事项。本地区装饰工程工程项目不多，各施工企业竞争激烈，为了得到装饰工程项目施工承包权，各施工企业都尽量压低标价，大大影响了企业的收入。

④ 后果严重的事项。如严重质量事故，给施工企业造成大量经济损失。

2. 装饰工程成本管理的对象和内容

（1）装饰工程成本管理的对象

① 以装饰工程项目成本形成过程作为控制对象。装饰施工项目形成的过程就是成本形成的过程，一个装饰施工项目周期包括投标阶段，施工准备阶段，施工阶段，竣工、交验和保修阶段。项目经理部应对全过程进行全面的控制。

施工投标阶段应根据建设项目概况和招标文件，对装饰工程项目成本进行预测控制，提出投标决策的意见。施工准备阶段应结合设计图样的自审、会审和其他资料，编制合理的施工组织设计方案。根据施工组织设计方案编制一个经济上合理、技术上先进的施工管理大纲，依据大纲编制成本计划，并对目标成本进行风险分析，对成本进行事前控制。施工阶段应根据施工预算、施工定额和费用开支标准等对实际发生的费用进行控制；还要依据企业制定的《劳务工作管理规定》《机械设备租赁管理办法》《工程项目成本核算管理标准》等进行制度控制；由于业主或设计的变更，对变更后的成本调整进行控制。竣工、交验和保修阶段对竣工验收过程中所发生的费用和保修期内的保修费及维修费进行控制。

② 以施工项目的职能部门、施工队组作为成本控制对象。装饰工程项目成本由直接费和间接费组成。直接费是指构成项目实体的费用；间接费是指企业为组织和管理施工项目而分摊到该项目上的经营管理费。这些费用每天都要发生，而且都发生在项目经理部各部门、各施工队和各班组。装饰工程项目成本管理的具体内容就是每天所发生的各种费用或损失，所以项目经理部应把各部门，各施工队组作为成本控制的对象，对他们进行指导、监督、检查和考核。

③ 以装饰分部分项工程作为成本控制对象。根据装饰工程项目目标分解，一个单位装饰工程划分为若干分部工程，每个分部工程又可分成若干个分项工程。因此，装饰施工项目还必须把分项工程和分部工程作为成本控制的对象，编制分部分项工程施工预算，作为成本控制的依据。

（2）装饰工程项目成本控制的内容

装饰工程项目成本控制的内容一般包括成本预测、成本决策、成本计划，成本控制、成本核算、成本分析、成本考核七个环节。

① 成本预测。成本预测是成本管理中实现成本管理的重要手段。项目经理必须认真做好成本预测工作，以便于在以后的施工过程中对成本指标加以有效地控制，努力实现制定的成本目标。

② 成本决策。项目经理部根据成本预测情况，经过科学地分析、认真地研究，确定施工项目的最终成本。

③ 成本计划。成本计划以货币化的形式编制施工项目在计划工期内的费用、成本水平、降低成本的措施与方案，是对成本控制的依据。成本计划的编制要符合实际并留有一定的余地。成本计划一经批准，其各项指标就可以作为成本控制、成本分析和成本考核的依据。

④ 成本控制。成本控制是加强成本管理和实现成本计划的重要手段。再科学的成本计划，如果不加强控制力度，也难以保证成本目标的实现。装饰施工项目的成本控制应贯穿于整个施工过程之中。

⑤ 成本核算。成本核算是对装饰施工项目所发生的费用支出和工程成本形成的核算。项目经理部应认真组织成本核算工作。成本核算提供的费用资料是成本分析、成本考核和成本评价以及成本预测和决策的重要依据。

⑥ 成本分析。成本分析是对装饰施工项目实际成本进行分析、评价，为以后的成本预测和降低成本提供依据。成本分析要贯穿于装饰工程项目施工的全过程。

⑦ 成本考核。成本考核是对成本计划执行情况的总结和评价。项目经理部根据现代化管理的要求，建立健全成本考核制度，定期对各部门完成的成本计划指标进行考核、评比，并把成本管理经济责任制和经济利益结合起来，通过成本考核有效地调动职工的积极性，为降低施工项目成本，提高经济效益，提供有力的保障。

3. 装饰工程项目成本管理的工作程序

现行《建筑工程项目管理规范》中规定了成本控制的基本程序，其实施步骤如下：

（1）企业进行项目成本预测。

（2）项目经理部编制成本计划。

（3）项目经理部实施成本计划。

（4）项目经理部进行成本核算。

（5）项目经理部进行成本分析并编制月度及项目的成本报告。

（6）编制成本资料并规定存档。

实际成本控制的具体程序如图 3-32 所示。

4. 装饰工程项目成本的管理过程

（1）装饰工程项目成本的事前控制

装饰工程项目成本事前控制主要是指装饰工程项目开工前，对影响成本的有关因素进行预测和进行成本计划。

① 成本计划。进行成本计划的编制是加强成本控制的前提，要有效地控制成本，就必须充分重视成本计划的编制。成本计划是指对拟装饰工程项目进行费用预算（或估算），并以此作为装饰工程项目的经济分析和决策、签订合同或落实责任、安排资金的依据。再通过将成本目标或成本计划分解，提出材料、施工机械、劳务费用、临时工程费用、管理费用等多种费用的额限，并按照限额进行资金使用的控制。一般成本计划要由工程技术部门和财务部门合作，根据签订的合同价格，工程价格单和投标报价计算书等资料编制，并进行汇总。

成本计划与工程最终实际的成本相比较，对于常见的装饰工程项目，可行性研究时可能达 ±20% 的误差，初步设计时可能达 ±15%，成本预算误差可能达 5% ~ 10%。在装饰工程项目中，积极的成本计划不仅不局限于事先的成本估算（或报价），而且也不局限于装饰工程项目的成本进度计划，还体现在：积极的成本计划不是被动的按照已确定的技术设计、合同、工期、

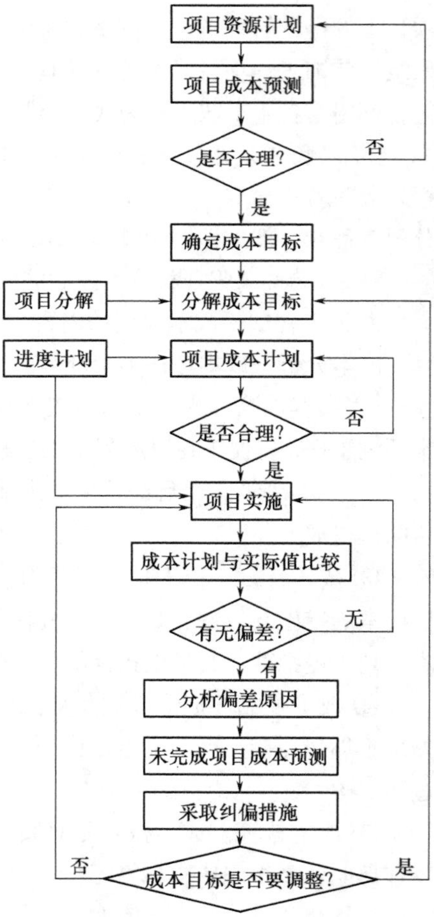

图 3-32　实际成本控制的具体程序

实施方案和环境预算工程成本，而是应包括对不同的方案进行技术经济分析，从总体上考虑工期、成本、质量、实施方案等之间的相互影响和平衡，以寻求最优的解决方案。

在装饰工程项目实施过程中，人们的任何决策都要做相关的费用预算，考虑到对成本和项目经济效益的影响；积极的成本计划的目标不仅是项目建设成本的最小化，它还必须与项目盈利的最大化统一，盈利的最大化经常是从整个项目的效益角度分析的；积极的成本计划还体现在，不仅要按照可获得的资源（资金）量安排项目规模和进度计划，而且要按照项目预定的规模和进度计划安排资金的供应，保证装饰工程项目的实施。

② 成本预测。成本预测是在成本发生前，根据预计的多种变化的情况，测算成本的降低幅度，确定降低成本的目标，为确保装饰工程项目降低成本目标的实现，可分析和研究各种可能降低成本的措施和途径。如：改进施工工艺和施工组织；节约材料费用、人工费用、机械使用费。实行全面质量管理，减少和防止不合格品、废品损失和返工损失；节约管理费用，减少不必要的开支。

（2）装饰工程项目成本的事中控制

装饰工程项目在施工过程中，装饰工程项目成本控制必须突出经济原则、全面性原则（包括全员成本控制和全过程成本控制）、责权利相结合的原则，根据施工实际情况，做好装饰工程项目的进度统计，用工统计、材料消耗统计和机械台班使用统计，以及各项间接费用支出的统计工作，定期编写各种费用报表，对成本的形成和费用偏离成本目标的差值进行分析，查找原因，并进行纠偏和控制。具体工作方法如下：

① 下达成本控制计划。由成本控制部门根据成本计划拟订控制计划，下达给各管理部门和施工现场的管理人员。

② 确定调整计划权限。应当随同计划的下达，规定各级人员在控制计划内进行平衡调剂的权限，任何计划都不可能是尽善尽美的，应当给管理部门在一定范围内进行调剂求得新的平衡的余地。

③ 建立成本控制制度。完好的计划和相应的权限都需要有严格的制度加以保证。应该实行科学管理和目标责任制。首先，应制定一系列常用的报表，规定报表填报方式和日期。其次，应规定涉及成本控制的各级管理人员的职责，明确成本管理人员同财会部门和现场管理人员之间的合作关系的程序和具体职责划分。

通常，施工现场执行人员进行原始资料的积累和填报；工程技术人员、财会部门和成本管理人员进行资料的整理、分析、计算和填报。其中，成本管理人员应定期编写成本控制分析报告、工程经济效益和盈亏预测报告。

④ 设立成本控制专职岗位。成本管理人员应从一开始就参与编写成本计划，制定各种成本控制的规章制度。而且应经常搜集和整理已完工的每项实际成本资料，并进行分析，提出调整计划的意见。

⑤ 成本监督。审核各项费用，确定是否进行工程款的支付，监督已支付的项目是否已完成，有无漏洞，并保证每月按实际工程状况定时定量支付；根据工程的情况，做出装饰工程项目实际成本报告；对各项工作进行成本控制，例如对设计、采购、委托（签订合同）进行控制；对装饰工程项目成本进行审计活动。

⑥ 成本跟踪。做详细的成本分析报告，并向各个方面提供不同要求和不同详细程度的报告。

⑦ 成本诊断。成本诊断主要有：超支量及原因分析；剩余工作所需成本预算和装饰工程成

本趋势分析。

⑧ 其他工作。其他工作包括：与相关部门（职能人员）合作，提供分析、咨询和协调工作，例如提供由于技术变化、方案变化引起的成本变化的信息，供各方面做决策或调整项目时考虑；用技术经济的方法分析超支原因，分析节约的可能性，从总成本最优的目标出发，进行技术、质量、工期、进度的综合优化；通过详细的成本比较、趋势分析获得一个顾及合同、技术、组织影响的项目最终成本状况的定量诊断，对后期工作中可能出现的成本超支状况提出早期预警。这是为做出调控措施服务的；组织信息，向各个方面特别是决策层提供成本信息和质量信息，为各方面的决策提供问题解决的建议和意见。在装饰工程项目管理中成本的信息量最大；对装饰工程项目变化的预测，如对环境、目标的变化等造成的成本的影响进行测算分析，协助解决费用补偿问题（即索赔和反索赔）。

（3）装饰工程项目成本的事后控制

装饰工程项目部分或全部竣工以后，必须对竣工工程进行决算，对装饰工程项目成本计划的执行情况加以总结，对成本控制情况进行全面的综合分析考核，以便找出改进成本管理的对策。

① 装饰工程成本分析。装饰工程项目成本分析是成本控制工作的重要内容。通过分析和核算，可以对成本计划的执行情况进行有效控制，对执行结果进行评价，为下一步的成本计划工作提供重要依据。

装饰工程项目成本分析是项目经济核算的重要内容，是成本控制的重要组成部分。成本分析要以降低成本计划的执行情况为依据，对照成本计划和各项消耗定额，检查技术组织措施的执行情况，分析降低成本的主、客观原因，量差和价差因素，节约和超支情况，从而提出进一步降低成本的措施。

装饰工程项目成本分析按其分析对象的范围及内容的深广度，又可分为两类：装饰工程项目成本的综合分析及单位装饰工程成本分析。

装饰工程项目成本的综合分析是按照工程项目预、决算、降低成本计划和建筑安装工程成本表进行的。采用的方法有：一是比较预算成本和实际成本。项目预算成本是根据一定时期的现行预算定额和规定的取费标准计算的工程成本。实际成本是根据施工过程中发生的实际生产费用所计算的成本，它是按一定的成本核算对象和成本项目汇集的实际耗费。检查完成降低成本任务、降低成本指标以及各成本项目的降低和超支情况。二是比较实际成本与计划成本。计划成本是根据计划周期正常的施工定额所编制的施工预算，并考虑降低工程成本的技术组织措施后确定的成本。检查完成降价成本计划以及各成本项目的偏离计划情况，检查技术组织措施计划和管理费用计划合理与否以及执行情况。与上年同期降低成本情况比较，分析原因，提出改进的方向。

装饰工程项目成本的综合分析只能概括了解项目成本降低或超支情况，若要更详细地了解，就需对单位工程的每一个成本项目进行具体分析。分析可从以下几个方面进行：一是材料费分析；二是人工费分析；三是施工机械使用费分析；四是其他直接费分析；五是经营管理费分析；六是技术组织措施计划完成情况的分析。

② 装饰工程项目成本核算。项目成本核算就是记录、汇总和计算装饰工程项目费用的支出，核算承包工程项目的原始资料。施工过程中项目成本的核算，宜以每月为一核算期，在月末进行。核算对象应按单位工程划分，并与施工项目管理责任目标成本的界定范围一致。进行核算时，要严格遵守工程项目所在地关于开支范围和费用划分的规定，按期进行核算时，要按规定对计入项

目内的人工、材料、机械使用费、其他直接费、间接费等费用和成本，以实际发生额为准。

5. 装饰工程项目费用与进度综合管理

（1）装饰工程项目成本管理的方法

① 赢得值法。赢得值法又称为挣值法或曲线法。是一种测量费用实际情况的方法。它通过进度计划比较实际完成工程与原计划应完成的工程，从而确定实际费用与计划费用是否存在偏差。用挣值法进行成本分析具有形象、直观的优点，用它做定性分析可得到令人满意的结果。如图 3-33 所示为某工程的三种成本参数曲线。图中曲线 a 表示已完工程实际成本。已完工程实际成本是指在某一给定时间内完成的工程内容所实际发生的成本。曲线 b 表示已完工程计划成本。已完工程计划成本是指在某一给定时间内实际完成的工程内容的计划成本。曲线 p 表示拟完工程计划成本。拟完工程计划成本是指根据进度计划在某一给定时间内所应完成的工程内容的计划成本。

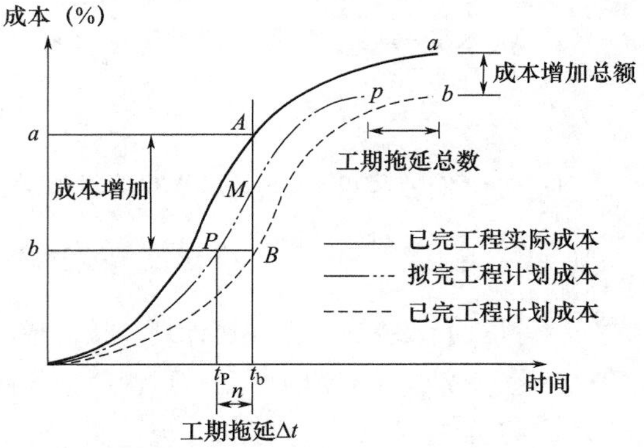

图 3-33　某装饰工程的三种成本参数曲线

从图中可见，在某一时间进行检查，已完工程计划成本为 b，但已完工程实际成本为 a，成本增加了。工程完成日期为 t_b，计划工期为 t_p，工期拖延了 Δt。经过偏差分析，找出影响成本偏差的原因，并对后续工作进行合理的成本预测，估计出总的成本增量和工期拖延的天数总数。

② 成本分析法。成本分析的指标很多，要根据具体对象综合地分析进度、工期、成本、质量、效率等参数，得出所必须的进度偏差和成本偏差。

a．成本偏差。成本偏差的计算公式如下：

成本偏差 1= 已完工程实际成本 − 拟完工程计划成本

成本偏差 2= 已完工程实际成本 − 已完工程计划成本

因为工程实际施工过程中，有许多因素影响，造成实际进度与计划进度不能同步，所以成本偏差 1 没有实际意义，只用成本偏差 2 表示成本偏差。因为进度与成本之间有密不可分的关系，所以还要引进进度偏差。

b．进度偏差。进度偏差计算式如下：

进度偏差 = 拟完工程计划成本 − 已完工程计划成本

进度偏差为正值时表示工期拖延，进度偏差为负值时表示工期提前。

c. 局部偏差和累计偏差。局部偏差有两个含义，一个含义是指对于整个项目而言，各单项工程、单位工程以及分部分项工程的成本偏差；另一含义是指对于装饰工程项目实施的时间而言，某一控制周期内所发生的成本偏差。累计偏差是指各局部偏差综合分析累计所得的偏差，其结果能反映整个工程成本偏差的规律性，对成本控制具有一定的指导意义。

d．绝对偏差和相对偏差。绝对偏差是指成本计划值与实际值比较所得到的差额。绝对偏差的结果很直观，有助于成本管理人员了解成本偏差的绝对数额，并以此为依据，制定成本支出计划和资金筹措计划。但绝对偏差有一定的局限性，因此应引入相对偏差的概念。相对偏差的计算公式如下：

$$相对偏差=\frac{绝对偏差}{费用计划值}=\frac{（费用实际值-费用计划值）}{费用计划值}$$

e. 成本偏差程度。成本偏差程度计算公式如下：

$$成本偏差程度=\frac{实际成本值}{计划成本值}$$

f. 进度偏差程度。进度偏差程度计算公式如下：

$$进度偏差程度=\frac{拟完工程计划成本}{已完工程计划成本}$$

【例题】某装饰工程项目计划直接总成本 2557000 元，工地管理费和企业管理费总额 567500 元。工程总成本为 3124500 元。则管理费分摊率 =567500 元 ÷2557000 元 ×100% =22.19%。

该装饰工程总工期 150d，现已进行了 60d，已完工程总造价为 1157000 元，实际工时为 14670h，已完工程中计划工时 14350h，实际成本 1156664 元，已完工程计划成本 1099583 元，则至今成本分析为：

工期进度 =60d ÷ 150d × 100% =40%

工程完成程度 =1157000 元 ÷3124500 元 ×100% =37%

劳动效率 =14670h ÷ 14350h × 100% =102.2%

成本偏差 =1156664 元 –1099583 元 =57081 元

相对偏差 =57081 元 ÷1099583 元 ×100% =5.19%

成本偏差为正值，表示成本超支。

③ 横道图法。横道图法是用不同的横道标识已完工程计划成本、拟完工程计划成本和已完工程实际成本，横道的长度与其金额成正比关系。这种表示方法具有形象、直观的优点，它能够准确表达出成本的绝对偏差，而且能直接表达出成本偏差的严重性。但是它反映出的信息量较少。用横道图法进行的成本偏差分析示例见表 3–10。

表 3–10 用横道图法进行的成本偏差分析示例

项目编号	项目名称	费用参数数额 / 万元	费用偏差 / 万元	进度偏差 / 万元	偏差原因
1	木门窗安装		0	0	
2	钢门窗安装		10	–10	
3	铝合金门窗安装		10	0	
		10 20 30 40 50 60 70	20	–10	
	合计				
		100 200 300 400 500 600 700			

已完工程实际成本　拟完工程计划成本　已完工程计划成本

从表中图形可得出以下信息：木门窗安装已完工程计划成本与拟完工程计划成本相等，说明实际进度与计划进度相符；已完工程计划成本与已完工程实际成本相等，说明成本无偏差。钢门窗安装已完工程计划成本大于拟完工程计划成本，说明实际进度落后于计划进度，出现进度偏差；已完工程计划成本大于已完工程实际成本，说明成本超支，产生偏差。铝合金门窗安装已完工程计划成本与拟完工程计划成本相等，说明实际进度与计划进度相符；已完工程计划成本小于已完工程实际成本，说明成本超支，产生偏差。

④ 表格法。表格法是将项目编号、名称、各项成本参数、成本偏差参数综合列入一张表格中，直接在表格中进行比较，让管理者综合地了解并处理这些数据。用表格法进行的成本偏差分析示例见表 3–11。表格法的优点是灵活适应性强；信息量大；表格处理可借助于计算机，便于微机化管理，节省人力，提高工作效率。

表 3–11　成本偏差分析表

项目编号	（1）	
项目名称	（2）	模板安装
计量单位	（3）	m^2
计划工效	（4）	$0.8h/m^2$
工时单价	（5）	20 元 /h
拟完工程量	（6）	$30000m^2$
拟完工程计划成本	（7）=（4）×（5）×（6）	480000 元
已完工程量	（8）	$32000m^2$
已完工程计划成本	（9）=（4）×（5）×（8）	512000 元
实际工效	（10）	
实际工时单价	（11）	
其他款项	（12）	0
已完工程实际成本	（13）=（8）×（10）×（11）+（12）	
成本偏差	（14）=（13）–（9）	48000 元
成本偏差程度	（15）=（13）÷（9）	1.09（工期提前）
进度偏差	（16）=（7）–（9）	–32000 元（提前）
进度偏差程度	（17）=（7）÷（9）	–0.94

（2）偏差分析

偏差分析的目的就是要找出引起偏差的原因，从而有针对性地采取措施，减少或避免相同原因的偏差再次发生。在偏差分析时常用的方法有因果分析法（树形图法）和因素替换法。

① 因果分析法。用因果分析法对装饰工程项目成本偏差进行分析时，首先要明确装饰工程项目成本偏差的结果，再找出主要的影响因素，也就是大原因，从而找出大原因背后的中原因，中原因后的小原因及更小原因。把原因进行归档、总结，最后找出主要原因并做显著标记，作为制定降低成本措施的依据。成本偏差的大原因主要有物价变动、设计原因、业主原因、施工原因和某些客观原因五大方面，每一方面又有具体的原因。因果成本偏差原因分析图如图 3–34 所示。

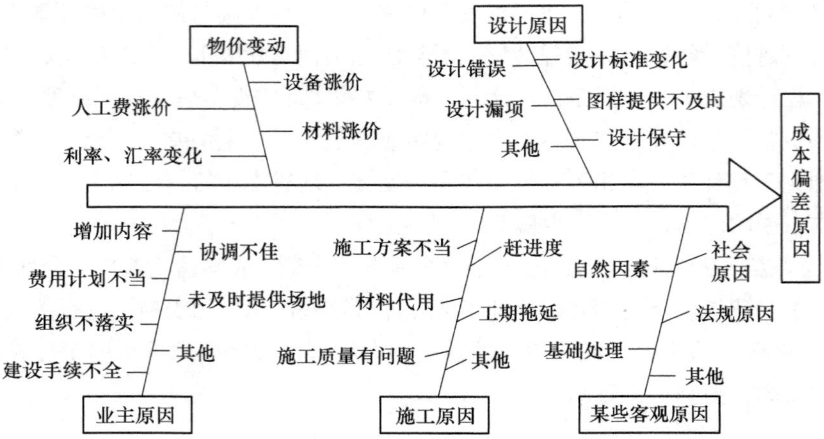

图 3–34　装饰工程项目成本偏差原因分析图

② 因素替换法。因素替换法可以用来测算和检验有关影响因素对装饰工程项目成本作用力的大小，从而找出产生实际成本偏离计划成本的根源。其具体做法是：当项目成本受多项因素影响时，先假定一个因素变动，其他因素不变，计算出该因素的影响效应；然后依次再替换第二个因素、第三个因素……从而确定每一个因素的影响程度。

（3）降低成本的技术组织措施

通过成本分析确定了项目成本偏差的原因，就可以采取有针对性的纠偏措施。常用的措施有组织措施，即从成本控制的管理方法上采取措施；经济措施，即加强成本计划的编制与实施；技术措施，即从施工方案角度应多做几个施工方案并进行技术经济比较；合同措施，加强日常合同和施工索赔管理。

在装饰工程项目施工过程中主要从项目生产要素的各个方面综合考虑降低成本的措施。

① 加强施工管理，提高施工组织水平。正确选择施工方案，合理布置施工现场；采用先进的施工方法和施工工艺，不断提高工业化、现代化水平；组织均衡生产，做好现场调度和协作配合；认真细致地做好竣工收尾工作，加快工程施工进度，缩短工期。

② 加强技术管理，提高装饰工程项目质量。研究推广新产品、新技术、新工艺、新结构类型、新材料及新的施工机械设备，制定并认真贯彻降低项目成本技术组织措施，提高经济效益；加强施工过程的技术质量检验制度，提高装饰工程质量，避免因质量问题需返工、加固、修理所带来的成本损失。

③ 加强劳动工资管理，提高劳动生产率。改善劳动组织，根据施工进度及工程量合理使用劳动力，减少窝工浪费；执行劳动定额，实行合理的工资和奖励制度；加强操作工人的技术教育和业务培训工作，提高工人的文化素质和操作熟练程度；加强劳动纪律，提高工作效率，压缩非生产用工和辅助用工，严格控制非生产人员比例。

④ 加强施工机械设备管理，提高机械使用率。根据装饰工程特点和机械性能合理选用施工机械设备，做好施工机械设备的保养和维修，提高施工机械的完好率、利用率和使用效率，从而加快施工进度，增加产量。

⑤ 加强装饰材料及构配件管理，节约材料费用。认真做好装饰材料的采购、运输、储存和使用工作，减少各环节的损耗；合理堆置现场材料，组织分批进场，避免和减少二次搬运；严格

执行装饰材料进场验收和限额领料制度；制定并贯彻节约材料的技术措施，合理使用材料，做好节约代用、修旧利废和废料回收，综合利用一切资源。

⑥ 加强成本管理，节约管理成本。建立精干的管理组织机构，减少管理层次，压缩非生产人员，实现定额管理，制定分项目、分部门的定额指标，有计划地控制各项成本开支。

⑦ 积极采用降低成本的新管理技术。利用系统工程、全面质量管理、价值工程等，其中价值工程是寻求降低成本的有效途径。

三、装饰工程项目施工质量管理

1. 装饰工程项目质量的概念

反映实体满足明确或隐含需要能力的特性的总和称为质量。质量的主体是“实体”。实体可以是活动或过程（如监理单位受业主委托实施工程建设监理或承建商履行施工合同的过程）；也可以是活动或过程结果的有形产品，如建成的写字楼、商品房或无形产品，如施工组织设计等；也可以是某个组织体系或人，以及以上各项的组合。由此可见，质量的主体不仅包括产品，而且包括活动、过程、组织体系或人，以及它们的组合。

“明确需要”是指在合同、标准、规范、图纸、技术文件中已经做出明确规定的要求；“隐含需要”则应加以识别和确定，一是指顾客或社会对实体的期望；二是指那些人们所公认的、不言而喻的、不必做出规定的“需要”，如住宅应满足人们最起码的居住功能即属于“隐含需要”。

装饰工程项目质量是国家现行的有关法律、法规、技术标准、设计文件及工程合同中对装饰工程项目的安全、实用、经济、美观等特性的综合要求。装饰工程项目一般是按照合同条件承包建设的，因此，装饰工程项目质量是在“合同环境”下形成的。合同条件中对装饰工程项目的功能、使用价值及设计、施工质量等的明确规定都是业主的“需要”，因而都是质量的内容。

由于装饰工程项目具有单项性、一次性以及高投入性等特点，故装饰工程项目质量有以下特点：

（1）影响因素多。如决策、设计、材料、机械、环境、施工工艺、施工方案、操作方法、技术措施、管理制度、施工人员素质等均直接或间接地影响装饰工程项目的质量。

（2）质量波动大。装饰工程项目建设因其具有复杂性、单一性，不像一般工业产品的生产那样，有固定的生产流水线，有规范化的生产工艺和完善的检测技术，有成套的生产设备和稳定的生产环境，有相同系列规格和相同功能的产品，所以其质量波动性大。

（3）质量变异大。由于影响装饰工程项目质量的因素较多，任一因素出现质量问题，均会引起工程项目建设系统的质量变异，造成装饰工程项目质量问题。

（4）质量隐蔽性。装饰工程项目在施工过程中，由于工序交接多，中间产品多，隐蔽工程多，若不及时检查并发现其存在的质量问题，事后看表面质量可能很好，容易产生第二判断错误，即：将不合格的产品认为是合格的产品。

（5）终检局限大。工程项目建成后，不可能像某些工业产品那样，可以拆卸或解体来检查内在的质量，所以装饰工程项目终检验收时难以发现工程内在的、隐蔽的质量缺陷。

（6）评价方法的特殊性。装饰工程项目质量的检查评定及验收是按检验批、分项工程、分部工程、单位工程进行的。检验批的质量是分项工程乃至整个工程项目质量检验的基础，检验批合格质量主要取决于主控项目和一般项目经抽样检验的结果。隐蔽工程在隐蔽前要检查，合格后再隐蔽。装饰工程项目质量是在施工单位按合格质量标准自行检查评定的基础上，由监理工程师（或建设单位项目负责人）组织有关单位、人员进行检验确认验收。这种评价方法体现了“验评分离、强化验收、完善手段、过程控制”的指导思想。

所以，对装饰工程质量更应重视事前、事中控制，防范于未然，将质量事故消灭于装饰工程项目质量形成的过程之中。

2. 装饰工程项目质量的形成与影响因素

（1）装饰工程项目质量的形成

装饰工程项目质量是按照工程项目建设程序，经过工程项目建设的各个阶段而逐步形成的。严格执行工程项目建设程序是控制装饰工程项目质量的关键，工程项目建设的不同阶段，对装饰工程项目质量的形成起着不同的作用和影响。

① 项目可行性研究阶段对装饰工程项目质量的影响。在项目的可行性研究阶段，需要确定装饰工程项目的质量要求，并要与投资目标相协调。项目的可行性研究直接影响项目的决策质量和设计质量。

② 项目决策阶段对装饰工程项目质量的影响。在项目决策阶段，主要确定工程项目应达到的质量目标及水平。项目决策阶段是影响装饰工程项目质量的关键阶段，要能充分反映业主、政府、社会等对质量的要求和意愿。在进行项目决策时，应根据国民经济发展的长期计划和资源与环境条件，有效地控制投资规模与投资种类，以确定装饰工程项目最佳的投资方案、质量目标和建设周期，使装饰工程项目的预定质量标准，在投资、进度、安全目标达到的情况下能顺利实现。

③ 装饰工程项目设计阶段对装饰工程项目质量的影响。装饰工程项目设计阶段，是根据项目决策阶段已确定的质量目标和质量水平，通过装饰工程设计使其具体化。设计在技术上是否可行、工艺上是否先进、经济上是否合理、设备是否配套、结构是否安全可靠、环境是否协调等，都会决定工程项目建成后的使用价值和功能。因此，装饰工程项目设计阶段是影响装饰工程项目质量的决定性环节。

④ 装饰工程项目施工阶段对装饰工程项目质量的影响。装饰工程项目施工阶段，是根据装饰工程项目设计文件、施工图、规范标准及建设法规的要求，通过施工形成工程实体。这一阶段直接影响工程的最终质量。因此，施工阶段是装饰工程质量控制的关键环节。

⑤ 装饰工程项目竣工验收阶段对装饰工程项目质量的影响。装饰工程项目竣工验收阶段，就是对装饰工程项目施工阶段的质量进行试车运转、检验评定，考核质量目标是否符合项目设计阶段的质量要求。这一阶段是工程项目建设向使用转移的必要环节，这一阶段的质量控制影响装饰工程项目能否最终形成使用能力，也是装饰工程质量水平的最终体现。因此，装饰工程项目竣工验收阶段是装饰工程项目质量控制的最后一个重要环节。

综上所述，装饰工程项目质量的形成是一个系统过程，即装饰工程项目质量是可行性研究、投资决策、装饰工程项目设计、装饰工程项目施工和竣工验收各阶段质量的综合反映。

（2）装饰工程项目质量的影响因素控制

影响装饰工程项目质量的因素有五个方面，即人（劳动者）（Man）、材料（Material）、机械（施工机具）（Machine）、方法（Method）和环境（Environment），简称 4M1E。事前对这五个方面的因素应严加控制，是保证装饰施工项目质量的关键。

① 人（劳动者）的控制。劳动者是指直接参与施工的组织者、管理者和操作者。人作为控制的对象，是要避免产生失误；作为控制的动力，是要充分调动人的积极性，发挥人的主导作用。为此，除了加强政治思想教育、职业道德教育和专业技术培训，健全岗位责任制，改善劳动条件，激励劳动热情以外，还需要根据工程项目特点，从确保质量出发，在人的技术水平、生理缺陷、心理行为和错误行为等方面来控制人的使用。如对技术复杂、难度大和精度高的工序和操作，应由技术熟练、经验丰富的工人来完成；反应迟钝，应变能力差的人，不能操作快速运行、动作复杂的机具设备；对某些要求万无一失的工序和操作，一定要分析人的心理行为，控制人的思想活动，稳定人的情绪；对具有危险源的现场作业，应控制人的错误行为，严禁吸烟、打斗、嬉戏、误判断和误动作等。

此外，应严格禁止无技术资质的人员上岗操作；对不懂、图省事、碰运气、有意违章的行为，必须及时制止。总之，在使用人的问题上，应从政治素质、思想素质、业务素质和身体素质等方面做综合考虑，全面控制。

② 材料的控制。只有合格的原材料，才能做出合格的产品。材料控制主要包括对原材料、成品和半成品等的控制，主要是严格检查验收，正确合理地使用，建立管理台账，进行收、发、储、运等各环节的技术管理，避免将不合格的原材料使用到工程项目上。

③ 机具控制。机具控制包括对施工机械设备、工具等的控制。要根据不同施工工艺特点和技术要求，选用合适的机具设备；正确使用、管理和保养好机具设备。为此要建立和健全人机固定制度、操作证制度、岗位责任制度、交接班制度、技术保养制度、安全使用制度、机具检查制度等，确保机具设备处于最佳使用状态。

④ 施工方法控制。这里所指的施工方法控制，包含对施工方案、施工工艺、施工组织设计和施工技术措施等的控制，主要应切合工程项目实际，能解决施工难题，技术可行，经济合理，有利于保证装饰工程项目质量，加快施工进度，降低装饰工程项目成本。

⑤ 施工环境控制。影响装饰工程项目质量的环境因素较多，有工程技术环境，如建筑物的内、外环境等；装饰工程项目管理环境，如质量保证体系、质量管理制度等；劳动环境，如劳动组合、作业场所、工作面等。环境因素对装饰工程项目质量的影响，具有复杂多变的特点，如气象条件，温度、湿度、大风、暴雨、酷暑和严寒都直接影响工程质量；又如前一工序往往就是后一工序的环境，前一分项、分部工程也就是后一分项、分部工程的环境。因此，根据工程项目特点和具体条件，应对影响质量的环境因素，采取有效的措施，严加控制。尤其是施工现场，应建立文明施工和安全生产的环境，保持材料、工件堆放有序，工作场所清洁整齐，施工程序井井有条，为确保质量、安全创造良好条件。

3. 装饰工程项目质量管理的含义

质量管理，或者称为质量控制，是指企业为了保证和不断提高产品质量，为用户提供满意的产品而进行的一系列的管理活动，它在现代企业管理中处于核心地位。质量管理作为现代企业管理中的一个十分重要的分支学科，始于20世纪20年代的美国，先后经历了质量检验阶段、统计质量管理阶段、全面质量管理阶段。现代质量管理实质上就是全面质量管理。

装饰工程项目质量控制按其实施者不同，包括业主方的质量控制、政府的质量控制和承建商的质量控制三方面。

（1）业主方的质量控制

目前，业主方的质量控制通常通过委托工程监理合同，委托监理单位对工程项目进行质量控制。其特点是外部的、横向的控制。

工程项目建设监理的质量控制，是指监理单位受业主委托，为保证工程项目合同规定的质量标准对工程项目实施的质量监控。其目的在于保证工程项目能够按照工程项目合同规定的质量要求达到业主方的建设意图，取得良好的投资效益。其管理依据除国家制定的法律、法规外，主要是合同文件、设计图纸。在设计阶段及其前期的质量控制以审核可行性研究报告及设计文件、图纸为主，审核项目设计是否符合业主要求。在施工阶段进驻施工现场进行实地监理，检查是否严格按照图纸进行施工，并达到合同文件规定的质量标准。

（2）政府的质量控制

政府监督机构质量控制的特点是外部的、纵向的控制。政府监督机构的质量控制是按城镇或专业部门建立有权威的工程项目质量监督机构，根据有关法规和技术标准，对本地区（本部门）的工程项目质量进行监督检查。其目的在于维护社会公共利益，保证技术性法规和标准贯彻执行。其管理依据主要是有关的法律文件和法定技术标准。在设计阶段及其前期的质量控制以审核设计纲要、选址报告、建设用地申请及设计图纸为主。施工阶段以不定期的检查为主，审核是否违反城市规划，是否符合有关技术法规和标准的规定，对环境影响的性质和程度大小，有无防止污染、公害的技术措施。因此，政府质量监督机构根据有关规定，有权对勘察单位、设计单位、监理单位、施工单位的行为进行监督。

（3）承建商的质量控制

承建商的质量控制特点是内部、自身的控制。承建商的质量控制主要是施工阶段的质量控制，这是装饰工程项目全过程质量控制的关键环节。其中心任务是要通过建立健全有效的质量监督工作体系来确保装饰工程项目质量达到合同规定的标准和等级要求。

4. 质量保证及质量保证体系的概念

质量保证，是指企业向用户保证产品在规定的期限内能正常使用。按照全面质量管理的观点，质量保证还包括上道工序提供的半成品保证满足下道工序的要求，即上道工序对下道工序实行质量担保。

质量保证体现了生产者与用户之间、上道工序与下道工序之间的关系。通过质量保证，将产品的生产者和使用者密切地联系在一起，促使企业按照用户的要求组织生产，达到全面提高质量的目的。

用户对产品质量的要求是多方面的，它不仅指交货时的质量，更主要的是在使用期限内产品的稳定性以及生产者提供的维修服务质量等。因此，项目施工企业的质量保证，包括项目交工时的质量和交工以后在产品的使用阶段提供的维修服务质量等。

由于质量保证的建立，使企业内部各道工序之间、企业与用户之间有了一条质量纽带，带动了各方面的工作，为不断提高产品质量创造了条件。

质量保证不是生产的某一个环节问题，它涉及到企业经营管理的各项工作，需要建立完整的系统。所谓质量保证体系，就是企业为保证提高产品质量，运用系统的理论和方法建立的一个有机的质量工作系统。

质量保证体系是全面质量管理的核心。全面质量管理实质上就是建立质量保证体系，并使其正常运转。

5. 质量保证体系的内容

建立质量保证体系，必须和质量保证的内容相结合。装饰工程项目施工企业的质量保证体系的内容包括施工准备过程、施工过程和使用过程三部分的质量保证工作。

（1）施工准备过程质量保证的主要内容

施工准备过程质量保证的主要内容有：严格审查图纸；编制好施工组织设计；做好技术交底工作；严格材料、构配件和其他半成品的检验工作；施工机械设备的检查维修工作。

（2）施工过程质量保证的主要内容

施工过程是项目质量的形成过程，是控制项目质量的重要阶段。这个阶段的质量保证工作，主要有：加强施工工艺管理；加强施工质量的检查和验收；掌握装饰工程质量的动态。通过质量统计分析，找出影响质量的主要原因，总结产品质量的变化规律。统计分析是全面质量管理的重要方法，是掌握质量动态的重要手段。针对质量波动的规律，采取相应对策，防止质量事故发生。

（3）使用过程质量保证的主要内容

装饰工程项目的使用过程，是“产品”质量经受考验的阶段。装饰工程项目施工企业必须保证“用户”在规定的期限内，正常地使用项目“产品”。这个阶段，主要有两项质量保证工作：及时回访和实行保修。对于施工原因造成的质量问题，装饰工程项目施工企业应负责无偿维修，以取得用户的信任；对于设计原因或用户使用不当造成的质量问题，应当协助维修，提供必要的技术服务，保证用户正常使用。

6. 装饰工程项目施工质量管理的系统过程

装饰工程项目施工阶段的质量控制是一个由对投入的资源和条件的质量控制（事前控制），进而对生产过程及各环节质量进行控制（事中控制），直到对所完成的工程产出品的质量进行检验与控制（事后控制）为止的全过程的系统控制过程。事前控制即施工前的准备阶段进行的质量控制；事中控制即施工过程中进行的所有与施工过程有关各方的质量控制，也包括对施工过程中的中间产品（工序产品或分部、分项工程产品）的质量控制；事后控制是指对于通过施工过程所完成的具有独立的功能和使用价值的最终产品（单位工程或整个工程项目）及其有关方面（例如质量文档等）的质量进行控制。质量监控的系统过程及其所涉及的主要内容如图 3-35 所示。

（1）施工阶段质量控制的依据

根据装饰工程项目施工阶段质量控制适用的范围及性质，其控制依据大体上可分为两大类，即质量控制的一般性依据，以及有关质量检验与控制的专门技术法规性依据。

① 质量控制的一般性依据。质量控制的一般性依据有工程承包合同文件，设计文件，国家及政府有关部门颁布的有关质量管理方面的法律、法规性文件等。

② 有关质量检验与控制的专门技术法规性依据。主要是针对不同行业、不同的质量控制对象而制定的技术法规性的文件，包括各种有关的标准、规范、规程或规定。技术标准有国际标准、国家标准、行业标准和企业标准之分。概括地说，属于这类专门的技术法规性的依据有工程项目质量检验评定标准，有关工程材料、半成品和构配件质量控制方面的专门技术法规性依据，控制施工工序质量等方面的技术法规性依据，采用新工艺、新技术、新方法的工程所制定的有关质量

标准和施工工艺规程等。

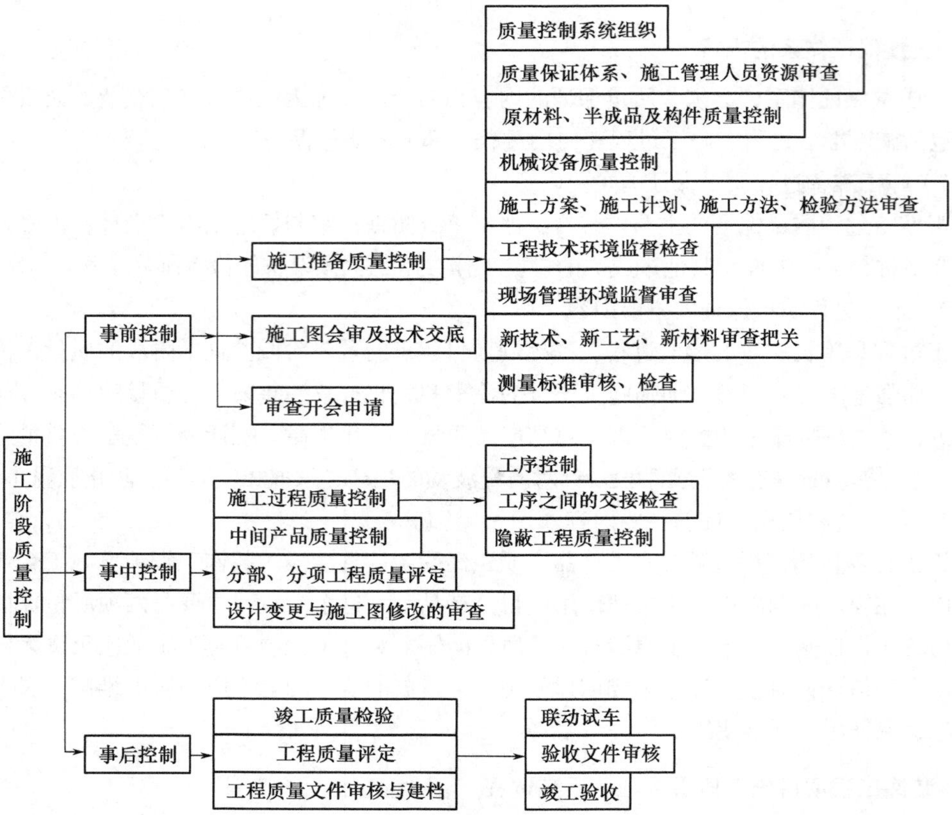

图 3-35　质量监控的系统过程及其所涉及的主要内容

（2）装饰工程项目施工质量控制的工作程序

为了保证装饰工程项目施工质量，监理工程师（业主）应对工程建设对象的施工生产进行全过程、全面的质量监督、检查与控制，即包括事前的各项施工准备工作质量控制，施工过程中的控制，以及各单项工程及整个工程项目完成后，对建筑施工及安装产品质量的事后控制。同时，施工承包单位也应加强自己的内部质量管理，严格遵循质量控制的各道程序。

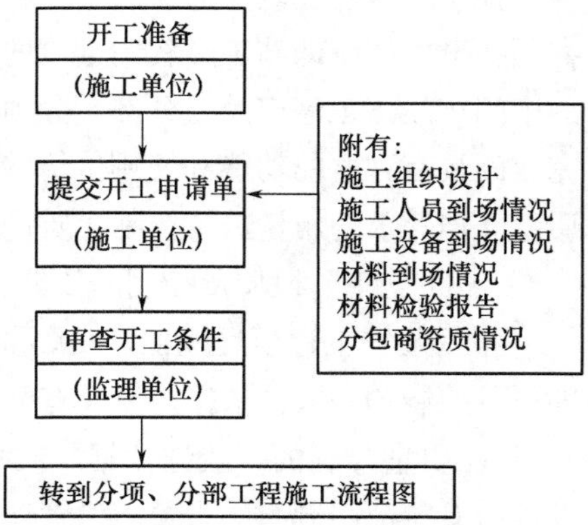

图 3-36　开工准备的流程

根据整个装饰工程项目质量控制系统所涉及的内容，监理工程师（业主）和施工承包单位在施工阶段对质量控制方面应当遵循的质量控制工作流程如图 3-36、图 3-37、图 3-38 和图 3-39 所示。

（3）装饰工程项目施工准备阶段的质量控制

装饰工程项目开工前的准备工作是保证施工顺利进行的重要环节，它直接影响工程项目建设的速度、质量和成本，因此必须予以重视。

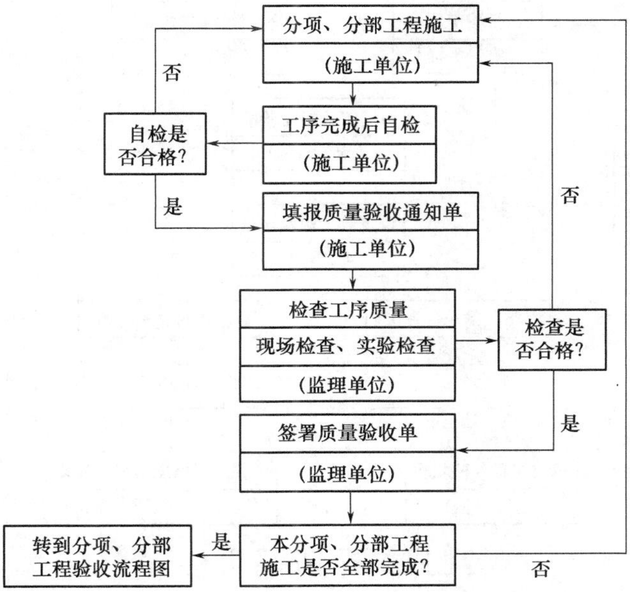

图 3–37　分部分项工程施工流程图

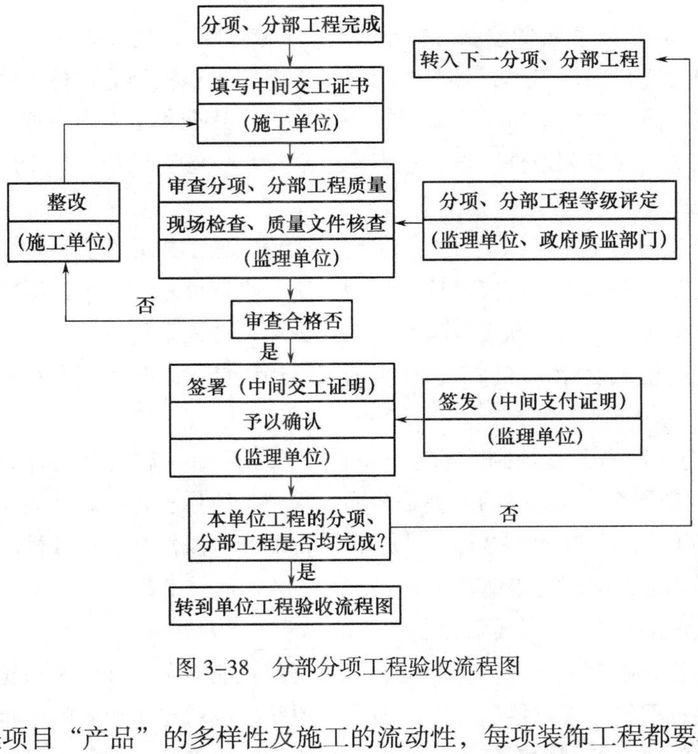

图 3–38　分部分项工程验收流程图

由于装饰工程项目“产品”的多样性及施工的流动性，每项装饰工程都要单独地进行施工准备工作。施工准备工作的内容繁多，一般要延续到装饰工程项目施工的全过程之中，而且还需要分阶段进行。首先要进行装饰工程项目开工前的全场性施工准备；一个单项工程开工前还要再进行单项工程的施工准备；在施工全过程中要进行经常性的作业准备和冬雨季施工准备等。从管理主体看，有建设单位的施工准备和施工单位的施工准备两个方面。

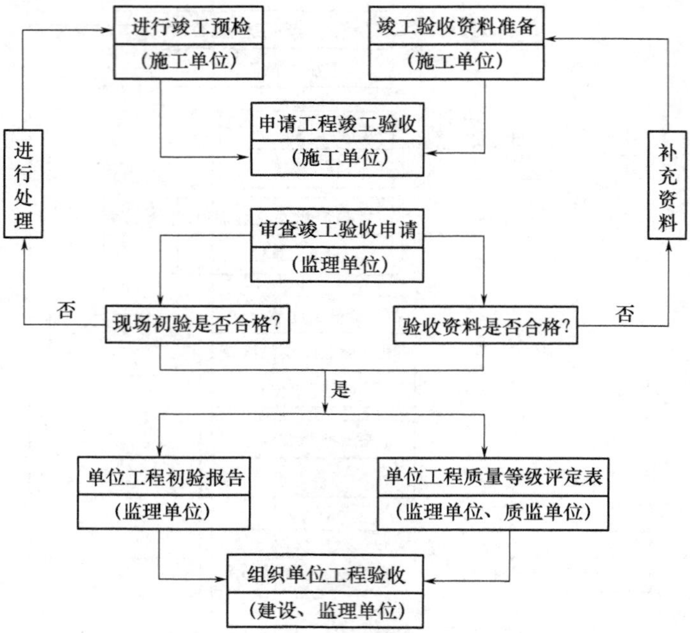

图 3-39 单位工程验收流程图

① 建设单位的施工准备质量控制。在承发包合同签订后，建设单位、施工单位、监理单位都应当努力完成自己责任内的工作，都要为项目的按时开工积极创造条件，而建设单位的工作更不容忽视。建设单位责任内的准备工作质量控制主要是对其准备工作内容逐条逐项认真完成，为工程项目的开工创造一切有利条件。这里重点阐述建设单位施工准备工作中施工组织设计大纲的编制及其质量控制内容。

大中型装饰工程项目施工组织设计大纲是组织工程实施的指导性文件，也是降低工程造价、保证工程质量、控制总概算、合理安排项目工期、制订投资计划的主要依据之一。施工组织设计大纲应在初步设计批准后，由装饰工程项目法人或由项目法人委托设计单位编制。项目施工组织设计大纲不同于施工组织设计，装饰工程项目施工组织设计大纲是编制和审核施工组织总设计的依据。

② 承包商的施工准备质量控制。承包商的施工准备质量控制的重点是对承包商的技术准备的质量控制，而技术准备质量控制的关键是装饰工程施工项目管理实施规划（质量计划）的编制和审核。施工准备工作应贯穿于整个施工全过程中，既有阶段性又有连续性，必须按规定做好。各项准备工作达到规定程度即可申请开工。

（4）装饰工程项目施工阶段质量控制

施工阶段进行质量控制的任务和内容主要有：确定控制对象，如一个检验批、一道工序、一个分项工程、安装过程等；规定控制标准，即详细说明控制对象应达到的质量要求；制定具体的控制方法，如工艺规程、控制用图表等；明确所采用的检验方法、检验手段；实际进行检验；分析实测数据与标准之间生成差异的原因；解决差异所采取的措施、方法等。

施工过程中质量控制的主要工作应当是：以工序质量控制为核心，设置质量控制点，进行预控，严格质量检查和加强成品保护。

① 施工工序质量的控制。施工过程是由一系列相互联系与制约的工序构成，工序是人、材料、机械设备、施工方法和环境等因素对工程质量综合起作用的过程，所以对施工过程的质量监控，必须以工序质量控制为基础，落实在各项工序的质量监控上。工序质量监控主要包括对工序活动条件的监控和对工序活动效果的监控。工序质量监控内容如图 3–40 所示。

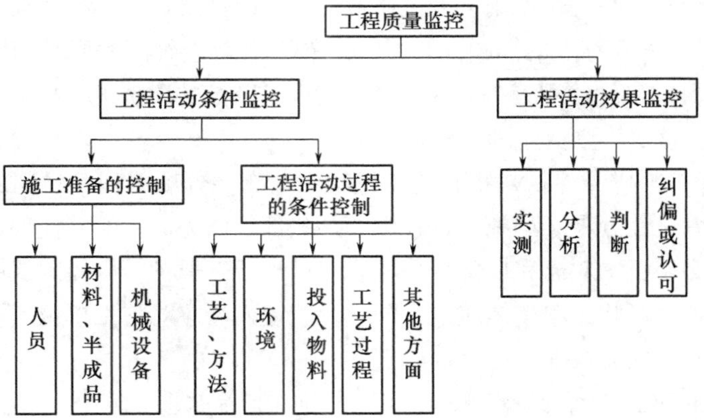

图 3–40　工序质量监控内容

② 工序活动质量监控实施要点。实施工序活动质量监控，应当分清主次抓住关键，依靠完善的质量体系和质量检查制度，完成工序活动的质量控制，以及设置工序活动的质量控制点，进行预控等。

③ 质量控制点的设置。设置质量控制点的目的是根据工程项目的具体特点，抓住影响工序质量的主要因素。就一个单位工程来说，应设置多少个质量控制点，在何处设置质量控制点，是由工程实践经验决定的。选择质量控制点，一般应考虑的原则是施工过程中的关键工序、关键环节；隐蔽工程；施工中的薄弱环节，质量不稳定的工序或部位；对后续工序质量有重大影响的工序或部位；采用新工艺、新材料、新技术的部位或环节；施工单位无足够把握的工序或环节。

④ 装饰工程质量的预控。工程质量预控，就是针对所设置的质量控制点或分部、分项工程，事先分析在施工中可能发生的质量问题和隐患，分析可能的原因，并提出相应的对策，制定对策表，采取有效的措施进行预先控制，以防止在施工中发生质量问题。质量预控和预控对策的表达方式主要有文字表达；用表格形式表达的质量预控对策表；用解析图形式表达的质量预控及对策。

⑤ 做好技术管理工作。装饰工程施工过程中技术管理工作是保证施工质量的核心。工程质量受多种主客观因素的影响，即使在严密的质量体系中运行也难免出现质量的波动，为了控制和保证质量，必须在装饰工程实施后进行质量检验。多年来，我国施工企业总结了一套行之有效的施工质量检验制度和办法，如“三检一评”制度。“三检一评”是指自检、互检、交接检验和工程质量评定。

自检是操作者自己和所在班组施工的工程进行检验的活动。它是在一个分项工程或部分分项工程结束后，在互检和交接检验之前进行的质量检验工作。自检工作是质量检验工作中最基础的一步。互检是操作者之间对施工的工程相互进行检验的活动。一般是在同一工序操作者之间、下道工序与上道工序操作者之间、班组的质量检查负责人与本班组的施工者之间进行。通过互检可以纠正自检没有发现的差错，从而保证本工序质量。交接检验是互检的一种特殊形式，是本工序转入下道工序或由于其他原因需要更换施工班组时进行的交接检验。交接检验合格后，才能办理工序交接手续。交接检验是落实岗位责任制，贯彻“谁施工谁负责”原则的重要环节。

装饰工程质量评定是工程项目质量检测的重要内容之一。进行质量评定的目的在于：对建筑安装工程质量等级进行全面正确的评价；通过逐级的质量评定工作，可以起到把关和保证工程质量的作用，防止不合格产品交付使用；通过质量评定，统计质量指标的完成情况，可以直观地了解单项工程质量现状，发现存在的问题，及时采取措施，保证装饰工程质量，确保质量目标的实现。

业主是工程项目的最终使用者，有权对项目建设各环节的质量进行检查、认可和最终验收。在委托监理体制下，该工作则由监理工程师实施。

⑥ 加强成品保护。成品保护是指在施工过程中，有些分项工程已经完成，而其他一些分项工程尚在施工；或者是在分项工程施工过程中，某些部位已完成，而其他部位正在施工，在这种情况下，施工单位必须负责对已完成部分采取妥善措施予以保护，以免因成品缺乏保护或保护不善而造成损伤或污染，影响工程整体质量。同时，监理人员应对施工单位所承担的成品保护工作的质量与效果进行经常性的检查。

根据需要保护的建筑产品的特点不同，可以分别对成品采取“防护”“包裹”“覆盖”“封闭”等保护措施，以及合理安排施工顺序等来达到保护成品的目的。“防护”就是针对被保护对象的特点采取各种防护的措施，如对进出口台阶，可采取垫砖或方木搭脚手板供人通过的方法来保护台阶等。“包裹”就是将被保护物包裹起来，以防损伤或污染，如铝合金门窗可用塑料布包扎保护等。“覆盖”就是用表面覆盖的办法防止堵塞或损伤，如对地漏、落水口排水管等安装后加以覆盖，以防止异物落入而被堵塞。“封闭”就是采取局部封闭的办法进行保护，如垃圾道完工后，可将其进口封闭起来，以防止建筑垃圾堵塞通道。合理安排施工顺序，主要是通过合理安排不同工作间的施工顺序先后以防止后道工序损坏或污染前道工序，如采取房间内先喷浆或喷涂而后安装灯具的施工顺序可防止喷浆污染、损害灯具。

7. 装饰工程项目质量事故处理

（1）装饰工程项目质量事故的分类

① 按事故的性质及其严重程度可划分为一般事故和重大事故。一般事故通常是指经济损失在0.5万～10万元额度内的质量事故；重大事故是指经济损失在10万元以上者以及造成建筑物、构筑物或其他主要结构倒塌者和造成永久性质量缺陷者。

② 按事故造成的后果可区分为未遂事故和已遂事故。未遂事故是指发现了质量问题，经及时采取措施，未造成经济损失、延误工期或其他不良后果者；已遂事故是指凡出现不符合质量标准或设计要求，造成经济损失、延误工期或其他不良后果者。

③ 按事故责任可区分为指导责任事故和操作责任事故。指导责任事故是指由于工程实施指导或领导失误而造成的质量事故；操作责任事故是指在施工过程中，由于实施操作者不按规程或标准实施操作而造成的质量事故。

④ 按质量事故产生的原因区分为技术原因引发的质量事故、管理原因引发的质量事故，以及社会或经济原因引发的质量事故。技术原因引发的质量事故是指在工程项目实施中由于设计、施工在技术上的失误而造成的质量事故；管理原因引发的质量事故主要是指由于管理上的不完善或失误而引发的质量事故；社会、经济原因引发的质量事故主要是指由于社会、经济因素及社会

上存在的弊端和不正之风引起建设中的错误行为，而导致出现的质量事故。

（2）装饰工程项目质量事故的预防

质量事故是一种不幸的事件，它的发生给人们留下一些经验和教训，工程建设人员应该尽力做好事故的防范工作，本着“防患于未然”的原则，将事故消灭在萌芽之中。通常可以从工程技术、教育及管理三个方面采取预防措施。

① 工程技术措施。工程技术措施内容广泛，具有代表性的有冗余技术和互锁装置。

假设一个系统由若干个体单元组成，如果其中任何一个个体单元出现故障都会造成整个系统出现故障，那么，这种组成方式称为“串联方式”。如果改进组成方式，使其中一个个体单元出现故障时，整个系统仍然能够正常工作，这种组成方式称为“并联方式”。这种因在系统中纳入了多余的个体单元而保证系统安全的技术，便是“冗余技术”，通常也称为备用方式。

互锁装置是一种常见的、重要的工程技术措施。“互锁”是指某种装置利用它的某一个部件或者某一机构的作用，能够自动产生或阻止发生某些动作或某些事情。互锁装置可以从简单的机械连锁到复杂的电路系统连锁。一旦出现危险，能够保障作业人员及设备的安全。

在工程实践中，安全保护措施即可采用冗余技术，如安全帽、安全绳、安全网形成对人身安全的立体保护，不至于一种保护措施失效就酿成事故。互锁装置应用较多的是漏电保护措施，如采用一机一闸、保护接地、保险丝等措施来保护现场用电的安全。

② 教育措施。教育措施通常以安全教育为主，安全教育一般包括安全知识教育、安全技术教育、安全思想教育、典型事故案例教育等。安全教育可采取多种形式，但最重要的是落到实处，深入人心。

③ 管理措施。工程项目从立项、设计、施工、验收、使用、维修等每一个过程都涉及到管理的问题，就工程质量事故的防范而言，主要管理措施是建立、健全建筑质量安全法律法规；注重施工人员综合素质的提高，建立培训制度；建立事故档案，追究事故责任。

（3）造成质量事故的原因分析

① 调查和分析的目的。装饰工程项目质量问题的原因主要有违背建设程序、未处理好基层、施工现场勘察原因、设计计算问题、建筑及装饰材料不合格、施工和管理问题、自然条件的影响和建筑结构使用问题等。事故发生后，应及时组织调查处理。调查的主要目的，是要确定事故的范围、性质、影响和原因等，通过调查为事故的分析与处理提供依据，调查一定要全面、准确、客观。调查结果，要整理撰写成事故调查报告，其内容一般包括：工程情况，重点介绍事故有关部分的工程情况；事故情况，事故发生的时间、性质、现状及发展变化的情况；是否需要采取临时应急防护措施；事故调查中的数据、资料；事故原因的初步判断；事故涉及人员与主要责任者的情况等。事故原因的分析，要建立在事故情况调查的基础上，避免情况不明就主观分析推断事故的原因。尤其是有些事故，其原因错综复杂，往往涉及勘察设计、施工、材质、管理及使用等多方面，只有对调查提供的数据、资料进行详细分析后，才能去伪存真，找到造成事故的主要原因。

装饰工程项目质量问题分析处理的目的是正确分析和妥善处理所发生的质量问题，以创造正常的施工条件；保证建筑物、构筑物的安全使用，减少事故的损失；总结经验教训，预防事故重复发生；了解工程实际工作状态，为正确选择构造设计，修订规范、规程和有关技术措施提供依据。

② 装饰工程项目质量问题分析处理的程序。工程项目质量问题分析处理，一般可按图 3–41 所示的程序进行。

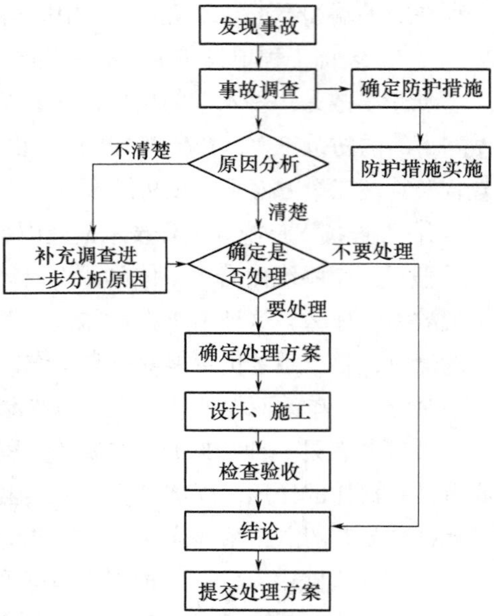

图 3–41 装饰工程项目质量问题分析处理的程序

发现装饰工程项目出现质量缺陷或事故，应停止有质量缺陷部位和其有关部位及下道工序施工，必要时，还应采取适当的防护措施。同时，要及时上报主管部门。进行质量事故调查要明确质量事故的范围、缺陷程度、性质、影响和原因，为事故的分析处理提供依据，调查力求全面、准确、客观。在事故调查的基础上进行事故原因分析，正确判断事故原因，事故原因分析是确定事故处理措施方案的基础。只有对提供的调查资料、数据进行充分详细、深入的分析后，才能由表及里、去伪存真，找出造成事故的真正原因。研究制定事故处理方案，事故处理方案的制定应以事故原因分析为基础。制定的事故处理方案应体现安全可靠、不留隐患、满足建筑物的功能和使用要求、技术可行、经济合理等原则。如果各方一致认为质量缺陷不需专门处理，则必须经过充分的分析和论证。按协商确定的处理方案对质量缺陷进行处理。质量事故不论是否是施工承包单位的责任，质量缺陷的处理通常都是由施工承包单位负责实施。但如果不是施工单位方面的责任，则处理质量缺陷所需的费用或延误的工期，应对施工单位给予补偿。质量缺陷处理完毕，应组织有关人员对处理结果进行严格检查、鉴定和验收，由监理工程师出具“质量事故处理报告”，提交业主或建设单位，并上报有关主管部门。

（4）装饰工程项目质量事故处理的依据

工程质量事故发生后，事故处理主要应解决的问题是查清原因、落实措施、妥善处理、消除隐患、界定责任。但无论是分析原因、界定责任还是做出处理决定，都要以充分的、准确的有关资料作为决策基础和依据。工程质量事故处理，必须具备以下资料：

① 与工程质量事故有关的施工图。指施工图和设计说明等。

② 与工程施工有关的资料、记录。例如建筑及装饰材料的试验报告，各种中间产品的检验记录和试验报告（如混凝土试块强度试验报告），施工记录等。

③ 事故调查分析报告。一般应包括的内容有：质量事故的情况；事故性质；事故原因；事故评估；设计、施工以及使用单位对事故的意见和要求；事故涉及的人员与主要责任者的情况等。

（5）装饰工程项目质量事故处理方案的确定

事故的处理要建立在原因分析的基础上，对有些事故一时认识不清时，只要事故不致产生严重的恶化，可以继续观察一段时间，做进一步调查分析，不要急于求成，以免造成同一事故多次处理的不良后果。事故处理的基本要求是：安全可靠，不留隐患，满足建筑功能和使用要求，技术可行，经济合理，施工方便。在事故处理中，还必须加强质量检查和验收。对每一个质量事故，无论是否需要处理都要经过分析，做出明确的结论。

工程质量问题，并非都要处理，即使有些质量缺陷，虽已超出了国家标准及规范要求，但也可以针对工程的具体情况，经过分析、论证，做出无需处理的结论。总之，对质量问题的处理，也要实事求是，既不能掩饰，也不能扩大，以免造成不必要的经济损失和延误工期。

质量问题处理是否达到预期的目的，是否留有隐患，需要通过检查验收来做出结论。事故处理质量检查验收，必须严格按照施工验收规范中的有关规定进行；必要时，还要通过实测、取样试验、仪表检测等方法来获取可靠的数据。这样，才能对事故做出明确的处理结论。

事故处理后，还必须提交完整的事故处理报告，其内容包括：事故调查的原始资料、测试数据；事故的原因分析、论证；事故处理的依据；事故处理方案、方法及技术措施；检查验收记录；事故无需处理的论证；事故处理结论等。

（6）装饰工程项目质量事故处理的鉴定验收

质量事故的处理是否达到了预期目的，是否仍留有隐患，应当通过检查鉴定和验收做出确认。事故处理的质量检查鉴定，应严格按施工验收规范及有关标准的规定进行，必要时还应通过实际检测、试验等方法获取必要的数据，才能对事故的处理结果做出确切的结论。检查和鉴定的结论有以下几种：

① 事故已经排除，可继续施工。

② 隐患已经消除，结构安全有保证。

③ 经修补、处理后，完全能够满足使用要求。

④ 基本上满足使用要求，但使用时应有附加的限制条件。

⑤ 对耐久性的结论。

⑥ 对建筑物外观影响的结论等。

⑦ 对短期难以做出结论者，可提出进一步观测检验的意见。

事故处理后，监理工程师还必须提交事故处理报告，其内容包括：事故调查报告，事故原因分析，事故处理依据，事故处理方案、方法及技术措施，处理施工过程的各种原始记录资料，检查验收记录，事故结论等。

四、装饰工程施工现场安全管理

施工现场安全管理就是装饰工程项目在施工过程中，组织安全生产的全部管理活动。施工现场是施工企业安全管理的基础，必须要强化施工现场安全的动态管理。

安全管理的任务就是要想尽一切办法找出施工生产中的不安全因素，用技术上与管理上的措施去消除这些不安全的因素，做到预防为主，防患于未然，保证施工顺利进行，保证施工人员的安全与健康。

现场施工安全管理，主要包括安全施工与劳动保护两个方面。安全施工是项目施工企业组织施工活动和安全工作的指导方针，要确立“施工必须安全，安全促进施工”的辩证思想。劳动保护是保护劳动者在施工中的安全和健康。安全管理是保证安全施工和劳动管理的措施，安全施工是关系到施工人员的生命安全和财产不受损失，关系到经济建设的大事，要贯彻“安全第一”和“预防为主”的方针，保护劳动者的安全与健康，是我国的根本国策。

1. 装饰工程施工现场安全管理的特点

装饰工程施工现场安全管理的特点有以下几个方面：

（1）安全管理的难点多。由于施工受自然环境的影响大、高处作业多、用电作业多、易燃物多等，因此安全事故引发点多，安全管理的难度很大。

（2）安全管理的劳保责任重。这是因为工程施工是劳动密集型活动，手工作业多，人员数量大，交叉作业多，作业的危险性大。因此，要通过加强劳动保护创造安全施工条件。

（3）施工现场安全管理处在企业安全管理的大环境之中。包括安全组织系统、安全法规系统和安全技术系统。

（4）施工现场是安全管理的重点。这是因为施工现场人员集中、物资集中，作业事故一般都发生在施工现场。

（5）安全管理的严谨性。安全状态具有触发性，其控制措施必须严谨，一旦失控，就会造成损失和伤害。

2. 装饰工程施工现场安全管理制度

严格安全施工，执行劳动保护，贯彻执行一系列安全保护方面的有关责任、计划、教育、检查、处理等规章制度，是进行安全管理的重要措施。这些制度主要有安全施工生产责任制、安全技术措施计划制度、安全施工生产教育制度、安全施工生产检查制度、工伤事故的调查和处理制度、防护用品及食品安全管理制度、建立安全值班制度等。

3. 装饰工程施工现场安全技术工作

装饰工程施工现场安全生产的要求主要包括预防高处坠落、物体打击、起重吊装事故、用电安全、冬雨季施工安全、现场防火等多方面。

（1）预防高处坠落的措施与要求。凡在坠落高度基准面 2m 及 2m 以上进行施工作业，都称为高处作业。高处作业分为四级：2 ~ 5m 为一级，5 ~ 15m 为二级，15 ~ 30m 为三级，30m 以上为特级。

高处作业的安全防护措施：高处作业人员要定期进行体检；正确使用安全带、安全帽及安全网；按规定搭设脚手架，设置防护栏和挡脚板，不准有探头板；凡施工人员可能从中坠落的各种洞口（如楼梯口、电梯口、预留洞、坑井等），均要采取有效的安全防护措施。

（2）预防物体打击的措施与要求。物体打击是项目施工现场常见的多发事故，如坠落物砸伤，物体搬运时的砸伤或挤伤等。施工时应注意以下事项：进入施工现场人员要正确戴好安全帽；禁止从高处或楼内向下抛物料，随时清理高处作业范围的杂物，以免碰落伤人；施工现场要设固定进楼通道和出入口，并要搭长度不小于 3m 的护头棚；吊运物料要严格遵守起重操作规定，使用装有脱钩装置的吊钩或长环；人工搬运材料、构配件时，要精神集中，互相配合，搬大型物料，要有专人指挥、停放要平稳。

（3）起重吊装安全技术措施与要求。起重机械设备要定期维修保养，严禁带故障作业。对卷扬机等垂直运输设备要装超高限位器，严禁使用只靠抱闸定位的卷扬机。吊钩、长环、钢丝绳都必须经过严格检查。操作时要按操作规程进行，坚持“十个不准吊”，如信号不清、吊物下方有人、吊物超负荷、捆扎不牢、六级以上大风等情况下不准吊。起重机不得在架空输电线下面工作。在其一侧工作时，起重臂与架空输电线水平距不得小于：1kV 以下线路为 1.5m，1 ~ 20kV 线路为 2m，20 ~ 110kV 线路为 4m。在一个施工现场内若有多台起重机同时作业时，两个大臂（起重臂）的高度或水平距离要保持不小于 5m。土法吊装（如人字扒杆或三脚架）等要严格进行作业，起重装置要有足够的的稳定性，严把技术设备工具的质量关，严格施工组织。

（4）施工用电安全措施与要求。若工程工期超过半年，施工现场的供电工程均应按正式的供用电工程安装和运行，执行供电局有关规定。施工现场内一般不得架设裸线，架空线路与施工建筑物的水平距离一般不得小于 10m，与地面的垂直距离不得少于 6m，跨越建筑物时与顶部的垂直距离不得少于2.5m，在高压线下方10m范围内，不准停放材料、构配件等，不准搭设临时设施，不准停放机械设备，严禁在高压线下从事起重吊装作业。各种电气设备均应有接零或接地保护，严禁在同一系统中接零接地两种保护混用。每台电气设备应有单独的开关及熔断保险，严禁一闸多机。配电箱操作面的操作部位不得有带电体明露，箱内各种开关、熔断器，其定额容量必须与被控制的电设备容量相匹配。移动式电气设备、手持电动工具及临时照明线，均需在配电箱内装设漏电保护器。照明线路按照标准架设，不准采用一根火线一根地线的做法，不准借用保护接地作照明零线，不准擅自派无电工执照的人员乱动电气设备及电动机械。电焊、气焊作业中的安全技术，要切实注意防弧光、防烟尘、防触电、防短路、防爆。氧气瓶、乙炔瓶要保持一定距离，与明火保持 10m 以上，附近禁止吸烟。

（5）项目施工现场发生工伤事故的处理。当施工现场发生人身伤亡，重大机械事故或火灾火险时，基层施工人员要保持冷静，及时向上级报告，并积极抢救，保护现场，排除险情，防止事故扩大。按照国家《工人职员伤亡事故报告规程》和当地政府的有关规定，分事故轻重大小分别由各级领导查清事故原因与责任，提出处理意见、制定防范措施。

4. 装饰工程施工现场防火

装饰工程施工现场必须认真执行《中华人民共和国消防条例》和公安部关于建筑工地防火的基本措施，现场应划出用火作业区，严密防火制度，消除火灾隐患。现场材料堆放及易燃品的防火要求：木材垛之间要保持一定距离，材料废料要及时清除；临时工棚设置处要有灭火器及蓄水池、蓄水桶；工棚防火间距：城区不少于 5m，农村不少于 7m；距易燃仓库用火生产区不少于 30m；锅炉房、厨房及明火设施设在工棚下风方向。

（1）装饰工程施工现场防控火灾的特点

施工现场存在的火灾隐患多，产生火灾的危险性大，稍有疏忽，就有可能酿成火灾事故。施工现场防火的特点如下：

① 施工现场场地狭小，缺乏应有的安全距离。因此，一旦起火，容易蔓延成灾。

② 施工现场易燃材料多，容易失火。

③ 施工现场临时用电线路多，设施简陋，容易漏电起火。

④ 在施工进展期间，施工方法不同，会出现不同的火灾隐患。

⑤ 施工现场人员流动性大，交叉作业多，管理不便，火灾隐患不易发现。

⑥ 施工现场消防水源和消防道路都是临时设置，消防条件差，一旦起火，灭火困难。

（2）火灾预防管理工作

① 对上级有关消防工作的政策、法规、条例要认真贯彻执行。将防火纳入领导工作的议事日程，做到在计划、布置、检查、总结、评比时均考虑防火工作，制定各级领导防火责任制。

② 装饰施工企业建立防火制度。防火制度包括各级安全防火责任制；工人安全防火岗位责任制；现场防火工具管理制度；重点部位安全防火制度；安全防火检查制度；火灾事故报告制度；

易燃易爆物品管理制度；用火、用电管理制度；防火宣传、教育制度。

③ 建立安全防火委员会。在进入现场后立即建立由现场施工负责人主持，有关技术、安全保卫、行政等部门参加的安全防火委员会。其职责是贯彻国家消防工作方针、法律、文件及会议精神，结合本单位具体情况部署防火工作；定期召开防火委员会会议；开展安全消防教育和宣传；组织安全防火检查，并监督落实；制定安全消防制度及保证防火的安全措施；对防控火灾有功人员进行奖励，对违反防火制度及造成事故的人员进行批评、追究责任和处罚。

④ 设专职、兼职防火员，成立义务消防组织。其职责是监督、检查、落实防火责任制的情况；审查防火工作措施并督促实施；参加制定、修改防火工作制度；经常进行现场防火检查，发现火灾隐患有权指令停止生产或查封，并立即报告有关领导研究解决；推广消防工作先进经验；对工人进行防火知识教育；参加火灾事故调查、处理、上报。

五、装饰工程现场文明施工管理

文明施工是指保持施工现场良好的作业环境、卫生环境和工作秩序。文明施工是适应现代化施工的客观要求，能促进企业综合管理水平的提高，代表企业形象，并有利于员工的身心健康，培养和提高施工队伍的总体素质，促进企业精神文明建设。

1. 文明施工的主要内容

文明施工主要包括以下几个方面的工作。

（1）规范施工现场的场容，保持作业环境的整洁卫生。

（2）科学组织施工，使生产有序进行。

（3）减少施工对周围居民和环境的影响。

（4）保证职工的安全和身体健康。

2. 装饰工程施工现场文明施工管理的基本要求

（1）施工现场必须设置明显的标牌，标明工程项目名称、建设单位、设计单位、施工单位、项目经理和施工现场总代表人的姓名、开、竣工日期、施工许可证批准文号等。施工单位负责施工现场标牌的保护工作。

（2）施工现场的管理人员在施工现场应当佩戴证明其身份的证卡。

（3）施工现场的用电线路、用电设施的安装和使用必须符合安装规范和安全操作规程。

（4）施工现场的各种安全设施和劳动保护器具，必须定期进行检查和维护，及时消除隐患，保证其安全有效。

（5）施工现场应当设置各类必要的职工生活设施，并符合卫生、通风、照明等要求。职工的膳食，饮水供应等应当符合卫生要求。

（6）应当做好施工现场安全保卫工作，采取必要的防盗措施，在现场周边设立围护设施。

（7）应当严格依照《中华人民共和国消防条例》的规定，在施工现场建立和执行防火管理制度，设置符合消防要求的消防设施，并保持完好的备用状态。在容易发生火灾的地区施工，或者储存、使用易燃易爆器材时，应当采取特殊的消防安全措施。

（8）施工现场发生工程建设重大事故的处理，依照《工程建设重大事故报告和调查程序规定》执行。

六、装饰工程施工现场的环境保护管理

环境保护是按照法律法规、各级主管部门和企业的要求，保护和改善作业现场的环境，控制现场的各种粉尘、废水、废气、固体废弃物、噪声、振动等对环境的污染和危害。环境保护也是文明施工的重要内容之一。

装饰工程施工现场环境保护能保证施工顺利进行，保证人们身体健康和社会文明。节约能源、保护人类生存环境、保证社会和企业可持续发展，是一项利国利民的重要工作。装饰工程施工现场环境保护措施如下：

1. 空气污染的防治措施

空气污染的防治措施主要针对固体粒子状态污染物和气体状态污染物进行治理。

（1）除尘技术。在气体中除去或收集固态或液态粒子的设备称为除尘装置。主要种类有机械除尘装置、洗涤式除尘装置、过滤除尘装置和电除尘装置等。工地的燃煤茶炉、锅炉、炉灶等应选用装有以上除尘装置的设备。工地其他粉尘可用遮盖、淋水等措施防治。

（2）气态污染物治理技术。大气中气态污染物的治理技术主要有吸收法、吸附法、催化法、燃烧法、冷凝法、生物法等几种方法。吸收法就是选用合适的吸收剂吸收空气中的 SO_2、H_2S、HF、NO_2 等；吸附法就是让气体混合物与多孔性固体接触，把混合物中的某个成分吸附在固体表面；催化法是利用催化剂把气体中的有害物质转化为无害物质；燃烧法是通过热氧化作用，将废气中的可燃有害部分，化为无害物质的方法；冷凝法是使处于气态的污染物冷凝，从气体分离出来的方法，该法特别适合处理有较高浓度的有机废气，如对沥青气体的冷疑，回收油品；生物法就是利用微生物的代谢活动过程把废气中的气态污染物转化为少害甚至无害的物质，该法应用广泛，成本低廉，但只适用于低浓度污染物。

（3）施工现场空气污染的防治措施。施工现场垃圾渣土要及时清理出现场；高大建筑物清理施工垃圾时，要使用封闭式的容器或者采取其他措施处理高空废弃物，严禁凌空随意抛撒；施工现场道路应指定专人定期洒水清扫，形成制度，防止道路扬尘；对于细颗粒散体材料（如水泥、粉煤灰、白灰等）的运输、储存要注意遮盖、密封，防止和减少飞扬；除设有符合规定的装置外，禁止在施工现场焚烧油毡、橡胶、塑料、皮革、树叶、枯草、各种包装物等废弃物品以及其他会产生有毒、有害烟尘和恶臭气体的物质；机动车都要安装减少尾气排放的装置，确保符合国家标准；工地茶炉应尽量采用电热水器。若只能使用燃煤茶炉和锅炉时，应选用消烟除尘型茶炉和锅炉，大灶应选用消烟节能回风炉灶，使烟尘降至允许排放范围以下；大城市市区的建设工程项目已不容许现场搅拌混凝土。在允许设置搅拌站的工地，应将搅拌站封闭严密，并在进料仓上方安装除尘装置，采用可靠措施控制工地粉尘污染；拆除旧建筑物时，应适当洒水，防止扬尘。

2. 水污染的防治

水污染物主要来源有工业污染源、生活污染源、农业污染源等。工业污染源是指各种工业废水向自然水体的排放；生活污染源主要有食物废渣、食油、粪便、合成洗涤剂、杀虫剂、病原微生物等；农业污染源主要有化肥、农药等。施工现场废水和固体废物随水流流入水体部分，包括

泥浆、水泥、油漆、各种油类，混凝土外加剂、重金属、酸碱盐、非金属无机毒物等，形成污染废水。废水处理的目的是把废水中所含的有害物质清理分离出来。废水处理的方法有化学法、物理方法、物理化学方法和生物法等。

施工过程水污染的防治措施如下：

（1）施工现场搅拌站废水，现制水磨石的污水，电石（碳化钙）的污水必须经沉淀池沉淀合格后再排放，最好将沉淀水用于工地洒水降尘或采取措施回收利用。

（2）现场存放油料，必须对库房地面进行防渗处理。如采用防渗混凝土地面、铺油毡等措施。使用时，要采取防止油料跑、冒、滴、漏的措施，以免污染水体。

（3）施工现场100人以上的临时食堂，污水排放时可设置简易有效的隔油池，定期清理，防止污染。

（4）工地临时厕所，化粪池应采取防渗漏措施。中心城市施工现场的临时厕所可采用水冲式厕所，并有防蝇、灭蛆措施，防止污染水体和环境。

（5）化学用品，外加剂等要妥善保管，库内存放，防止污染环境。

3. 施工现场的噪声控制

声音是由物体振动产生的，当频率在20 ~ 20000Hz时，作用于人的耳鼓膜而产生的感觉称之为声音。由声构成的环境称为“声环境”。当环境中的声音对人类、动物及自然物没有产生不良影响时，就是一种正常的物理现象。相反，对人的生活和工作造成不良影响的声音就称之为噪声。噪声按照振动性质可分为气体动力噪声、机械噪声、电磁性噪声；按噪声来源可分为交通噪声（如汽车、火车、飞机等）、工业噪声（如鼓风机、汽轮机、冲压设备等）、建筑施工噪声（如打桩机、推土机、混凝土搅拌机等发出的声音）、社会生活噪声（如高音喇叭、收音机等）。噪声是影响与危害非常广泛的环境污染问题。噪声环境可以干扰人的睡眠与工作、影响人的心理状态与情绪，造成人的听力损失，甚至引起许多疾病。此外，噪声对人们的对话干扰也是相当大的。

噪声控制技术可从声源、传播途径、接收者防护等方面来考虑，施工现场噪声不得超过《国家标准建筑施工场界噪声限值》的要求。施工现场噪声的控制措施如下：

（1）声源控制。从声源上降低噪声，这是防止噪声污染的最根本的措施。尽量采用低噪声设备和工艺代替高噪声设备与加工工艺，如低噪声振捣器、风机、电动空压机、电锯等；在声源处安装消声器消声，即在通风机、鼓风机、压缩机、燃气机、内燃机及各类排气放空装置等进出风管的适当位置设置消声器。

（2）传播途径的控制。在传播造径上控制噪声方法主要有吸声、隔声、消声、减振降噪等几种。吸声就是利用吸声材料（大多由多孔材料制成）或由吸声结构形成的共振结构（金属或木质薄板钻孔制成的空腔体）吸收声能，降低噪声；隔声就是应用隔声结构，阻碍噪声向空间传播，将接收者与噪声声源分隔，隔声结构包括隔声室、隔声罩、隔声屏障、隔声墙等；消声是利用消声器阻止传播，允许气流通过的消声降噪是防治空气动力性噪声的主要装置，如空气压缩机等；减振降噪就是对振动引起的噪声，通过降低振动减小噪声。

（3）接受人防护。对处于噪声环境下的人员使用耳塞等防护用品，减少暴露时间，以减轻噪声对人体的危害。

（4）严格控制人为噪声。进入施工现场不得高声喊叫，无故摔打工具、材料，乱吹哨，限制高音喇叭的使用，最大限度地减少噪声扰民。

（5）控制强噪声作业的时间。

4. 固体废物的处理

固体废物是生产、建设、日常生活和其他活动中产生的固态、半固态废弃物质。固体废物是一个极其复杂的废物体系．按照其化学组成可分为有机废物和无机废物，按照其对环境和人类健康的危害程度可以分为一般废物和危险废物。

固体废物对环境的危害是全方位的，主要表现在侵占土地、污染土壤、污染水体、污染大气和影响环境卫生等方面。由于固体废物的堆放，可直接破坏土地和植被。固体废物的堆放中，有害成分易污染土壤，并在土壤中发生积累，给作物生长带来危害。部分有害物质还能杀死土壤中的微生物，使土壤丧失腐解能力。固体废物遇水浸泡、溶解后，其有害成分随地表水汽或土壤渗流污染地下水和地表水；此外，固体废物还会随风飘迁进入水体造成污染。以细颗粒状存在的废渣垃圾和建筑材料在堆放和运输过程中，会随风扩散，使大气中悬浮的灰尘废弃物提高，此外，固体废物在焚烧等处理过程中，可能产生有害气体造成大气污染。固体废物的大量堆放，会招致蚊蝇滋生，臭味四溢，严重影响工地以及周围环境卫生，对施工人员和土地附近居民的健康造成危害。

固体废物处置的基本要求是采取资源化、减量化和无害化的处理，对固体废物产生的全过程进行控制。固体废物的主要处置措施方法有回收利用、减量化处理、焚烧技术、稳定和固化技术、填埋等。

回收利用是对固体废物进行资源化，减量化的重要手段之一。对建筑渣土可视其情况加以利用。废钢可按需要用做金属原材料。对废电池等废弃物应分散回收，集中处理。

减量化是对已经产生的固体废物进行分选、破碎、压实浓缩、脱水等减少其最终处置量，降低处理成本，减少对环境的污染。在减量化处理的过程中，也包括和其他处理技术相关的工艺方法，如焚烧、热解、堆肥等。

焚烧用于不适合再利用且不宜直接予以填埋处置的废物，尤其是对于受到病菌、病毒污染的物品，可以用焚烧进行无害化处理。焚烧处理应使用符合环境要求的处理装置，注意避免对大气的二次污染。

稳定和固化技术就是利用水泥、沥青等胶结材料，将松散的废物包裹起来，减小废物的毒性和可迁移性，使得污染减少。

填埋是固体废物处理的最终技术，经过无害化、减量化处理的废物残渣集中到填埋场进行处置。

第三节 装饰工程项目施工后期管理

一、装饰工程项目竣工验收管理

竣工验收是由装饰工程项目验收主体及交工主体等组成的验收机构，以批准的装饰工程项目设计文件、国家颁布的施工验收规范和质量检验标准为依据，按照一定的程序和手续，在项目建成后，对装饰工程项目总体质量和使用功能进行检验、评价、鉴定和认证的活动。

装饰工程项目竣工验收的交工主体是装饰施工单位，验收主体是装饰工程项目法人，竣工验收的客体应是设计文件规定的、施工合同约定的特定工程对象。

1. 装饰工程项目竣工验收的作用

装饰工程项目竣工验收是工程项目进行的最后一个阶段，竣工验收的完成就标志着工程项目的竣工。装饰工程项目竣工验收工作的作用是：

（1）装饰工程项目竣工验收是工程项目进行的最后环节，也是保证合同任务完成，提高质量水平的最后一个关口。通过竣工验收，全面综合考虑工程质量，保证交工项目符合设计、标准、规范等规定的质量标准要求。

（2）做好工程项目竣工验收可以促进工程项目及时发挥投资效益，对总结投资经验具有重要作用。

（3）通过整理档案资料，既能总结建设过程和施工过程，又能为使用单位提供使用、维护和改造的根据。

2. 装饰工程项目竣工验收的条件和要求

作为装饰工程项目施工的承包人必须按照与委托方签订的合同约定的竣工日期或监理工程师同意顺延的工期竣工，否则要承担违约责任，承包商向委托方提出对所承包的建设施工项目进行竣工验收时，应具备下列条件：

（1）完成了工程设计和合同约定的各项施工内容。

（2）有完整的、经过审核确定的工程竣工资料，并符合资料验收规范要求。

（3）有勘察、设计、施工和监理等单位签署确定的工程质量合格文件。

（4）有工程使用的主要建筑及装饰材料、构配件和设备进场的证明及试验报告。

（5）有施工单位签署的质量保修证书。

（6）需要明确建设工程施工合同示范文本中对竣工验收的规定。如在验收责任、验收时间和问题处理方面的规定。

在工程竣工验收的质量标准方面，对各类工程的验收和评定都有相应的技术标准，同时必须符合工程项目建设强制性标准、设计文件和施工合同的规定，如现行《建筑工程施工质量验收统一标准》《建筑装饰装修工程质量验收规范》对单位工程的质量验收规定。建设项目还要能满足建成投入使用或生产的各项要求。

3. 装饰工程项目竣工验收的依据

（1）上级主管部门关于工程竣工的文件和规定。

（2）工程承包合同。

（3）工程设计文件。

（4）国家和地方现行建筑装饰施工技术验收标准和规范。

（5）施工承包单位需提供的有关施工质量保证文件和技术资料等。

（6）凡属国外引进的新技术、成套设备的项目以及中外合资建设项目，除依据上述文件外，还要按照签订的合同和国外提供的设计文件等进行验收。

4. 装饰工程项目竣工验收的程序

（1）施工单位提交验收申请报告

施工单位决定正式提请验收后应向监理单位正式交验收申请报告，监理工程师收到验收申请报告后应参照工程合同的要求、验收标准等进行仔细的审查。

（2）根据申请报告做现场初验

监理工程师审查完验收申请报告后，若认为可以进行验收，则应由监理人员组成验收班子对竣工的工程项目进行初验，在初验时发现的质量问题，应及时以书面通知或以备忘录的形式告诉施工单位，并令其按有关的质量要求进行修理甚至返工。

（3）组织正式验收

竣工验收一般分为两个阶段进行：单项工程验收和全部验收。验收的程序一般是：

① 参加工程项目竣工验收的各方对已竣工的工程进行目测检查，同时逐一检查工程资料所列内容是否齐备和完整。

② 举行各方参加的现场验收会议，通常分为以下几步：项目经理介绍工程施工情况、自检情况以及竣工情况，出示竣工资料（竣工图和各项原始资料及记录）；监理工程师通报工程监理中的主要内容，发表竣工验收的意见；业主根据在竣工项目目测中发现的问题，按照合同规定对施工单位提出限期处理的意见；暂时休会，由质检部门会同业主及监理工程师讨论工程正式验收是否合格；复会，由监理工程师宣布验收结果，质监站人员宣布工程项目质量等级。

③ 办理竣工验收签证书。竣工验收签证书，必须有三方的签字方能生效。

5. 装饰工程项目竣工验收的准备

（1）装饰工程项目施工的收尾工作

① 装饰工程进入收尾期，项目经理应组织有关人员逐层、逐段、逐部位、逐房间进行查项，检查有无丢项和漏项，一旦发现，要立即确定专人定期解决，并在事后按期进行检查。

② 对完成的成品进行封闭和保护，已经前期完成的和查项修补完成的部位，要立即组织清理，保护好成品。

③ 有计划地拆除施工现场的各种临时设施和暂设工程，拆除各种临时管线，清扫施工现场，组织清运垃圾和杂物。

④ 有步骤地组织材料、施工机具以及各种物资的回收、退库，向其他施工现场转移和进行处理等工作。

⑤ 做好电气线路和各种管线的交工前检查，进行电气工程的全负荷试验。

⑥ 有生产工艺设备的工程项目，要进行设备的单体试车、无负荷联动试车、有负荷联动试车。

（2）做好装饰工程项目竣工验收的各项准备工作

① 组织装饰工程项目技术人员完成竣工图，清理和准备需向委托方移交的工程档案资料，编制工程档案资料移交清单。

② 组织装饰工程项目财务人员编制竣工结算表。

③ 准备工程竣工通知书、工程竣工报告、工程竣工验收证明、工程保修证书等必要文件。

④ 组织好装饰工程自检，必要时报请上级部门进行竣工验收检查，对检查出的问题要及时进行处理和修补。

⑤ 准备好装饰工程质量评定所需的各项资料。主要是按结构性能、使用功能、外观效果等方面，对工程的地基基础、结构、装修以及水、暖、电、卫、设备安装等各个施工阶段所有质量检查的验收资料进行系统整理。包括：各分项工程质量检验评定、各分部工程质量检验评定、单位工程质量检验评定、隐蔽工程验收记录、生产工艺设备调试及运转记录、吊装及试压记录以及工程质量事故发生情况和处理结果等方面的资料。这些资料不仅成为正式评定工程质量的资料和依据，也为技术档案资料移交归档做准备。

6. 装饰工程项目竣工验收的资料

（1）装饰工程项目竣工验收资料的内容

竣工验收资料的内容主要有工程项目开工报告；工程项目竣工报告；分项、分部工程和单位工程技术人员名单；图纸会审和设计交底记录；设计变更通知单；技术变更核实单；工程质量事故发生后调查和处理资料；水准点位置、定位测量记录、沉降及位移观测记录；材料、设备、构件的质量合格证明资料；试验、检验报告；隐蔽验收记录及施工日志；竣工图；质量检验评定资料；工程竣工验收及资料。

（2）竣工验收资料的审核

竣工验收资料的审核主要包括材料、设备构件的质量合格证明材料；试验检验资料；核查隐蔽工程记录及施工记录；审查竣工图。

（3）竣工验收资料的签证

由监理工程师审查完承包单位提交的竣工资料之后，认为符合工程合同及有关规定，且准确、完整、真实，便可签证同意竣工验收的意见。

装饰工程项目经竣工验收合格后，便可办理工程交接手续，即将工程项目的所有权移交给建设单位。交接手续应及时办理，以便使项目早日投产使用，充分发挥投资效益。在办理工程项目交接前，施工单位要编制竣工结算书，以此作为向建设单位结算最终拨付的工程价款。而竣工结算书通过监理工程师审核、确认并签证后，才能通知银行与施工单位办理工程价款的拨付手续。

竣工结算书的审核，是以工程承包合同、竣工验收单、施工图纸、设计变更通知书、施工变更记录、现行建筑安装工程预算定额、材料预算价格、取费标准等为依据，分别对各单位工程的工程量、套用定额、单价、取费标准及费用等进行核对，核实有无多算、错算，与工程实际是否相符合，所增减的预算费用有无根据、是否合法。

在装饰工程项目交接时，还应将成套的工程技术资料进行分类整理、编目建档后移交给建设单位，同时，施工单位还应将施工中所占用的房屋设施，进行维修清理，打扫干净，连同房门钥匙全部予以移交。

二、装饰工程项目保修与回访

工程保修是指建设工程自办理交工验收手续后，在规定的期限内，因勘察、设计、施工、材料等原因造成的质量缺陷，应当由施工单位负责维修。所谓质量缺陷是指工程不符合国家或行业现行的有关技术标准、设计文件以及合同中对质量的要求。在《建设工程质量管理条例》第三十九条中明确规定了建设工程实行质量保修制度。建设工程承包单位在向建设单位提交工程竣工验收报告时，应当向建设单位出具质量保修书。质量保修书中应当明确建设工程的保修范围、保修期限和保修责任等。

工程回访是建筑业施工企业“对用户负责”坚持多年形成的行之有效的管理制度之一。目前，在激烈的市场竞争中，先进的建筑施工企业管理不仅要具有可持续性，同时，要将原保修责任期的服务工作扩大，并不断发展提高，为其注入新的内涵。

1. 装饰工程项目保修的范围和期限

（1）工程保修范围

工程保修范围一般应包括以下几个方面：

① 屋面、地下室、外墙、阳台、厕所、浴室以及厨房、厕浴间等处渗水、漏水等。

② 各种通水管道（包括自来水、热水、空调供排水、污水、雨水等）漏水者，各种气体管道漏气以及通气孔和烟道不通者。

③ 水泥地面有较大面积的空鼓、裂缝或起砂者。墙料面层、墙地面大面积空鼓、开裂或脱落者。

④ 内墙抹灰有较大面积起鼓，乃至空鼓脱落或墙面抹灰层起碱脱皮者，外墙装饰面层自动脱落者。

⑤ 暖气管线安装不良，局部不热、管线接口处及卫生洁具瓷活接口处不严而造成漏水者。

⑥ 其他由于施工不良而造成的无法使用或使用功能不能正常发挥的工程部位。

⑦ 建设方特殊要求施工方必须保修的范围。

（2）工程保修期限

在《建设工程质量管理条例》第四十条中明确规定：在正常使用条件下，建设工程的最低保修期限为：

① 基础设施工程、房屋建筑的地基基础工程和主体结构工程，为设计文件规定的该工程合理使用年限。

② 屋面防水工程、有防水要求的卫生间、房间和外墙面的防渗漏，为 5 年。

③ 供热与供冷系统，为两个采暖期、供冷期。

④ 电气管线、给排水管道、设备安装，为 2 年。

⑤ 装修工程，为 2 年。

其他项目的保修期限由发包方与承包方约定。建设工程保修期，自竣工验收合格之日起计算。

2. 装饰工程项目保修金

（1）工程保修金的来源

施工承包方按国家有关规定和条款约定的保修项目、内容、范围、期限及保修金额和支付办法，进行保修并支付保修金。

保修金是由建设发包方掌握的，一般是采取按合同价款一定比例，在建设发包方应付施工承包方工程款内预留。这一比率由双方在协议条款中约定。保修金额一般在合同价款的 5% 的幅度内。

保修金具有担保性质。若施工承包方已向建设发包方出具保函或有其他保证的，也可不留保修金。

（2）工程保修金的使用

保修期间，施工承包方在接到修理通知后应及时备料、派人进行修理，否则，建设发包方可委托其他单位和人员修理。因施工承包方原因造成返修的费用，建设发包方将在预留的保修金内扣除，不足部分，由施工承包方支付；因施工承包方以外原因造成返修的经济支出，由建设发包方承担。

3. 工程保修做法

（1）签订《建筑安装工程保修书》

在工程竣工验收的同时，由施工单位与建设单位按合同约定签订《建筑安装工程保修书》明确承包的建设工程的保修范围、保修期限和保修责任等。保修书目前虽无统一规定，但建设部最新版施工承包合同示范文本中附有的保修书范本可供参考。一般主要内容应包括：工程概况、房屋使用管理要求、保修范围和内容、保修时间、保修说明、保修情况记录。此外，保修书还需注明保修单位（即施工单位）的名称、详细地址、电话、联系接待部门（如科室）和联系人，以便于建设单位联系。

（2）要求检修和修理

在保修期内，建设单位或用户发现房屋使用功能不良，或是由于施工质量而影响使用者，一般使用人可按《工程质量修理通知书》正式文件通知承包人进行保修。小问题口头或电话方式通知施工单位的有关保修部门，说明情况，要求施工单位派人前往检查和修复。施工单位必须尽快派人前往检查并会同建设单位做出鉴定，提出修理方案，并尽快地组织人力、物力进行修理。《工程质量修理通知书》见表 3–12。

表 3–12　工程质量修理通知书

质量问题及部位：
承修单位验收： 年　月　日
使用单位（用户）意见：
使用单位（用户）地址： 电话： 联系人： 通知书发出日期：　年　月　日

（3）修理的验收

施工单位将发生问题的部位在项目修理完毕以后，要在保修书的“保修记录”栏内据实记录，并经建设单位或用户验收并签字，以确认修理工作完结，达到质量标准和使用功能要求，保修期限内的全部修理工作记录在保修期满后应及时请建设单位或用户认证签字。

（4）经济责任的处理

由于建筑工程情况比较复杂，不像其他商品单一性强，有些需要保修的项目往往是由于多种原因造成的，因此，在经济责任的处理上必须依据修理项目的性质、内容以及结合检查修理多种原因的实际情况，由建设单位和施工单位共同商定经济处理办法，一般有以下几种：

① 保修的项目确属由于施工单位施工责任造成的，或遗留的隐患和未消除的质量通病，则由施工单位承担全部保修费用。

② 保修的项目是由于建设单位和施工单位双方的责任造成的，双方应实事求是共同商定各自应承担的修理费用。

③ 修理项目是由于建设单位的设备、材料、成品、半成品等质量不好等原因造成，则应由建设单位承担全部修理费用。施工单位应积极满足建设单位的要求。

④ 修理项目是属于建设单位另行分包的或使用不当造成问题，虽不属保修范围，但施工单位应本着为用户服务的宗旨，在可能条件下给予有偿服务。

⑤ 涉外工程的保修问题，除按照上述办理修理外，还应依照原合同条款的有关规定执行。

4. 装饰工程项目回访的方式和方法

（1）回访的方式

① 季节性回访。大多数是雨季回访屋面、墙面、地下室的防水情况和雨水管线的排水情况；夏季回访屋面及有要求的墙和房间的隔热情况以及制冷系统运行及效果等情况；冬季回访锅炉房及采暖系统的运行及效果等情况，发现问题立即采取有效措施，及时加以解决。

② 技术性回访。主要了解在工程施工过程中所采用的新材料、新技术、新工艺、新设备等的技术性能和使用后的效果，以及设备安装后技术状态等，发现问题及时加以补救和解决，同时也便于总结经验，获取科学依据，不断改进和完善，并为进一步推广创造条件。这种回访既可以定期进行，也可以不定期进行。

③ 保修期满前的回访。这种回访一般是在保修期即将届满之前，进行回访，既可以解决出现的问题，又标志着保修期即将结束，使建设单位注意今后建筑物的维护和使用。

④ 特殊性回访。这种回访是对某一特殊工程应建设单位和用户邀请，或施工企业自身的特殊需要进行的专访。对其施工企业自身的专访要认真做好记录，并对选定的特殊设备、材料和正确使用方法、操作、维护管理等对建设方做好咨询性技术服务。在施工单位应邀专访中，应真诚地为业主和用户提供优质的服务。对一些重点工程实行保修保险的工程，应组织专访。

（2）工程回访的方法

应由施工单位的领导组织生产、技术、质量、水电（也可包括合同、预算）等有关方面的人员进行回访，必要时还可以邀请科研方面的人员参加。回访时，由建设单位组织座谈会或意见听取会，并实地检查、查看建筑物和设备的运转情况等。回访必须认真，必须解决问题，并应做好回访记录，必要时应整理出回访记录，绝不能把回访当成形式或走过场。

（3）工程回访的形式和次数

工程回访的形式不拘一格，目前主要的仍采用上门拜房、发信函调查、电话沟通联系、发征求意见书等。

工程回访次数，按规定保修期限内每年中不得少于两次，特别在冬雨期要重点回访。一般建筑施工企业的主管责任部门，每年都对企业全部在保修责任期的工程回访工作，统筹安排“回访计划”，组织按计划执行。

三、装饰工程项目后评价

1. 装饰工程项目后评价的概念

装饰工程项目后评价是指对已经实施和完成的工程项目的目标、执行情况、效益和影响进行系统、客观地分析、检查和总结，以确定目标是否实现，检验项目或规划是否合理、有效，并通过可靠、有用的信息资料，为未来的决策提供经验和教训。具体地说，后评价是一种活动，从过去的工程项目中评价出结果并汲取教训。

装饰工程项目后评价实际上是对整个工程项目管理的一个全面回顾和总结。项目后评价的完成也就标志着项目管理全过程的结束。项目后评价实质上是对工程项目承包人在项目管理工作成果方面的基本考察，并且通过这种考察得出实际工作的经验教训。这项工作涉及到项目管理人员各方面的工作，因此，应该由工程项目的承包人主持，由有关业务人员分别组成分析小组，进行综合分析，并得出必要的结论。

2. 装饰工程项目后评价的内容

项目后评价包括工程项目的全面分析和单项分析。

（1）工程项目全面分析

工程项目全面分析是指对工程项目实施的各个方面都做分析，从而综合评价工程项目，全面分析工程项目的经济效益和管理效率。全面分析的评价指标如图 3-42 所示。

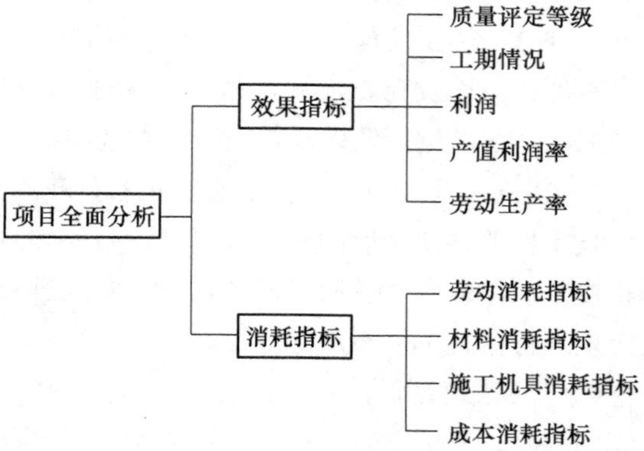

图 3-42　工程项目全面分析的评价指标

① 质量评定等级是指工程项目的质量等级，可以分为合格和不合格。

② 工期情况是指实际工期与计划工期相比较，是提前还是拖后的情况。

③ 利润指承包价格与实际成本的差值。

④ 产值利润率等与利润与承包价格的比值。

⑤ 劳动生产率指工程承包价格与工程实际耗用工日数的比值。

⑥ 劳动消耗指标包括单位用工、劳动效率和节约工日。单位用工指实际用工与建筑面积的比值；劳动效率等与预算用工与实际用工的比值；节约工日指预算工日与实际工日的差值。

⑦ 材料消耗指标包括材料节约量和材料成本降低率。

$$材料节约量=预算材料用量-实际材料用量$$

$$材料成本降低率=\frac{材料承包价格-材料实际成本}{材料承包价格}\times 100\%$$

⑧ 施工机具消耗指标包括施工机具利用率和施工机具成本降低率。

$$施工机具利用率=\frac{预算台班数}{实际台班数}\times 100\%$$

$$施工机具成本降低率=\frac{施工机具预算成本-施工机具实际成本}{施工机具预算成本}\times 100\%$$

⑨ 成本消耗指标包括成本降低额和成本降低率

$$成本降低额 = 承包成本 - 实际成本$$

$$成本降低额 = \frac{承包成本 - 实际成本}{承包成本} \times 100\%$$

（2）工程项目单项分析

工程项目单项分析是对工程项目的某项指标进行解剖性分析，从而找出项目管理好坏的具体原因，提出应该加强和改善的具体内容。

① 工程项目质量控制分析。工程项目质量控制分析的主要依据是工程项目的设计要求和国家规定的质量检验评定标准。工程项目质量控制分析的主要内容包括：工程质量评定等级是否达到了控制目标；工程的质量分析；重大质量事故的分析；各个保证工程质量措施的实施情况是否得力；工程质量责任制的执行情况。

② 工程项目进度控制分析。工程项目进度控制分析的主要依据是工程项目合同和进度计划。工程项目进度控制分析的主要内容包括：对比分析工程项目各个阶段进度计划的实施情况；分析施工方案是否经济合理，通过实施情况检查施工方案的优点和缺点；分析施工方法和各项施工技术措施是否满足了施工的需要，特别应把重点放在分析和评价工程中的新技术、新工艺，施工难度大或有代表性的施工方面；分析工程项目的均衡施工情况和各参与单位的协作配合情况；分析劳动组织，工种结构是否合理以及劳动定额达到的水平；各种施工机具的配合是否合理以及台班的产量情况；各项安全生产措施的实施情况；各种材料、半成品、加工订货、预制构件的计划与实际供应情况；其他与工期有关工作的分析，包括开工前的准备工作，工序的搭配情况等。

③ 项目成本控制分析。项目成本控制分析的主要依据是工程项目合同、有关成本核算制度和管理办法等。工程项目成本控制分析的主要内容包括：总收入和总支出的对比；人工成本分析和劳动生产率分析；材料、物资的消耗水平和管理效果分析；施工机具的利用和费用收支分析；其他各种费用的收支情况分析；计划成本和实际成本的比较分析。

④ 工程项目合同管理分析。由于合同管理工作比较偏重于经验，只有不断地总结经验，才能不断提高管理水平，培养出高水平的合同管理者。工程项目合同管理分析的主要内容包括：预定的合同战略和合同策略是否准确，是否达到了预期的目标；招标文件分析和合同风险分析的准确程度；合同环境调查、实施方案、工程预算以及报价方面的问题及经验教训；合同谈判的问题及经验教训；合同签订和执行过程中所遇到的特殊问题及其分析结果；合同风险控制的利弊得失；索赔处理和纠纷处理的经验教训；分析各相关合同在执行中的协调问题。

复习思考题

1. 装饰工程项目施工管理的内容有哪些？
2. 施工管理应用目标管理方法，大致可划分为哪几个步骤？
3. 施工班组管理工作的主要内容是什么？
4. 装饰材料管理的内容有哪些？
5. 如何进行装饰施工机械（机具设备）的管理？

6. 装饰工程项目技术管理的内容有哪些?
7. 装饰工程项目资金管理的要点是什么?
8. 装饰工程施工进度管理过程中必须遵循哪些原理?
9. 影响工程施工进度的主要因素是什么?
10. 如何编制装饰工程项目施工进度计划?
11. 什么是流水施工? 其优点是什么?
12. 简述流水施工的基本参数?
13. 组成双代号网络图的基本要素有哪些?
14. 简述双代号网络图的绘制方法。
15. 如何计算双代号网络图的时间参数?
16. 关键线路与非关键线路有何区别?
17. 如何绘制时标网络图?
18. 简述网络计划的应用。
19. 装饰工程项目施工组织设计的内容是什么?
20. 如何进行装饰工程项目进度控制?
21. 装饰工程项目成本管理的原则是什么?
22. 装饰工程成本管理的对象和内容是什么?
23. 简述装饰工程项目成本的管理过程。
24. 简述装饰工程项目费用与进度综合管理。
25. 装饰工程项目质量的概念是什么? 其特点是什么?
26. 装饰工程项目质量的影响因素有哪些? 如何控制?
27. 装饰工程项目质量保证体系的内容有哪些?
28. 简述装饰工程项目施工质量管理的系统过程。
29. 简述装饰工程项目质量事故处理。
30. 装饰工程施工现场安全技术工作有哪些?
31. 装饰工程施工现场防控火灾的特点是什么?
32. 装饰工程施工现场文明施工管理的基本要求有哪些?
33. 装饰工程施工现场环境保护措施有哪些?
34. 装饰工程项目竣工验收的程序是什么?
35. 装饰工程项目保修的范围是什么? 保修期限是多长时间?
36. 如何进行装饰工程项目回访?
37. 装饰工程项目后评价的内容是什么?

第四章

工程项目监理

学习目标

通过本章学习，了解工程项目监理的定义和工作性质，以及监理工程师的职权和职业操守；熟悉委托监理合同管理的基本知识；掌握如何进行工程项目实施各阶段监理的基本方法。

工程项目建设监理的中心任务就是帮助建设单位实现工程项目建设的目标，也就是要确保工程项目在合同的约束下，实现工程项目的成本、进度和质量目标。实行工程项目建设监理是发展生产力的需要，是提高经济效益的需要，更是对外开放、加强国际合作、与国际惯例接轨的需要。

第一节 工程项目监理概述

监理是指执行者根据一定的行为准则，对某些行为进行监督管理，使这些行为符合准则要求，并协助行为主体实现其行为目的。

一、工程项目监理的定义

工程项目监理是指工程项目建设主管部门和被授权单位，依据国家的法律、法规和有关政策，对工程项目建设参与者的建设行为所进行的监控、督导和评价，以确保工程项目建设目标的顺利实现。

工程项目建设监理包括政府建设监理和社会建设监理。政府监理是指政府建设管理主管部门，对建设工程实施的强制性监理和对社会监理单位实施的监督管理。政府建设监理被称为监督，它具有宏观性、全面性、强制性与执法性。社会建设监理，它是指社会建设监理单位接收建设单位委托，对工程项目采取事前、事中、事后全面控制的方法，具体监督检查工程项目合同的实施。社会建设监理也就是通常所说的工程建设监理。

工程项目监理的工作性质如下。

1. 服务性

在工程建设过程中，监理工程师利用自己在工程建设方面的丰富知识、技能和经验为业主提供高智能的管理服务，以满足项目业主对项目管理的需求，它所获得的报酬是技术服务性报酬，是脑力劳动报酬，也就是说工程建设监理是一种高智能的有偿技术服务。它的服务对象是委托方——业主，这种服务性的活动是按工程建设监理合同来进行的，是受法律的约束和保护的。

2. 独立性

在工程项目建设中，监理单位是独立的一方，它是作为一个独立的专业公司受业主委托去履行服务的，与业主、承包商之间的关系是平等的、横向的。我国有关法规明确指出：监理单位应按照独立、自主的原则开展工程建设监理工作。

为了保证工程建设监理行业的独立性，从事这一行业的监理单位和监理工程师必须与某些行业或单位断绝人事上的依附关系及经济上的隶属或经营关系，也不能从事某些行业的工作。我国建设监理有关法规指出：“各级监理负责人和监理工程师不得是施工、设备制造和材料、构配件供应单位的合伙经营者，或与这些单位发生经营性隶属关系，不得承包施工和建材销售业务，不得在政府机关、施工、设备制造和材料单位应聘。”

工程建设监理的这种独立性是建设监理制的要求，是监理单位在工程建设中的第三方地位所决定的，是它所承担的工程建设监理的任务所决定的。因此，独立性是监理单位开展工程建设监理工作的重要原则。

3. 公正性

工程建设过程中，监理单位一方面要严格履行监理合同的各项义务，真诚为业主服务，同时应当成为公正的第三方，也就是以公正的态度对待委托方和被监理方，特别是当业主和承包方发生利益冲突时，监理单位应站在第三方的立场上，公正地加以解决和处理。

4. 科学性

建设监理单位是智力密集性组织，按国际惯例，社会建设监理单位的监理工程师都必须是有相当学历，并有长期从事工程建设工作的经验，精通技术与管理，通晓经济与法律的专业人员，他们必须经权威机构考核合格并经政府主管部门登记注册，领取证书，方能取得从业资格。因此，监理工程师是依靠科学知识和专业技术进行项目监理的技术人员。

二、监理工程师

监理工程师是指取得国家监理工程师执业资格证书并经注册的监理人员。监理工程师是一种岗位技术职务，建设工程监理的工作岗位与一般工程技术岗位不同，它不仅要解决工程设计与施工中的技术问题，而且要组织工程实施的协作，并管理工程合同，调解各方争议，控制工程进度、投资和质量等目标。因此，如果监理工程师转入其他工作岗位，则不应再称为监理工程师。监理工程师一经政府注册确定，即意味着具有相应岗位责任的签证权。

建设行政主管部门对监理工程师必须具备的条件做出了如下规定: 按照国家统一规定的标准，已取得工程师、建筑师或经济师资格；取得上述资格后，具有两年以上的设计或现场施工经验；取得试点城市或部门建设主管机关颁发的监理工程师临时证书。

监理工程师是具有专业特长的工程项目管理专家。我国的监理工程师是岗位职务，不是专业技术职称。监理工程师分为建筑、建筑结构、工程测量、工程地质、给排水、采暖通风、电气、通信、城市燃气、工程机械及设备安装、焊接工艺、工程造价等岗位。

1. 监理工程师的执业资格

我国对监理工程师实行注册制度。申请监理工程师注册，必须同时具备下列条件。

（1）获得高级建筑师、高级工程师、高级经济师等任职资格，或获得建筑师、工程师、经济师等任职资格后具有 3 年以上工程设计或施工实践经验。

（2）经全国监理工程师执业资格统一考试合格，并通过注册对申请者的素质和岗位责任能力的进一步全面考查，考查合格者，政府注册机关才能批准注册。

（3）监理工程师的工作单位为建设工程监理公司或建设工程监理事务所，或兼承建设监理业务的设计、科研单位和大专院校。

监理工程师退出所在监理单位或被解聘，由该单位报告原注册管理机关审核取消注册，收回监理工程师资格证书。监理工程师要求再次从事监理业务的，应该重新申请注册。未经注册不得以监理工程师名义从事监理工程业务。监理工程师不得以个人名义承接建设监理业务。

2. 监理工程师的素质

为了适应监理工作岗位的需要，监理工程师应该比一般工程师具有更好的素质，在国际上被称为高智能人才，监理工程师在工程监理中处于核心地位，他们在工程项目建设中与各方的关系如图 4-1 所示。

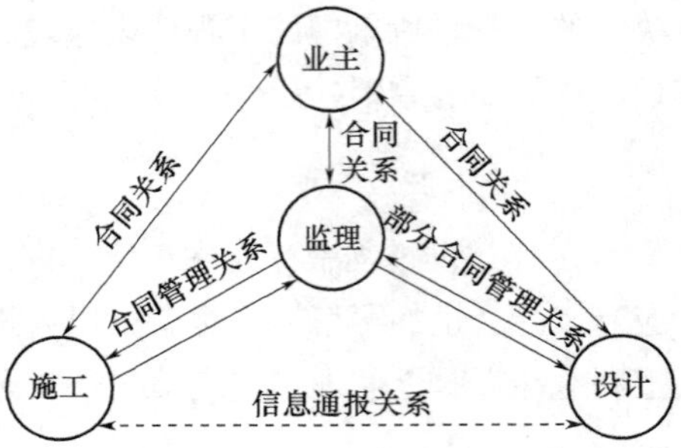

图 4-1　工程项目建设中监理工程师与各方的关系

因此，监理工作对监理工程师的素质要求相当全面，其素质应包括以下 4 个方面。

（1）要有较高的学历和多学科专业知识。

（2）要有丰富的工程建设实践经验。

（3）要有良好的品德。

（4）要有健康的体魄和充沛的精力。

3. 监理工程师的主要职权

监理工程师的职权是通过委托监理合同和施工合同来规定的。FIDIC 合同条件通用条件的绝大部分条款都涉及监理工程师的职责，对监理工作具体应该怎样做规定得非常细致，其中一些主要职权如下。

（1）向承包商发布信息和指令，如开工令、停工令等。

（2）要求承包商制订详尽的工程进度计划，并予以审批，有权审查施工方案和用款计划。

（3）接收并检验承包商报送的材料样品，批准或拒收材料，如果用了不合格的材料，有权下令将该部分工程拆除。

（4）对工程的每道工序进行开工审批及完工验收，上道工序不合格，下道工序不得开工。

（5）监管工地，对重要工序要旁站监督。

（6）批准分包合同。

（7）解释合同中的歧义。

（8）命令暂停施工。

（9）警告承包商进度太慢。

（10）证明承包商的违约行为。

（11）决定计日工的使用。

（12）批准或拒绝延期和费用赔款要求。

（13）发布工程变更令。

（14）确定变更工程和额外工程的价格。

（15）核对承包商完成的工程量。

（16）签发付款证书。

（17）签发移交证书。

（18）签发缺陷责任证书。

从上述职权内容看出，监理工程师作为受业主委托参与监督管理的第三方，他不属于业主和承包商的任何一方，为了完成委托的监理业务，必须认真研究合同文件，掌握在具体项目中的职权范围。

4. 监理工程师职业操守

按照国际惯例，监理工程师（包括驻地监理工程师）在进行监理工作时，应遵守的职业守则主要内容有：

（1）按合同条件约定办理，遵守当地政府的法律与法规。

（2）必须履行监理合同协议书规定的义务，完成所承诺的全部任务。

（3）积极主动、勤奋刻苦、虚心谨慎地工作。

（4）不允许与监理项目的设计、施工材料和设备供应等业务的中间人从事贸易活动。

（5）不得泄露所监理项目的商务机密。

（6）只能从监理委托中接受酬金，不得接受与合同业务有关的其他非直接支付。

（7）监理业务的分包，或聘请专家协助监理时，应得到业主的同意。

（8）监理工程师应成为业主的忠诚顾问，在处理业主和承包商的矛盾时，要依据法规和合同条款，公正、客观地促成问题的解决。

（9）当需要发表与所监理项目有关的论文时，应经业主认可。否则，会被视为侵权。

监理工程师应严格遵守监理职业守则，出色地完成合同任务。如果不履行监理职业守则，按照国际惯例，业主有权书面通知监理工程师终止监理合同。通知发出后 15 天，若监理工程师没有做出答复，业主即可认为终止合同生效。

三、监理企业

监理企业一般是指取得监理单位资质证书，具有法人资格的监理公司、监理事务所和兼承监理业务的工程设计、科学研究及工程建设咨询单位。这种管理体制是在政府有关部门的监督管理下，由项目业主、承建商、建设工程监理单位三方直接参加的“三元”管理体制。因此，项目业主、承建商和建设工程监理单位就构成了建筑市场的三大主体。建设工程监理单位是建筑市场的三大主体之一。

监理单位是一种企业，是实行独立核算、从事营利性经营和服务活动的经济组织。不同的企业有不同的性质和特点。根据不同的标准可将监理单位划分成不同的类别。例如，按所有制性质可划分为全民所有制企业、集体所有制企业、私营企业以及混合所有制企业；

按监理企业资质等级可划分为甲级资质监理单位、乙级资质监理单位和丙级资质监理单位。

四、委托监理合同管理

工程项目委托监理合同简称监理合同，是指工程建设单位聘请监理单位代其对工程项目进行管理，明确双方权利、义务的协议。建设单位称为委托人；监理单位称为受托人。

委托监理合同是监理工程师进行监理工作的准则和依据，更为重要的是，对监理合同管理的好坏将直接影响监理单位的经济利益。特别是在我国监理制度还不完善，监理取费普遍偏低的情况下，加强监理合同的管理尤为重要。

1. 委托监理合同的特征

（1）监理合同的当事人双方应当是具有民事权利能力和民事行为能力、取得法人资格的企事业单位、其他社会组织，个人在法律允许范围内也可以成为合同当事人。作为委托人必须是有国家批准的建设项目，落实投资计划的企事业单位、其他社会组织及个人，作为受托人必须是依法成立具有法人资格的监理单位，并且所承担的工程监理业务应与单位资质相符合。

（2）监理合同的订立必须符合工程项目建设程序。

（3）委托监理合同的标的是服务，工程建设实施阶段所签订的其他合同的标的物是产生新的物质或信息成果。即监理工程师凭借自己的知识、经验、技能受业主委托为其所签订的其他合同的履行实施监督和管理。因此，《中华人民共和国合同法》将监理合同划入委托合同的范畴。《合同法》中规定“建设工程实施监理的，发包人应当与监理人采用书面形式订立委托监理合同。发包人与监理人的权利和义务以及法律责任，应当依照本法委托合同以及其他有关法律、行政法规的规定”。

2. 委托监理合同应具备的条款结构

监理合同是委托任务履行过程中当事人双方的行为准则，因此内容应全面、用词要严谨。监理合同条款的组成结构主要包括以下几个方面：合同内所涉及的词语定义和遵循的法规；监理人的权利、义务和责任；委托人的权利、义务和责任；合同生效、变更与终止；监理报酬；争议的解决；其他。

3. 委托监理合同示范文本的组成

《建设工程委托监理合同（示范文本）》由“建设工程委托监理合同”（以下简称“合同”）、“标准条件”和“专用条件”组成。

“合同”是一个总的协议，是纲领性文件。主要内容是当事人双方确认的委托监理工程的概况（工程名址、规模以及总投资等）；合同签订、生效、完成时，双方愿意履行约定的各项义务的承诺，以及合同文件的组成。它是一份标准的格式文件，经当事人双方在有限的空格内填写具体规定的内容并签字盖章后，即发生法律效力。

监理合同除“合同”之外还应包括：监理投标书或中标通知书；监理委托合同标准条件；监理委托合同专用条件；在实施过程中双方共同签署的补充与修正文件。

标准条件的内容涵盖了合同中所用词语定义，适用范围和法规，签约双方的责任、权利和义务，合同生效、变更与终止，监理报酬，争议解决以及其他一些情况。它是监理合同的通用文本，适用于各类工程建设监理委托，是所有签约工程都应遵守的基本条件。

由于标准条件适用于所有的工程建设监理委托，因此其中的某些条款规定的比较笼统，需要在签订具体工程项目的监理委托合同时，就地域特点、专业特点和委托监理项目的特点，对标准条件中的某些条款进行补充、修正。如果认为标准条件中委托监理的工作内容的条款还不够全面，允许在专用条件中增加双方议定的条款内容。

所谓“补充”是指标准条件中的某些条款明确规定，在该条款确定的原则下，在专用条件的条款中进一步明确具体内容，使两个条件中相同序号的条款共同组成一条内容完备的条款。所谓“修正”是指标准条件中规定的程序方面的内容，如果双方认为不合适，可以协议修改。

4. 委托监理合同双方的权利和义务

（1）委托人的权利

委托人的权利主要有：委托人有选定工程总承包人，以及与其定立合同的权利；委托人有对工程规模、设计标准、规划设计、生产工艺设计和设计使用功能要求的认定权，以及对工程设计变更的审批权；监理人调换总监理工程师需事先经委托人同意；委托人有权要求监理人提供监理工作月报及监理业务范围内的专项报告；当委托人发现监理人员不按监理合同履行监理职责，或与承包人串通给委托人或工程造成损失的，委托人有权要求更换监理人员，直到解除合同并要求监理人承担相应的赔偿责任或连带赔偿责任。

（2）委托人的义务

委托人的义务主要是：委托人在监理人开展监理业务之前应向监理人支付预付款；委托人应当负责工程建设所有外部关系的协调，为监理工作提供外部条件；委托人应当在双方约定的时间内免费向监理人提供与工程有关的为监理工作所需要的工程资料；委托人应当在专用条款约定的时间内就监理人书面提交并要求做出决定的一切事宜做出书面决定；委托人应当授权一名熟悉工程情况、能在规定时间内做出决定的常驻代表（在专用条款中约定），负责与监理人联系，更换常驻代表，要提前通知监理人；委托人应当将授予监理人的监理权利，以及监理人主要成员的职能分工、监理权限及时书面通知已选定的合同承包人，并在与第三人签订的合同中予以明确；委托人应当在不影响监理人开展监理工作的时间内提供与本工程合作的原材料、构配件、设备等生产厂家名录以及与本工程有关的协作单位、配合单位的名录；委托人应免费向监理人提供办公用房、通信设施、监理人员工地住房及合同专用条件约定的设施；根据情况需要，如果双方约定，由委托人免费向监理人提供其他人员，应在监理合同专用条件中予以明确。

（3）监理人的权利

监理人的权利主要有：选择工程总承包人的建议权；选择工程分包人的认可权；有对工程建设有关事项包括工程规模、设计标准、规划设计、生产工艺设计和使用功能要求等向委托人的建议权；对工程设计中的技术问题，按照安全和优化的原则，向设计人提出建议，如果提出的建议可能会提高工程造价，或延长工期，应当事先征得委托人的同意，当发现工程设计不符合国家颁布的设计工程质量标准或设计合同约定的质量标准时，监理人应当书面报告委托人并要求设计人更正；审批工程施工组织设计和技术方案，按照保证质量、保证工期和降低工程成本的原则，向承包人提出建议，并向委托人提出书面报告；主持工程建设有关协作单位的组织协调，重要协调事项应当事先向委托人报告；征得委托人同意，监理人有权发布开工令、停工令、复工令，但应当事先向委托人报告，如果在紧急情况下未能事先报告时，则应在24小时内向委托人做出书面报告；工程上使用的材料和施工质量的检验权，对于不符合设计要求和合同约定及国家质量标准的材料、构配件、设备，有权通知承包人停止使用，对于不符合规范和质量标准的工序以及分部分项工程和不安全施工作业，有权通知承包人停工整改、返工，承包人得到监理机构复工令后才能复工；工程施工进度的检查、监督权，以及工程实际竣工日期提前或超过工程施工合同规定的竣工期限的签认权；在工程施工合同约定的工程价格范围内，工程款支付的审核和签认权，以及工程结算的复核确认权与否决权，未经总监理工程师签字确认，委托人不支付工程款；监理人在委托人授权下可对任何承包人合同规定的义务提出变更；在委托的工作范围内，委托人或承包人对对方的任何意见和要求，均必须首先向监理机构提出，由监理机构研究处置意见，再同双方协商确定。

（4）监理人的义务

监理人的义务主要是：监理人按合同约定派出监理工作需要的监理机构和监理人员，向委托人报送委派的总监理工程师及其监理机构的主要成员名单、监理规划，完成监理合同专用条件中约定的监理工程范围内的监理业务，在履行合同义务期间，应按合同约定定期向委托人报告监理工作；监理人在履行本合同的义务期间，应认真勤奋地工作，为委托人提供与其水平相适应的咨询意见，公正维护各方的合法利益；监理人使用委托人提供的设施和物品属委托人的财产，在监理工作完成后或终止时，应将其设施和剩余的物品按合同约定的时间和方式移交委托人；在合同期内和合同终止后，未征得有关单位同意，不得泄露与本工程、本合同业务有关的保密资料。

5. 委托监理合同双方的责任及其他

（1）委托人的责任

委托人应当履行委托监理合同约定的义务，如有违反则应当承担违约责任，赔偿给监理人造成的经济损失；监理人处理委托业务时，因非监理人原因的事由受到损失的，可向委托人要求补偿损失；委托人向监理人提出赔偿的要求如果不能成立，则应当补偿由该索赔所引起的监理人的各种费用支出。

（2）监理人的责任

监理人的责任期即委托监理合同的有效期，在监理过程中，如果因工程建设进度的推迟或延误而超过书面约定的日期，双方应进一步约定相应延长的合同期；监理人在责任期内，应当履行约定的义务，如果因监理人过失而造成了委托人的经济损失，应当向委托人赔偿，累计赔偿总额不应超过监理报酬总额（除去税金）；监理人对承包人违反合同规定的质量和要求完工（交货或交图）时限，不承担责任，因不可抗力导致委托监理合同不能全部或部分履行，监理人不承担责任，但对违反认真工作规定引起的与之有关的损失，应向委托人承担赔偿责任；监理人向委托人提出赔偿要求不能成立时，监理人应当补偿由于该索赔所导致委托人的各种费用支出。

（3）合同生效、变更与终止

由于委托人或承包人的原因使监理工作受到阻碍或延误，以致发生了附加工作或延长了持续时间，则监理人应当将此情况与可能产生的影响及时通知委托人，完成监理业务的时间相应延长，并得到附加工作的报酬；在委托监理合同签订后，实际情况发生变化，使得监理人不能全部或部分执行监理业务时，监理人应当立即通知委托人，该监理业务的完成时间应当予以延长，当恢复执行监理业务时，应当增加不超过 42 天的时间用于恢复执行监理业务，并按双方约定的数量支付监理报酬；监理人向委托人办理完竣工验收或工程移交，承包人和委托人已签订工程保修责任书，监理人收到监理报酬尾款，本合同即终止，保修期间的责任，双方在专用条款中约定；当事人一方要求变更或解除合同时，应当在 42 天前通知对方，因解除合同使一方受到损失的，除依法可以免除责任的以外，应由责任方负责赔偿，变更或解除合同的通知或协议必须采取书面形式，协议未达成之前，原合同依然有效；监理人在应当获得监理报酬之日起 30 天内仍未收到支付单据，而委托人又未对监理人提出任何书面解释时，或暂停执行监理业务时限超过 6 个月的，监理人可以向委托人发出终止合同的通知，发出通知后 14 天内仍未得到委托人答复，可进一步发出终止合同的通知，如果第二份通知发出后 42 天内仍未得到委托人答复，可终止合同或自行暂停执行部分或全部监理业务，委托人承担违约责任；监理人由于非自身的原因而暂停或终止执行监理业务，其善后工作以及恢复执行监理业务的工作，应当视为额外工作，有权得到额外的报酬；当委托人认为监理人无正当理由而又未履行监理义务时，可向监理人发出指明其未履行监理义务的通知，若委托人发出通知后 21 天内未收到答复，可在第一个通知发出后 35 天内发出终止委托监理合同的通知，合同即行终止，监理人承担违约责任；合同协议的终止并不影响各方应有的权利和应当承担的责任。

（4）监理报酬

正常的监理报酬的组成，是乙方在工程项目监理中所需的全部成本，再加上合理的利润和税金。正常的监理工作、附加工作和额外工作的报酬，按照监理合同专用条件中约定的方法计算，并按约定的时间和数额支付。支付监理报酬所采用的货币币种、汇率由合同专用条件约定。

如果委托人在规定的时间未支付监理报酬，自规定之日起，还应向监理人支付滞纳金。滞纳金从规定支付期限最后一天算起。

如果委托人对监理人提交的支付通知中报酬项目提出异议，应当在收到支付通知书 24 小时内向监理人发出表示异议的通知，但委托人不得拖延其他无异议报酬项目的支付。

（5）争议的解决

因违反或终止合同而引起的对损失或损害的任何赔偿，应首先通过双方友好协商解决。如协商未能达成一致，可提交主管部门协调。仍未达成一致时，根据约定提交仲裁机构仲裁或向法院起诉。

（6）其他

委托的建设工程监理所必要的监理人员外出考察、材料设备复试，其费用支出经委托人同意的，在预算范围内向委托人实报实销；在监理业务范围内，如需聘用专家咨询或协助，由监理人聘用的，其费用由监理人承担，由委托人聘用的，其费用由委托人承担；监理人在监理工作中提出的合理化建议，使委托人得到了经济利益，委托人应当按专用条件中的约定给予经济奖励；监理人驻地监理机构及其职员不得接受监理工程项目施工承包人的任何报酬或者经济利益，监理人不得参与可能与合同规定的与委托人的利益相冲突的任何活动；监理人在监理工作过程中，不得泄露委托人申明的秘密，监理人也不得泄露设计人和承包人等提供并申明的秘密；监理人对于由其编制的所有文件拥有版权，委托人仅有权为本工程使用或复制此类文件。

6. 委托监理合同管理要点

（1）认真分析，准确理解合同条款。

（2）必须坚持按法定程序签署合同。

（3）重视往来函件的处理。

（4）严格控制合同的修改和变更。

（5）加强合同风险管理。

（6）充分利用有效的法律服务。

五、工程项目管理与监理的区别

工程项目管理与工程项目监理的区别主要体现在以下 3 个方面。

（1）工程项目监理的服务对象具有单一性。工程项目管理按服务对象主要可分为建设单位服务的工程项目管理和为承建单位服务的工程项目管理。而我国的工程监理制规定，工程监理单位只接受建设单位的委托，即只为建设单位服务。它不能接受承建单位的委托为其提供管理服务。从这个意义上看，可以认为我国的工程监理就是为建设单位服务的工程项目管理。

（2）工程监理属于强制推行的制度。工程项目管理是适应建筑市场中工程建设的各主体新的需求的产物，其发展过程也是整个建筑市场发展的一个方面，没有来自政府部门的行政指导或干预。而我国的工程监理从一开始就是作为对计划经济条件下所形成的建设工程管理体制改革的一项新制度提出来的，也是依靠行政手段和法律手段在全国范围推行的。为此，不仅在各级政府部门中设立了主管建设工程监理有关工作的专门机构，而且制定了有关的法律、法规和规章制度，明确提出国家推行建设工程监理制度，并明确规定了必须实行建设工程监理的工程范围。其结果是在较短时间内促进了建设工程监理在我国的发展，形成了一批专业化、社会化的工程监理单位和监理工程师队伍，缩小了与发达国家建设工程项目管理的差距。

（3）工程监理具有第三方的监督功能。我国的工程监理单位有一定的特殊地位，它与建设单位构成委托与被委托关系，与承建单位虽然没有任何经济关系，但根据建设单位授权，有权对其不当建设行为进行监督，或者预先防范，或者指令及时改正，或者向有关部门反映，要求纠正。不仅如此，在我国的工程项目监理过程中还强调对承建单位施工过程和施工工序的监督、检查和验收，而且在实践中又进一步提出了旁站监理的规定。

第二节 工程项目实施各阶段监理

工程监理可以是工程项目活动的全过程监理，也可以是工程项目某一实施阶段的监理，如设计阶段监理、施工阶段监理等。我国目前应用最多的是施工阶段监理。

一、工程项目勘察设计阶段监理

1. 工程勘察设计阶段监理的意义

在建设项目完成可行性研究和工程项目立项之后，勘察设计阶段即成为具体的工程项目建设的起点和使项目开发目标具体化的第一步。该阶段对于整个工程项目目标的实现，无论从工程质量，还是从造价或进度来说，都具有重大影响，有着举足轻重的决定性作用。

（1）可以发挥专家的群体智慧，保障业主决策的正确性。

（2）有利于工程项目的质量控制。

（3）有利于工程项目的投资控制。

（4）有利于工程的进度控制。

（5）有利于设计市场管理。

2. 工程项目勘察设计阶段监理的工作流程

工程项目勘察设计阶段监理工作流程如图 4–2 所示。

3. 工程项目勘察阶段的监理

工程项目勘察的内容包括工程测量和工程地质勘察。其中工程测量包括实地测量和定位测量;

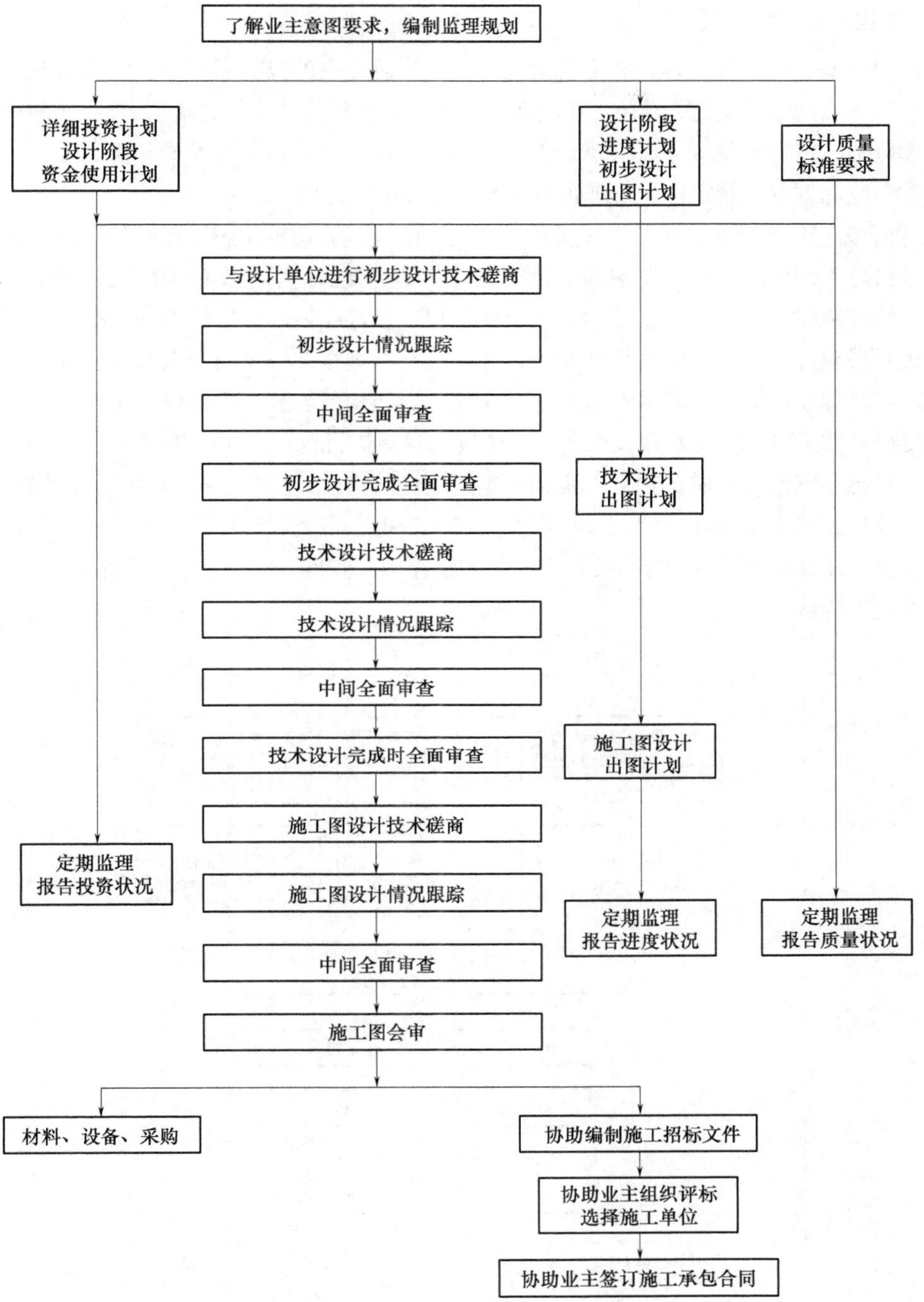

图 4-2　设计阶段监理工作流程

工程地质勘察包括选址勘察和设计勘察。

勘察阶段监理单位的工作内容主要有编审勘察任务书、授予或委托勘察任务、勘察前的准备和现场勘察监理。

4. **工程项目设计监理**

监理单位在接受设计监理任务委托阶段，应先了解业主的投资意图，与业主洽谈监理意向，并介绍监理单位的监理经历、经验。在决定接受监理委托后与业主签订监理合同，分析监理任务，明确监理范围。监理单位成立项目监理组，确定各专业负责人和监理人员，明确分工；确定监理工作方式和监理重点；制定设计监理工作计划和设计进度计划。

设计阶段进度控制程序如图 4–3 所示。在设计阶段，监理单位进度控制的主要任务是根据建设工程项目总工期要求，协助业主确定合理的设计工期要求；根据设计的阶段性输出，由“粗”而“细”地制定建设工程总进度计划，为建设工程项目进度控制提供前提和依据；协调各设计单位一体化开展设计工作，力求使设计能按进度计划要求进行；按合同要求及时、准确、完整地提供设计所需要的基础资料和数据；与外部有关部门协调相关事宜，确保设计工作顺利进行。设计阶段进度控制的主要工作是对建设工程项目进度总目标进行论证，确认其可行性；根据方案设计、初步设计和施工图设计，制定建设工程项目总进度计划、建设工程总控制性进度计划和本阶段实施性进度计划，为本阶段和后续阶段进度控制提供依据；审查设计单位设计进度计划，并监督执行；编制业主方材料和设备供应进度计划，并实施控制；编制本阶段工作进度计划，并实施控制；开展各种组织协调活动等。

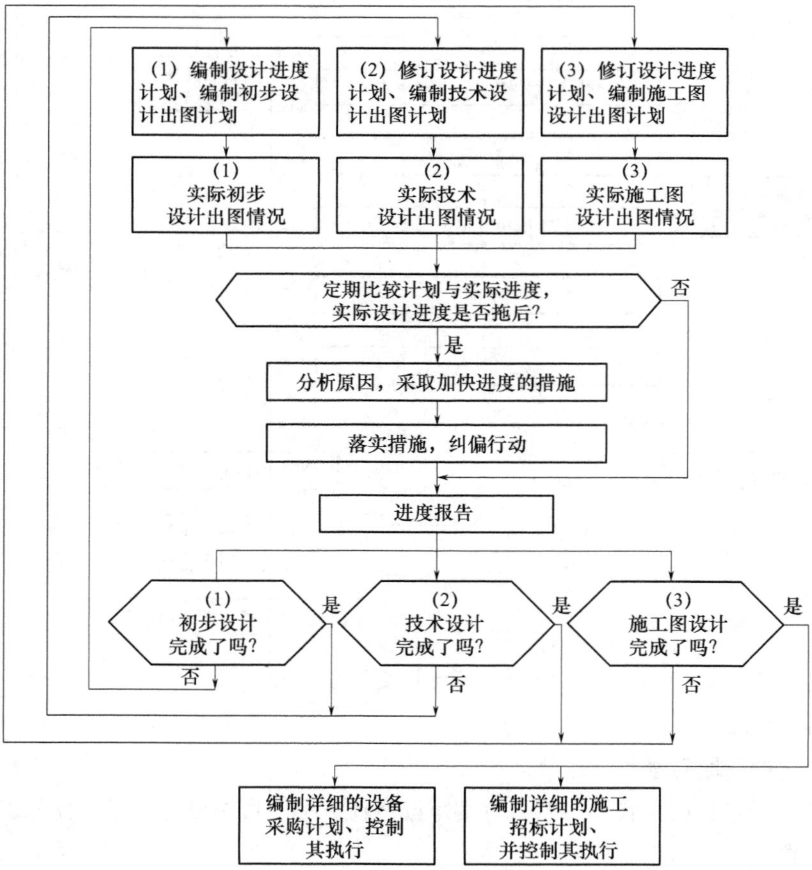

图 4–3　设计阶段进度控制流程图

设计阶段投资控制程序如图 4-4 所示。在设计阶段，监理单位投资控制的主要任务是通过收集类似的建设工程项目投资数据和资料，协助业主制定建设工程项目投资目标规划；开展技术经济分析等活动，协调和配合设计单位，力求使设计投资合理化；审核概预算，提出改进意见，优化设计，最终满足业主对建设工程项目投资的经济性要求。设计阶段投资控制的主要工作是对建设工程项目总投资进行论证，确认其可行性；组织设计方案竞赛或设计招标，协助业主确定对投资控制有利的设计方案；伴随着各阶段设计成果的输出，制定建设工程项目投资目标分系统，为本阶段和后续阶段投资控制提供依据；在保证设计质量的前提下，协助设计单位开展限额设计工作；编制本阶段资金使用计划，并进行付款控制；审查工程概算和预算，在保证建设工程项目具有安全可靠性和适用性的基础上，概算不超估算，预算不超概算；进行设计挖潜，节约投资；对设计进行技术经济分析、比较、论证，寻找一次性投资少而寿命长、经济效益好的设计方案等。

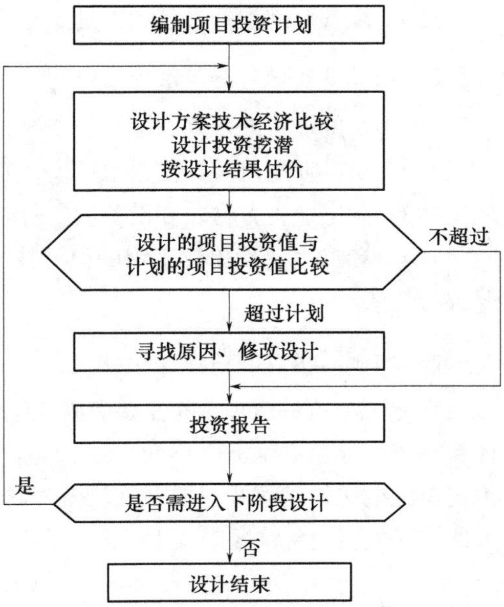

图 4-4　设计阶段投资控制流程图

二、工程项目招投标阶段监理

按照我国基本建设项目的建设程序，拟建的工程项目进行招标的前提条件是必须先完成工程初步设计和工程概算，并由主管部门批准，在此基础上可以进行拟建工程项目的招标准备工作。招标准备工作包括招标要点报告、编制施工规划、编制工程概算、编制资格预审文件、编制招标文件以及招标控制价。招标准备工作是监理工程师的主要任务之一，在业主单位还没有选定监理单位的情况下或在监理单位协助的情况下，也可以把这项工作委托给设计咨询单位来完成。

招投标阶段监理的主要工作是投标人资格审查，投标资格评审的方法与标准的确定，招标工作的组织以及评标、决标的组织工作等。

三、工程项目施工准备阶段监理

1. 监理单位自身的准备工作

（1）组建项目施工监理部。

（2）按监理大纲和监理规划要求制定项目施工监理流程图和监理管理制度。

（3）收集各种监理工作信息资料。

（4）在设计交底前，总监理工程师应组织监理人员熟悉设计文件，并对图纸中存在的问题通过建设单位向设计单位提出书面意见和建议。

（5）制定项目施工监理方案。

（6）配备监理工作设备和工具。

2. 协助业主做好施工准备工作

（1）协助业主准备好施工文件资料。

（2）协助业主及时提供施工场地，使征地拆迁工作能满足工程进度的需要。

（3）制定业主方材料和设备供应阶段计划。

（4）参加由建设单位组织的设计技术交底会议，进行技术交底，由总监理工程师对会议纪要进行签认。

3. 对施工单位的监理工作

对施工单位的监理工作主要有施工组织设计审查，质量管理体系、技术管理体系和质量保证体系审查，分包单位资质审查，对承包单位报送的测量放线控制成果及保护措施进行检查，审查承包单位报送的工程开工报审表及相关资料，参加工地会议，参加设计图纸交底会议，审查承包人的施工机械设备情况以及发布开工令。

四、工程项目施工阶段监理

建设单位对施工阶段采用监理的形式进行管理，是从施工开始到正式投入使用期间的缺陷责任期满为止的全过程进行监理，包括：施工期的监理；颁发移交证书；缺陷责任期的监理；颁发缺陷责任证书。

1. 施工阶段监理的内容

在整个施工阶段工程监理的过程中，工程监理的内容分为质量监理与合同监理两大类，如图4-5所示。

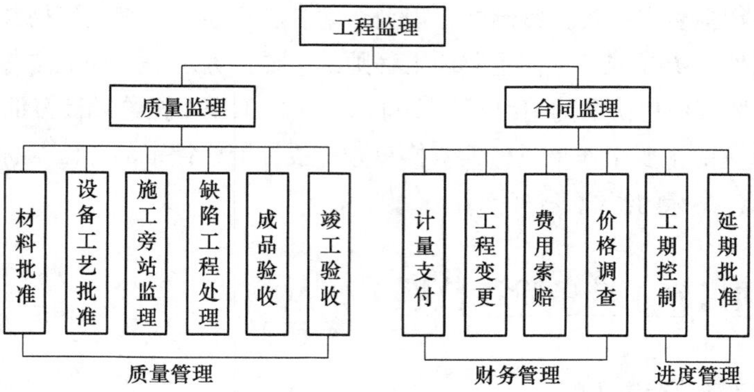

图 4-5　施工阶段工程监理的内容

质量监理分为施工过程中的质量管理（包括缺陷工程的处理及竣工检查和颁发移交证书）和缺陷责任期内的工程监理（包括颁发缺陷责任证书）两个阶段；合同监理贯穿于施工期和缺陷责任期，主要包括财务管理与进度管理两部分。财务管理通常包括工程计量与支付、工程变更、费用索赔、价格调整四项；进度管理包括施工进度控制和工程延期批准两项。

2. 施工阶段质量监理

施工中的质量监理是监理工程师一项经常性的管理工作，必须要对承包商的施工全过程进行监理。

（1）质量监理的依据

质量监理的依据主要是合同条件、合同图纸、技术规范和质量标准。合同条件是指各项工程质量的保证责任、处理程序、费用支付等均应符合合同规定的条件；合同图纸是指全部工程应与合同图纸符合，并符合监理工程师批准的变更与修改要求；技术规范是指所有用于工程的材料、设施、设备与施工工艺应符合合同文件所列技术规范或监理工程师同意使用的其他技术规范及监理工程师批准的工程技术要求；质量标准是指所有工程质量都应符合合同文件中列明的质量标准或监理工程师同意使用的其他标准。

（2）质量监理的程序

质量监理的程序如图 4-6 所示。

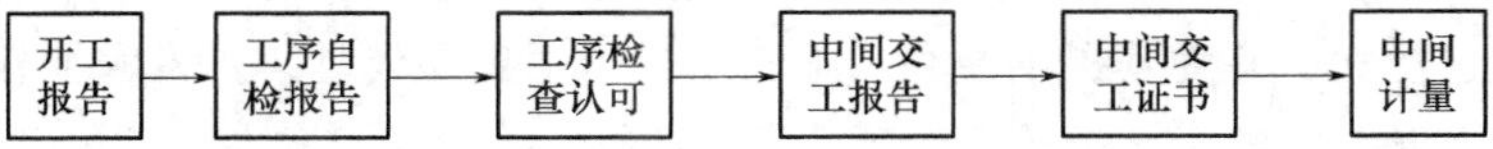

图 4-6　质量监理基本程序

（3）质量监理的工作要求

① 项目监理机构应要求承包单位必须严格按照批准的（或经过修改后重新批准的）施工组织设计（方案）组织施工。当承包单位对已批准的施工组织设计进行调整、补充或变动时，应经专业监理工程师审查，并由总监理工程师签认。

② 专业监理工程师应要求承包单位报送重点部位、关键工序的施工工艺和确保工程质量的措施，审核同意后予以确认。工程项目的重点部位、关键工序应由项目监理机构与承包单位协商后共同确定。

③ 当承包单位采用新材料、新技术、新工艺、新设备时，专业监理工程师应要求承包单位报送相应的施工工艺措施和证明材料，组织专家论证，经审定后予以签认。

④ 项目监理机构应对承包单位在施工过程中报送的施工测量放线成果进行复验和确认。

⑤ 专业监理工程师应对承包单位的试验室进行考核。专业监理工程师应对承包单位报送的拟进场工程材料、构配件和设备的报审表及其质量证明材料进行审核，并对进场的实物按照委托监理合同约定或有关工程质量管理文件规定的比例采用平行检验或见证取样方式进行抽检。未经检验的拒绝签认，并签发书面通知单，通知承包单位将其撤出。

⑥ 项目监理机构应定期检查承包单位的直接影响工程质量的计量设备的技术状况。监理人员应经常有目的地对承包单位的施工过程进行巡视、检测，对施工过程中出现的较大质量问题或质量隐患，宜采用照相、摄影等手段予以记录保存。

⑦ 对隐蔽工程的隐蔽过程、下道工序施工完成后难以检查的重点部位，应安排监理员进行旁站，并进行现场检查，符合要求的予以签认。

⑧ 专业监理工程师应对承包单位报送的分项工程质量验评资料进行审核，符合要求后予以签认；总监理工程师应组织监理人员对分部工程和单位工程施工质量验评资料进行现场检查，符合要求的予以签认。

⑨ 对施工过程中存在的质量缺陷、重大质量隐患，要求整改，必要时通过总监理工程师下达暂停令，要求承包单位停工整改，符合要求后签署工程复工报审表。在签署停工令和复工报审表前，应先向建设单位报告。

⑩ 对需要返工处理和补强的质量事故，总监理工程师应责令承包单位报送质量事故调查报告和经设计单位等相关单位认可的处理方案，项目监理机构应对质量事故的处理过程和处理结果进行跟踪检查并按规定进行验收。总监理工程师应及时向建设单位及本监理单位提交有关质量事故的书面报告，并应将完整的质量事故处理记录整理归档。

（4）施工质量控制要点

① 合同适用标准、规范。

② 图纸。

③ 发包方供料、设备控制及处理。

④ 承包方供料、设备控制及处理。

⑤ 施工过程中的检查和返工。承包方应严格按要求和监理工程师的指令施工，随时接受监理工程师的检查、检验，并为其提供便利。施工质量达不到要求时，要采取补救措施，如果属于承包方的责任，则损失自担，工期不予顺延；若是发包方的责任，损失由发包方承担，工期顺延。

⑥ 隐蔽工程和中间验收。隐蔽工程和达到中间验收的部位，承包方自检，并在验收前 48 小时以书面形式通知监理验收。验收合格后，监理工程师要及时签认，24 小时内未签认的，视为已经批准，承包方继续施工。

⑦ 重新检验。

⑧ 试车。

3. 施工阶段工程造价监理工作

（1）计量支付程序。所谓计量支付就是监理工程师按照合同规定的条件，对承包商已完工的部分工程项目进行计量，根据计量的结果和其他方面合同规定应付给承包商的有关款项，由监理工程师出具证明向承包商支付款项。计量、支付是监理工程师的一项经常性工作，具体程序如图 4-7 所示。

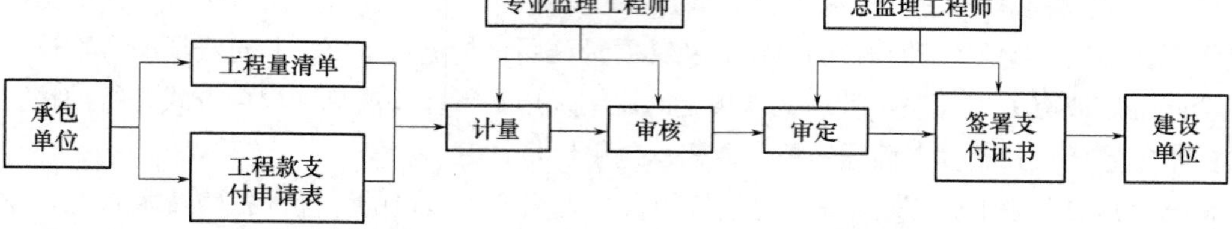

图 4-7　工程计量支付程序

（2）竣工结算程序。竣工结算程序如图 4-8 所示。

（3）风险分析。项目监理机构应根据施工合同有关条款、施工图，对工程项目造价目标进行风险分析，并制定防范性对策。

（4）发布变更指令。任何内容的变更均需经总监理工程师发出变更指令，并确定工程变更的价格和条件。没有监理工程师的变更指令，承包商对合同的任何部分不能进行更改。

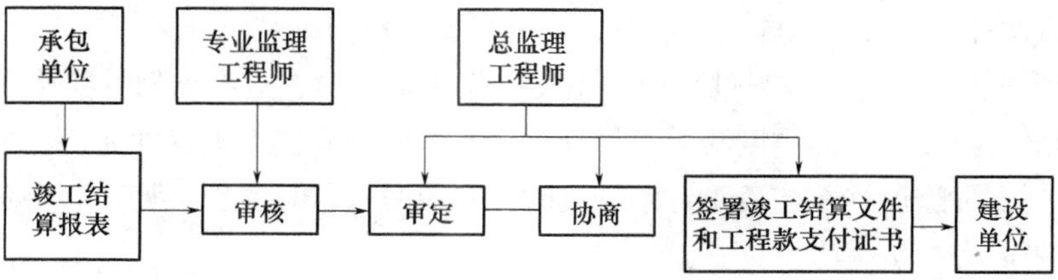

图 4-8　工程竣工结算程序

（5）计量和支付依据。工程项目监理机构应按照约定的工程量计算规则和支付条款进行计量和支付。

（6）专业监理工程师应及时完成工程量和工作量统计报表，对实际完成量与计划完成量进行比较、分析，制定调整措施，并应在监理月报中向建设单位报告。

（7）专业监理工程师应及时收集、整理有关的施工和监理资料，为处理费用索赔提供证据。

（8）项目监理机构应及时按施工合同的有关规定进行竣工结算，并应对竣工结算的价款总额与建设单位进行协商。协商不成时，应及时按合同规定的争议调解条款解决。

（9）未经监理人员质量验收合格的工程量，或不符合施工合同规定的工程量，监理人员应拒绝计量和拒绝该部分的工程款支付申请。

（10）造价监理工作要点如下：施工合同价款的约定；可调价格合同的价格调整；工程预付款的控制；工程量的确认；工程款结算方式控制；工程款（进度款）支付程序和责任；施工中涉及安全施工方面的费用；专利技术及特殊工艺涉及的费用；文物和地下障碍物；竣工结算，包括竣工决算报告及违约责任，分包方的核实与支付，发包方不支付的违约责任；质量保修金支付、结算和返还。

4. 施工阶段工程进度监理

（1）工程进度控制程序如下。

① 总监理工程师审批施工总进度计划。

② 总监理工程师审批年、季、月度施工进度计划。

③ 专业监理工程师检查分析施工进度的实施情况。

④ 实际进度与计划进度相符时，要求编制下一期施工进度计划；不相符时，书面通知承包单位采取纠偏措施，并监督实施。

（2）施工进度计划审核的内容如下。

① 是否符合施工合同中开竣工日期的规定。

② 主要工程项目是否有遗漏，分期施工是否满足分批动工的需要和配套动工的要求，各承包单位之间编制的进度计划是否协调。

③ 施工顺序的安排是否符合施工工艺的要求。

④ 工期是否经过优化，进度安排是否合理。

⑤ 劳动力、材料、构配件及施工机具、设备、水、电等生产要素供应计划是否能保证施工进度计划的需要，供应是否均衡。

⑥ 对建设单位提供的施工条件，承包单位在施工进度计划中所提出的供应时间和数量是否明确、合理，是否有造成因建设单位违约而导致工程延期和费用索赔的可能。

（3）专业监理工程师编制施工进度方案，进行进度目标风险分析。

（4）监理工程师在进度控制过程中的主要工作包括：检查进度计划的实施，并记录实际进度及其相关情况。当发现实际进度滞后于计划进度时，应签发监理工程师通知单指令承包单位采取调整措施；当实际进度严重滞后于计划进度时，应及时报告总监理工程师，由总监理工程师与建设单位商定采取进一步措施。

（5）施工进度控制要点如下。

① 对进度计划的确认或修改。承包方提交的进度计划，监理工程师要及时确认或提出修改意见；监理工程师的确认不能免除承包方施工组织设计和工程进度计划本身的缺陷所应承担的责任。

② 监督进度计划的执行。

③ 竣工验收段的进度控制。主要包括竣工验收的程序，提前竣工的控制。

④ 甩项工程的控制。

5. 工程施工过程中的监理方法

在工程监理过程中，监理工程师通常采用书面指示、工地会议、专题会议、监理记录、邀见承包商、资料管理和文件运转等手段对工程进行管理。

五、工程项目设备采购监理和设备监造

1. 设备采购监理工作要点

（1）协助建设单位选择供货单位和签订完整有效的供货合同。

（2）遵循设备采购原则，包括拟采购的设备应完全符合设计要求和有关的标准，设备质量可靠、价格合理、交货期有保证。

（3）设备供货商的考察，包括资质、营业执照、生产许可证、生产能力和单位信誉等。如果是设备设计制造安装一体时，应考查其设计资质和安装资质。

（4）招标文件，应包括设备名称、型号、规格、数量、技术性能、制造和安装验收标准、交货时间和交货地点，对设备的外购配套零部件与元器件以及材料有关的专门要求等。

（5）设备采购的合同主要条款，包括定义、使用范围、技术规范或标准、专利权、包装装运条件、装运通知、保险支付、技术资料、价格、质量保证、检验、索赔、延期交货与核定损失额、不可抗力、税费、履约保证金、仲裁、违约终止合同的条件、破产终止、变更条件、合同修改、转让与分包、适用法律、主导语言与计量单位、通知、合同文件资料的使用、合同生效及其他。

（6）监理工作总结，包括采购设备的基本情况、主要技术性能要求、监理机构及其人员构成、监理合同的履行情况、工作成效、出现的问题及处理情况和建议。

设备采购监理的监理资料主要包括委托监理合同；设备采购方案计划；设计图纸和文件；市场调查、考察报告；设备采购招投标文件；设备采购订货合同；设备采购监理工作总结。

2. 设备监造的工作要点

（1）设备监造规划：包括监造的情况、要求，监造工作的范围和内容，监理工作的目标，

监理工作的依据，项目监理机构的组织形式，人员配备及岗位职责。

（2）设备制造生产计划和工艺方案：必须经过总监理工程师批准后方可实施；监理人员重点掌握主要及关键零部件的生产工艺规程和检验要求。

（3）设备制造的分包单位的审核。重点是对其实际生产能力的审核，主要包括制造设备、检测手段、测量和测验设备、生产制造人员技能、生产环境等。

（4）检验工作：主要审查原材料进货、制造加工、组装、中间产品试验、除锈、强度试验、严密性试验、整机性能考核试验、涂装、包装直至完成出厂应具备的运输条件等，还包括对检验所配备的检测手段、设备仪器、试验方法、标准、时间、频率等的审查。

（5）审查生产人员、生产环境。对生产制造人员的上岗资格、技能、培训记录和相关证书进行审查；对生产制造时间、温度、湿度、压力、清洁度等生产环境进行检查。

（6）生产制造过程监督：主要基础工艺规程的执行情况、工序质量检验情况、材质及其生产工序与设计图纸和工艺要求的符合情况、生产进度与生产计划的符合情况，必要时可以采用旁站监理。

（7）质量失控或重大质量事故处理。当发生质量失控或重大质量事故时，应及时下达停工令，提出处理意见。处理意见包括要求设备制造单位做出原因分析、要求设备制造单位提出改进措施、确定复工条件。

（8）设计变更。当原设计发生变更时，应进行审核，并督促办理相应的变更手续和移交修改函件或技术文件等，对可能引起的费用和工期的变化，按合同规定进行调整。

（9）设备装配控制。在设备装配过程中，检查公差配合情况、定位质量、连接质量，运动件的运动精度、装配过程是否符合设计及标准要求。

（10）防护和包装：主要根据运输、装卸、储存、安装的要求进行检查；包括防潮湿、防雨淋、防晒、防震、防温、防泄漏、防锈、屏蔽及放置形式等。

（11）费用或款项的支付控制。监理工程师必须对生产制造的各阶段费用支出或进度款支付进行审核，由总监理工程师签发支付证书。

（12）结算：严格按合同规定进行。

（13）设备监造工作总结：必须按实际情况进行编写，内容完整不漏项。

设备监造工作的监理资料主要有设备制造合同及委托监理合同；设备监造规划；设备制造的生产计划和工艺方案；设备制造的检验计划和检验要求；分包单位资格报审表；原材料、零配件等的质量证明文件和检验报告；开工 / 复工报审表、暂停令；检验记录及试验报告；报验申请表；设计变更文件；会议纪要；来往文件；监理日记；监理工程师通知单；监理工作联系单；监理月报；质量事故处理文件；设备制造索赔文件；设备验收文件；设备交接文件；支付证书和设备制造结算审核文件；设备监造工作总结。

六、工程项目竣工验收监理

1. 项目竣工验收阶段的监理工作程序

（1）审核承包单位报送的竣工资料，对工程质量进行竣工预验收，发现问题及时要求整改，整改完毕后由总监理工程师签署工程竣工报验单，在此基础上提出工程质量评估报告，由总监理工程师和监理单位技术负责人审核签字。

（2）参加建设单位组织的竣工验收，提供相关监理资料，对验收中提出的整改问题，项目监理机构应要求承包单位整改，工程质量符合要求的，由总监理工程师会同验收各方签署工程竣工验收报告。

2. 监理工作要点

（1）当单位工程达到竣工验收条件时，承包单位应在自审、自查、自评工作完成后，填写工程竣工报验单，并将全部竣工资料报送项目监理机构，申请竣工验收；总监理工程师应组织专业监理工程师对竣工资料及各专业工程的质量情况进行全面检查，对检查出的问题，应督促承包单位及时整改；对需要进行功能试验的工程项目（包括单机试车和整机无负荷试车），监理工程师应督促承包单位及时进行试验，对重要项目进行现场监督检查，必要时邀请建设单位和设计单位参加，监理工程师应认真审查试验报告单；监理工程师应督促承包单位做好成品保护和现场清理；项目监理机构对竣工资料及实物全面检查、验收合格后，由总监理工程师签署工程验收报验单，向建设单位提出质量评估报告。

（2）在竣工验收时，某些剩余工程和缺陷工程，在不影响交付的前提下，经建设单位、设计单位、施工单位、监理单位协商，承包单位应在竣工验收后的限定时间内完成。

3. 工程项目质量的验收规定

（1）工程项目质量管理的规定

① 施工现场质量管理应有相应的施工技术标准，健全的质量管理体系、施工质量检验制度和综合施工质量水平评定考核制度。施工单位应推行生产控制和合格控制的全面质量控制，建立健全质量保证体系。它既包括原材料、工艺流程、施工操作、每道工序的质量、各道相关工序间的交接检验以及专业工种之间等中间交接环节的质量管理和控制要求，也应包括满足施工图设计和功能要求的抽样检验制度等。施工单位应通过内部的审核与管理者的评审，找出质量管理体系中存在的问题和薄弱环节，并制定改进的措施和跟踪检查等措施，使单位的质量保证体系不断健全和完善，不断提高工程项目施工质量；同时施工单位应重视综合质量控制水平，应从施工技术、管理制度、工程质量控制和工程质量等方面制定对施工企业综合质量控制水平的指标，以达到提高整体素质和经济效益的目标。

② 工程项目施工质量控制。工程项目采用的主要材料、半成品、成品、构配件、器具和设备应进行现场验收。凡涉及安全、功能的有关产品，应按各专业工程质量验收规范规定进行复验，并应经监理工程师（建设单位技术负责人）检查认可。各工序应按施工技术标准进行质量控制，每道工序完成后应进行检查。相关专业工种之间，应进行交接检验，并形成记录。未经监理工程师（建设单位技术负责人）检查认可，不得进行下道工序施工。

③ 工程项目施工质量验收。工程项目施工质量应符合有关标准和相关专业验收规范的规定；工程项目施工应符合工程勘察、设计文件的要求；参加工程施工质量验收的各方人员应具备规定的资格；工程质量的验收均应在施工单位自行检查评定的基础上进行；隐蔽工程在隐蔽前应由施工单位通知有关单位进行验收并应形成验收文件。

涉及结构安全的试块、试件以及有关材料，应按规定进行见证取样检测；检验批的质量应按主控项目和一般项目验收；对涉及结构安全和使用功能的重要分部工程应进行抽样检测；承担见证取样检测及有关结构安全检测的单位应具有相应资质；工程的观感质量应由验收人员通过现场检查并应共同确认。

④ 检验批的质量检验，应根据检验项目的特点在抽样方案中进行选择。计量、计数或计量—计数等抽样方案；一次、二次或多次抽样方案；根据生产连续性和生产控制稳定性情况，尚可采用调整型抽样方案；对重要的检验项目当可采用简易快速的检验方法时可选用全数检验方案；经实践检验有效的抽样方案。

⑤ 在制定检验批的抽样方案时，对生产方风险（或错判概率 α）和使用方风险（或漏判概率 β）规定。主控项目对应于合格质量水平的 α 和 β 均不宜超过 5%；一般项目对应于合格质量水平的 α 不宜超过 5%，β 不宜超过 10%。

（2）不符合要求的处理

经返工重做或更换器具、设备的检验批应重新进行验收；在检验批验收时，其主控项目不能满足验收规范规定或一般项目超过偏差限值的子项不符合检验规定的要求时，应及时处理检验批。一般缺陷通过返修或更换器具、设备能够予以解决的，应允许施工单位在采取相应措施后重新验收，达到要求时应予以验收。经有资质的检测单位检测鉴定能够达到设计要求的检验批应予以验收；在检验批验收时，个别检验批发现试块强度不满足要求等问题，难以确定是否验收时，应请具有资质的法定检测机构检测，当鉴定结果能够达到设计要求时，该检验批仍应认为通过验收。经有资质的检测单位检测鉴定达不到设计要求，但经原设计单位核算认可能够满足结构安全和使用功能的检验批，可予以验收。经返修或加固处理的分部、分项工程，虽然改变外形尺寸，但仍能满足安全和使用功能要求的，可按技术处理方案和协商文件进行验收。通过返修或加固处理仍不能满足安全和使用要求的分部工程、单位工程严禁验收。

（3）工程项目质量验收程序和组织

检验批及分项工程应由监理工程师（建设单位项目技术负责人）组织施工单位项目专业质量（技术）负责人进行验收；分部工程应由总监理工程师（建设单位负责人）组织施工单位项目负责人和技术、质量负责人等进行验收；地基与基础、主体结构分部工程的勘察、设计单位项目负责人和施工单位技术、质量部门负责人也应参加相关分部工程验收；单位工程完工后，施工单位应自行组织有关人员进行检查评定，并向建设单位提交工程验收报告；建设单位收到工程验收报告后，再由建设单位（项目）负责人组织施工（含分包单位）、设计、监理等单位（项目负责人）进行单位（子单位）工程验收；单位工程由分包单位施工时，分包单位对所承包的工程项目应按规定的程序检查评定，总包单位应派人参加，分包工程完工后，应将工程有关资料交总承包单位；当参加验收的各方对工程质量验收意见不一致时，可请当地的建设行政主管部门或工程质量监督机构协调处理；单位质量验收合格后，建设单位应在规定时间内将工程竣工验收报告和有关文件报建设行政主管部门备案。

七、工程项目保修阶段监理

（1）监理单位根据委托监理合同约定的工程质量保修期内的监理工作时间、范围和内容开展工作。

（2）承担质量保修期监理工作时，监理单位应安排监理人员对建设单位提出的工程质量缺陷进行检查记录，对承包单位进行修复的工程质量进行验收，合格后予以签认。

（3）监理人员应对工程质量缺陷原因进行调查分析，确定责任归属，对非承包单位原因造成的工程质量缺陷，监理人员应核实修复工程的费用和签署工程款支付证书，报建设单位。

（4）建设工程质量保修期按《建设工程质量管理条例》的规定确定。在质量保修期内的监理工作期限，应由监理单位与建设单位根据工程实际情况，在委托监理合同中约定。

（5）在承担工程保修期的监理工作时，可不设项目监理机构，宜在参加施工阶段监理工作的监理人员中保留必要的人员。对承包单位修复的工程质量进行验收和签认，应由专业监理工程师负责。

（6）对于非承包原因造成的工程质量缺陷，修复费用的核实及签署支付证书，宜由原施工阶段的总监理工程师或其授权人签认。

复习思考题

1. 工程项目监理的工作性质是什么？
2. 监理工程师的素质要求有哪些？
3. 监理工程师职业操守有哪些要求？
4. 简述委托监理合同管理。
5. 如何进行工程项目实施各阶段监理？

第五章

工程项目资料档案管理

学习目标

通过本章学习，了解工程项目资料的作用，工程项目资料档案编制分工和编制依据，以及工程项目监理文件档案管理的基本知识；熟悉工程项目资料的内容和工程项目技术资料的管理程序；掌握工程项目竣工验收资料管理的基本知识。

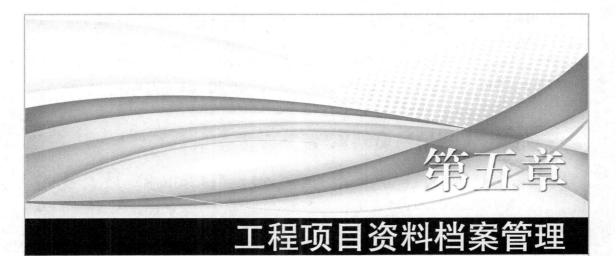

工程项目资料档案是城建档案的一个重要组成部分，是指在整个工程项目建设过程（包括从立项、审批到竣工验收、备案等一系列活动）中直接形成的具有归档价值的文字、图表、声像等各种形式的历史记录。工程项目资料档案管理工作的主要任务是在工程建设过程中对技术活动和工程质量做真实的记载，并随着工程的进展逐步收集、整编、审定、积累起来。

第一节 工程项目资料管理

工程项目资料档案应按完整化、规范化、标准化的要求整理编制，必须做到及时、准确、系统、科学。及时就是在施工过程中，对各种要求的数据、现象及时进行记录；竣工验收时，施工单位要及时做好工程技术档案的整理、归档及移交工作。准确就是要求施工过程中形成的技术文件材料，应如实地反映工程施工的客观情况，严格按施工图和现行材料质量标准、质量检验标准、施工验收规范进行施工，做到变更有手续、有根据，施工各部位有记录，严禁出现擅自修改、伪造和事后补做记录等情况。系统就是要求按照施工程序和施工顺序，对形成的技术文件材料进行系统的整理，使其系统地反映施工的全过程。科学就是以科学的态度对待施工中的每一个数据，应做到施工有依据，检查有结论，现场有记录，试验、化验有报告，预制构件、材料有证件，修改图样有手续，工程竣工有结论。

一、工程项目资料的作用

工程项目资料档案具有重要的现实意义和深远的历史意义，它可以证明工程质量的优劣，结构的安全可靠程度和工程的质量等级；它可以为工程决算提供依据；它可以督促施工人员按规范、规程组织施工，并考核其施工管理水平；它可以为施工企业积累丰富的施工技术资料；它可以为建筑安装工程的使用、维修、改造、扩建等提供技术依据；它还可以作为工程项目的历史见证，以便查考工作，总结经验，进行技术交流。因此档案管理与项目管理的其他各项工作是同等重要的。

工程项目档案对施工单位和建设单位有着极其重要的作用，它可以为工程项目的使用、维修、改建、扩建提供技术依据；是工程质量优劣、结构安全可靠程度、认定工程质量等级的重要依据；可以为工程的结算提供可靠依据；可督促施工人员按规范、规程组织施工，是考核工程施工管理水平的重要依据；可系统积累施工技术经济资料，为施工建设提供参考，为工程技术人员了解、熟悉、掌握专业技术知识服务，为施工企业各级领导与技术负责人进行生产和技术上的决策与指挥工作提供重要信息；可以为城市建设管理提供技术依据。

二、工程项目资料档案编制分工和编制依据

工程项目资料档案是工程项目在立项、审批、施工到竣工验收的一系列活动中形成的，它涉及建设、勘察设计、施工和监理等若干单位。一般情况下，各单位负责本单位在相关建设活动中的工程文件材料的形成、积累和立卷归档工作，并向建设单位移交，只有建设单位才可拥有工程项目的全套档案。建设单位要在工程招标及与勘察设计、施工、监理等单位签订合同时，就明确

提出对工程项目档案资料的要求，并在执行中负责监督和检查。

工程项目资料档案主要是依据国家、行业和地方的有关规范、标准及规定，结合各自工程项目的实际情况编制而成，主要体现在以下几个方面。

（1）国家批准的基本建设计划文件，单位工程项目一览表，投资指标，建设地点所在地主管部门的批件及施工任务书。

（2）批准的初步设计和技术设计图样，设计说明书，工程总概算、预算，工程定额和已批准的计划任务书。

（3）项目所在地区的气象、地形、地质和地区的调查资料。

（4）施工图样、图样会审记录、设计变更通知单及标准图册。

（5）原材料、半成品、成品出厂质量证明和试检验报告资料。

（6）工程测量定位、标高、轴线测量检测资料。

（7）有关上级指示，国家、行业和地方的现行规定、规范、操作规程、质量评定标准，合同协议书和议定事项等。

（8）《中华人民共和国档案法》。

（9）现行建设工程文件归档整理规范。

三、工程项目资料的内容

工程项目资料档案按照工程项目的建设过程可分为：施工前期有关资料，施工阶段有关资料，竣工验收阶段有关资料等。工程项目资料档案按其种类可分为土建工程、给排水工程、暖卫安装工程、通风空调工程、电气安装工程、电梯安装工程档案。由于工程项目的施工阶段是工程蓝图实现的过程，施工阶段有关资料作为工程项目施工全过程的记录，能为工程验收和使用提供最直接的科学依据，是工程项目档案资料最主要的组成部分。

1. 工程项目施工前期有关资料

（1）申请报告，批准文件。

（2）有关决议、指示、批示，领导重要讲话，会议记录等。

（3）可行性研究、方案论证材料。

（4）征用土地、拆迁、补偿等文件。

（5）工程地质勘察报告。

（6）工程概预算。

（7）承发包合同，协议书，招标、投标文件。

（8）建筑执照及规划、消防、环保、劳动等部门的审核文件。

2. 工程项目施工阶段有关资料

（1）开工报告。

（2）工程测量定位记录。

（3）图样会审、技术交底记录。

（4）施工组织设计等文件。

（5）地基处理、基础工程施工文件资料。
（6）隐蔽工程验收记录。
（7）工程变更通知单、技术核定单、材料代用单。
（8）建筑材料质保、试验记录。
（9）水、电、煤气、暖气等设备安装施工记录。
（10）工程质量事故报告及处理记录。
（11）沉降观测记录。
（12）垂直度观测记录。
（13）分部分项工程质量评定记录及单位工程质量综合评定表。
（14）施工日记。
（15）竣工报告。

3. 工程项目竣工验收阶段有关资料

（1）竣工项目验收报告。
（2）竣工决算及审核文件。
（3）竣工验收会议文件、会议决定。
（4）工程竣工验收质量评定表。
（5）工程建设总结。
（6）有关照片、录音、录像、名人题字等。
（7）竣工图等。

四、工程项目技术档案资料举例

工程项目的各子项目在施工过程中会产生仅与该项目有关的技术档案资料。由于工程项目的子项目繁多，这里仅列举装饰工程中的“轻质隔墙工程”和“饰面板（砖）工程”两个项目在施工中产生的相关技术资料。

1. 有关轻质隔墙工程的技术档案资料

（1）材料的产品合格证书和进场验收记录。
（2）人造木板的甲醛含量复验报告。
（3）骨架隔墙中设备管线的安装及水管试压的隐蔽验收记录。
（4）木龙骨防火、防腐处理的隐蔽验收记录。
（5）预埋件、连接件、拉结筋、龙骨安装的隐蔽验收记录。
（6）填充材料的设置的隐蔽验收记录。
（7）轻质隔墙工程施工过程中的施工记录。

2. 有关饰面板（砖）工程的技术档案资料

（1）花岗石、水泥、陶瓷面砖的产品合格证书和进场验收记录。
（2）室内用花岗石的放射性指标的复验报告。

（3）粘贴用水泥的凝结时间、安定性和抗压强度的复验报告。
（4）外墙陶瓷面砖的吸水率的复验报告。
（5）寒冷地区外墙陶瓷面砖的抗冻性的复验报告。
（6）预埋件（或后置埋件）的隐蔽验收记录。
（7）连接节点的隐蔽验收记录。
（8）防水层的隐蔽验收记录。
（9）饰面板（砖）工程施工过程中的施工记录。

五、工程项目验收记录表（以装饰工程项目为例）

1. 工程项目的部分验收记录表的名称（表名后的数字为表号）

（1）防腐涂料涂装工程检验批质量验收记录表 020410
（2）防火涂料涂装工程检验批质量验收记录表 020411
（3）木结构防腐、防虫、防火工程检验批质量验收记录表 020504
（4）找平层检验批质量验收记录表 030101 Ⅷ
（5）隔离层检验批质量验收记录表 030101 Ⅸ
（6）填充层检验批质量验收记录表 030101 Ⅹ
（7）水磨石面层检验批质量验收记录表 030103
（8）砖面层检验批质量验收记录表 030107
（9）大理石和花岗石面层检验批质量验收记录表 030108
（10）预制板块面层检验批质量验收记录表 030109
（11）料石面层检验批质量验收记录表 030110
（12）塑料板面层检验批质量验收记录表 030111
（13）活动地板面层检验批质量验收记录表 030112
（14）地毯面层检验批质量验收记录表 030113
（15）实木地板面层检验批质量验收记录表 030114
（16）实木复合地板面层检验批质量验收记录表 030115
（17）中密度（强化）复合地板面层检验批质量验收记录表 030116
（18）竹地板面层检验批质量验收记录表 030117
（19）一般抹灰工程检验批质量验收记录表 030201
（20）装饰抹灰工程检验批质量验收记录表 030202
（21）木门窗制作工程检验批质量验收记录表 030301 Ⅰ
（22）木门窗安装工程检验批质量验收记录表 030301 Ⅱ
（23）金属门窗安装工程检验批质量验收记录表（钢门窗）030302 Ⅰ
（24）金属门窗安装工程检验批质量验收记录表（铝合金）030302 Ⅱ
（25）金属门窗安装工程检验批质量验收记录表 030302 Ⅲ
（26）塑料门窗安装工程检验批质量验收记录表 030303

（27）特种门安装工程检验批质量验收记录表 030304
（28）门窗玻璃安装工程检验批质量验收记录表 030305
（29）暗龙骨吊顶工程检验批质量验收记录表 030401
（30）明龙骨吊顶工程检验批质量验收记录表 030402
（31）板材隔墙工程检验批质量验收记录表 030501
（32）骨架隔墙工程检验批质量验收记录表 030502
（33）活动隔墙工程检验批质量验收记录表 030503
（34）玻璃隔墙工程检验批质量验收记录表 030504
（35）饰面板安装工程检验批质量验收记录表 030601
（36）饰面砖粘贴工程检验批质量验收记录表 030602
（37）玻璃幕墙工程检验批质量验收记录表（主控）030701 Ⅰ
（38）玻璃幕墙工程检验批质量验收记录表（一般）030701 Ⅱ
（39）金属幕墙工程检验批质量验收记录表（主控）030702 Ⅰ
（40）金属幕墙工程检验批质量验收记录表（一般）030702 Ⅱ
（41）石材幕墙工程检验批质量验收记录表（主控）030703 Ⅰ
（42）石材幕墙工程检验批质量验收记录表（一般）030703 Ⅱ
（43）水性涂料涂饰工程检验批质量验收记录表 030801
（44）溶剂型涂料涂饰工程检验批质量验收记录表 030802
（45）美术涂饰工程检验批质量验收记录表 030803
（46）裱糊工程检验批质量验收记录表 030901
（47）软包工程检验批质量验收记录表 030902
（48）橱柜制作与安装工程检验批质量验收记录表 031001
（49）花饰制作与安装工程检验批质量验收记录表 031002
（50）门窗套制作与安装工程检验批质量验收记录表 031003
（51）护栏和扶手制作与安装工程检验批质量验收记录表 031004
（52）花饰制作与安装工程检验批质量验收记录表 031005

2. 工程项目的部分验收记录表（表样示例）

裱糊工程检验批质量验收记录表见表 5-1。

表 5-1　裱糊工程检验批质量验收记录表

GB50210—2010　　030901 □□

单位（子单位）工程名称			
分部（子分部）工程名称		验收部位	
施工单位		项目经理	
分包单位		分包项目经理	
施工执行标准名称及编号			

续表

施工质量验收规范的规定				施工单位检查评定记录	监理（建设）单位验收记录
主控项目	1	材料质量	第 11.2.2 条		
	2	基层处理	第 11.2.3 条		
	3	各幅拼接	第 11.2.4 条		
	4	壁纸、墙布粘贴	第 11.2.5 条		
一般项目	1	裱糊表面质量	第 11.2.6 条		
	2	壁纸压痕及发泡层	第 11.2.7 条		
	3	与装饰线、设备线盒交接	第 11.2.8 条		
	4	壁纸、墙布边缘	第 11.2.9 条		
	5	壁纸、墙布阴、阳角无接缝	第 11.2.10 条		
施工单位检查评定结果		专业工长（施工员）		施工班组长	
		项目专业质量检查员：　　年　月　日			
监理（建设）单位验收结论		专业监理工程师： （建设单位项目专业技术负责人）：　　年　月　日			

六、工程项目技术资料的管理

工程项目进入实施阶段，就开始不断地产生技术资料。由于技术资料的重要性，各单位必须对工程技术资料进行管理，除专职资料管理员外，工程项目技术负责人、施工现场管理人员和技术人员、企业或工程项目的采购人员，均应参与技术资料的收集工作，并及时送交资料管理员将技术资料归档，以确保及时获得充分、全面、真实的技术资料及相关信息，确保所有技术资料，尤其是永久性技术资料不遗失、不遗漏。技术资料具体管理程序和工作如下。

（1）建立工程技术资料档案。

（2）建立工程技术资料的有效传递渠道。

（3）及时收集、分发技术资料，确保必要信息的及时获得与送达。

（4）将技术资料分类放置，使之便于检索。

（5）各类技术资料标识清楚。

（6）将技术资料妥善保存，使之不易遗失。

（7）将技术资料妥善保护，使之不易损坏。

第二节 工程项目竣工验收资料

工程项目竣工验收资料主要包括工程施工图（竣工图）、图纸会审（交底）纪要、设计变更、隐蔽资料、签证资料、施工合同（协议）、会议纪要、施工组织方案、施工日记及有关会议纪要、采购材料（如果自行采购）和设备的招投标资料、合同、验收清单、材料价格的签证材料等。

一、工程项目申请竣工验收的条件

工程项目符合下列要求时方可进行竣工验收。

（1）完成工程设计和合同约定的各项内容，并满足使用要求。

（2）有勘察、设计、施工、监理等单位分别签署的质量合格文件。

（3）有完整的技术档案和施工管理资料。

（4）有工程使用的主要建筑材料、构配件和设备的进场试验报告。

（5）建设单位已按合同约定支付工程款。

（6）有施工单位签署的工程质量保修书。

（7）在建设行政主管部门及工程质量监督站等有关部门的历次抽查中，责令整改的问题全部整改完毕。

（8）工程项目前期审批手续齐全。

二、工程项目竣工验收程序

施工单位在工程项目完工后，必须对工程项目质量进行自检和评定，确认工程质量符合有关法律、法规和工程建设强制性标准以及设计文件及合同要求后，方可向建设单位和监理单位提出工程竣工验收报告，工程竣工验收报告应经项目经理和施工单位有关负责人审核签字。

单位工程依法分包的，应由分包单位对分包的工程进行自检，合格后报施工总包单位复查，施工总包单位对施工质量负总责。

委托监理的工程项目，监理单位应对工程进行质量核定，具有完整的监理资料，并提出工程质量核定报告，工程质量核定报告应经总监理工程师和监理单位有关负责人审核签字，并对施工单位提交的竣工报告签署审查意见。

勘查、设计单位应核查勘查、设计文件及设计变更通知，并提出审查意见，审查意见应经该项目的负责人和单位有关负责人审核签字。

1. 工程项目竣工验收总程序

工程项目竣工验收应当按照以下程序进行：

（1）工程完工后，施工单位向建设单位提交竣工报告，申请竣工验收。

（2）建设单位收到竣工验收报告后，对符合竣工验收条件的工程，组织勘察、设计、施工、监理等单位和其他有关方面的专家组成验收组，制定验收方案。

（3）建设单位应当在竣工验收 7 个工作日前，将验收的时间、地点及验收组成员名单书面通知负责监督该工程的质量监督站。

（4）建设单位组织实施工程竣工验收。

2. 建设单位组织工程项目竣工验收的具体程序

（1）勘察、设计、施工、监理单位，分别汇报合同履约情况和在工程建设各个环节执行法律、法规和工程建设强制性标准的情况。

（2）审阅勘察、设计、施工、监理单位的工程档案材料。

（3）全面实地查验工程质量，重点查验使用功能。

（4）对工程项目勘察、设计、施工、设备安装质量和各管理环节等方面做出全面评价，形成经验收组成员签署的工程项目竣工验收意见。

参与工程项目竣工验收的建设、勘察、设计、施工、监理等各方对工程项目竣工验收应达成一致意见，不能形成一致意见时，应当报质量监督站进行协调，待意见一致后，重新组织工程项目竣工验收。

建设单位在工程项目竣工验收过程中，如发现工程项目不符合竣工条件，应责令施工单位进行返修，并重新组织竣工验收，直到通过验收。

三、工程项目竣工验收报告

工程项目施工全部完工后，经建设、施工、设计单位共同检查合格，施工单位应及时向建筑工程质量监督站呈报“竣工验收报告”，申请竣工核验，评定工程质量等级。工程项目竣工验收报告用表见表 5–2 示例。

表 5–2　单位工程竣工验收报告

<table>
<tr><td>工程名称</td><td colspan="2"></td><td colspan="2">工程编号</td><td colspan="2"></td></tr>
<tr><td>建设单位</td><td colspan="2"></td><td colspan="2">计划批准文号</td><td>面积 /m²</td><td>投资 / 万元</td></tr>
<tr><td>监理单位</td><td colspan="2"></td><td colspan="2" rowspan="3"></td><td rowspan="3"></td><td rowspan="3"></td></tr>
<tr><td>设计单位</td><td colspan="2"></td></tr>
<tr><td>施工单位</td><td colspan="2"></td></tr>
<tr><td>建筑面积</td><td>m²</td><td>工程地址</td><td colspan="4"></td></tr>
<tr><td>工程结构</td><td></td><td>层数</td><td></td><td colspan="2">实际总造价</td><td></td></tr>
<tr><td>开、竣工日期</td><td colspan="6">自　　年　月　日 开工　至　　年　月　日 竣工</td></tr>
<tr><td>工程验收
内容、结论</td><td colspan="6"></td></tr>
</table>

续表

建设（监理）单位验评意见（公章） 负责人： 验收人：年 月 日	施工单位评定等级（公章） 负责人： 验收人：年 月 日
批准部门意见（公章） 负责人：年 月 日	质量监督站核定等级（公章） 站　长： 检验科长：年 月 日

1. 工程项目竣工验收报告的主要内容

工程项目竣工验收报告主要应包括的内容是：工程概况；建设单位执行基本建设程序情况；对工程项目勘察、设计、施工、监理等方面的评价；工程项目竣工验收时间、程序、内容和组织形式；工程项目竣工验收结论。

2. 工程项目竣工验收报告填写内容说明

（1）工程投资栏，填写施工图预算造价。

（2）实际造价栏，填写竣工结算金额。

（3）验收项目、遗留质量问题及处理意见填写在工程验收内容、结论栏内，由建筑工程质量监督站填写。

（4）验收结论由验收组填写。验收结论应明确，手续齐全。

3. 呈报工程项目竣工验收报告时应提供的资料

呈报工程项目“竣工验收报告”的同时，还应附有下列文件：施工许可证；施工图设计文件审查批准书；验收组人员签署的工程竣工验收意见；施工单位签署的工程质量保修书；单位工程质量综合评定表；单位工程质量保证资料核查表；单位工程质量观感评定表；分部工程质量评定表；分项工程质量评定表；法律、规章规定的其他有关文件。

四、工程项目竣工图

工程项目竣工图是真实记录各种地上、地下建筑物、构筑物、设备安装等实际情况的技术文件，是对工程项目进行交工验收、维修、改建、扩建的主要依据，是国家重要的技术档案。为此，工程项目竣工后，各主管部门，建设、施工、设计、监理等单位，都应重视竣工图的编制工作。

各项新建、改建、扩建的工程项目，特别是基础、地下建筑、管线、结构及设备安装等隐蔽部位，都应编制竣工图。

1. 工程项目竣工图的编制形式

（1）凡按施工图施工，没有变动的工程，由施工单位在原施工图上加盖“竣工图”标志后，作为竣工图。

（2）凡在施工中，只有一般性的设计变更，能将原施工图加以补充和修改作为竣工图的，可不重新绘制，由施工单位负责在原施工图上，按有关的设计变更通知单注明修改部分实际变更情况，并附有设计变更通知单和施工说明，加盖“竣工图”标志后，即可作为竣工图。

（3）凡结构形式、工艺、空间布置改变，项目改变及有其他重大改变，不宜在原施工图上修改、补充时，应重新绘制竣工图。由于设计原因造成的，由设计单位负责重新绘制；由于施工原因造成的，由施工单位负责重新绘制。施工单位负责在新图上加盖“竣工图”标志，并附以有关记录和说明，作为竣工图。此项工作由建设单位负责组织。

2. 编制工程项目竣工图的责任分工

（1）工程项目实行总包制的，各分包单位应负责编制分包范围内的竣工图，总包单位除应编制自行施工部分的竣工图外，还应负责汇总各分包单位编制的竣工图。总包单位在交工时，应向建设单位提交总包范围内完整、准确、图物相符的竣工图。

（2）工程项目由建设单位分包给几个施工单位承担的，各施工单位应负责编制所承包工程的竣工图，建设单位负责汇总整理。

（3）工程项目在签订承包合同时，应明确规定竣工图的编制、检验和交接等问题。

（4）施工单位编制竣工图时，要贯彻谁施工谁负责的原则。一般工程项目由专业主管技术负责人编制，编完后交单位工程土建技术负责人汇总，由公司技术负责人审核批准。一般安装工程由专业主管技术负责人负责编制，交工程技术负责人汇总，由公司技术负责人审批。凡市档案局（馆）或建设主管部门指定需上报的竣工图，由项目技术负责人主持编制后，经公司技术部门审核，由总工程师审批。一般建筑和安装工程项目，其竣工图由项目经理安排项目经理部专人进行审核。报市的竣工图，最后由公司技术部门审核。

3. 工程项目竣工图的编制要求

（1）工程项目竣工图要与实际施工情况相符，保证图样质量，做到规格统一、图面整洁、字迹清楚。

（2）应使用施工蓝图编制竣工图的，必须用新蓝图，使用不易褪色的红色或黑色墨水绘图和书写文字。

（3）重新绘制的工程项目竣工图的，必须晒出蓝图。

（4）在工程项目施工过程中，如结构有较大变动时，要绘制竣工图。

（5）在工程项目施工中，有加固补强及进行质量事故处理的，要绘制竣工图，同时还要附有相应的验证书。

（6）绘制有设计变更的竣工图时，必须注明设计变更文件的编号，用明显的箭头标注变更处。

（7）改变设计所用的标准图，在绘制工程项目竣工图时，必须注明其图号。

（8）工程项目竣工图均应在其标题栏左方加盖竣工图签，注明编制单位，并由编制人、审核人签字。

（9）工程项目竣工图必须配套成册，装订整齐，应有封皮、目录、蓝图以及必要的附属说明和文件。

4. 工程项目竣工图的份数

（1）工程项目竣工图作为工程交工验收的条件之一，其管理、验收、归档方法，应按档案部门的有关规定执行。竣工图不准确、不完整、不符合归档要求的，不能交工验收。

（2）工程项目竣工图连同工程技术档案资料，于工程竣工验收合格后一个月内，交公司技术档案部门验收，质量监督站认证后，移交有关单位。

（3）国家大中型建筑工程项目、城市住宅小区建设，以及城市的水、电、气、交通、通讯等工程的竣工图，不少于两套。一套交生产使用单位保管，一套交有关主管部门或技术档案部门长期保管，特别重要的建设项目，应增加一套交国家档案馆保存。

（4）小型工程项目的竣工图不得少于一套，交生产使用单位保管。

第三节 工程项目监理文件档案管理

工程项目监理文件档案是工程项目建设过程的记实资料，是监理单位、建设单位、承包单位之间分清责任、解决纠纷的重要依据，是评定工程质量、合理结算工程价款、工程竣工验收备案必备的档案资料。它是随着建设工程项目监理工作的产生而形成的，是对工程项目监理活动的真实记录，是城建档案的重要组成部分。

一、工程项目监理文件

工程项目监理文件主要包括工程项目监理台账、工程项目旁站监理记录、监理日记、监理工作会议记录和会议纪要、工程项目监理月报、目标控制中形成的监理文件、监理通知及回复、施工阶段质量评估报告、工程项目监理工作总结等。

二、工程项目监理档案管理

1. 工程项目监理档案的特点

（1）监理档案是对城建档案的有力补充。

（2）监理档案促进工程竣工档案编制公正性、公平性。

（3）监理档案是对工程质量的真实记录，同时也体现出对工程建设质量的服务性。

2. 工程监理档案编制

（1）工程监理档案编制的原则

工程监理档案编制的原则是遵循监理档案的自然形成规律，保持其内在的有机联系。监理档案是监理活动的产物，而监理活动有其本身的客观规律和一定的科学程序。记录监理活动的监理档案必然要反映出这种规律和程序，并构成一个独立的有机整体。监理档案的编制就是要保持这个有机整体的完整，自然地进行分类和排列。遵循科学、公正、真实、有利查询的原则。监理单位依据建设行政法规和技术标准，对承包单位实施监督管理，具有监督管理科学化、独立化、公正化的特征，这个特征最终也必然反映到监理档案上，编制监理档案的最终目的是为了方便查询，提供利用。

（2）工程监理档案编制要求

① 质量要求。符合组卷质量要求和内涵质量要求。组卷质量要求是指监理档案在组织保管

单位、立卷、分类、编目方面是否达到了归档的要求。内涵质量要求是指监理档案的完整性、准确性、真实程度，只有完整、准确、真实的监理档案才能达到见档如见人、见档如见物、见档如见证的要求，这样的档案才有保存和利用的价值。

② 签章要求。总监理工程师或监理工程师在监理档案上签署意见时应由本人签署，特别是签名不得代签，签名人员必须与项目监理机构名单一致。

③ 套数要求。监理单位在竣工验收后应整理出两套监理档案交给建设单位。建设单位将其中一套原件会同建设单位、施工单位的档案一并报送城建档案馆存档。

3. 工程监理档案的管理

（1）工程监理档案的管理中应遵循的原则

① 总监理工程师负责制原则。《建设工程监理规范》第 7.4.2 条规定“监理资料的管理由总监理工程师负责”。因此，总监理工程师对监理业务档案的真实性、准确性、完整性、系统性负有首要责任。

② 责任终身制原则。国务院《建设工程质量管理条例》确立的责任终身制原则同样适用于监理业务档案的管理。监理业务档案是在工程监理过程中逐步形成的，而整个工程监理过程环节繁杂，专业各异，在管理上，任何一个监理工程师、监理员都应当对自己所形成的档案文件的真实性、准确性和完整性负责。

③ 真实可靠性原则。档案的本质属性在于真实，监理工作的基本要求也在于保证真实。作为监理人员，不仅要有完备的专业知识和技能，而且应当具备良好的职业道德，保证自己监理工作范围内所形成的档案材料真实、可靠。

④ 及时有效性原则。监理业务档案应当随着工程的进展同步形成，并及时整理，监理人员办理签证、见证、验收等监理业务的同时，就应形成相应的档案资料。

（2）工程监理档案管理中不同人员的职责

工程项目总监理工程师、专业监理工程师、监理员和项目监理部专职档案资料员在监理过程中行使不同的职能，按照“形成规范、真实齐全、整理及时、分类有序”的原则形成监理文件档案资料。具体工作分工如下。

① 项目监理部专职档案资料员的职责。按照《监理规范》的规定，总监理工程师应指定专人负责本项目监理部全部档案资料的管理，其具体工作是负责收集工程准备阶段建设单位形成的应向监理单位提供的相关文件、资料，如工程建设审批文件、建设工程施工合同等；收集、整理本项目监理部形成的应当归档保存的监理文件，如监理规划、监理细则、监理月报以及监理工作会议形成的会议纪要、文件和指令等；按月汇总、整理各专业监理工程师在工程的进度、质量、造价控制中形成的各种签证、见证记录、报验审批资料等；对各专业监理文件、资料的形成、积累、组卷和归档进行指导、监督和检查；负责本项目监理部档案资料的保管、借阅工作；督促施工单位做好工程档案的形成、收集、积累、整理和移交工作，按照国家有关规定和要求编制工程档案；在项目总监理工程师指导下，按照城建档案管理的有关规定编制监理档案，并负责向建设单位和本单位档案部门移交。

② 监理员、监理工程师的职责。如实填写监理日记，如实记录工程质量、进度、造价控制及合同管理方面的问题及解决情况。督促承包单位按时报送有关监理报表，并审核、检验其真实性、

准确性、完整性。及时收集整理在施工现场进行巡视、检验、检查、测量、旁站和验收等基础性监理工作中形成的各种记录，并对其真实性、可靠性负责。每月按时向本项目监理部汇交自己所形成和收集的监理文件、报表，归档整理符合城建档案管理的有关标准、规范。

③ 总监理工程师的职责。负责本项目监理部档案资料管理的全面工作，并对归档档案资料的真实性、有效性负责。制定本项目监理部档案资料管理的规章制度，并指定专人负责档案资料的具体管理。编制监理规划时，应对监理档案资料的内容、要求、归档时间及移交等做出明确规定。组织各专业监理人员整理监理档案，并于工程项目竣工后，按照城建档案管理的有关标准、规范的规定，向建设单位和本单位档案机构移交。督促检查各承包单位整理工程档案。单位工程竣工预验收前，提请城建档案管理部门进行工程档案预验收。

复习思考题

1. 工程项目资料档案应按什么要求编制？
2. 工程项目档案的作用是什么？
3. 工程项目资料档案编制应如何分工？编制依据是什么？
4. 工程项目资料的内容有哪些？
5. 工程项目技术资料具体管理程序和工作是什么？
6. 工程项目申请竣工验收的条件是什么？
7. 工程项目竣工验收程序是什么？
8. 呈报工程项目竣工验收报告时应提供的资料有哪些？
9. 什么是工程项目竣工图？竣工图的编制形式有哪些？
10. 编制工程项目竣工图的责任如何分工？
11. 工程项目竣工图的编制要求是什么？
12. 工程项目监理文件有哪些？应如何编制？
13. 工程监理档案的管理中应遵循哪些原则？
14. 工程监理档案管理中不同人员的职责是什么？

下篇

装饰工程预算

第六章

建设工程造价原理

学习目标

通过本章学习，了解工程项目的组成划分，我国现行建设工程总投资构成，以及建设工程定额的分类和测定方法；熟悉建筑安装工程费用构成，以及预算定额和施工图预算的基本知识；掌握人工、材料、机械台班消耗量的确定方法，以及人工、材料、机械台班定额的制定。

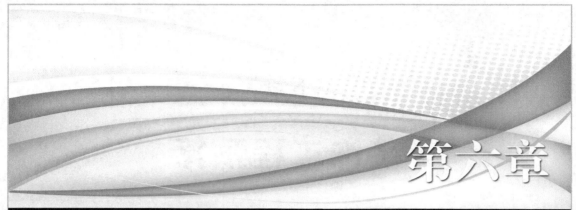

工程造价有两各方面的含义，一是指投资额或建设成本，二是指合同价或承发包价格。投资额（建设成本）是指建设项目（单项工程）的建造成本，即完成一个建设项目（单项工程）所需费用的总和，它包括建筑工程、安装工程、设备及其他相关费用。投资额是对投资方、业主、项目法人而言的。合同价（承发包价格）是指建设工程实施建造的契约性价格。合同价是对发包方、承包方双方而言的。

第一节　概述

工程造价是指进行某项工程建设所花费的全部费用，其核心内容是投资估算、设计概算、修正概算、施工图预算、工程结算、竣工决算等。

一、工程项目的组成划分

工程项目可划分为单项工程、单位（子单位）工程、分部（子分部）工程和分项工程。以某大学为例，建设项目的组成划分如图 6–1 所示。

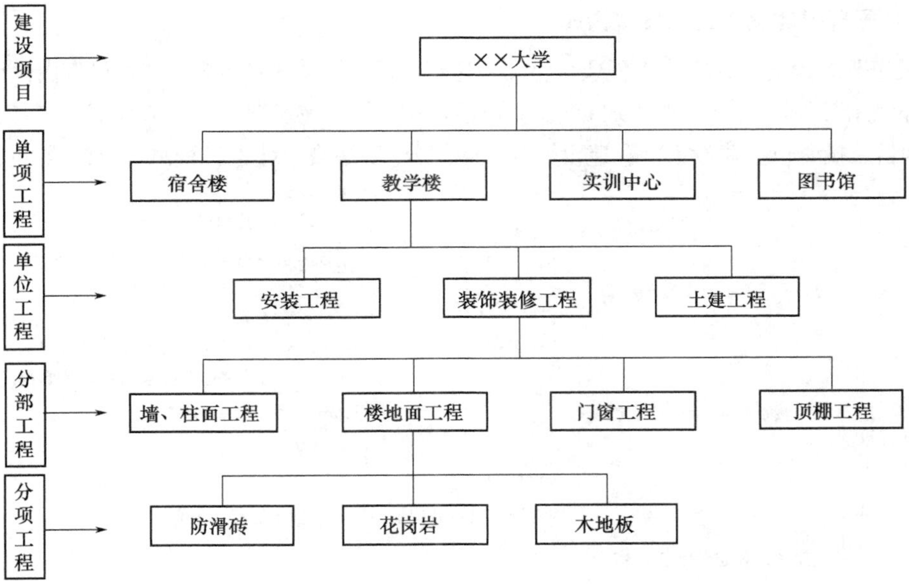

图 6–1　建设项目组成示意图

1. 单项工程

单项工程是指在一个建设项目中，具有独立的设计文件，竣工后可以独立发挥生产能力和效益的一组配套齐全的工程项目。

2. 单位（子单位）工程

单位工程是指具备独立施工条件并能形成独立使用功能的建筑物及构筑物。对于建筑规模较大的单位工程，可将其能形成独立使用功能的部分分为一个子单位工程。

一般情况下，单位工程是进行工程成本核算的对象。单位工程产品的价格通过编制单位工程施工图预算来确定。

3. 分部（子分部）工程

分部工程是单位工程的组成部分，分部工程的划分应按专业性质、建筑部位确定。一般工业与民用建筑工程可划分为地基与基础工程、主体结构工程、装饰装修工程、屋面工程、给排水及采暖工程、电气工程、智能建筑工程、通风与空调工程、电梯工程等分部工程。

当分部工程较大或较复杂时，可按材料种类、施工特点、施工程序、专业系统及类别等划分为若干子分部工程。

4. 分项工程

分项工程是分部工程的组成部分，也是形成建筑产品基本构件的施工过程。分项工程的划分应按主要工种、材料、施工工艺、设备类别等确定。例如钢筋工程、模板工程、混凝土工程、砌砖工程、木门窗制作工程等。

二、工程造价的构成

1. 我国现行建设工程总投资构成

建设工程总投资是为完成工程项目建设并达到使用要求或生产条件，在建设期内预计或实际投入的全部费用总和。生产性建设项目总投资包括建设投资、建设期利息和流动资金三部分；非生产性建设项目总投资包括建设投资和建设期利息两部分。我国现行建设工程总投资构成如图 6–2 所示。

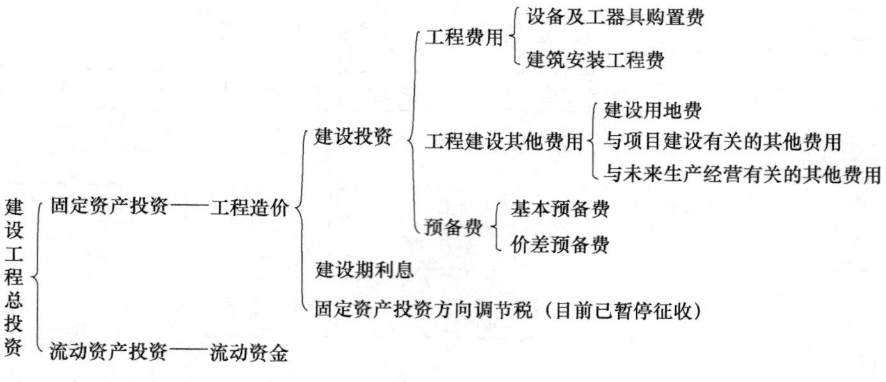

图 6–2　我国现行建设项目总投资构成

2. 设备及工器具购置费用的构成

设备及工器具购置费用由设备购置费和工具、器具及生产家具购置费组成，是固定资产投资中的积极部分。在生产性工程建设中，设备及工器具购置费用占工程造价比例大小，代表着生产技术和资本有机构成是否进步。

（1）设备购置费的构成及计算。设备购置费是指购置或自制的达到固定资产标准的设备、工器具及生产家具等所需的费用。其构成如下：

设备购置费 = 设备原价 + 设备运杂费

上式中，设备原价指国产设备或进口设备的原价；设备运杂费指除设备原价之外的关于设备采购、运输、途中包装及仓库保管等方面支出费用的总和。

国产设备原价一般指的是设备制造厂的交货价，或订货合同价。它一般根据生产厂或供应商的询价、报价、合同价确定，或采用一定的计算方法确定。国产设备原价可分为国产标准设备原价和国产非标准设备原价。

国产标准设备是指按照主管部门颁布的标准图纸和技术要求，由我国设备生产厂批量生产的、符合国家质量检验标准的设备。国产标准设备原价有两种，即带有备件的原价和不带有备件的原价。在计算时，一般采用带有备件的原价。国产标准设备一般有完善的设备交易市场，因此可通过查询相关交易市场价格或向设备生产厂家询价得到国产标准设备原价。

国产非标准设备是指国家尚无定型标准，各设备生产厂不可能在工艺过程中采用批量生产，只能按订货要求并根据具体的设计图纸制造的设备。非标准设备原价有多种不同的计算方法，如成本计算估价法、系列设备插入估价法、分部组合估价法、定额估价法等。但无论哪种方法都应该使非标准设备计价接近实际出厂价，并且计算方法要简便。

进口设备的原价是指进口设备的抵岸价，即抵达买方边境、港口或车站，缴纳完各种手续费、税费后形成的价格。进口设备抵岸价的构成与进口设备的交货类别有关。在国际贸易中较为广泛使用的交易价格术语有 FOB、CFR、CIF。FOB 为装运港船上交货价，亦称为离岸价格。FOB 是指当货物在指定的装运港越过船舷，卖方即完成交货义务。风险转移，以在指定的装运港货物越过船舷时为分界点。费用划分与风险转移的分界点相一致。CFR 为成本加运费，亦称为运费在内价。CFR 是指在装运港货物越过船舷卖方即完成交货，卖方必须支付将货物运至指定的目的港所需的运费和费用，但交货后货物灭失或损坏的风险，以及由于各种时间造成的任何额外费用，即由卖方转移到买方。CIF 为成本加保险费、运费，亦称到岸价格。在 CIF 术语中，卖方除负有与 CFR 相同的义务外，还应办理货物在运输途中最低险别的海运保险，并应支付保险费。如买方需要更高的保险险别，则需要与卖方明确地达成协议，或者自行做出额外的保险安排。除保险这项义务之外，买方的义务与 CFR 相同。

设备运杂费是指国内采购设备自来源地、国外采购设备自到岸港运至工地仓库或指定对方地点发生的采购、运输、运输保险、保管、装卸等费用。通常由运费和装卸费、包装费、设备供销部门的手续费、采购与仓库保管费构成。设备运杂费的计算公式为：

设备运杂费 = 设备原价 × 设备运杂费率

其中，设备运杂费率按各部门及省、市有关规定计取。

（2）工器具及生产家具购置费的构成。工器具及生产家具购置费，是指新建或扩建项目初步设计规定的，保证初期正常生产必须购置的没有达到固定资产标准的设备、仪器、工卡模具、器具、生产家具和备品备件等的购置费用。一般以设备购置费为计算基数，按照部门或行业规定的工具、器具及生产家具费率计算。其一般计算公式为：

工器具及生产家具购置费 = 设备购置费 × 定额费率

3. 建筑安装工程费用构成

根据住房城乡建设部、财政部颁布的“关于印发《建筑安装工程费用项目组成》的通知”（建

标 [2013]44 号），我国现行建筑安装工程费用项目分别按费用构成要素划分和按造价形成划分。

（1）按费用构成要素划分建筑安装工程费用项目

建筑安装工程费按照费用构成要素划分：由人工费、材料（包含工程设备，下同）费、施工机具使用费、企业管理费、利润、规费和税金组成。其中人工费、材料费、施工机具使用费、企业管理费和利润包含在分部分项工程费、措施项目费、其他项目费中。按费用构成要素划分建筑安装工程费用项目如图 6-3 所示。

① 人工费。建筑安装工程费中的人工费是指按工资总额构成规定，支付给从事建筑安装工程施工的生产工人和附属生产单位工人的各项费用。构成人工费的基本要素是人工日消耗量和人工日工资单价。人工费的基本计算公式为：

$$人工费 = \sum（人工日消耗量 \times 人工日工资单价）$$

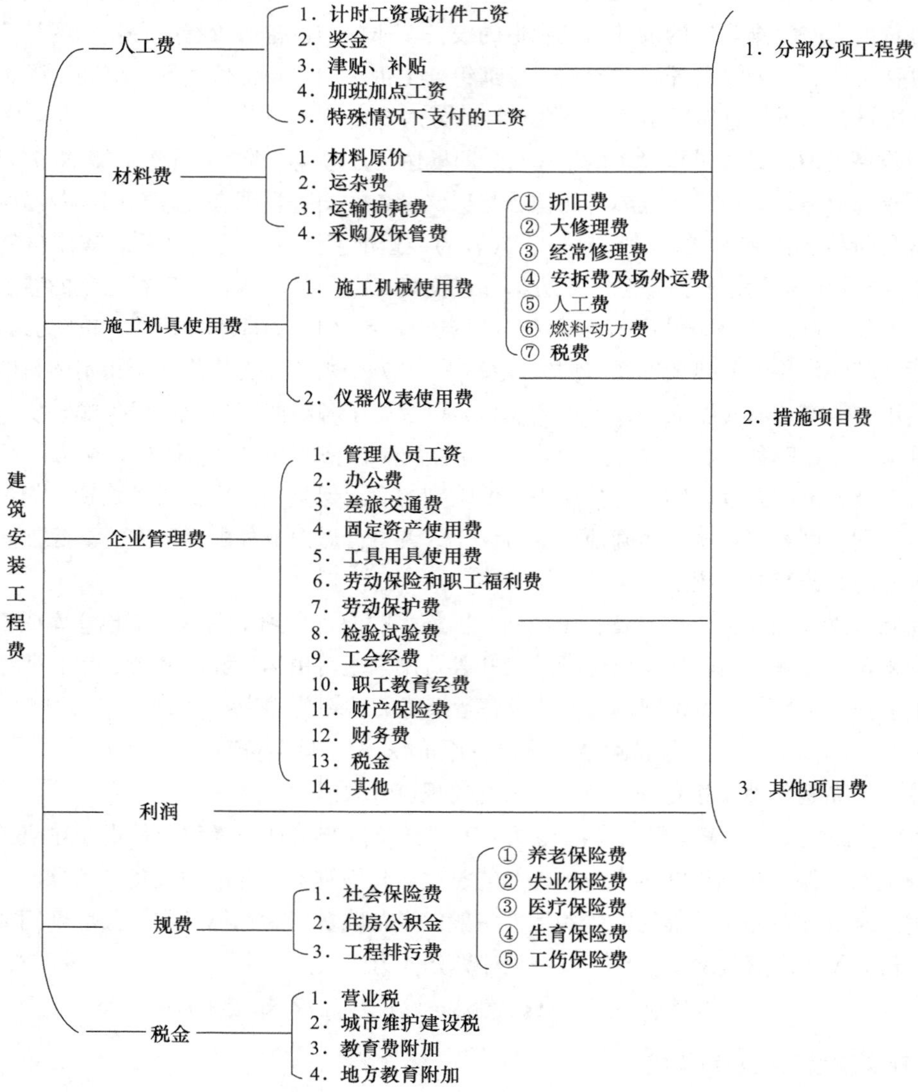

图 6-3　建筑安装工程费用项目组成表（按费用构成要素划分）

② 材料费。建筑安装工程费中的材料费是指施工过程中耗费的原材料、辅助材料、构配件、零件、半成品或成品、工程设备的费用。其中，工程设备是指构成或计划构成永久工程一部分的机电设备、金属结构设备、仪器装置以及其他类似的设备和装置。构成材料费和工程设备费的基本要素是消耗量和单价。材料费和工程设备费的基本计算公式为：

材料费 = ∑（材料消耗量 × 材料单价）

工程设备费 = ∑（工程设备量 × 工程设备单价）

③ 施工机具使用费。建筑安装工程费中的施工机具使用费是指施工作业所发生的施工机械、仪器仪表使用费或其租赁费。构成施工机具使用费的基本要素是施工机械台班消耗量和机械台班单价，而仪器仪表使用费是指工程施工所需使用的仪器仪表的摊销和维修费用。施工机械使用费和仪器仪表使用费的基本计算公式为：

施工机械使用费 = ∑（施工机械台班消耗量 × 机械台班单价）

仪器仪表使用费 = 工程使用的仪器仪表摊销费 + 维修费

④ 企业管理费。企业管理费是指建筑安装企业组织施工生产和经营管理所需的费用。内容包括：

a. 管理人员工资：是指按规定支付给管理人员的计时工资、奖金、津贴补贴、加班加点工资及特殊情况下支付的工资等。

b. 办公费：是指企业管理办公用的文具、纸张、账表、印刷、邮电、书报、办公软件、现场监控、会议、水电、烧水和集体取暖降温（包括现场临时宿舍取暖降温）等费用。

c. 差旅交通费：是指职工因公出差、调动工作的费用、住勤补助费，市内交通费和误餐补助费，职工探亲路费，劳动力招募费，职工退休、退职一次性路费，工伤人员就医路费，工地转移费以及管理部门使用的交通工具的油料、燃料等费用。

d. 固定资产使用费：是指管理和试验部门及附属生产单位使用的属于固定资产的房屋、设备、仪器等的折旧、大修、维修或租赁费。

e. 工具用具使用费：是指企业施工生产和管理使用的不属于固定资产的工具、器具、家具、交通工具和检验、试验、测绘、消防用具等的购置、维修和摊销费。

f. 劳动保险和职工福利费：是指由企业支付的职工退职金、按规定支付给离休干部的经费，集体福利费、夏季防暑降温费、冬季取暖补贴、上下班交通补贴等。

g. 劳动保护费：是企业按规定发放的劳动保护用品的支出。如工作服、手套、防暑降温饮料以及在有碍身体健康的环境中施工的保健费用等。

h. 检验试验费：是指施工企业按照有关标准规定，对建筑以及材料、构件和建筑安装物进行一般鉴定、检查所发生的费用，包括自设试验室进行试验所耗用的材料等费用。不包括新结构、新材料的试验费，对构件做破坏性试验及其他特殊要求检验试验的费用和建设单位委托检测机构进行检测的费用，对此类检测发生的费用，由建设单位在工程建设其他费用中列支。但对施工企业提供的具有合格证明的材料进行检测不合格的，该检测费用由施工企业支付。

i. 工会经费：是指企业按《工会法》规定的全部职工工资总额比例计提的工会经费。

j. 职工教育经费：是指按职工工资总额的规定比例计提，企业为职工进行专业技术和职业技能培训，专业技术人员继续教育、职工职业技能鉴定、职业资格认定以及根据需要对职工进行各类文化教育所发生的费用。

k. 财产保险费：是指施工管理用财产、车辆等的保险费用。

l. 财务费：是指企业为施工生产筹集资金或提供预付款担保、履约担保、职工工资支付担保等所发生的各种费用。

m. 税金：是指企业按规定缴纳的房产税、车船使用税、土地使用税、印花税等。

n. 其他：包括技术转让费、技术开发费、投标费、业务招待费、绿化费、广告费、公证费、法律顾问费、审计费、咨询费、保险费等。

⑤ 利润。利润是指施工企业完成所承包工程获得的盈利，由施工企业根据企业自身需求并结合建筑市场实际自主确定。

⑥ 规费。规费是指按国家法律、法规规定，由省级政府和省级有关权力部门规定必须缴纳或计取的费用。包括：

a. 社会保险费

养老保险费：是指企业按照规定标准为职工缴纳的基本养老保险费。

失业保险费：是指企业按照规定标准为职工缴纳的失业保险费。

医疗保险费：是指企业按照规定标准为职工缴纳的基本医疗保险费。

生育保险费：是指企业按照规定标准为职工缴纳的生育保险费。

工伤保险费：是指企业按照规定标准为职工缴纳的工伤保险费。

b. 住房公积金：是指企业按规定标准为职工缴纳的住房公积金。

c. 工程排污费：是指按规定缴纳的施工现场工程排污费。

其他应列而未列入的规费，按实际发生计取。

⑦ 税金。税金是指国家税法规定的应计入建筑安装工程造价内的营业税、城市维护建设税、教育费附加以及地方教育附加。

（2）按造价形成划分建筑安装工程费用项目

建筑安装工程费按照工程造价形成由分部分项工程费、措施项目费、其他项目费、规费、税金组成，分部分项工程费、措施项目费、其他项目费包含人工费、材料费、施工机具使用费、企业管理费和利润。按造价形成划分建筑安装工程费用项目如图 6-4 所示。

① 分部分项工程费。分部分项工程费是指各专业工程的分部分项工程应予列支的各项费用。

a. 专业工程：是指按现行国家计量规范划分的房屋建筑与装饰工程、仿古建筑工程、通用安装工程、市政工程、园林绿化工程、矿山工程、构筑物工程、城市轨道交通工程、爆破工程等各类工程。

b. 分部分项工程：指按现行国家计量规范对各专业工程划分的项目。如房屋建筑与装饰工程划分的土石方工程、地基处理与桩基工程、砌筑工程、钢筋及钢筋混凝土工程等。

各类专业工程的分部分项工程划分见现行国家或行业计量规范。

② 措施项目费。措施项目费是指为完成建设工程施工，发生于该工程施工前和施工过程中的技术、生活、安全、环境保护等方面的费用。按《房屋建筑与装饰工程工程量计算规范》（GB50854—2013）的规定，措施项目费内容包括：

a. 安全文明施工费。安全文明施工费包括环境保护费、文明施工费、安全施工费和临时设施费。

环境保护费是指施工现场为达到环保部门要求所需要的各项费用。环境保护费包括现场施工机械设备降低噪声、防扰民措施费用；水泥和其他易飞扬细颗粒建筑材料密封存放或采取覆盖措

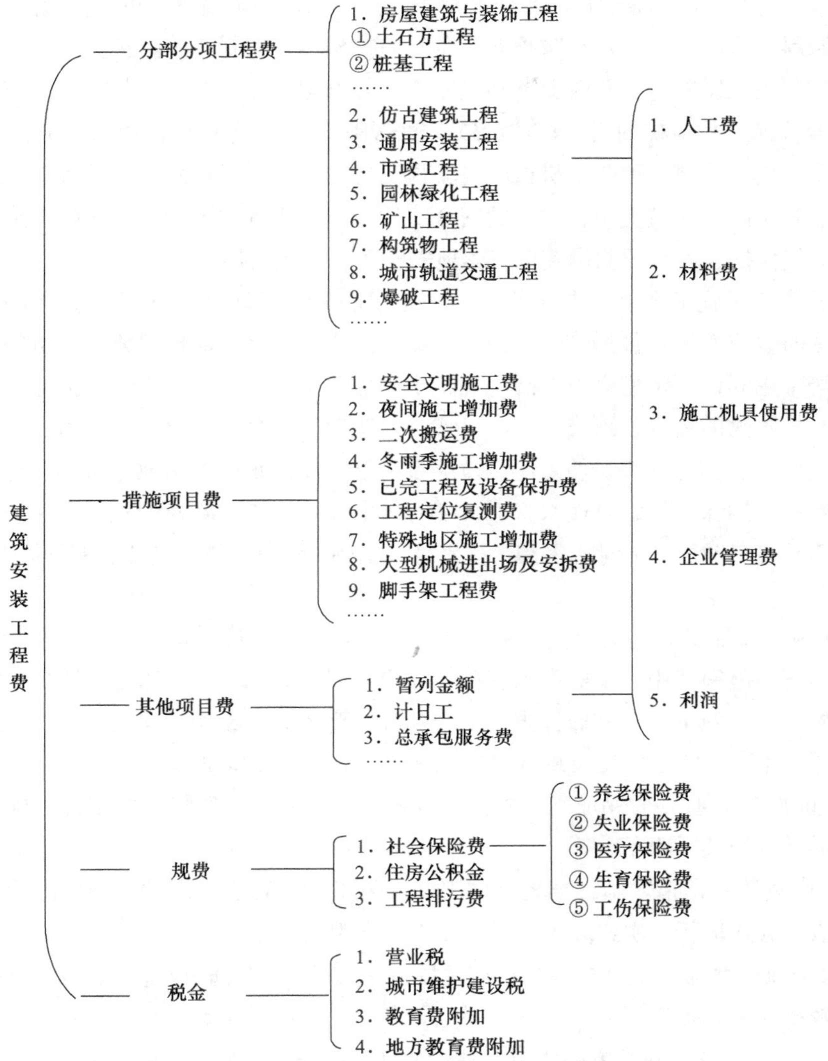

图 6-4　建筑安装工程费用项目组成表（按造价形成划分）

施等费用；工程防扬尘洒水费用；土石方、渣土外运车辆防护措施费用；现场污染源的控制、生活垃圾清理外运、场地排水排污措施费用；其他环境保护措施费用。

文明施工费是指施工现场文明施工所需要的各项费用。文明施工费包括"五牌一图"费用；现场围挡的墙面美化（包括内外粉刷、刷白、标语等）、压顶装饰费用；现场厕所便槽刷白、贴面砖，水泥砂浆地面或地砖用，建筑物内临时便溺设施费用；其他施工现场临时设施的装饰装修、美化措施费用；现场生活卫生设施费用；符合卫生要求的饮水设备、淋浴、消毒等设施费用；生活用洁净燃料费用；防煤气中毒、防蚊虫叮咬等措施费用；施工现场操作场地的硬化费用；现场绿化费用、治安综合治理费用；现场配备医药保健器材、物品费用和急救人员培训费用；现场工人的防暑降温、电风扇、空调等设备及用电费用；其他文明施工措施费用。

安全施工费是指施工现场安全施工所需要的各项费用。安全施工费包括安全资料、特殊作业专项方案的编制，安全施工标志的购置及安全宣传费用；"三安"（安全帽、安全带、安全网）、"四口”（楼梯口、电梯井口、通道口、预留洞口）、“五临边”（阳台围边、楼板围边、屋面围边、槽坑围边、卸料平台两侧），水平防护架、垂直防护架、外架封闭等防护费用；施工安全用电的费用，包括配电箱三级配电、两级保护装置要求、外电防护措施费用；起重机、塔吊等其中设备（含井架、门架）及外用电梯的安全防护措施（含警示标志）及卸料平台的临边防护、层间安全门、防护棚等设施费用；建筑工地起重机械的检验检测费用；施工机具防护棚及其围栏的安全防护设施费用；施工安全防护通道费用；工人的安全防护用品、用具购置费用；消防设施与消防器材的配置费用；电气保护、安全照明设施费；其他安全防护措施费用。

临时设施费是指施工企业为进行建设工程施工所必须搭设的生活和生产用的临时建筑物、构筑物和其他临时设施费用。包括临时设施的搭设、维修、拆除、清理费或摊销费等。临时设施费包括施工现场采用彩色、定型钢板，砖、混凝土砌块等围挡的安砌、维修、拆除费用；施工现场临时建筑物、构筑物的搭设、维修、拆除，如临时宿舍、办公室、食堂、厨房、厕所、诊疗所、临时文化福利用房、临时仓库、加工厂、搅拌台、临时简易水塔、水池等费用；施工现场临时设施的搭设、维修、拆除，如临时供水管道、临时供电管线、小型临时设施等费用；施工现场规定范围内临时简易道路铺设，临时排水沟、排水设施安砌、维修、拆除费用；其他临时设施费搭设、维修、拆除费用。

b．夜间施工增加费：是指因夜间施工所发生的夜班补助费、夜间施工降效、夜间施工照明设备摊销及照明用电等费用。组成内容有夜间固定照明灯具和临时可移动照明灯具的设置、拆除费用；夜间施工时，施工现场交通标志、安全标牌、警示灯的设置、移动、拆除费用；夜间照明设备摊销及照明用电、施工人员夜班补助、夜间施工劳动效率降低等费用。

c．非夜间施工照明：为保证工程施工正常进行，在地下室等特殊施工部位施工时采用的照明设备的安拆、维护及照明用电等。

d．二次搬运费：是指因施工场地条件限制而发生的材料、构配件、半成品等一次运输不能到达堆放地点，必须进行二次或多次搬运所发生的费用。

e．冬雨季施工增加费：是指在冬季或雨季施工需增加的临时设施、防滑、排除雨雪，人工及施工机械效率降低等费用。

f．地上、地下设施、建筑物的临时保护设施费：是指在工程施工过程中，对已建成的地上、地下设施和建筑物进行遮盖、封闭、隔离等必要保护措施。

g．已完工程及设备保护费：是指竣工验收前，对已完工程及设备采取的必要保护措施所发生的费用。

h．脚手架工程费：是指施工需要的各种脚手架搭、拆、运输费用以及脚手架购置费的摊销（或租赁）费用。通常包括施工时可能发生的场内、场外材料搬运费用；搭、拆脚手架、斜道、上料平台费用；安全网的铺设费用；拆除脚手架后材料的堆放费用。

i．垂直运输费：是指现场所用材料、机具从地面运至相应高度以及职工人员上下工作面等所发生的运输费用。通常包括垂直运输机械的固定装置、基础制作、安装费；行走式垂直运输机械轨道的铺设、拆除、摊销费。

j．超高施工增加费：是指当单层建筑物檐口高度超过 20 米，多层建筑物超过 6 层时，可计算超高施工增加费。通常包括建筑物超高引起的人工工效降低以及由于人工工效降低引起的机械降效费；高层施工用水加压水泵的安装、拆除及工作台班费；通信联络设备的使用及摊销费。

k．混凝土模板及支架（撑）费：是指混凝土施工过程中需要的各种钢模板、木模板、支架等的支拆、运输费用及模板、支架的摊销（或租赁）费用。

l．大型机械设备进出场及安拆费：是指机械整体或分体自停放场地运至施工现场或由一个施工地点运至另一个施工地点，所发生的机械进出场运输及转移费用及机械在施工现场进行安装、拆卸所需的人工费、材料费、机械费、试运转费和安装所需的辅助设施的费用。

m．施工排水、降水费：是指将施工期间有碍施工作业和影响工程质量的水排到施工场地以外，以及防止在地下水位较高的地区开挖深基坑出现基坑浸水，地基承载力下降，在动水压力作用下还可能引起流砂、管涌和边坡失稳等现象而必须采取有效的降水和排水措施费用。

n．其他。

③ 其他项目费。

a．暂列金额：是指建设单位在工程量清单中暂定并包括在工程合同价款中的一笔款项。用于施工合同签订时尚未确定或者不可预见的所需材料、工程设备、服务的采购，施工中可能发生的工程变更、合同约定调整因素出现时的工程价款调整以及发生的索赔、现场签证确认等的费用。

暂列金额由建设单位根据工程特点，按有关计价规定估算，施工过程中由建设单位掌握使用、扣除合同价款调整后如有余额，归建设单位。

b．暂估价：是招标人在工程量清单中提供的用于支付必然发生但暂时不能确定价格的材料的单价以及专业工程的金额。其类似于 FIDIC 合同条款中的 Prime Cost Items，在招标阶段预见肯定要发生，只是因为标准不明确或者需要由专业承包方完成，暂时无法确定其价格或金额。

暂估价包括材料暂估单价、专业工程暂估价。一般而言，为方便合同管理和计价，需要纳入分部分项工程量清单项目综合单价中的暂估价最好只是材料费，以方便投标人组价。专业工程暂估价以“项”为计量单位，一般应是综合暂估价，应当包括除规费、税金以外的管理费、利润等。

c．计日工：是指在施工过程中，施工企业完成建设单位提出的施工图纸以外的零星项目或工作所需的费用。

计日工由建设单位和施工企业按施工过程中的签证计价。

d．总承包服务费：是指总承包方为配合、协调建设单位进行的专业工程发包，对建设单位自行采购的材料、工程设备等进行保管以及施工现场管理、竣工资料汇总整理等服务所需的费用。

总承包服务费由建设单位在招标控制价中根据总包服务范围和有关计价规定编制，施工企业投标时自主报价，施工过程中按签约合同执行。

④ 规费。规费的构成和计算与按费用构成要素划分建筑安装工程费用项目组成部分是相同的。

⑤ 税金。税金的构成和计算与按费用构成要素划分建筑安装工程费用项目组成部分是相同的。

4．工程建设其他费用的构成

工程建设其他费用是指从工程筹建起到工程竣工验收交付使用为止的整个建设期间，除建筑安装工程费用和工器具及设备购置费用以外的，为保证工程建设顺利完成和交付使用后能够正常发挥效用而发生的各项费用。

工程建设其他费用，按其内容大体可分为三类：建设用地费、与项目建设有关的其他费用、与未来企业生产经营有关的其他费用。

（1）建设用地费。任何建设项目都固定于一定地点与地面相连接，必须占用一定量的土地，也就必然要发生为获得建设用地而支付的费用，这就是建设用地费。它是指为获得工程项目建设土地的使用权而在建设期内发生的各项费用，包括通过划拨方式取得土地使用权而支付的土地征用及迁移补偿费，或者通过土地使用权出让方式取得土地使用权而支付的土地使用权出让金。

建设用地如通过行政划拨方式取得，则须承担地补偿费用或对原用地单位或个人的拆迁补偿费用；若通过市场机制取得，则不但承担以上费用，还须向土地所有者支付有偿使用费，即土地出让金。

① 征地补偿费用。建设征用土地费用由土地补偿费、青苗补偿费和地上附着物补偿费、安置补助费、新菜地开发建设基金、耕地占用税、土地管理费构成。

② 拆迁补偿费用。在城市规划区内国有土地上实施房屋拆迁，拆迁人应当对被拆迁人给予补偿、安置。拆迁补偿费用由拆迁补偿和搬迁、安置补助费构成。

③ 出让金、土地转让金。土地使用权出让金为用地单位向国家支付的土地所有权收益，出让金标准一般参考城市基准地价并结合其他因素制定。在有偿出让和转让土地时，政府对地价不做统一规定，但坚持以下原则：即地价对目前的投资环境不产生大的影响；地价与当地的社会经济承受能力相适应；地价要考虑已投入的土地开发费用、土地市场供求关系、土地用途、所在区类、容积率和使用年限等。有偿出让和转让使用权，要向土地受让者征收契税；转让土地如有增值，要向转让者征收土地增值税；土地使用者每年应按规定的标准缴纳土地使用费。土地使用权出让或转让，应先由地价评估机构进行价格评估后，再签订土地使用权出让和转让合同。

（2）与项目建设有关的其他费用

① 建设管理费。建设管理费是指建设单位为组织完成工程项目建设，在建设期内发生的各类管理性费用。建设管理费包括建设单位管理费和工程监理费。建设单位管理费是指建设单位发生的管理性质的开支。包括：工作人员工资、工资性补贴、施工现场津贴、职工福利费、住房基金、基本养老保险费、失业保险费、工伤保险费，办公费、出差交通费、劳动保护费、工具用具使用费、固定资产使用费、必要的办公及生活用品购置费、必要的通信设备及交通工具购置费、零星固定资产购置费、招募生产工人费、技术图书资料费、业务招待费、设计审查费、工程招标费、合同签订公证费、法律顾问费、咨询费、完工清理费、竣工验收费、印花税和其他管理性质开支。工程监理费是指建设单位委托工程监理单位实施工程监理的费用。此项费用应按国家发改委与建设部联合发布的《建设工程监理与相关服务收费管理规定》（发改价格[2007]670号）计算。依法必须实行监理的建设工程施工阶段的监理收费实行政府指导价；其他建设工程施工阶段的监理收费和其他阶段的监理与相关服务收费实行市场调节价。

② 可行性研究费。可行性研究费是指在工程项目投资决策阶段，依据调查研究报告对有关建设方案、技术方案或生产经营方案进行的技术经济论证，以及编制、评审可行性研究报告所需的费用。

③ 研究试验费。研究试验费是指为建设项目提供或验证设计数据、资料等进行必要的研究试验及按照相关规定在建设过程中必须进行试验、验证所需的费用。包括自行或委托其他部门研究试验所需人工费、材料费、试验设备及仪器使用费等。这项费用按照设计单位根据本工程项目的需要提出的研究实验内容和要求计算。

④ 勘察设计费。勘察设计费是指对工程项目进行工程水文地质勘察、工程设计所发生的费用。包括：工程勘察费、初步设计费（基础设计费）、施工图设计费（详细设计费）、设计模型制作费。

⑤ 环境影响评价费。环境影响评价费是指按照《中华人民共和国环境保护法》《中华人民共和国环境影响评价法》等规定，在工程项目投资决策过程中，对其进行环境污染或影响评价所需的费用。包括编制环境影响报告书、环境影响报告表以及对环境影响报告书、环境影响报告表进行评估等所需的费用。

⑥ 劳动安全卫生评价费。劳动安全卫生评价费是指按照劳动部《建设项目（工程）劳动安全卫生检查规定》和《建设项目（工程）劳动安全卫生预评价管理办法》的规定，在工程项目投资决策过程中，为编制劳动安全卫生评价报告所需的费用。包括编制建设项目劳动安全卫生预评价大纲和劳动安全卫生预评价报告书以及为编制上述文件所进行的工程分析和环境现状调查等所需费用。

⑦ 场地准备及临时设施费。建设项目场地准备费是指为使工程项目的建设场地达到开工条件，由建设单位组织进行的场地平整等准备工作而发生的费用。建设单位临时设施费是指建设单位为满足工程项目建设、生活、办公的需要，用于临时设施建设、维修、租赁、使用所发生或摊销的费用。

⑧ 引进技术和引进设备其他费。引进技术和引进设备其他费是指引进技术和设备发生的但未计入设备购置费中的费用。包括引进项目图纸资料翻译复制费、备品备件测绘费；出国人员费用；来华人员费用；银行担保及承诺费。

⑨ 工程保险费。工程保险费是指为转移工程项目建设的意外风险，在建设期内对建筑工程、安装工程、机械设备和人身安全进行投保而发生的费用。包括建筑安装工程一切险、引进设备财产险和人身意外伤害险等。

⑩ 特殊设备安全监督检验费。特殊设备安全监督检验费是指安全监察部门对在施工现场组装的锅炉及压力容器、压力管道、消防设备、燃气设备、电梯等特殊设备和设施实施安全检验收取的费用。此项费用按照建设项目所在省（市、自治区）安全监察部门的规定标准计算。

⑪ 市政公用设施费。市政公用设施费是指使用市政公用设施的工程项目，按照项目所在地省级人民政府有关规定建设或缴纳的市政公用设施建设配套费用，以及绿化工程补偿费用。此项费用按工程所在地人民政府规定的标准计列。

（3）与企业生产经营有关的其他费用有联合试运转费、专利及专有技术使用费、生产准备及开办费。

① 联合试运转费是指新建或新增加生产能力的工程项目，在交付生产前按照设计文件规定的工程质量标准和技术要求，对整个生产线或装置进行负荷联合试运转所发生的费用净支出（试运转支出大于收入的差额部分费用）。试运转支出包括试运转所需原材料、燃料及动力消耗、低值易耗品、其他物料消耗、工具用具使用费、机械使用费、保险金、施工单位参加试运转人员工资以及专技指导消费等；试运转收入包括试运转期间的产品销售收入和其他收入。联合试运转费不包括应由设备安装工程费用开支的调试及试车费用，以及在试运转中暴露出来的因施工原因或设备缺陷等发生的处理费用。

② 专利及专有技术使用费包括国外设计及技术资料费、引进有效专利、专有技术使用费和技术保密费。国内有效专利、专有技术使用费；商标权、商誉和特许经营权费等。

③ 生产准备及开办费是指在建设期内，建设单位为保证项目正常生产而发生的人员培训费、

提前进场费以及投产使用必备的办公、生活家具用具及工器具等的购置费用。

5. 预备费

按我国现行规定，预备费包括基本预备费和价差预备费。

（1）基本预备费

基本预备费是指针对项目实施过程中可能发生难以预料的支出而事先预留的费用，又称工程建设不可预见费，主要指设计变更及施工过程中可能增加工程量的费用，基本预备费一般由以下四部分构成：

在批准的初步设计范围内，技术设计、施工图设计及施工过程中所增加的工程费用；设计变更、工程变更、材料代用、局部地基处理等增加的费用。

一般自然灾害造成的损失和预防自然灾害所采取的措施费用。实行工程保险的工程项目，该费用应适当降低。

竣工验收时为鉴定工程质量对隐蔽工程进行必要的挖掘和修复费用。

超规超限设备运输增加的费用。

基本预备费是按工程费用和工程建设其他费用两者之和为计取基础，乘以基本预备费费率进行计算。

基本预备费 =（工程费用 + 工程建设其他费用）× 基本预备费费率

基本预备费率的取值应执行国家及部门的有关规定。

（2）价差预备费。

价差预备费是指为在建设期内利率、汇率或价格等因素的变化而预留的可能增加的费用，也称为价格变动不可预见费。价差预备费的内容包括：人工、设备、材料、施工机械的价差费，建筑安装工程费及工程建设其他费用调整，利率、汇率调整等增加的费用。

6. 建设期利息

建设期利息主要是指在建设期内发生的为工程项目筹措资金的融资费用及债务资金利息。

国外贷款利息的计算中，还应包括国外贷款银行根据贷款协议向贷款方以年利率的方式收取的手续费、管理费、承诺费，以及国内代理机构经国家主管部门批准的以年利率的方式向贷款单位收取的转贷费、担保费、管理费等。

三、建设工程定额

建设工程定额是专门为建设生产而制定的一种定额，是生产建设产品消耗资源限额的规定。建设工程定额是指在正常施工条件下，在合理的劳动组织、合理地使用材料和机械的条件下，完成建设工程单位合格产品所必需消耗的各种资源的数量标准。它除了规定各种资源的消耗量外，还规定了应完成的工作内容，需要达到的质量标准和安全要求等。建设工程定额可按照生产要素、编制程序和用途、投资的费用性质、主编单位和执行范围的不同等进行分类。

1. 按定额反映的生产要素分类

（1）人工消耗定额。人工消耗定额是指完成一定合格产品规定活劳动消耗的数量标准。

（2）机械消耗定额。机械消耗定额是指完成一定合格产品（工程实体或劳务）所规定的施工机械消耗的数量标准。

（3）材料消耗定额。材料消耗定额是指完成一定合格产品所需消耗材料的数量标准。材料是工程建设中使用的原材料、成品、半成品、构配件、燃料以及水、电等资源的统称。

2. 按定额的编制程序和用途分类

（1）施工定额。施工定额是施工企业（建筑安装企业）组织生产和加强管理在企业内部使用的一种定额。施工定额属于企业生产定额性质，是工程建设定额中分项最细、定额子目最多的一种定额，也是工程建设定额中的基础性定额。施工定额是施工企业组织生产、编制施工计划、签发施工任务书、考核工效、评定奖励、计算超额奖或计件工资及进行经济核算等方面的依据，也是预算定额的编制基础。

（2）预算定额。是在编制施工图预算时，计算工程造价和计算工程中劳动、材料、机械台班需要量的一种定额。预算定额是一种计价性质的定额，从编制程序上看，它既是以施工定额为编制基础，又是概算定额和估算指标的编制基础。

（3）概算定额。概算定额是编制扩大初步设计概算时，计算和确定工程造价、计算劳动、材料、机械台班需要量所使用的定额。比预算定额更加综合扩大。

（4）概算指标。概算指标是概算定额的扩大与合并，它是以整个建筑物或构筑物为对象，按更为扩大的单位编制的，是一种计价定额。

（5）投资估算指标。是在项目建议书、可行性研究和设计任务书阶段编制投资估算、计算投资需要量时使用的一种定额。通常以单项工程或完整的工程项目为计算对象，项目划分粗细与可行性研究阶段相适应。其主要作用是为项目决策和投资控制提供依据。

3. 按投资的费用性质分类

（1）建筑工程定额。指建筑工程施工定额、建筑工程预算定额、建筑工程概算定额和建筑工程概算指标的统称。

（2）设备安装工程定额。指安装工程施工定额、安装工程预算定额、安装工程概算定额和安装工程概算指标的统称。

（3）建筑安装工程费用定额。指确定建筑安装工程其他费用时使用的定额，如其他直接费定额、现场经费定额、企业管理费、利润、及税金计算时使用的费用定额，其特点是采用计算基数和费率的形式确定各项费用。

（4）工器具定额。是为新建或扩建项目投产运转首次配置的工具、器具数量标准。

（5）工程建设其他费用定额。是独立于建筑安装工程、设备和工器具购置之外的其他费用开支的标准。工程建设其他费用主要包括土地征购费、拆迁安置费、建设单位管理费等。

4. 按主编单位和执行范围分类

（1）全国统一定额。是由国家建设行政主管部门综合全国工程建设中技术和施工组织管理的情况编制，并在全国范围内统一执行的定额。

（2）行业统一定额。是根据各行业部门专业工程技术特点以及施工生产和管理水平编制的。由国务院行业主管部门发布。一般只在本行业部门内或相同专业性质的范围内使用。

（3）地区统一定额。指各省、自治区、直辖市编制颁发的定额，主要考虑地区特点并对全国统一定额水平做适当调整补充编制的。

（4）企业定额。是指由施工企业根据自身情况，参照国家、部门或地区定额的水平制定的定额。仅在企业内部使用。

（5）补充定额。是指随着设计、施工技术的发展，现行定额不能满足需要的情况下，为了补充缺项所编制的定额，有地区补充定额和一次性补充定额两种。其只能在指定的范围内使用，也可以作为以后修订定额的依据。

四、施工过程

1. 施工过程

施工过程是工程建设的生产过程。施工过程由三个要素组成：劳动者、劳动对象和劳动工具。

施工过程由不同工种、不同技术等级的建筑安装工人完成；施工过程必需有一定的劳动对象，如建筑材料、半成品、成品、构配件；施工过程必需有一定的劳动，如手动工具、小型机具和机械设备等。

2. 施工过程的分类

对施工过程的研究，首先是对施工过程进行分类，其目的是通过对施工过程的组成部分进行分解，并按不同的完成方法、劳动分工、组织复杂程度来区别和认识施工过程的性质和包含的全部内容。按施工过程劳动分工的特点不同，可以分为个人完成的过程、施工班级完成的过程和施工队完成的过程。按施工过程的完成方法不同，可以分为手工操作过程（手动过程）、机械化过程（机动过程）和机手并动过程（半机械化过程）。根据施工过程是否循环分类，可分为循环施工过程和非循环施工过程。按施工过程组织上的复杂程度，可分为工序、工作过程和综合工作过程，如图 6–5 所示。

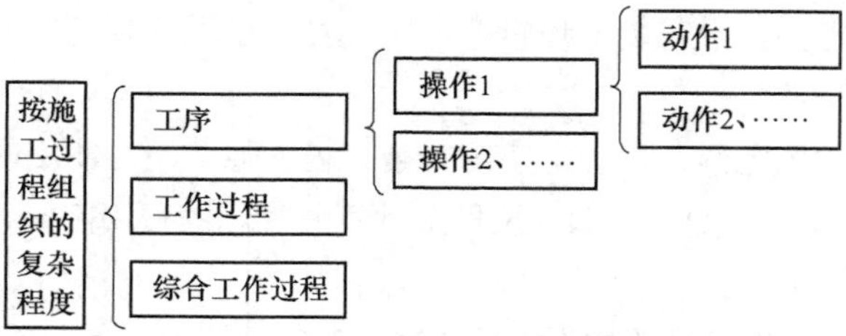

图 6–5　按施工过程组织上的复杂程度分类

（1）工序。工序是组织上不可分割的，在操作过程中技术上属于同类的施工过程。工序的主要特征是工人班组、工作地点、施工工具和材料均不发生变化（地点及人、材、机不变）。上述中任何一个因素的变化，就意味着从一个工序转入另一个工序。在工艺方面工序是最简单的操作过程，但从劳动过程方面工序又可进一步分解为操作和动作。施工操作是一个施工动作接一个施工动作的结合；施工动作是施工工序中最小的可以测算的部分。如钢筋工程这一施工过程可分为钢筋调直、钢筋切断、钢筋弯曲、钢筋绑扎等工序。其中“钢筋切断”这一个工序，又可以分解为以下操作：到钢筋堆放处取钢筋、把钢筋放到作业台上、操作钢筋切断机、取下剪好的钢筋、送至指定的堆放地点。其中“到钢筋堆放处取钢筋”这个操作，可分解为以下操作：走到钢筋堆放处、弯腰、抓取钢筋、直腰、回到作业台。钢筋工程施工过程分解，如图 6–6 所示。

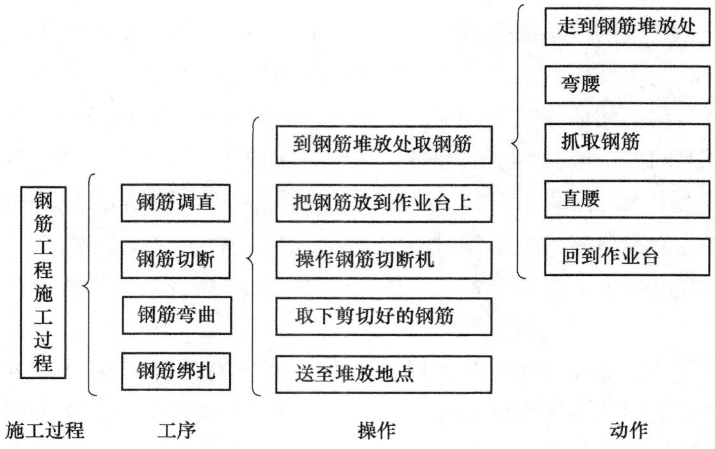

图 6–6　钢筋工程施工过程分解

工序可以由一个人完成，也可以由班级或施工队的数名工人协作完成；可以由手动完成，也可以由机械完成。在机械化的施工工序中，又可以包括由工人自己完成的各项操作和由机器完成的工作两部分。在用观察法（常指计时观察法）来制定劳动定额时，工序是主要的研究对象。

（2）工作过程。工作过程是由同一工人或同一工人班组所完成的在技术操作上相互有机联系的工序的总和。其特点是人员编制不变、工作地点不变，而材料和工具则可以变换。如砌墙这一工作过程由调制砂浆、运砖、砌墙等工序组成。

（3）综合工作过程。综合工作过程是指由几个在工艺上，操作上直接相关，为最终完成同一产品而同时进行的几个工作过程的综合。如钢筋混凝土构件的综合施工过程由浇捣工程、钢筋工程、混凝土工程等工作过程组成。

五、工时研究

工作时间（工时）研究，是在一定的标准测定条件下，确定操作者作业活动所需时间总量的一套方法。

研究施工过程中的工作时间及其特点，并对工作时间的消耗进行科学的分类，是制定定额的基本内容。工时研究的直接结果是制定时间定额，在建筑施工中，主要是确定劳动定额或施工定额中的时间定额或产量定额。

工时研究中，将施工中消耗的时间按其消耗性质分为必需消耗的时间和损失时间。必需消耗的时间计入定额，损失的时间不计入定额。

1. 工人工作时间的分类

（1）必需消耗的时间。必需消耗的时间（定额时间）包括有效工作时间、休息时间、不可避免的中断时间。

有效工作时间是指与产品生产直接有关的时间消耗，包括基本工作时间、辅助工作时间和准备与结束时间。基本工作时间指工人完成一定产品的施工工艺过程所必需消耗的时间。通过基本工作，使劳动对象发生变化：使材料改变外形，如钢筋弯曲加工；改变材料的结构与性质，如混凝土制备；改变产品的外观，如粉刷、油漆等。基本工作时间的大小与工作量的多少成正比。辅助工作时间指与施工过程的技术操作没有直接关系的工序，为了保证基本工作顺利进行而做的辅助性工作所消耗的时间。辅助性工作不直接导致产品的形态、性质、结构或位置的变化，例如，机械上油、小修、转移工作地等辅助性工作。准备与结束时间指执行任务前或任务完成后的零星工作所必需的消耗时间。一般分为班内准备与结束时间和任务内准备与结束时间两种。班内准备与结束时间包括工人工作班内取用工具、设备，工作地点布置，机器开动前的观察与试车的时间，交接班时间等。任务内准备与结束工作时间包括接受任务书，研究施工图纸、接受技术交底、验收交工等工作所消耗的时间。班内准备与结束时间的大小与所提供的工作量大小无关，但与工作内容有关。

休息时间是指工人在施工过程中为了保持体力所必需的短暂休息和生理需要的时间消耗。如施工过程中的喝水、上厕所、短暂休息等，这种时间是为了保证工人正常工作，应作为必需消耗的时间而计入定额。休息时间的长短与劳动条件、劳动强度、工作性质有关。

不可避免的中断时间是指由于施工过程中施工特点引起的工作中断所消耗的时间。例如司机等待装、卸所消耗的时间、安装工等待起重机吊装所需的时间等。与施工过程工艺特点有关的中断时间应作为必需消耗的时间计入定额，但应尽量缩短此项时间消耗。与施工工艺特点无关的中断时间是由于施工组织不合理而引起的，属于损失时间，不应作为必需消耗的时间而计入定额。

（2）损失时间（非定额时间）。损失时间指与产品生产无关，而与施工组织和技术上的缺点有关，与工人在施工过程中的个人过失或某些偶然因素有关的时间消耗。包括多余或偶然工作的时间、停工时间、违反劳动纪律的时间。

多余工作时间是指工人进行了任务以外而又不增加产品数量的工作。如某项施工内容由于质量不合格而重新进行返工。多余工作的时间损失，一般是由于工程技术人员或工人的差错引起的，不是必需消耗的时间，不应计入定额内。

偶然工作的时间是指工人在任务外进行的，但能够获得一定产品的工作。如脚手架支设及拆除过程中留下的脚手眼，抹灰工的抹灰操作前必须先进行补孔洞的工作；钢筋工绑扎钢筋前对模板内杂物的清理工作。从偶然工作的性质上看，不属于必需消耗的时间，但由于偶然工作能获得一定的建筑产品，拟定定额时可适当考虑其影响。

停工时间是指工作班内停止工作造成的时间损失。按其性质可分为施工本身造成的停工和非施工本身造成的停工两种。

施工本身造成的停工指由于施工组织不合理、材料供应不及时、准备工作不充分、劳动力安排不当等情况引起的停工时间。这类停工时间在拟定时不予考虑。

非施工本身造成的停工指由于非施工工人或班组本身原因造成的，如水源、电源中断等引起的停工时间，这类时间在拟定定额时应给予适当考虑。

违反劳动纪律损失的时间是指违反劳动纪律所造成的工作时间损失。包括工人在工作班内的迟到、早退、擅自离岗、工作时间内的非工作行为等造成的时间损失，也包括工人或班组的第三方责任所造成的工作时间的损失。此时间损失在定额中不应该考虑。

综上所述，定额时间主要包括五个部分：基本工作时间、辅助工作时间、准备与结束工作时间、休息时间、不可避免中断时间。

现行《建设工程劳动定额》中关于定额时间的规定为：作业时间、作业宽放时间、个人生理需要与休息宽放时间、须分摊的准备与结束时间等部分，对应于基本工作时间和辅助工作时间、准备与结束工作时间、休息时间、不可避免中断时间。

2. 机械工作时间的分类

机械工作时间的消耗可分为必需消耗时间和损失时间两类。机械工作时间的分类与工人工作时间的分类基本相似，分类方法如下。

必须消耗时间包括有效工作时间、不可避免的无负荷时间和不可避免的中断时间。有效工作时间又分为正常负荷下、有根据地降低负荷下和低负荷下的有效工作时间。不可避免的中断时间分为与工艺过程的特点有关的中断时间、与机械有关的中断时间以及工人休息的时间。

损失时间分为多余和偶然工作时间、停工时间和违反劳动纪律损失时间。停工时间又分为施工本身造成的停工时间和非施工本身造成的停工时间。

六、工时定额的测定

工时定额测定有测时法、写实记录法和工作日写实记录法。

1. 测时法

主要适用于测定那些定时重复的循环工作的工时消耗，精度较高，主要用于测定“有效工作时间”中的“基本工作时间”，有选择法测时和接续法测时两种方法。

（1）选择法测时。又称间隔法测时，它是间隔选择施工过程中非紧连的组成部分（工序或操作）进行工时测定。当所测定的各工序或操作延续时间较短时，用连续法测定较困难，而用选择法测时方便而简单。

（2）连续法测时。又称接续法测时，是连续测定一个施工过程各工序或操作的延续时间，在工作进行中和非循环组成部分出现之前一直不停止秒表，秒针走动过程中，观察者根据各组成部分之间的定时点，记录它的终止时间。观察时使用双针秒表，以便使其辅助针停止在某一组成部分的结束时间上。测时法精度可达到 0.2 ~ 0.5 秒。

2. 写实记录法

是一种研究各种性质的工作时间消耗的方法。可以获得分析工作时间消耗的全部资料，此方法采用普通秒表进行，精度为 0.5 ~ 1.0 分。

资料整理时，先抄录施工过程各组成部分及相应的工时消耗，然后按工时消耗的性质分为基本工作时间与辅助工作时间、休息和不可避免中断时间、违反劳动纪律时间等项，按各类时间消耗进行统计，并计算整个观察时间即总工时消耗；再计算各组成部分时间消耗占总工时的百分比。产品数量从写实记录表内抄录。

单位产品工时消耗由总工时消耗除以产品数量得到。

3. 工作日写实法

主要是一种研究整个工作班内的各种工时消耗的方法，其中包括研究有效工作时间、损失时间、休息时间、不可避免中断时间。

工作日写实法具有技术简便、省力、应用面广和资料全面的优点，在我国是一种采用较广的编制定额的方法。

第二节 人工、材料、机械台班消耗量

人工消耗量、机械台班消耗量、材料消耗量，也称为人工消耗定额（或劳动定额）、机械消耗定额、材料消耗定额。从费用构成的角度来说，本节介绍的 3 种消耗量与第三节将要介绍的 3 种单价结合即形成针对某一单位建筑产品的人工费、材料费和机械费。

一、人工消耗定额

人工消耗定额又称劳动定额，是指在正常的施工技术和合理的劳动组织条件下，为完成单位合格产品所需消耗的工作时间，或在单位工作时间内应完成的产品数量。

人工消耗定额可以有两种表达形式，时间定额和产量定额。

现行《建设工程劳动定额》均以“时间定额”表示，以“工日”为单位，每一工日按 8 小时计算。如需用“产量定额”，可自行换算使用。

1. 时间定额

时间定额是指完成单位产品所必需消耗的时间。它以正常的施工技术和合理的劳动组织为条件，以一定技术等级的工人小组或个人完成质量合格产品为前提。

一般情况下，工作的时间消耗包括两大部分：定额时间和非定额时间，其中非定额时间不应计入定额时间内，定额时间包括基本工作时间、辅助工作时间、准备与结束工作时间、休息时间、不可避免中断时间。

时间定额以工日为单位，一个工日工作时间为 8 小时，时间定额的计算方法如下：

$$\text{单位产品的时间定额（工日）}=\frac{1}{\text{每日生产量}}$$

以小组计算时，则为：

$$\text{单位产品的时间定额（工日）}=\frac{\text{小组成员工日数总和}}{\text{小组每班产量}}$$

2. 时间定额与产量定额的关系

产量定额是指单位时间（一个工日）内，完成产品的数量。它也是以正常的施工技术和合理的劳动组织为条件，以一定技术等级的工人小组或个人完成质量合格的产品为前提。

$$\text{产量定额}=\frac{1}{\text{单位产品的时间定额（工日）}}$$

以小组计算时，则为：

$$\text{小组台班产量}=\frac{\text{小组成员工日数总和}}{\text{单位产品的时间定额（工日）}}=\text{小组成员工日数总和}\times\text{产量定额}$$

时间定额与产量定额互为倒数，可以相互换算。

3. 人工消耗定额的作用

（1）劳动定额是建筑装饰施工企业内部组织生产，编制施工作业计划和施工组织设计（方案）的依据。

（2）它是签发施工任务单，计算工资薪酬的依据。

（3）它是施工企业内部实行经济核算，计算内部承包价格的依据。

（4）它是编制企业定额的依据。

4. 人工消耗定额的确定

（1）技术测定法。技术测定法是通过对施工过程中的具体活动，进行实地观察，详细记录在施工过程中工人和机械的工作时间消耗、材料的消耗，完成产品数量及有关影响因素，并将记录结果予以整理，分析研究各种因素的影响，剔除损失时间，从而获得可靠的原始数据资料，为制定定额（人工、机械、材料消耗定额）提供科学依据。

技术测定法可分为计时观察法和计量观察法。计时观察法主要用于人工、机械消耗的观察，而计量观察法主要用于原材料消耗的观察。

（2）比较类推法。是选定一个已精确测定好的典型项目的定额，经过对比分析，计算出同类型其他相邻项目的定额的方法。此法计算简便、工作量小，但定额的编制质量受各种因素影响较大，如定额时间构成分析不充分、影响因素估计不足、所选典型定额不当等。

（3）统计分析法。将以往施工中累积的同类型工程项目的工时耗用量加以科学地统计、分析、并考虑施工技术与组织变化的因素，经分析研究后制定的劳动定额的一种方法。

由于统计分析资料是过去已经达到的水平，且包含了某些不合理的因素，水平可能偏于保守，为了克服统计分析资料的这种缺陷，使确定的定额水平保持平均先进的性质，可采用"二次平均法"计算平均先进值作为确定定额水平的依据。

"二次平均法"计算步骤如下：剔除统计资料中特别偏高、偏低及明显不合理的数据；计算出算术平均值；在工时统计数组中，取小于上述平均值的数组，计算其平均值；计算上述两平均值的平均值（即为平均先进水平）。

（4）经验估计法。经验估计法又是由定额管理人员、技术人员、工人等根据个人或集体实践经验，结合图纸分析、现场观察、分析施工工艺、分析施工的生产技术组织和操作方法等情况，进行座谈讨论，从而制定定额的方法。

经验估计法技术简单、工作量小、速度快。其缺点是人为因素较多，科学性、准确性差，为提高估算的精确度，使取定的定额水平适当，可采用概率方法估算。

5. 人工消耗定额确定的步骤

必需消耗的时间的确定可分为工序作业时间（基本工作时间、辅助工作时间）、规范时间（准备与结束工作时间、休息时间、不可避免中断时间）两大部分。

（1）确定工序作业时间。根据前述几种方法所得资料的分析和选择，可以获得各种产品的基本工作时间和辅助工作时间，这两种时间合并称之为工序作业时间。它是产品主要的必需消耗工作时间，对整个产品的定额时间起决定作用。

基本工作时间所占的比重最大，一般应根据前述技术观察法所得到的计时观察资料确定。

首先确定工作过程中每一组成部分的工时消耗，然后综合出工作过程的工时消耗，当各组成部分与工作过程的产品计量单位不同时，可先求出计量单位的换算系数，进行换算，然后再与其他组成部分相加求得工作过程的工时消耗。

拟定辅助工作时间的方法与基本工作时间基本相同。可采用计时观察法、工时规范或经验数据确定。工时规范中的辅助工作时间百分率参考表中的数据是以辅助时间占工序作业时间的比值确定的，使用时应注意。

（2）确定规范时间。规范时间指在定额时间内且工序作业时间以外的准备与结束时间、休息时间、不可避免中断时间。

准备与结束时间可采用技术测定法中的计时观察资料、工时规范或经验数据来确定。可分为班内准备和任务准备两种时间。任务的准备与结束时间通常不能集中在某个工作日中，而要采取分摊计算的办法，分摊在单位产品的时间定额里。

休息时间应根据工作班制度、经验资料、技术测定法中的计时观察资料，以及工作的繁重程度等做全面分析来确定。拟定时，应尽可能利用不可避免中断时间作为休息时间、充分利用工序内部的技术间歇和组织间歇时间。

确定不可避免中断时间可采用技术测定法中的计时观察资料、工时规范或经验数据来确定。工时规范中一般以不可避免中断时间占工作日的百分比表示此项工时消耗的时间定额。

测定时应注意，不可避免中断时间是由工艺特点所引起的不可避免中断才能列入工作过程的时间定额。

（3）拟定定额时间。劳动定额（以时间定额表示时）即是确定的基本工作时间、辅助工作时间、准备与结束工作时间、不可避免中断时间与休息时间之和。根据时间定额与产量定额的互为倒数关系可计算出产量定额。需要说明的是，目前劳动定额的表示方式已由原来的复数形式改为单数形式，即仅以时间定额方式的方式表式。

通常的做法是将规范时间（准备与结束时间、不可避免中断时间和休息时间之和）以占工作班时间（定额时间）的百分率形式表示。

综上所述：

$$\text{工序作业时间}=\text{基本工作时间}+\text{辅助工作时间}=\text{基本工作时间}\times\frac{1}{1-\text{辅助时间}(\%)}$$

$$\text{定额时间}=\text{工序作业时间}+\text{规范时间}=\text{工序作业时间}\times\frac{1}{1-\text{规范时间}(\%)}$$

以上两式的计算原理相同，以下仅将第一个公式进行解释：

由辅助时间百分率定义：

$$\text{辅助工作时间}(\%)=\frac{\text{辅助工作时间}}{\text{工序作业时间}}=\frac{\text{辅助工作时间}}{\text{基本工作时间}+\text{辅助工作时间}}$$

$$\text{辅助工作时间}=\text{基本工作时间}\frac{\text{辅助工作时间}(\%)}{1-\text{辅助工作时间}(\%)}$$

则：

$$\text{工序作业时间}=\text{基本工作时间}+\text{辅助工作时间}$$

$$=基本工作时间+基本工作时间\times\frac{辅助工作时间（\%）}{1-辅助工作时间（\%）}$$

$$=基本工作时间\times\frac{1}{1-辅助工作时间（\%）}$$

【例 6-1】采用技术测定法的计时观察资料如下：人工挖二类土 1m³，挖土深度 1.5m 以内，基本工作时间为2416s，辅助工作时间占工序作业时间的2%。其他资料如下：准备与结束工作时间、不可避免中断时间、休息时间分别占工作日的 3%、2% 和 18%。试确定该人工挖二类土的时间定额。

【解】基本工作时间 =2416 ÷（60 × 60 × 8）=0.0839（工日 /m³）

工序作业时间 =0.0839 × [1 ÷（1–2%）]=0.0856（工日 /m³）

规范时间 =0.0856 × [1 ÷（1–3%–2%–18%）]=0.1112（工日 /m³）

时间定额 =0.0856+0.1112=0.1968，取 0.197（工日 /m³）

计算结果与定额所列相近，见表 6–1。

表 6–1 《建设工程劳动定额》– 建筑工程 – 人力土石方工程（摘录）

工作内容：1. 挖土方：地面以下挖土、装土、修整底边等全部操作过程；

2. 山坡切土：设计室外地坪以上，厚度＞ 300mm 的挖土、装土、卸土、检平等到全部操作过程。

单位：m³

定额编号		AB0001	AB0002	AB0003	AB0004	AB0005Z	序号
项目		挖土方深度（≤ m）				山坡切土	
		1.5	3	4.5	6		
一类土		0.126	0.282	0.343	0.410	0.098	一
二类土		0.197	0.353	0.414	0.481	0.148	二
三类土		0.328	0.484	0.545	0.612	0.264	三
四类土		0.504	0.660	0.721	0.788	0.410	四
淤泥	砂性	0.517	0.673	0.734	0.801	—	五
	黏性	0.734	0.890	0.951	1.018	—	六

6. 人工消耗定额（劳动定额）的使用

正确使用定额，必需详细阅读总说明、分册说明、各项标准的适用范围、引用标准及有关规定，熟悉施工方法及规定，掌握时间定额表的具体内容。劳动定额的使用大多数情况是直接套用。为了扩大劳动定额的使用范围，同时也减少补充定额的情况，并出于简化计算的需要，劳动定额的说明及附注中包括换算及调整的要求，使用时必需依据定额的要求。定额使用的三种方式为套用、换算及补充，相关知识可参考有关定额编制、定额使用的有关资料。

二、材料消耗定额

材料消耗定额是指在合理使用材料的条件下，生产单位质量合格的建筑产品，必需消耗一定品种、规格的材料（包括半成品、燃料、配件、水、电资源等）的数量。

1. 材料的分类

合理确定材料消耗定额，应正确区分材料类别。

（1）根据材料消耗的性质划分，施工中材料的消耗可分为必需消耗的材料和损失的材料两大类。必需消耗的材料指在合理作用材料的条件下，生产合格产品所必需消耗的材料。它包括直接用于建筑安装工程的材料、不可避免的施工废料以及不可避免的材料损耗等。必需消耗的材料属于施工正常消耗，是确定材料消耗定额的基本数据。其中，直接用于建筑安装工程的材料，编制材料净用量定额；不可避免的施工废料和材料损耗，编制材料损耗定额。损失的材料不应计入定额。

（2）根据材料消耗与工程实体的关系，施工中的材料可分为实体材料和非实体材料两大类。实体材料是指直接构成工程实体的材料。它包括工程直接性材料和辅助材料。工程直接性材料主要指一次性消耗、直接用于工程上构成建筑物或结构本体的材料，如钢筋混凝土梁中的钢筋、水泥、砂、碎石等；辅助性材料主要指虽然也是施工过程中所必需，却并不构成建筑物或结构本体的材料，如土石方爆破工程中所需的炸药、引信、雷管等。主要材料用量大、辅助材料用量少。非实体材料是指在施工中必需使用但又不构成工程实体的施工措施性材料。非实体材料主要是指周转性材料，如模板、支架、脚手架等。

2. 材料消耗定额的组成

材料消耗定额中的消耗量包括材料的净用量和材料的损耗量两部分。

$$材料消耗量=材料净用量+材料损耗量$$

材料的净用量是指直接用于建筑工程的材料数量。

材料损耗量是指不可避免的施工废料和材料损耗数量。

$$材料损耗率=\frac{材料损耗量}{材料消耗量}$$

因此，材料消耗量也可表示为：

$$材料消耗量=材料净用量\times(1+材料损耗率)$$

另一种材料损耗率的定义方法为：

$$材料损耗率=\frac{材料损耗量}{材料净用量}$$

3. 材料消耗定额的确定

材料消耗定额的确定有观测法、试验法、统计法和理论计算法。

（1）观测法。又称现场测定法，它是在施工现场按一定程序对完成合格产品的材料耗用量进行测定，通过分析、整理、确定单位产品的材料消耗定额。

（2）试验法。又称试验室试验法，它是在试验室中进行试验和测定工作，此法一般用于确定各种材料的配合比。

利用材料试验法，主要是编制材料净用量定额，它不能取得在施工现场实际条件下，由于各种客观因素对材料耗用量影响的实际数据。

（3）统计法。是指通过统计现场各分部分项工程的进料数量、用料数量、剩余数量及完成产品数量，并对大量统计资料进行分析计算，获得材料消耗的数据。这种方法不能分清材料消耗的性质，因而不能作为确定材料净用量定额和材料消耗定额的精确数据。

采用统计法必须要保证统计和测算的耗用量和其相应产品一致。在施工现场中的某些材料，往往难以区分用在各个不同部分上的准确数量。因此，要注意统计资料的准确性和有效性。

（4）理论计算法。又称计算法。它是根据施工图纸，结合建筑构造、作法、材料规格和施工规范等，运用一定的数学公式计算材料的用量。理论计算法只能计算出单位产品的材料净用量，而材料的损耗量还要在现场通过实测取得。此法适用于相同尺寸规格的一般板块类材料的计算。

【例 6–2】某建筑装饰工程室内墙面采用 1:1 水泥砂浆镶贴 150mm × 100mm × 5mm 瓷砖，砂浆结合层厚度 10mm，试计算每 100m^2 工程量瓷砖墙面中瓷砖和砂浆的消耗量。灰缝宽度为 2mm，瓷砖损耗率为 1.5%，砂浆损耗率为 1%。

【解】对于相同尺寸规格的材料的计算，可以采用理论计算法计算净用量，再结合测定（或查取）的损耗率计算损耗量，最后计算出消耗量。

预算定额常常采用扩大计量单位，对于劳动定额或施工定额中的材料消耗定额与机械台班消耗定额，为使用方便，减少测算误差，有些项目也可以采用扩大计量单位。

1. 计算块料用量

块料净用量 = 工程量 ÷{[块料长 +（灰缝 /2）× 2] × [块料宽 +（灰缝 /2）× 2]}

=100 ÷ {[0.15+（0.002/2）× 2] × [0.10+（0.002/2）× 2]}

=100 ÷ 0.015504

=6449.95（块）

块料消耗量 =6449.95 ×（1+1.5%）=6546.70 ≈ 6547（块）

2. 计算砂浆用量

结合层砂浆净用量 =100 × 0.01=1.0（m^3）

灰缝砂浆净用量 =（100–6449.95 × 0.15 × 0.10）× 0.005=0.016（m^3）

砂浆消耗量 =（1.0+0.016）×（1+1%）=1.026（m^3）

如以上两项砂浆用量均进入同一定额子目，则工程量计算规则或说明中应予以注明，即块料面层已包含结合层及勾缝砂浆的用量。因此正确使用定额，必须了解其编制原理和方法，全面了解其工程量计算说明及规则。

3. 周转性材料的消耗定额

周转性材料是指在施工过程中不是一次性消耗的材料，而是可多次周转使用，经过修理、补充才逐渐消耗尽的材料，如脚手架（板）、现浇模板、支架等。

周转性材料消耗定额是指每周转一次摊销的数量，其计算必须考虑一次使用量、周转次数、周转使用量、回收价值等因素。

周转性材料的一次使用量可供建设单位和施工单位申请备料和编制作业计划使用；而计入定额的是摊销的数量，直接为计算服务。使用时应注意两者的区别。

（1）一次使用量。一次使用量是指周转性材料的一次投入量。周转性材料的一次使用量根据施工图及损耗资料计算，其用量与各分部分项工程的部位、施工工艺和施工方法有关。

例如，混凝土构件现浇模板的一次使用量＝混凝土构件模板接触面积 × 每平方米接触面积需模板量 ×（1+ 损耗率 %）

（2）周转次数。材料周转次数是指周转性材料从第一次使用起直到报废为止，在补损条件下可以重复使用的次数。其数值一般采用观察法或统计分析法测定，也可查阅相关手册。

（3）补损量及补损率。材料补损量指周转材料每周转使用一次的材料损耗，即在第二次和以后各次周转中为保证正常使用而进行修补的损耗所需要的材料消耗，补损率的大小取决于材料的拆除、运输和堆放方法，以及施工现场的条件，在一般情况下，补损率随周转次数的增多而增大，因此一般采用平均补损率计算。注意这里所说的损耗指的是周转性材料在使用过程中的损耗，不同于前述的材料在加工、运输过程中的损耗。

$$\text{补损率} = \frac{\text{平均每次损耗量}}{\text{一次使用量}} \times 100\%$$

（4）周转使用量。周转使用量是指周转性材料在周转使用和补损的条件下，每周转一次的平均需要量。

$$\text{周转使用量} = \frac{\text{一次使用量} + [\text{一次使用量} \times (\text{周转次数} - 1) \times \text{补损率}(\%)]}{\text{周转次数}}$$

$$= \text{一次使用量} \times [\frac{1 + (\text{周转次数} - 1) \times \text{补损率}(\%)}{\text{周转次数}}]$$

（5）回收量。周转回收量是指周转性材料每周转一次后，可以平均回收的数量。

$$\text{材料回收量} = \frac{\text{一次使用量} - (\text{一次使用量} \times \text{补损率}(\%))}{\text{周转次数}}$$

$$= \text{一次使用量} \times \frac{1 - \text{补损率}(\%)}{\text{周转次数}}$$

（6）摊销量。材料摊销量指周转材料在重复使用的条件下，分摊到每一计量单位分项或结构构件的材料消耗量。是应纳入定额的实际周转材料的消耗量。

在编制定额时，周转性材料的回收部分需考虑使用前后的价值变化，应乘以回收折价率；同时，周转性材料在周转使用过程中均要投入人力、物力组织、管理补修工作，需额外支付施工管理费。为补偿此项费用和简化计算，一般采用减少回收量，增加摊销量的方式。

$$\text{材料摊销量} = \text{周转使用量} - \text{材料回收量}$$

$$\text{材料摊销量} = \text{周转使用量} - \text{回收量}\frac{\text{回收折价率}(\%)}{(1 + \text{施工管理费率}(\%))}$$

$$\text{周转材料摊销量} = \text{图纸计算一次使用量} \times \frac{(1 + \text{施工管理费率}(\%))}{\text{周转次数}}$$

三、机械消耗定额

机械消耗定额是指在正常施工条件下，为生产单位合格产品所需消耗的某种机械的工作时间，或在单位时间内该机械应该完成的产品数量。

机械消耗量定额一般以一台机械的一个工作台班为计量单位，所以又称为机械台班定额。一台施工机械工作 8 小时为一个台班。

机械台班定额消耗量有两种表现形式：时间定额和产量定额。

1. 时间定额

指在正常的施工条件和合理的劳动组织下，完成单位合格产品所必需的机械台班数，按下列公式计算：

$$机械时间定额（台班）=\frac{1}{机械台班产量}$$

2. 产量定额

指在正常的施工条件和合理的劳动组织下，每一个机械台班时间中必需完成的合格产品数量，按下列公式计算：

$$机械台班产量定额=\frac{1}{机械时间定额(台班)}$$

3. 人工配合机械工作的定额

人工配合机械工作的定额是按照每个机械台班内配合机械工作的工作班组总工日数及完成的合格产品数量来确定。其表现形式也分为两种：时间定额与产量定额。

（1）单位产品的时间定额。完成单位合格产品所必需消耗的工作时间，按下列公式计算：

$$单位产品的时间定额=\frac{班组成员工日数总和}{一个机械台班的产量}$$

（2）产量定额。一个机械台班中折合到每个工日生产单位合格产品的数量，按下列公式计算：

$$产量定额=\frac{一个机械台班的产量}{班组成员工日数总和（工日）}$$

4. 机械消耗定额的确定

（1）拟定正常施工条件。机械工作与人工操作相比，劳动生产率受到施工条件的影响更大，编制定额时更应重视机械工作的正常条件。主要是进行工作地点的合理组织和拟定合理的劳动组合。

工作地点的合理组织是指对施工地点机械和材料的位置、工人从事操作的场所，做出科学合理的平面布置和空间安排。

拟定合理的劳动组合是指根据施工机械的性能和设计能力、工人的专业分工和劳动工效，合理确定操纵机械的工人和参加机械化过程的工人人数，确定维护机械的工人人数及配合机械施工的工人人数，以保持机械的正常生产率和工人正常的劳动效率。

（2）确定机械纯工作 1 小时的生产率。机械纯工作时间是指机械必需消耗的时间，包括在满载和有根据地降低负荷下的工作时间，不可避免的无负荷工作时间和必要的中断时间。

根据工作特点的不同，机械可分为循环和连续动作两类，依机械纯工作 1 小时生产率的确定方法有所不同。

工作时间内完成的产品数量和工作时间的消耗，要通过多次现场观测或试验以及机械说明书来确定。

（3）确定机械的正常利用系数。机械的正常利用系数是指机械在工作班内对工作时间的利用率。机械正常利用系数的计算公式如下：

$$机械正常利用系数=\frac{机械在一个工作班内纯工作时间}{一个工作班延续时间（8小时）}$$

（4）计算机械消耗定额。

机械台班产量定额 = 机械纯工作 1 小时正常生产率 × 工作班纯工作时间

或：

机械台班产量定额 = 机械纯工作 1 小时正常生产率 × 工作班延续时间 × 机械正常利用系数

根据机械台班时间定额与产量定额的互为倒数关系，可计算出机械的时间定额。

第三节 人工、材料、机械台班单价

分项工程单价包括人工单价、材料价格（材料预算价格）、机械台班单价（机械台班使用费）3 种。本节介绍的 3 种单价与第二节已经介绍的 3 种消耗量结合即形成针对某一单位建筑产品的人工费、材料费和机械费。

一、人工单价

人工单价是指一个建筑安装生产工人一个工作日在计价时应计入的全部人工费用。反映了工资水平和工人在工作日内可得到的报酬。它是正确计算人工费和工程造价的前提和基础。

1. 人工单价的构成

人工单价即预算人工日工资单价，是指建筑安装施工企业平均技术熟练程度的生产工人在每工作日（国家法定工作时间内）按规定从事施工作业应得的日工资总额。它反映了生产工人的工资水平和工人在工作日内可得到的报酬。合理确定人工单价是正确计算人工费和工程造价的前提和基础。

2. 人工单价的确定方法

（1）计时工资或计件工资：是指按计时工资标准和工作时间或对已做工作按计件单价支付给个人的劳动报酬。

（2）奖金：是指对超额劳动和增收节支支付给个人的劳动报酬。如节约奖、劳动竞赛奖等。

（3）津贴补贴：是指为了补偿职工特殊或额外的劳动消耗和因其他特殊原因支付给个人的津贴，以及为了保证职工工资水平不受物价影响支付给个人的物价补贴。如流动施工津贴、特殊地区施工津贴、高温（寒）作业临时津贴、高空津贴等。

（4）加班加点工资：是指按规定支付的在法定节假日工作的加班工资和在法定日工作时间外延时工作的加点工资。

（5）特殊情况下支付的工资：是指根据国家法律、法规和政策规定，因病、工伤、产假、计划生育假、婚丧假、事假、探亲假、定期休假、停工学习、执行国家或社会义务等原因按计时工资标准或计时工资标准的一定比例支付的工资。

日工资单价的计算方法如下：

$$日工资单价=\frac{生产工人平均月工资（计时或计件）+月平均其他工资（奖金+津贴、补贴+特殊情况下支付的工资）}{年平均每月法定工作日}$$

3. 影响人工单价的因素

影响人工单价的因素很多，一般包括以下几个方面。

（1）社会平均工资水平。建筑安装工人人工单价必须和社会平均水平趋同，社会平均工资水平取决于社会经济发展水平，经济水平的迅速增长，必需带来平均工资的大幅增长，从而影响人工单价的大幅提高。

（2）生活消费指数。生活消费指数的提高会影响人工单价的提高，以抵消生活水平的相对下降或维持原来的生活水平。生活消费指数的变动取决于物价的变动，特别是生活消费品物价的变动。

（3）人工单价的组成内容。人工单价的组成内容的变化对人工单价有直接的影响。例如养老保险、医疗保险、失业保险、住房公积金等社会保障体系的内容等，如列入人工单价，会使人工单价提高。

（4）劳动力市场供需变化。这是市场供求关系在人工单价上的体现。劳动力市场需求大于供给，人工单价就会提高；供给大于需求，激烈的市场竞争，将会导致人工单价下降。

（5）政府推行的社会保障和福利政策也会影响人工单价的变动。

二、材料价格

材料费占建筑安装工程费总造价约60% ~ 70%，是直接工程费的主要组成部分，合理确定材料价格，正确计算材料价格，有利于合理确定和有效控制工程造价。

1. 材料价格的构成

材料价格是指材料（包括原材料、构配件、零件、成品及半成品等）、工程设备从其来源地（或交货地点、供应者仓库、提货地点）到达工地仓库（或施工现场存放材料的地点）后出库的综合平均价格。

它包括材料原价、材料运杂费用、运输损耗费用、采购及保管费组成。

2. 材料价格的确定方法

（1）材料原价：是指材料、工程设备的出厂价格或商家供应价格。

对于同一种材料，因来源地、交货地、供货单位、生产厂家等的不同而有多种价格（原价）时，应根据不同来源地供货数量的比例，采取加权平均的方法确定其综合原价。

（2）运杂费：是指材料、工程设备自来源地运至工地仓库或指定堆放地点所发生的全部费用。

运杂费中含外埠中转运输过程中所发生的一切费用和过境、过桥费用，包括运输费、调车和驳船费、装卸费及其他附加工作费。同一种材料因不同来源地而有多种运费标准时，应根据不同来源地供货数量，采取加权平均的方法确定其综合运杂费。

（3）运输损耗费：是指材料在运输装卸过程中不可避免的损耗。

运输损耗费 =（材料原价 + 运杂费）× 运输损耗率（%）

同一种材料因不同来源地而有多种运输损耗率时，应首先计算不同来源地的运输损耗标准，再根据不同来源地供货数量，采取加权平均的方法确定综合运输损耗率。

（4）采购及保管费：是指在组织采购、供应和保管材料、工程设备的过程中所需要的各项费用。包括采购费、仓储费、工地保管费、仓储损耗。

采购保管费 =（材料原价 + 运杂费 + 运输损耗费）× 采购及保管费率（%）

材料单价的一般计算公式为：

材料单价 =（材料原价 + 运杂费）×[1+ 运输损耗率（%）]×[1+ 采购保管费率（%）]

工程设备是指构成或计划构成永久工程一部分的机电设备、金属结构设备、仪器装置及其他类似的设备和装置。工程设备单价的一般计算公式为：

工程设备单价 =（设备原价 + 运杂费）×[1+ 采购保管费率（%）]

【例 6–3】某建筑装饰施工工地使用的水泥由两个不同的供货单位供应，其采购量及相关费用见表 6–2，试确定该工地水泥的单价。

表 6–2　材料价格相关费用

采购地点	采购量（t）	原价（元 /t）	运杂费（元 /t）	运输损耗率(%)	采购及保管费费率（%）
A	500	345	22	0．6	3
B	450	355	20	0．5	

【解】

加权平均原价：（345×500+355×450）÷（500+450）=349.74（元 /t）

加权平均运杂费：（22×500+20×450）÷（500+450）=21.05（元 /t）

A 来源地运输损耗费：（345+22）×0.6%=2.20（元 /t）

B 来源地运输损耗费：（355+20）×0.5%=1.88（元 /t）

加权平均运输损耗费：（345×2.20+355×1.88）÷（345+355）=2.04（元 /t）

水泥单价：（349.74+21.05+2.04）×（1+3%）=384.01（元 /t）

3. 影响材料价格的因素

材料价格的影响因素很多，主要包括以下几个方面。

（1）市场供求变化。市场供求变化会影响材料预算价格的变化，供给大于需求，价格就会下降，反之，价格就会上升。

（2）材料生产成本的变化。材料生产成本，直接涉及材料原价的变化，会引起材料预算价格的变化。

（3）流通环节及供应体制的影响。流通环节增多，会使材料预算价格上升，供应体制涉及供销部门手续费，也是材料预算价格中包含的内容。

（4）运输距离和运输方法。直接影响材料预算价格中的运杂费内容，因此运输距离和运输方法会对材料预算价格产生影响。

（5）国际市场行情会对材料价格产生影响。因国际市场材料的总体供应格局的变化，材料价格，尤其是进口材料的价格，直接受到影响。

三、机械台班单价

1. 机械台班单价的构成

施工机械台班单价是指一台施工机械，在正常的运转条件下一个工作班中所发生的全部费用。每台班按 8 小时工作制计算。正确编制施工机械台班单价是合理计算及控制工程造价的重要基础。

施工机械台班单价由折旧费、大修理费、经常修理费、安拆费及场外运输费、人工费、燃料动力费、其他费用七项费用组成。

2. 机械台班单价的确定方法

机械台班单价由两类费用组成，即第一类费用和第二类费用。

第一类费用亦称不变费用，这一类费用不因施工地点和条件的不同而发生变化，它的大小与机械工作年限直接相关，其内容包括折旧费、机械大修理费、机械经常修理费、机械安拆费及场外运费四项内容；第二类费用也称可变费用，这类费用是机械在施工运转时发生的费用，它常因施工地点和施工条件的变化而变化，它的大小与机械工作台班数直接相关，其内容包括人工费、燃料动力费、税费三项内容。

以下对机械台班单价的七个组成部分分别介绍。

（1）折旧费。指施工机械在规定的使用期限内，陆续收回其原值及购置资金的时间价值的费用。

$$台班折旧费 = \frac{机械预算价格 \times (1-残值率) \times (1+贷款利息系数)}{耐用总台班}$$

机械残值率的取定见表 6–3。

表 6–3　机械残值率取定表

序号	机械各类	机械残值率（%）
1	运输机械	2
2	特大型机械	3
3	中小型机械	4
4	掘进机械	5

机械预算价格的确定包括国产机械的预算价格和进口机械预算价格两种情况。

国产机械的预算价格包括机械原值、供销部门手续费和一次运杂费以及车辆购置税。机械原值可采用编制期施工企业已购进的施工机械成交价格、编制期国内施工机械展销会发布的参考价格或编制期施工机械生产厂家及经销商的销售价格计算。供销部门手续费和一次运杂费可按机械原值的 5% 计算。车辆购置税以计税价格为基数计算：

$$车辆购置税 = 计税价格 \times 车辆购置税率（\%）$$

其中：

$$计税价格 = 机械原值 + 供销部门手续费和一次运杂费 - 增值税$$

进口机械的预算价格包括按照机械原值、关税、增值税、消费税、外贸手续费和国内运杂费、财务费、车辆购置税之和计算。进口机械的机械原值按其到岸价格取定。其中关税、增值税、消费税、及财务费执行编制期国家相关规定，并参照实际发生的费用计算。外贸手续费和国内运杂费按费率方式计算，计费基数为到岸价格，费率为 6.5%。车辆购置税的计税价格包括到岸价格、关税和消费税三项之和。

（1+ 贷款利息系数）称为机械的时间价值系数。

$$贷款利息系数 = \frac{折旧年限 +1}{2} \times 年折现率 \%$$

$$耐用总台班 = 年工作台班 \times 折旧年限$$

或：

$$耐用总台班 = 大修周期 \times 大修理间隔台班$$

$$大修周期 = 寿命期大修理次数 +1$$

或：

$$寿命期大修理次数 = 大修周期 -1$$

（2）台班大修理费。指机械设备按规定的大修间隔台班进行必要的大修理，以恢复机械正常功能所需的费用。台班大修理费是机械使用期限内全部在修理费之和在台班费中的分摊费用。

$$台班大修理费 = \frac{一次大修理费 \times 寿命期内大修理次数}{耐用总台班}$$

一次大修理费应以《全国统一施工机械保养修理技术经济定额》为基础，并结合编制期的市场价格综合确定。寿命期内大修理次数也应参照该经济定额确定。

（3）经常修理费。指施工机械除大修理以外的各级保养和临时故障排除所需的费用。台班经常修理费以大修理费为基数采用乘系数方式计算。它包括为保障机械正常运转所需的替换与随机配备工具、附具的摊销和维护费用，机械运转中日常保养所需润滑与擦拭材料的费用，以及机械停止期间的维护和保养费用等。

$$台班经常修理费 = 台班大修理费 \times 台班经常修理费系数 K$$

（4）安拆费及场外运费。台班级安拆费指施工机械在现场进行安装与拆卸所需的人工、材料、机械和试运转费用以及机械辅助设施的折旧、搭设、拆除等费用；场外运费指施工机械整体或分体自停放地点运至施工现场或由一施工地点运至另一施工地点的运输、装卸、辅助材料及架线等费用。

$$台班安拆费及场外运费 = \frac{一次安拆费及场外运费 \times 年平均安拆次数}{年工作台班}$$

一般中、小型机械的安拆费及场外运费计入台班单价；大型机械的安拆费及场外运费单独计算费用，计入措施项目费中。不需安装、拆卸且自身能开行的机械及固定在车间不需要安装、拆卸及运输的机械，其安拆费及场外运费不计算。

（5）台班人工费。台班人工费指机上司机（司炉）和其他操作人员的工作日人工费及上述人员在施工机械规定的年工作台班以外的人工费。

$$台班人工费 = 人工消耗量 \times \left(1+ \frac{年度工作日 - 年工作台班}{年工作台班}\right) \times 人工日工资单价$$

（6）燃料动力费。指施工机械在运转作业中所耗用的固体燃料（煤、木柴）、液体燃料（汽油、柴油）及水、电等费用。

台班燃料动力费 = 台班燃料动力消耗量 × 相应单价

台班燃料动力消耗量可采用如下方法确定：

$$台班燃料动力消耗量 = \frac{定额平均值 + 实测值 \times 4 + 调查平均值}{6}$$

（7）其他费用。指按照国家和有关部门规定应缴纳的养路费、车船使用税、保险费及年检费用等。

$$台班其他费用 = \frac{年养路费 + 年车船使用费 + 年保险费 + 年检费用}{年工作台班}$$

【例 6-4】某型号 10t 自卸汽车，预算价格 28 万元 / 台，使用总台班约 3900 个台班，大修间隔 650 个台班，年工作 260 个台班，一次大修理费 25400 元，经常维修费系数 K=1.48，替换设备、工附具费及润滑材料费 43.40 元 / 台班，机上人工消耗 2.50 工日 / 台班，人工单价 42.50 元 / 工日，柴油耗用 46.82kg/ 台班，柴油预算价格 4.35 元 /kg，养路费 98.30 元 / 台班。试求该机械的台班单价。

【解】第一类费用计算：

机械台班折旧费：280000 ×（1–2%）÷ 3900=70．36（元 / 台班）

大修理费：

大修理次数：3900 ÷ 650–1=5（次）

台班大修理费：25400 × 5 ÷ 3900=32.56（元 / 台班）

经常维修费：32.56 × 1.48=48.19（元 / 台班）

安拆费及场外运费：自卸汽车不需安装拆卸，属自行式机械，不计算安拆费及场外运费。

第一类费用小计：70.36+32.56+48.19=151.11（元 / 台班）

第二类费用计算：

人工费：42.50 × 2.50=106.25（元 / 台班）

燃料动力费：4.35 × 46.82=203.67（元 / 台班）

养路费（其他费用）：98.30（元 / 台班）

第二类费用小计：106.25+203.67+98.30=408.22（元 / 台班）

机械台班单价：151.11+408.22=559.33（元 / 台班）

3. 影响机械台班单价的因素

（1）施工机械本身的价格。施工机械本身的价格直接影响机械台班折旧费，进而影响机械台班单价。

（2）施工机械使用寿命。施工机械使用寿命通常指施工机械的更新时间，它是由机械自然因素、经济因素和技术因素所决定的。直接影响施工机械的台班折旧费、大修理费和经常修理费，因此对施工机械台班单价有直接的影响。

（3）施工机械的管理水平和市场供需变化。机械的使用效率、机械完好率及日常维护水平均取决于管理水平高低，将对施工机械的台班单价有直接影响，而机械市场供需变化也会造成机械台班单价提高或降低。

（4）国家及地方征收税费。燃料税、车船使用税、养路费的调整变化，国家及地方有关施工机械征收税费政策的规定，将对施工机械台班单价产生较大影响。

四、工程单价

工程单价一般指单位固定建筑安装产品的价格，依综合程度的不同可分为工料单价、综合单价和全费用单价。

1. 工料单价

工料单价只包括人工费、材料费和机械台班使用费。（其中材料费中包括一般检验试验费），一般以单位估价表的形式发布，也称定额基价，用于定额计价模式。

分项工程单价 = 人工费 + 材料费 + 机械费

人工费 = 分项工程定额用工量 × 地区综合平均人工单价

材料费 = Σ（分项工程定额材料用量 × 相应材料价格）+ 材料一般检验试验费

机械费 = Σ（分项工程机械台班使用量 × 相应机械台班单价）

2. 综合单价

综合单价用于工程量清单计价模式中，是指完成工程量清单中一个规定计量单位项目所需的人工费、材料费、机械使用费、管理费和利润的总和，并考虑一定的风险因素费用。

3. 全费用单价

全费用单价是指构成工程造价的全部费用均包括在分项工程单价中，用于工程量清单计价模式。

第四节 预算定额和施工图预算

预算定额是工程建设中一项重要的技术经济指标，反映了在完成单位分项工程消耗的活动和物化劳动的数量限制。这种限度最终决定着单项工程和单位工程的成本和造价。

施工图预算是建筑装饰企业和建设单位签订承包合同、实行工程预算包干、拨付工程款和办理工程结算的依据，也是建筑装饰企业控制施工成本、实行经济核算和考核经营成果的依据。

一、预算定额的概念

1. 预算定额

预算定额是在正常合理的施工条件下，规定完成一定计量单位的分项工程或结构构件所必需的人工、材料、和施工机械台班及其价值的消耗数量标准，是计算建筑安装产品价值的基础。

预算定额提供了造价与核算的统一尺度，成为建设单位和施工单位建立经济关系的重要基础。

2. 预算定额的作用

（1）预算定额是编制施工图预算、确定和控制建筑安装工程造价的基础。

（2）预算定额是对设计方案进行技术经济比较和分析的依据。

（3）预算定额是施工单位进行经济活动分析的依据。

（4）预算定额是编制招标控制价、投标报价的基础。

（5）预算定额是编制概算定额的基础。

二、预算定额的编制

1. 预算定额的编制原则

（1）按社会平均水平确定预算定额的原则。按照现有的社会正常生产条件下，在平均劳动熟练程度和劳动强度下，确定建筑工程预算定额水平。

预算定额的水平是以大多数施工单位的施工定额水平为基础，但不是简单地套用施工定额的水平（综合扩大及幅度差等）。前者是平均水平，而后者是平均先进水平。

（2）简明适用的原则。项目划分合理、齐全。合理确定及统一工程量计量单位，尽量少留活口和减少换算工作量。

（3）坚持统一性和差别性相结合的原则。使建筑安装工程有统一的计价依据、考核设计和施工的经济效果有统一的尺度，使部门和地区之间有可比性，保证了通过定额和工程造价的管理实现建筑安装工程价格的宏观调控，同时保证各部门和省、自治区、直辖市主管部门在其管辖范围内，根据本部门和地区的具体情况制定部门和地区性定额、补充性制度和管理办法，以适应地区间、部门间发展不平衡和差异大的情况。

2. 预算定额的编制依据

（1）现行劳动定额、现行预算定额。

（2）现行设计规范、通用标准图集，施工及验收规范、质量评定标准和安全操作规程。

（3）新技术、新结构、新材料和先进的施工方法等。

（4）有关科学试验、技术测定和统计、经验资料。

3. 预算定额的编制步骤

（1）准备工作阶段。成立编制机构，拟定编制方案。

（2）收集资料阶段。收集基础资料，专题座谈，收集现行规定、规范和政策法规资料，收集定额管理部门的资料，专项审查与试验。

（3）定额编制阶段。确定编制细则，确定定额的项目划分和工程量计算规则，定额人工、材料、机械台班耗用量的计算、复核和测算。

（4）定额审核报批阶段。审核定稿，预算定额水平测算、征求意见，修改整理报批，编写编制说明、立档、成卷。

4. 预算定额的编制方法

（1）确定预算定额的计量单位。根据分项工程或结构构件的形体特征及其变化规律确定，并常采用扩大计量单位。一般采用两位小数精度，个别材料采用三位小数。

计量单位的确定原则是预算定额计量单位的确定，应与定额项目相适应，应能够充分反映分项工程或结构构件的形体特征、确切反映分项工程或结构构件的消耗量、有利于减少项目简化计算、能够准确反映定额所包括的综合工作内容。若施工定额的计量单位是按工序或施工过程来确定的，应注意与预算定额有所不同。

定额计量单位的选择，主要根据分项工程或结构构件的形体特征和变化规律，按公制或自然计算单位确定。

对于三维尺寸均变化的形体，采用立方米为计量单位，如土方、砌体、钢筋混凝土构件等；对于二维尺寸变化，第三维不变的形体，采用平方米为计量单位，如楼地面、门窗、抹灰、油漆等；对于一维尺寸变化，另二维不变的形体，采用米为计量单位，如扶手，踢脚线、装饰线等；单位体积的设备或材料重量变化较大的，采用吨或千克为计量单位，如金属构件、设备制作安装等；形状没有规律且难以度量的，采用台、套、件、个、组等自然计数单位，如家具、卫生洁具、灯具、开关、插座等。

（2）按典型设计图纸和资料计算工程量。计算出工程量后，可利用其他基础性定额提供的劳动量、材料和机械消耗指标确定预算定额所含工序的消耗量。

（3）确定预算定额各项目人工、材料和机械台班消耗指标。预算定额的人工工日消耗量不同于前述人工消耗定额，第二节中所述人工消耗定额是以工序为对象，按工序的时间消耗构成计算的，而预算定额工日消耗量是以分项工程或构配件为研究对象，是构成某一分项工程或构配件的众多工序的有机组合，它是按照用工的性质进行区别和编制的，是对前述基础性定额的综合扩大。

预算定额工日消耗量一般依劳动定额或现场观测资料为基础计算，包括基本用工和其他用工两类。基本用工指完成该分项工程的主要用工量。由于预算定额的划项比劳动定额更加综合扩大，劳动定额中相关的数项内容可以在预算定额中综合成一项。其他用工又包括超运距用工、辅助用工和人工幅度差。

超运距用工指劳动定额中已包括的材料、半成品场内水平搬运距离与预算定额所考虑的现场材料、半成品堆放地点到操作地点的水平运输距离之差所增加的用工。另外需要说明的是，实际工程现场运距如超过预算定额取定的运距时，可以计算二次搬运费的方式考虑。

$$\text{超运距} = \text{预算定额取定的运距} - \text{劳动定额已包括的运距}$$

$$\text{超运距用工} = \sum(\text{超运距材料数量} \times \text{时间定额})$$

辅助用工指技术工种劳动定额内不包括而在预算定额内又必需考虑的用工，例如材料加工（筛砂子、洗石子、淋化石膏等）用工。

$$\text{辅助用工} = \sum(\text{材料加工数量} \times \text{时间定额})$$

人工幅度差指劳动定额中未包括而在正常施工情况下不可避免但又难以计量的用工和各种工时损失。体现了预算定额对劳动定额的综合性。

$$\text{人工幅度差} = (\text{基本用工} + \text{超运距用工} + \text{辅助用工}) \times \text{人工幅度差系数}\ \%$$

人工幅度差所考虑的内容包括各工程间的工序搭接及交叉作业相互配合或影响发生的停歇用工；施工机械在单位工程之间转移及临时水电线路移动所造成的用工；质量检查和隐蔽工程验收工作的影响；班组操作地点转移用工；工序交接时对前一工序不可避免的修整用工；施工中不可避免的其他零星用工。

以上人工消耗量指标确定的方法，是以劳动定额或施工定额为基础进行计算的。

人工消耗量指标的确定，还可以采用以现场测定资料为基础的方式，采用观察法（一般多用计时观察法）中的测时法、写实记录法、工作日定实法等方法测定工时消耗数值，再加一定的人工幅度差来确定预算定额人工消耗量。这种方法适用于劳动定额缺项时预算定额的编制。

预算定额的材料消耗量由材料的净用量与损耗量构成，从消耗内容上看，包括为完成该分项工程或结构构件的施工任务必需的各种实体性材料，从引起消耗的因素看，包括直接构成工程实体的材料净用量、发生在施工现场该施工过程中的材料合理损耗量。

预算定额中材料消耗量确定的方法有观测法、试验法、统计法和理论计算法 4 种，具体方法与第二节中劳动定额所述一致，但需注意的是，两种定额的材料损耗率不同，预算定额中的材料损耗较劳动定额中的范围更广，它考虑了整个施工现场范围内的材料堆放、运输、制备、制作及施工操作过程中的损耗。此外在确定预算定额中材料消耗量时，还必须结合分项工程或结构构件所包括的工程内容、分项工程或构配件的工程量计算规则等因素对材料消耗量的影响。

材料根据使用要求可分为主要材料、辅助材料、周转性材料以及其他材料。

主要材料指直接构成工程实体的材料，其中也包括成品、半成品等。需要注意的是预算定额的计量单位常常采用扩大计量单位，如楼地面地毯铺设工程的计量单位为 100 平方米；另外，预算定额中的工程量计算规则的相对综合及简化，在制定定额时，从计算上给予考虑。预算定额的编制方法必然体现在计算规则及说明中，作为使用者，应了解定额的编制方法，熟练掌握其计算规则及说明。

辅助材料是指构成工程实体中除主要材料外的其他材料，如衬垫、钢钉、螺钉、压条等。周转性材料指多次使用但不构成工程实体的摊销材料，如脚手架等。其他材料指用量较少、难以计量的零星材料，如棉纱等。

机械台班消耗量指标的确定是指完成一定计量单位的分项工程或结构构件所必需的各种机械台班的消耗数量。一般确定方法有两种，一种以施工定额的机械台班消耗定额为基础来确定；另一种是以现场实测数据为依据来确定。

以施工定额为基础的机械台班消耗量的确定是以施工定额中的机械台班消耗量为基础再考虑机械幅度差来计算预算定额的机械台班消耗量。

预算定额机械台班消耗量

= 施工定额中机械台班消耗量 + 机械幅度差

= 施工定额中机械台班消耗量 ×（1+ 机械幅度差系数）

机械幅度差指施工定额中没有包括，但实际施工中又必须发生的机械台班用量。其主要考虑内容如下：施工中机械转移工作面及配套机械相互影响损失的时间；在正常施工条件下机械施工中不可避免的工作间歇；检查工程质量影响机械操作的时间；临时水电线路在施工过程中移动所发生的不可避免的机械操作间歇时间；冬期施工发动机械的时间；不同品牌机械的工效差别，临时维修、小修、停电等引起的机械停歇时间；工程收尾和工作量不饱满所损失的时间。

对于施工定额中缺项的项目，在编制预算定额的机械台班消耗量时，则需通过对机械现场实地观测得到的机械台班消耗量，并在此基础上考虑适当的机械幅度差，来确定机械台班消耗量。

三、预算定额的内容及应用

1. 预算定额的组成内容

建筑安装工程预算定额的内容，一般由总说明、建筑面积计算规则、分部分项工程说明、分部分项工程定额项目表、有关附录组成。

2. 预算定额的应用

《全国统一建筑工程基础定额》是一种消耗量定额，它是各地区编制本地区预算定额的基础资料，以下实例参照其他相关资料，介绍预算定额的使用方法。

（1）预算定额的直接套用

当分项工程的设计要求与定额的工作内容完全相符时，可以直接套用定额。通常按照分部工程—定额节—定额表—定额项目的顺序找出所需项目。此类情况在编制施工图预算中属大多数情况。套用定额时的要点如下：根据施工图纸、设计说明、工程做法说明、分项工程施工过程划分选择合适的定额子目。从工程内容、技术特征、施工方法、材料机械规格与型号等方面核对与定额规定的一致性。分项工程的名称、计量单位必需要与预算定额相一致，即，计量口径一致。注意定额表头包括的工作内容，对于不包括在其中的内容，应另列项目计取。注意定额表附注的内容，它是定额表的一个补充和完善，套用时应严格执行。

【例 6–5】某住宅地面铺花岗石，铺贴工程量为 123．56m^2，试计算该地面铺贴的主要人工、材料和施工机械消耗量。

【解】定额消耗量中某些材料是半成品，需要根据定额附录的资料进行原材料分析。

查“表 6–4《全国统一建筑工程基础定额》土建下册 –GJD–101–95（摘录）”

人工工日消耗量：

综合人工：（24.17 ÷ 100）× 123.56=29.86（工日）

材料消耗量：

花岗岩板：（101.50 ÷ 100）× 123.56= 125.41（m^2）

白水泥：（10.00 ÷ 100）× 123.56=12.36（kg）

麻袋：（22.00 ÷ 100）× 123.56=27.18（m^2）

棉纱头：（1.00 ÷ 100）× 123.56=1.24（kg）

锯木屑：（0.60 ÷ 100）× 123.56=0.74（m^3）

石料切割锯片：（1.68 ÷ 100）× 123.56=2.08（片）

水：（2.60 ÷ 100）× 123.56=3.21（m^3）

配合比材料消耗量：

32.5 级水泥（1 ： 2.5 水泥砂浆、素水泥浆）：（2.02 ÷ 100）× 123.56 × 490.00+（0.10 ÷ 100）× 123.56 × 1517.00=1410.44（kg）

粗砂（1 ： 2.5 水泥砂浆）：（2.02 ÷ 100）× 123.56 × 1.03=2.57（m^3）

机械台班消耗量：

灰浆搅拌机 200L：（0.34 ÷ 100）× 123.56=0.42（台班）

石料切割机：（1.60 ÷ 100）× 123.56=1.98（台班）

表 6-4　《全国统一建筑工程基础定额》土建下册 -GJD-101-95（摘录）

工作内容：1. 清理基层、锯板磨边、贴花岗岩、擦缝、清理净面；

2. 调制水泥砂浆、刷素水泥浆。

计量单位：100m^2

定额编号			8-57	8-58	8-59	8-60
项目		单位	楼地面	楼梯	台阶	零星装饰
			水泥砂浆			
人工	综合人工	工日	24.17	63.07	50.14	57.40
材料	花岗岩板	m^2	101.50	144.69	156.88	117.66
	水泥砂浆 1 ： 2.5	m^3	2.02	2.76	2.99	2.24
	素水泥浆	m^3	0.10	0.14	0.15	0.11
	白水泥	kg	10.00	14.00	15.00	11.00
	麻袋	m^2	22.00	30.03	32.56	—
材料	棉纱头	kg	1.00	1.37	1.48	2.00
	锯木屑	m^3	0.60	0.82	0.90	0.67
	石料切割锯片	片	1.68	2.10	1.61	1.91
	水	m^3	2.60	3.55	3.85	2.89
机械	灰浆搅拌机 200L	台班	0.34	0.46	0.50	0.37
	石料切割机	台班	1.60	6.84	6.72	6.84

配合比数据：每 $m^3$1 ： 2.5 水泥砂浆含：32.5 级水泥 490.00kg、粗砂 1.03m^3。

每 m^3 素水泥浆含：32.5 级水泥 1517.00kg。

（2）定额的调整与换算

当分项工程的设计要求与定额的工作内容不完全相符且按定额的有关规定，允许调整换算时，应以相近定额项为基础，进行相应的调整和换算后使用，使用时在定额项目编号的右下角注明“换”字。定额的调整与换算通常有以下几种形式。

① 砂浆或混凝土配合比换算（换入换出法换算）。即当图纸要求的砂浆或混凝土配合比与定额工作内容或定额表中的内容不同时，应按照定额的规定的换算范围进行换算。

换算后定额的消耗量 =

原定额消耗量 +（图纸要求的砂浆或混凝土单位用量

– 定额中砂浆或混凝土单位用量）× 定额砂浆或混凝土用量

② 系数增减换算。依据定额规定进行增减量，或乘系数方式换算。当设计的工程项目内容与定额规定的相应内容不完全相符时，按定额规定对定额中的人工、材料、机械台班消耗量乘以大于（或小于）1 的系数进行换算、用增加或减少相应消耗量的方法换算。

这类换算方法是定额规定，必须执行，它既扩大了定额的使用范围，同时又减少了换算的工作量。

（3）补充定额

当分项工程或结构构件的设计要求与定额适用范围和规定内容完全不符合或虽然有相近之处，但定额规定这种情况不允许换算时，也包括由于采用新结构、新材料、新工艺、新方法而在预算定额中没有这类项目而缺项时，均应另行补充预算定额。

补充定额一般表现为两种情况：地区性补充定额和一次性使用的临时定额。

四、施工图预算的分类及作用

施工图预算是施工图设计预算的简称。它是在施工图设计完成后，根据施工图、按照各专业工程的预算工程规则、并考虑施工组织设计中确定的施工方案和施工方法，按照现行预算定额、工程建设费用定额、材料预算价格和建设主管部门规定的计算程序及取费规定等，确定单位工程、单项工程及建设项目建筑安装工程造价的技术和经济文件。

1. 施工图预算的分类

包括单位工程预算、单项工程预算和建设项目总预算。

单位工程预算又可按不同专业分为：一般土建工程、给水排水工程预算、暖通工程预算、电气照明工程预算、工业管道工程预算和特殊构筑物工程预算。

2. 施工图预算的作用

（1）施工图预算是进行招标投标的基础。推行了工程量清单计价方法以后，传统的施工图预算在投标报价中的作用逐渐淡化，但施工预算的原理、依据、方法和编制程序仍是招标投标活动中投标报价的重要参考资料。

（2）施工图预算是施工单位组织材料、机具、设备及劳动力供应的依据，是施工企业编制进度计划、进行经济核算的依据，也是施工单位拟定降低成本措施和按照工程量计算结果编制施工预算的依据。

（3）施工图预算是甲乙双方统计已完工程量，办理工程结算和拨付工程款的依据。

（4）施工图预算是工程造价管理部门监督、检查执行定额标准、合理确定工程造价、测算造价指数及审定招标控制价的依据。

五、施工图预算的编制依据

1. 施工图纸及说明书和标准图集。
2. 现行预算定额。
3. 人工、材料、机械台班预算价格及调价规定。
4. 施工组织设计或施工方案。
5. 费用定额及取费标准。
6. 预算工作手册及有关工具书。

六、施工图预算的编制方法

单位工程施工图预算编制方法通常有单价法和实物法两种方法。

1. 单价法

是利用预算定额中各分项工程相应的定额单价来编制施工图预算的方法。

其编制步骤如下：

搜集各种编制依据资料→熟悉施工图纸、定额，了解工程情况→计算工程量→套用预算定额单价→计算其他各项费用并汇总造价→复核→编制说明、填写封面。

用单价法编制施工图预算工作简单，便于进行技术经济分析，但应进行价差调整。

其中计算工程量的要求如下：

列项→列出计算公式→计算→分部工程直接费→编制工料分析表→单位工程定额直接费。

2. 实物法

实物法是首先计算出分项工程量，然后套用相应预算人工、材料、机械台班的定额用量，汇总求和，再分别乘以工程所在地当时的人工、材料、机械台班的实际单价，得到直接工程费，然后按规定计取其他各项费用，最后汇总即可得出单位工程施工图预算造价。其编制步骤如下：

搜集各种编制依据资料→熟悉施工图纸、定额，了解工程情况→计算工程量→套用相应预算定额人工、材料、机械台班消耗用量→计算各分项人工、材料、机械消耗数量→按当时当地人工、材料、机械台班实际单价，计算并汇总人工费、材料费和机械费→计算其他各项费用并汇总造价→复核→编制说明、填写封面。

人工、材料和机械台班的耗用量标准，在建材产品、标准、设计、施工技术及其相关规范和工艺水平等没有大的突破性变化之前，是相对稳定的，因此，它是合理确定和有效控制造价的依据。

在市场经济条件下，人工、材料和机械台班的实际单价是随市场而变化的，而且它们是影响工程造价最活跃、最主要的因素。实物法编制施工图预算，采用工程所在地的当时人工、材料、机械台班价格，能较好地反映实际价格水平，工程造价的准确性高。但其计算过程较繁琐，宜用计算机辅助计算。

复习思考题

1. 简述工程项目的组成划分。
2. 我国现行建设工程总投资是如何构成的？
3. FOB、CFR、CIF 三种交易价格各有什么特点？
4. 设备运杂费包括哪些费用？如何计算？
5. 按费用构成要素如何划分建筑安装工程费用？
6. 按造价形成如何划分建筑安装工程费用？
7. 社会保险费包括哪几项费用？
8. 安全文明施工费包括哪些费用？

9. 基本预备费如何计算？
10. 定额按编制程序和用途如何分类？
11. 材料的消耗量、净用量、损耗量之间有何关系？
12. 人工单价如何构成？
13. 材料单价如何计算？
14. 施工图预算有哪几种编制方法？

第七章

建筑装饰工程清单项目工程量的计算

学习目标

通过本章学习，了解建筑面积的计算规则；熟悉建筑装饰工程工程量计算的原则和依据，建筑装饰工程工程量计算方法，以及正确计算建筑装饰工程量的注意事项；掌握楼地面工程，墙、柱面装饰与隔断、幕墙工程，天棚工程，门窗工程，油漆、涂料、裱糊工程，以及其他装饰工程的工程量计算规则。

工程量计算是根据已会审的施工图所规定的各分部分项工程的尺寸、数量，以及设备、构件、门窗等明细表和计价规范中各分部分项工程量计算规则进行计算的。

第一节 建筑装饰工程量计算概述

工程量是以工程设计图纸、施工组织设计或施工方案及有关技术经济文件为依据，按照相关工程国家标准的计算规则、计量单位等规定计算的，以物理计量单位或自然计量单位表示的实物数量。

物理计量单位是指物体的物理属性，采用法定计量单位表示工程完成的数量。例如，墙面、柱面工程和门窗工程等工程量以 m^2（平方米）为计量单位，窗帘盒、木压条等工程量以 m（米）为计量单位等。

自然计量单位是指建筑装饰成品表现在自然状态下的简单点数所表示的个、条、樘、块等计量单位。例如，卫生洁具安装以组为计量单位，灯具安装以套为计量单位，回、送风口以个数为计量单位。

一、建筑装饰工程工程量计算的原则和依据

1. 建筑装饰工程工程量计算的原则

工程量计算原则可以归纳为 8 个字："准确、清楚、明了、详细"。

（1）"准确"是表示工程量计算的质量，没有准确的工程量计算，就难以得到准确的投标报价，在工程量清单报价中会使决策者失去不平衡报价的机会。

（2）"清楚"是指计算书要清楚、工整，减少计算错误。

（3）"明了"就是使自己和他人无论何时都能明白计算过程的含义，避免解释和发生误解。

（4）"详细"是指计算书要经得起时间的考验，使自己和他人任何时候都能明确数字的来源，易于复核。

2. 建筑装饰工程工程量计算的依据

（1）建筑装饰施工图纸及设计说明、相关图集、设计变更、图纸答疑、会审记录等。

（2）建筑装饰工程施工合同、招标文件的商务条款。

（3）现行建筑装饰工程工程量计算规则。

二、建筑装饰工程工程量计算方法

按照一定的顺序依次进行工程量计算，既可以节省时间，加快计算进度，又可以避免漏算或重算。

1. 单位工程计算顺序

单位工程计算顺序有按施工顺序计算法和按定额顺序计算法两种。

2. 单个分项工程计算顺序

单个分项工程计算顺序可按照顺时针方向计算；也可以按横竖、上下、左右的顺序计算；或

按轴线编号顺序计算；还可以按图纸构、配件编号分类依次计算。

3. 按统筹法计算工程量

在工程量计算中，线、面等计算基数重复多次使用，根据此特点，运用统筹法原理，依据计算过程的内在联系，按先主后次、统筹安排计算程序，从而简化繁琐的计算，形成了统筹法计算工程量的方法。

（1）利用基数、连续计算。

（2）统筹程序、合理安排。按施工程序和定额程序进行计算，不能充分利用项目之间的内在联系。采用统筹程序，合理安排，可克服计算上的重复。

施工或定额顺序实例：室内回填土→地面垫层→找平层→地面面层，（长 × 宽计算四次）

统筹法计算顺序实例：地面面层→室内回填土→地面垫层→找平层，（长 × 宽计算一次）

（3）一次算出、多次使用。事先将常用数据一次算出，汇编成《建筑装饰工程工程量计算手册》，当需要计算相关的工程量时，通过查阅手册实现快速计算。

（4）结合实际、灵活机动。主要有分段法和补加补减法等。

注意计算基数时的准确性，因其对后续计算的影响较大（70% ~ 80% 的工程量计算的依据）。

三、正确计算建筑装饰工程量的注意事项

在计算工程量的过程中，应注意以下 8 个方面。

（1）必须在熟悉和审查施工图的基础上进行，要严格按照定额规定和工程量计算规则进行计算，不得任意加大或缩小各部位的尺寸。例如，不能以轴线间距作为内墙净长距离。

（2）为了便于核对和检查尺寸，避免重算或漏算，在计算工程量时，一定要注明层次、部位、轴线编号、断面符号。

（3）工程量计算公式中的数字应按一定次序排列。以利校核。计算面积时，一般按长 × 宽（高）次序排列。数字精确度一般计算到小数点后三位。在汇总列项时，可四舍五入取小数点后两位。

（4）为了减少重复劳动，提高编制预算工作效率，应尽量利用图纸上已注明的数据表和各种附表，如门窗、灯具明细表。

（5）为了防止重算或漏算，应按施工顺序，并结合定额手册中定额项目排列的顺序，以及计算方法顺序计算。

（6）计算工程量时，应采用表格方式进行，以利审核。

（7）计量单位必须和清单计价规范保持一致。

（8）加强自我检查复核。

第二节　建筑面积的计算

建筑面积是指建筑物（包括墙体）所形成的楼地面面积。建筑面积包括使用面积、辅助面积和结构面积。使用面积是指建筑物各层平面布置中，可直接为生产或生活使用的净面积总和，如厂房车间、住宅建筑中的居室厅室等；辅助面积是指建筑物各层平面布置中为辅助生产或生活所

占净面积的总和，如楼梯、楼道走廊等；结构面积是指建筑物各层平面布置中的墙体、柱等结构所占面积的总和。使用面积与辅助面积的总和称为有效面积。

建筑面积 = 使用面积 + 辅助面积 + 结构面积

有效面积 = 使用面积 + 辅助面积

建筑面积 = 有效面积 + 结构面积

计算工业与民用建筑的建筑面积，总的规则是：凡是在结构上、使用上形成具有一定使用功能的建筑物和构筑物，并能单独计算出其水平面积及其相应消耗的人工、材料和机械用量的，应计算建筑面积；反之，不计算建筑面积。

一、建筑面积计算的意义

计算建筑面积对于建筑装饰工程预算具有重要的意义，主要体现在以下几个方面。

（1）建筑面积是衡量建设工程规模、投资效益等的重要尺度。如建设工程计划、统计工作中的新建面积、扩建面积、开工面积、竣工面积等，均指建筑面积。

（2）建筑面积是评价建设工程各项技术经济指标的基础。如计算单位建筑面积造价、单位建筑面积用工量、单位建筑面积各主要材料用量等，都必须正确计算建筑面积。

（3）建筑面积是评价设计方案经济合理性的重要数据。如建筑平面系数 = 使用面积 / 建筑面积，土地利用系数 = 总建筑面积 / 建筑用地面积等，这些指标的计算均与建筑面积直接相关。

（4）在编制初步设计概算时，建筑面积是选择概算指标的依据之一。

（5）在编制工程量清单时，某些分部分项工程的工程量就是按建筑面积确定的。

（6）建筑面积也能衡量一个国家、地区的经济发展状况以及人民生活水平和文化、福利设施建设的程度，如人均住房面积指标等。

二、建筑面积的计算规则

按照《建筑工程建筑面积计算规范》（GB/T50353—2013）（简称《规范》）的规定，建筑面积的计算包括以下内容。

1. 计算建筑面积的范围

（1）建筑物的建筑面积应按自然层外墙结构外围水平面积之和计算。结构层高在 2.20m 及以上的，应计算全面积；结构层高在 2.20m 以下的，应计算 1/2 面积。

建筑面积计算，在主体结构内形成的建筑空间，满足计算面积结构层高要求的均应按本条规定计算建筑面积。主体结构外的室外阳台、雨篷、檐廊、室外走廊、室外楼梯等按相应条款计算建

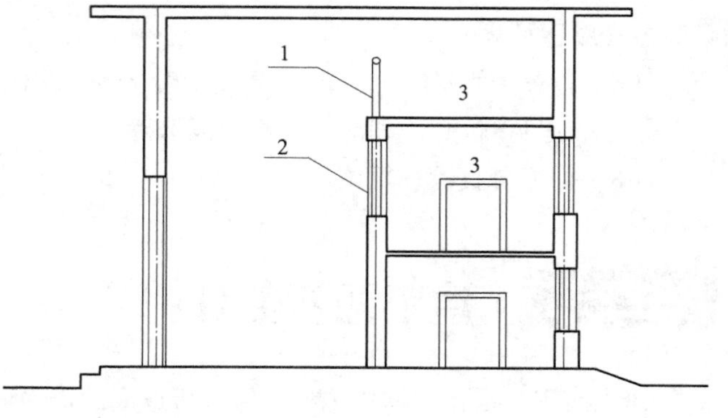

图 7-1　建筑物内的局部楼层

1—围护设施；2—围护结构；3—局部楼层

筑面积。当外墙结构本身在一个层高范围内不等厚时，以楼地面结构标高处的外围水平面积计算。

（2）建筑物内设有局部楼层时，对于局部楼层的二层及以上楼层，有围护结构的应按其围护结构外围水平面积计算，无围护结构的应按其结构底板水平面积计算，且结构层高在 2.20m 及以上的，应计算全面积，结构层高在 2.20m 以下的，应计算 1/2 面积。建筑物内的局部楼层如图 7–1 所示。

（3）对于形成建筑空间的坡屋顶，结构净高在 2.10m 及以上的部位应计算全面积；结构净高在 1.20m 及以上至 2.10m 以下的部位应计算 1/2 面积；结构净高在 1.20m 以下的部位不应计算建筑面积。

（4）对于场馆看台下的建筑空间，结构净高在 2.10m 及以上的部位应计算全面积；结构净高在 1.20m 及以上至 2.10m 以下的部位应计算 1/2 面积；结构净高在 1.20m 以下的部位不应计算建筑面积。室内单独设置的有围护设施的悬挑看台，应按看台结构底板水平投影面积计算建筑面积。有顶盖无围护结构的场馆看台应按其顶盖水平投影面积的 1/2 计算面积。

场馆看台下的建筑空间因其上部结构多为斜板，所以采用净高的尺寸划定建筑面积的计算范围和对应规则。室内单独设置的有围护设施的悬挑看台，因其看台上部设有顶盖且可供人使用，所以按看台板的结构底板水平投影计算建筑面积。“有顶盖无围护结构的场馆看台”所称的“场馆”为专业术语，指各种“场”类建筑，如：体育场、足球场、网球场、带看台的风雨操场等。

（5）地下室、半地下室应按其结构外围水平面积计算。结构层高在 2.20m 及以上的，应计算全面积；结构层高在 2.20m 以下的，应计算 1/2 面积。

地下室是指室内地平面低于室外地平面的高度超过室内净高的 1/2 的房间。半地下室是指室内地平面低于室外地平面的高度超过室内净高的 1/3，且不超过 1/2 的房间。地下室作为设备、管道层按《规范》第（26）条执行；地下室的各种竖向井道按第（19）条执行；地下室的围护结构不垂直于水平面的按第（18）条规定执行。

（6）出入口外墙外侧坡道有顶盖的部位，应按其外墙结构外围水平面积的 1/2 计算面积。

出入口坡道分有顶盖出入口坡道和无顶盖出入口坡道，出入口坡道顶盖的挑出长度，为顶盖结构外边线至外墙结构外边线的长度；顶盖以设计图纸为准，对后增加及建设单位自行增加的顶盖等，不计算建筑面积。顶盖不分材料种类（如钢筋混凝土顶盖、彩钢板顶盖、阳光板顶盖等）。地下室出入口如图 7–2 所示。

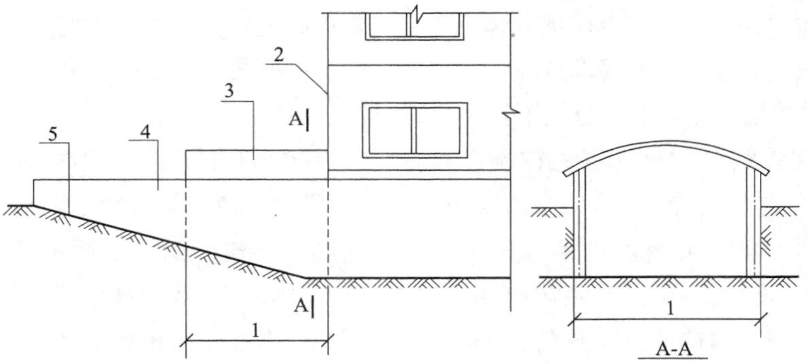

图 7–2　地下室出入口

1—计算 1/2 投影面积部位；2—主体建筑；3—出入口顶盖；4—封闭出入口侧墙；5—出入口坡道

（7）建筑物架空层及坡地建筑物吊脚架空层，应按其顶板水平投影计算建筑面积。结构层高在 2.20m 及以上的，应计算全面积；结构层高在 2.20m 以下的，应计算 1/2 面积。

本《规范》既适用于建筑物吊脚架空层、深基础架空层建筑面积的计算，也适用于目前部分住宅、学校教学楼等工程在底层架空或在二楼或以上某个甚至多个楼层架空，作为公共活动、停车、绿化等空间的建筑面积的计算。架空层中有围护结构的建筑空间按相关规定计算。建筑物吊脚架空层如图 7–3 所示。

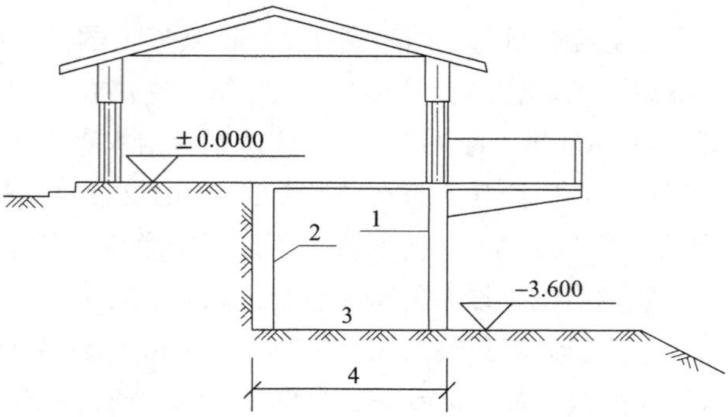

图 7–3　建筑物吊脚架空层

1—柱；2—墙；3—吊脚架空层；4—计算建筑面积部位

（8）建筑物的门厅、大厅应按一层计算建筑面积，门厅、大厅内设置的走廊应按走廊结构底板水平投影面积计算建筑面积。结构层高在 2.20m 及以上的，应计算全面积；结构层高在 2.20m 以下的，应计算 1/2 面积。

（9）对于建筑物间的架空走廊，有顶盖和围护设施的，应按其围护结构外围水平面积计算全面积；无围护结构、有围护设施的，应按其结构底板水平投影面积计算 1/2 面积。无围护结构的架空走廊如图 7–4 所示。有围护结构的架空走廊如图 7–5 所示。

（10）对于立体书库、立体仓库、立体车库，有围护结构的，应按其围护结构外围水平面积计算建筑面积；无围护结构、有围护设施的，应按其结构底板水平投影面积计算建筑面积。无结构层的应按一层计算，有结构层的应按其结构层面积分别计算。结构层高在 2.20m 及以上的，应计算全面积；结构层高在 2.20m 以下的，应计算 1/2 面积。

《规范》主要规定了图书馆中的立体书库、仓储中心的立体仓库、大型停车场的立体车库等建筑的建筑面积计算规定。起局部分隔、存储等作用的书架层、货架层或可升降的立体钢结构停车层均不属于结构层，故该部分分层不计算建筑面积。

（11）有围护结构的舞台灯光控制室，应按其围护结构外围水平面积计算。结构层高在 2.20m 及以上的，应计算全面积；结构层高在 2.20m 以下的，应计算 1/2 面积。

（12）附属在建筑物外墙的落地橱窗，应按其围护结构外围水平面积计算。结构层高在 2.20m 及以上的，应计算全面积；结构层高在 2.20m 以下的，应计算 1/2 面积。

（13）窗台与室内楼地面高差在 0.45m 以下且结构净高在 2.10m 及以上的凸（飘）窗，应按其围护结构外围水平面积计算 1/2 面积。

（14）有围护设施的室外走廊（挑廊），应按其结构底板水平投影面积计算 1/2 面积；有围护设施（或柱）的檐廊，应按其围护设施（或柱）外围水平面积计算 1/2 面积。檐廊如图 7–6 所示。

（15）门斗应按其围护结构外围水平面积计算建筑面积，且结构层高在 2.20m 及以上的，应计算全面积；结构层高在 2.20m 以下的，应计算 1/2 面积。门斗如图 7-7 所示。

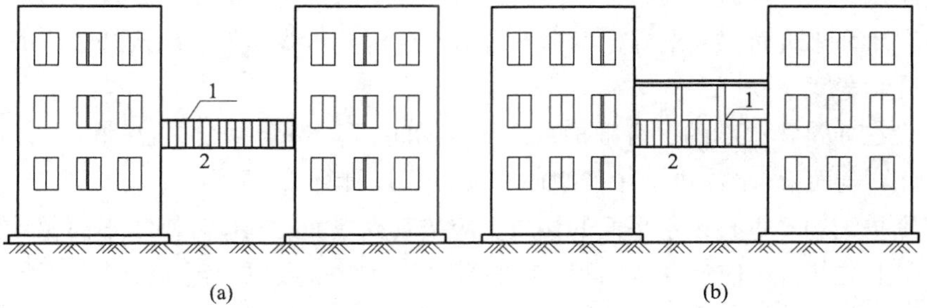

图 7-4 无围护结构的架空走廊

1—栏杆；2—架空走廊

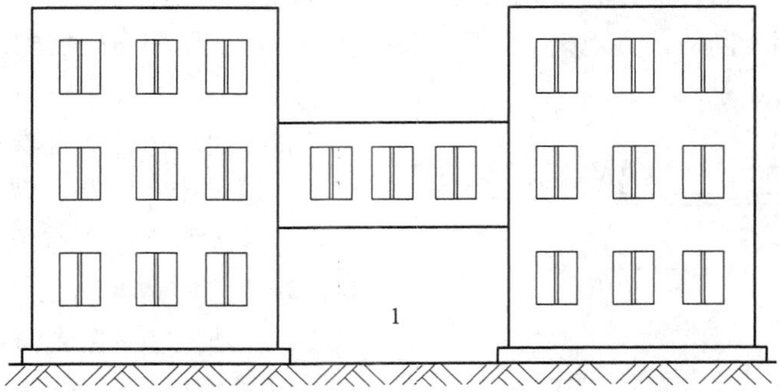

图 7-5 有围护结构的架空走廊

1—架空走廊

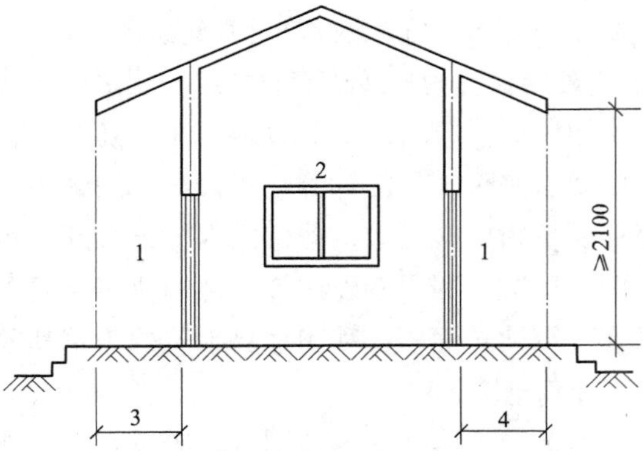

图 7-6 檐廊

1—檐廊；2—室内；3—不计算建筑面积部位；4—计算 1/2 建筑面积部位

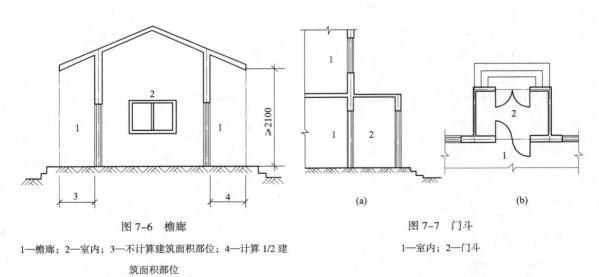

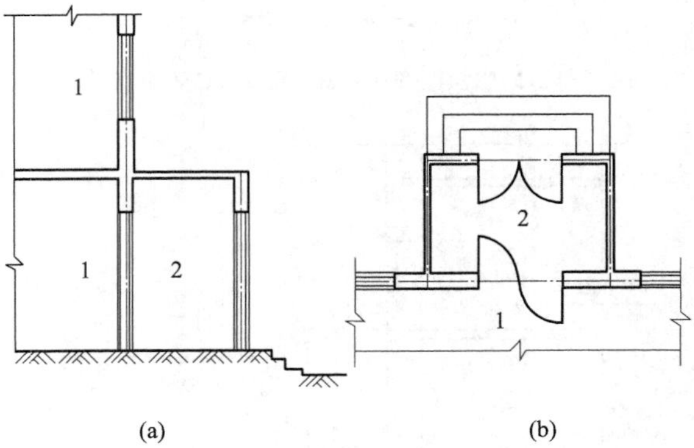

图 7-7 门斗

1—室内；2—门斗

（16）门廊应按其顶板的水平投影面积的 1/2 计算建筑面积；有柱雨篷应按其结构板水平投影面积的 1/2 计算建筑面积；无柱雨篷的结构外边线至外墙结构外边线的宽度在 2.10m 及以上的，

应按雨篷结构板的水平投影面积的 1/2 计算建筑面积。

雨篷分为有柱雨篷和无柱雨篷。有柱雨篷，没有出挑宽度的限制，也不受跨越层数的限制，均计算建筑面积。无柱雨篷，其结构板不能跨层，并受出挑宽度的限制，设计出挑宽度大于或等于 2.10m 时才计算建筑面积。出挑宽度，系指雨篷结构外边线至外墙结构外边线的宽度，弧形或异形时，取最大宽度。

（17）设在建筑物顶部的、有围护结构的楼梯间、水箱间、电梯机房等，结构层高在 2.20m 及以上的应计算全面积；结构层高在 2.20m 以下的，应计算 1/2 面积。

（18）围护结构不垂直于水平面的楼层，应按其底板面的外墙外围水平面积计算。结构净高在 2.10m 及以上的部位，应计算全面积；结构净高在 1.20m 及以上至 2.10m 以下的部位，应计算 1/2 面积；结构净高在 1.20m 以下的部位，不应计算建筑面积。

《规范》对围护结构向内、向外倾斜均适用。在划分高度上，使用的是“结构净高”，与其他正常平楼层按层高划分不同，但与斜屋面的划分原则相一致。由于目前很多建筑设计追求新、奇、特，造型越来越复杂，很多时候根本无法明确区分什么是围护结构、什么是屋顶，因此对于斜围护结构与斜屋顶采用相同的计算规则，即只要外壳倾斜，就按结构净高划段，分别计算建筑面积。斜围护结构如图 7-8 所示。

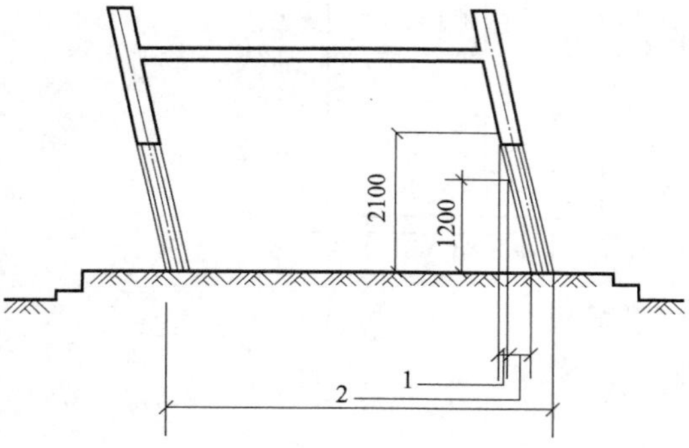

图 7-8　斜围护结构

1—计算 1/2 建筑面积部位；2—不计算建筑面积部位

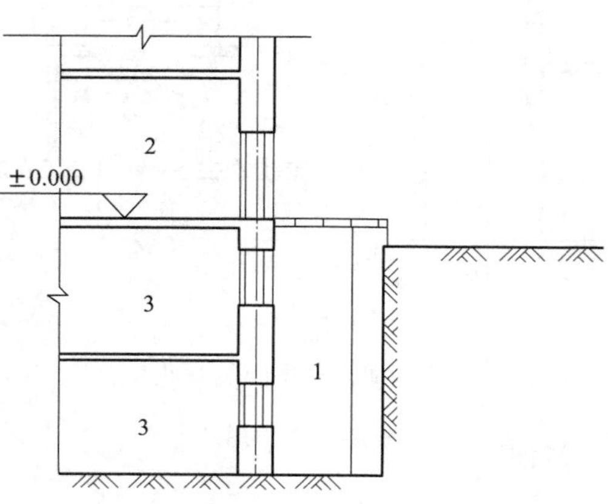

图 7-9　地下室采光井

1—采光井；2—室内；3—地下室

（19）建筑物的室内楼梯、电梯井、提物井、管道井、通风排气竖井、烟道，应并入建筑物的自然层计算建筑面积。有顶盖的采光井应按一层计算面积，且结构净高在 2.10m 及以上的，应计算全面积；结构净高在 2.10m 以下的，应计算 1/2 面积。建筑物的楼梯间层数按建筑物的层数计算。有顶盖的采光井包括建筑物中的采光井和地下室采光井。地下室采光井如图 7-9 所示。

（20）室外楼梯应并入所依附建筑物自然层，并应按其水平投影面积的 1/2 计算建筑面积。

室外楼梯作为连接该建筑物层与层之间交通不可缺少的基本部件，无论从其功能、还是工程计价的要求来说，均需计算建筑面积。层数为室外楼梯所依附的楼层数，即梯段部分投影到建筑物范围的层数。利用室外楼梯下部的建筑空间不得重复计算建筑面积；利用地势砌筑的为室外踏步，不计算建筑面积。

（21）在主体结构内的阳台，应按其结构外围水平面积计算全面积；在主体结构外的阳台，应按其结构底板水平投影面积计算 1/2 面积。

建筑物的阳台，不论其形式如何，均以建筑物主体结构为界分别计算建筑面积。

（22）有顶盖无围护结构的车棚、货棚、站台、加油站、收费站等，应按其顶盖水平投影面积的 1/2 计算建筑面积。

（23）以幕墙作为围护结构的建筑物，应按幕墙外边线计算建筑面积。

幕墙以其在建筑物中所起的作用和功能来区分，直接作为外墙起围护作用的幕墙，按其外边线计算建筑面积；设置在建筑物墙体外起装饰作用的幕墙，不计算建筑面积。

（24）建筑物的外墙外保温层，应按其保温材料的水平截面积计算，并计入自然层建筑面积。

为贯彻国家节能要求，鼓励建筑外墙采取保温措施，本规定将保温材料的厚度计入建筑面积。建筑物外墙外侧有保温隔热层的，保温隔热层以保温材料的净厚度乘以外墙结构外边线长度按建筑物的自然层计算建筑面积，其外墙外边线长度不扣除门窗和建筑物外已计算建筑面积构件（如阳台、室外走廊、门斗、落地橱窗等部件）所占长度。当建筑物外已计算建筑面积的构件（如阳台、室外走廊、门斗、落地橱窗等部件）有保温隔热层时，其保温隔热层也不再计算建筑面积。外墙是斜面者按楼面楼板处的外墙外边线长度乘以保温材料的净厚度计算。外墙外保温以沿高度方向满铺为准，某层外墙外保温铺设高度未达到全部高度时（不包括阳台、室外走廊、门斗、落地橱窗、雨篷、飘窗等），不计算建筑面积。保温隔热层的建筑面积是以保温隔热材料的厚度来计算的，不包含抹灰层、防潮层、保护层（墙）的厚度。建筑外墙外保温如图 7–10 所示。

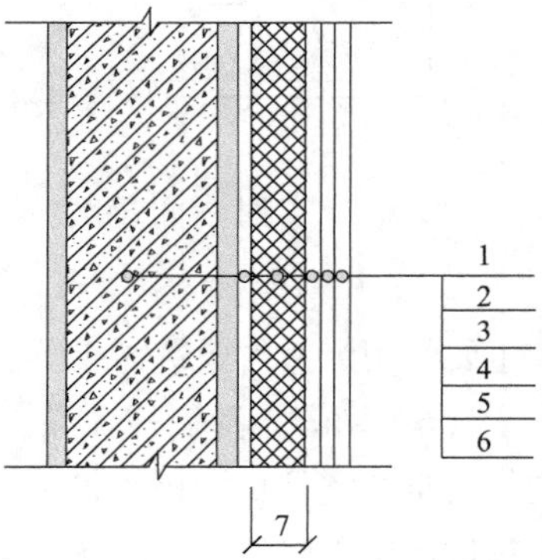

图 7–10　建筑外墙外保温

1—墙体；2—粘结胶浆；3—保温材料；4—标准网；5—加强网；6—抹面胶浆；7—计算建筑面积部位

（25）与室内相通的变形缝，应按其自然层合并在建筑物建筑面积内计算。对于高低联跨的建筑物，当高低跨内部连通时，其变形缝应计算在低跨面积内。

本规定所指的与室内相通的变形缝，是指暴露在建筑物内，在建筑物内可以看得见的变形缝。

（26）对于建筑物内的设备层、管道层、避难层等有结构层的楼层，结构层高在 2.20m 及以上的，应计算全面积；结构层高在 2.20m 以下的，应计算 1/2 面积。

设备层、管道层虽然其具体功能与普通楼层不同，但在结构上及施工消耗上并无本质区别，且定义自然层为“按楼地面结构分层的楼层”，因此设备、管道楼层归为自然层，其计算规则与普通楼层相同。在吊顶空间内设置管道的，则吊顶空间部分不能被视为设备层、管道层。

2. 不计算建筑面积的范围

（1）与建筑物内不相连通的建筑部件：指的是依附于建筑物外墙外不与户室开门连通，起装饰作用的敞开式挑台（廊）、平台，以及不与阳台相通的空调室外机搁板（箱）等设备平台部件。

（2）骑楼、过街楼底层的开放公共空间和建筑物通道；骑楼如图 7–11 所示，过街楼如图 7–12 所示。

（3）舞台及后台悬挂幕布和布景的天桥、挑台等：指的是影剧院的舞台及为舞台服务的可供上人维修、悬挂幕布、布置灯光及布景等搭设的天桥和挑台等构件设施。

（4）露台、露天游泳池、花架、屋顶的水箱及装饰性结构构件。

（5）建筑物内的操作平台、上料平台、安装箱和罐体的平台。建筑物内不构成结构层的操作平台、上料平台（包括：工业厂房、搅拌站和料仓等建筑中的设备操作控制平台、上料平台等），

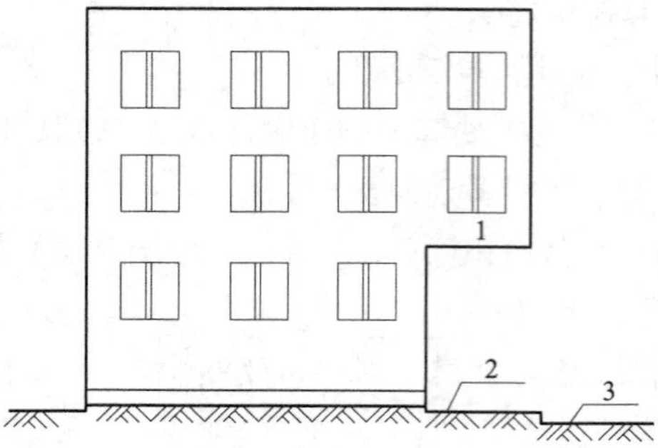

图 7-11 骑楼

1—骑楼；2—人行道；3—街道

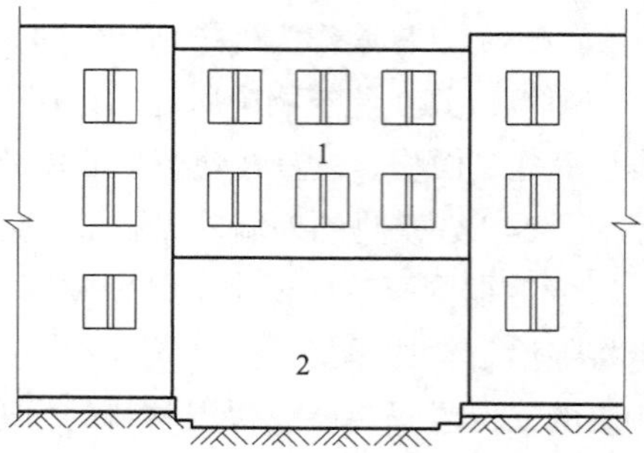

图 7-12 过街楼

1—过街楼；2—建筑物通道

其主要作用为室内构筑物或设备服务的独立上人设施，因此不计算建筑面积。

（6）勒脚、附墙柱、垛、台阶、墙面抹灰、装饰面、镶贴块料面层、装饰性幕墙，主体结构外的空调室外机搁板（箱）、构件、配件，挑出宽度在 2.10m 以下的无柱雨篷和顶盖高度达到或超过两个楼层的无柱雨篷。

附墙柱是指非结构性装饰柱。

（7）窗台与室内地面高差在 0.45m 以下且结构净高在 2.10m 以下的凸（飘）窗，窗台与室内地面高差在 0.45m 及以上的凸（飘）窗。

（8）室外爬梯、室外专用消防钢楼梯。室外钢楼梯需要区分具体用途，如专用于消防的楼梯，则不计算建筑面积，如果是建筑物唯一通道，兼用于消防，则需要按计算建筑面积范围的第（20）条室外楼梯相关规定计算建筑面积。

（9）无围护结构的观光电梯。

（10）建筑物以外的地下人防通道，独立的烟囱、烟道、地沟、油（水）罐、气柜、水塔、贮油（水）池、储仓、栈桥等构筑物。

【例 7-1】：某小高层住宅楼建筑部分设计如图 7-13 和图 7-14 所示，共 12 层，每层层高均为 3m，电梯机房与楼梯间部分凸出屋面。墙体除注明者外均为 200mm 厚加气混凝土墙，轴线位于墙中。外墙采用 50mm 厚聚苯板保温。露面做法为 20mm 厚水泥砂浆抹面压光。楼层钢筋混凝土板厚 100mm，内墙做法为 20mm 厚混合砂浆抹面压光。为简化计算首层建筑面积按标准层建筑面积计算。阳台为全封闭阳台，轴上混凝土柱超过墙体宽度部分的建筑面积忽略不计，试计算小高层住宅楼的建筑面积。

【解】

自然层：

Ⓐ－Ⓖ：（$23.6+0.05\times2$）×（$16-1.2-2.4-0.4+0.1\times2+0.05\times2$）$=291.51$（$m^2$）

Ⓖ－Ⓙ：（$2.1\times2+3.2\times2+2.6+0.1\times2+0.05\times2$）×（$1.2+2.4$）$=48.6$（$m^2$）

Ⓙ－Ⓚ：（$2.6+0.1\times2+0.05\times2$）$\times0.4=1.16$（$m^2$）

增阳台：$0.5\times$（$4.5\times2+0.1\times2$）×（$1.5-0.05$）$=6.67$（m^2）

扣空调板：（$3.6-0.1\times2-0.05\times2$）$\times0.8\times2=5.28$（$m^2$）

S 自然层：（$291.51+48.6+1.16+6.67-5.28$）$\times12=4111.92$（$m^2$）

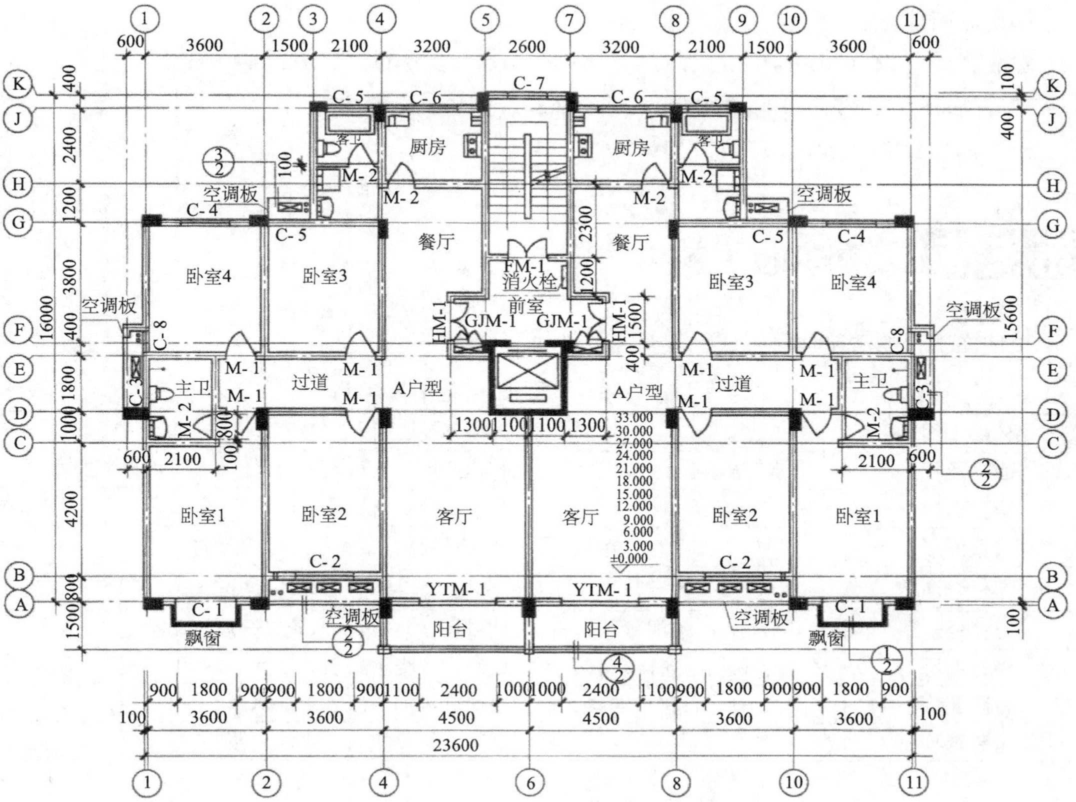

图 7–13　标准层平面图

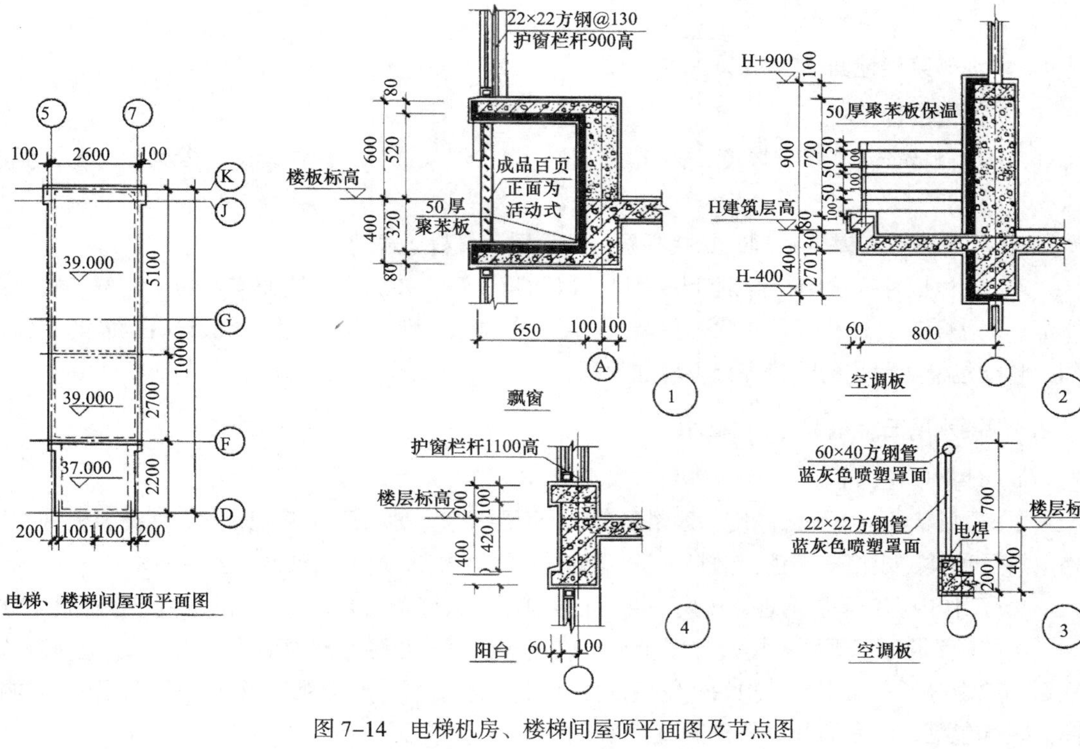

图 7–14　电梯机房、楼梯间屋顶平面图及节点图

突出屋面部分：

S3m 高：（2.6+0.1×2+0.05×2）×（2.7+5.1+0.1×2+0.05×2）=23.49（m^2）

S2m 高：0.5×（2.2+0.1×2+0.05×2）×2.2=2.75（m^2）

S 总 =4111.92+23.49+2.75=4138.16（m^2）

第三节 楼地面工程

楼地面工程的清单项目组成见表 7–1。

表 7–1 楼地面工程清单项目

分部工程	分项工程
整体面层及找平层	水泥砂浆、现浇水磨石、细石混凝土、菱苦土、自流坪、平面砂浆找平层
块料面层	石材、碎石材、块料
橡塑面层	橡胶板、橡胶板卷材、塑料板、塑料卷材
其他材料面层	地毯、竹木（复合）地板、金属复合地板、防静电活动地板
踢脚线	水泥砂浆、石材、块料、塑料板、木质、金属、防静电
楼梯面层	石材、块料、拼碎块料、水泥砂浆、现浇水磨石、地毯、木板、橡胶板、塑料板
台阶装饰	石材、块料、拼碎块料、水泥砂浆、现浇水磨石、剁假石
零星装饰项目	石材、拼碎石材、块料、水泥砂浆

一、整体面层及找平层（011101）

1. 水泥砂浆楼地面（011101001）

（1）计量单位：m^2。

（2）项目特征：找平层厚度、砂浆配合比，素水泥浆遍数，面层厚度、砂浆配合比，面层做法要求。

（3）工作内容：基层清理，抹找平层，抹面层，材料运输。

（4）工程量计算规则：按设计图示尺寸以面积计算。扣除凸出地面构筑物、设备基础、室内铁道、地沟等所占面积，不扣除间壁墙及≤ 0.3m^2 的柱、垛、附墙烟囱及孔洞所占面积。门洞、空圈、暖气包槽、壁龛的开口部分不增加面积。

2. 现浇水磨石楼地面（011101002）

（1）计量单位：m^2。

（2）项目特征：找平层厚度、砂浆配合比，面层厚度、水泥石子浆配合比，嵌条材料种类、规格，石子种类、规格、颜色，颜料种类、颜色，图案要求，磨光、酸洗、打蜡要求。

（3）工作内容：基层清理，抹找平层，面层铺设，嵌缝条安装，磨光、酸洗打蜡，材料运输。

（4）工程量计算规则：按设计图示尺寸以面积计算。扣除凸出地面构筑物、设备基础、室内铁道、地沟等所占面积，不扣除间壁墙及≤ 0.3m^2 的柱、垛、附墙烟囱及孔洞所占面积。门洞、空圈、暖气包槽、壁龛的开口部分不增加面积。

3. 细石混凝土楼地面（011101003）

（1）计量单位：m^2。

（2）项目特征：找平层厚度、砂浆配合比，面层厚度、混凝土强度等级。

（3）工作内容：基层清理，抹找平层，面层铺设，材料运输。

（4）工程量计算规则：按设计图示尺寸以面积计算。扣除凸出地面构筑物、设备基础、室内铁道、地沟等所占面积，不扣除间壁墙及 $\leqslant 0.3m^2$ 的柱、垛、附墙烟囱及孔洞所占面积。门洞、空圈、暖气包槽、壁龛的开口部分不增加面积。

4. 菱苦土楼地面（011101004）

（1）计量单位：m^2。

（2）项目特征：找平层厚度、砂浆配合比，面层厚度，打蜡要求。

（3）工作内容：清理基层，抹找平层，面层铺设，打蜡，材料运输。

（4）工程量计算规则：按设计图示尺寸以面积计算。扣除凸出地面构筑物、设备基础、室内铁道、地沟等所占面积，不扣除间壁墙及 $\leqslant 0.3m^2$ 的柱、垛、附墙烟囱及孔洞所占面积。门洞、空圈、暖气包槽、壁龛的开口部分不增加面积。

5. 自流坪楼地面（011101005）

（1）计量单位：m^2。

（2）项目特征：找平层砂浆配合比、厚度，界面剂材料种类，中层漆材料种类、厚度，面漆材料种类、厚度，面层材料种类。

（3）工作内容：基层处理，抹找平层，涂界面剂，涂刷中层漆，打磨、吸尘，镘自流平面漆（浆），拌合自流平浆料，铺面层。

（4）工程量计算规则：按设计图示尺寸以面积计算。扣除凸出地面构筑物、设备基础、室内铁道、地沟等所占面积，不扣除间壁墙及 $\leqslant 0.3m^2$ 的柱、垛、附墙烟囱及孔洞所占面积。门洞、空圈、暖气包槽、壁龛的开口部分不增加面积。

6. 平面砂浆找平层（011101006）

（1）计量单位：m^2。

（2）项目特征：找平层厚度、砂浆配合比。

（3）工作内容：基层清理，抹找平层，材料运输。

（4）工程量计算规则：按设计图示尺寸以面积计算。

二、块料面层（011102）

1. 石材楼地面（011102001）

（1）计量单位：m^2。

（2）项目特征：找平层厚度、砂浆配合比，结合层厚度、砂浆配合比，面层材料品种、规格、颜色，嵌缝材料种类，防护层材料种类，酸洗、打蜡要求。

（3）工作内容：基层清理，抹找平层，面层铺设、磨边，嵌缝，刷防护材料，酸洗、打蜡，材料运输。

（4）工程量计算规则：按设计图示尺寸以面积计算。门洞、空圈、暖气包槽、壁龛的开口部分并入相应的工程量内。

2. 碎石材楼地面（011102002）

（1）计量单位：m^2。

（2）项目特征：找平层厚度、砂浆配合比，结合层厚度、砂浆配合比，面层材料品种、规格、颜色，嵌缝材料种类，防护层材料种类，酸洗、打蜡要求。

（3）工作内容：基层清理，抹找平层，面层铺设、磨边，嵌缝，刷防护材料，酸洗、打蜡，材料运输。

（4）工程量计算规则：按设计图示尺寸以面积计算。门洞、空圈、暖气包槽、壁龛的开口部分并入相应的工程量内。

3. 块料楼地面（011102003）

（1）计量单位：m^2。

（2）项目特征：找平层厚度、砂浆配合比，结合层厚度、砂浆配合比，面层材料品种、规格、颜色，嵌缝材料种类，防护层材料种类，酸洗、打蜡要求。

（3）工作内容：基层清理，抹找平层，面层铺设、磨边，嵌缝，刷防护材料，酸洗、打蜡，材料运输。

（4）工程量计算规则：按设计图示尺寸以面积计算。门洞、空圈、暖气包槽、壁龛的开口部分并入相应的工程量内。

三、橡塑面层（011103）

1. 橡胶板楼地面（011103001）

（1）计量单位：m^2。

（2）项目特征：粘结层厚度、材料种类，面层材料品种、规格、颜色，压线条种类。

（3）工作内容：基层清理，面层铺贴，压缝条装钉，材料运输。

（4）工程量计算规则：按设计图示尺寸以面积计算。门洞、空圈、暖气包槽、壁龛的开口部分并入相应的工程量内。

2. 橡胶板卷材楼地面（011103002）

（1）计量单位：m^2。

（2）项目特征：粘结层厚度、材料种类，面层材料品种、规格、颜色，压线条种类。

（3）工作内容：基层清理，面层铺贴，压缝条装钉，材料运输。

（4）工程量计算规则：按设计图示尺寸以面积计算。门洞、空圈、暖气包槽、壁龛的开口部分并入相应的工程量内。

3. 塑料板楼地面（011103003）

（1）计量单位：m^2。

（2）项目特征：粘结层厚度、材料种类，面层材料品种、规格、颜色，压线条种类。

（3）工作内容：基层清理，面层铺贴，压缝条装钉，材料运输。

（4）工程量计算规则：按设计图示尺寸以面积计算。门洞、空圈、暖气包槽、壁龛的开口部分并入相应的工程量内。

4. 塑料卷材楼地面（011103004）

（1）计量单位：m^2。

（2）项目特征：粘结层厚度、材料种类，面层材料品种、规格、颜色，压线条种类。

（3）工作内容：基层清理，面层铺贴，压缝条装钉，材料运输。

（4）工程量计算规则：按设计图示尺寸以面积计算。门洞、空圈、暖气包槽、壁龛的开口部分并入相应的工程量内。

四、其他材料面层（011104）

1. 地毯楼地面（011104001）

（1）计量单位：m^2。

（2）项目特征：面层材料品种、规格、颜色，防护材料种类，粘结材料种类，压线条种类。

（3）工作内容：基层清理，铺贴面层，刷防护材料，装钉压条，材料运输。

（4）工程量计算规则：按设计图示尺寸以面积计算。门洞、空圈、暖气包槽、壁龛的开口部分并入相应的工程量内。

2. 竹、木（复合）地板（011104002）

（1）计量单位：m^2。

（2）项目特征：龙骨材料种类、规格、铺设间距，基层材料种类、规格，面层材料品种、规格、颜色，防护材料种类。

（3）工作内容：基层清理，龙骨铺设，基层铺设，面层铺贴，刷防护材料，材料运输。

（4）工程量计算规则：按设计图示尺寸以面积计算。门洞、空圈、暖气包槽、壁龛的开口部分并入相应的工程量内。

3. 金属复合地板（011104003）

（1）计量单位：m^2。

（2）项目特征：龙骨材料种类、规格、铺设间距，基层材料种类、规格，面层材料品种、规格、颜色，防护材料种类。

（3）工作内容：基层清理，龙骨铺设，基层铺设，面层铺贴，刷防护材料，材料运输。

（4）工程量计算规则：按设计图示尺寸以面积计算。门洞、空圈、暖气包槽、壁龛的开口部分并入相应的工程量内。

4. 防静电活动地板（011104004）

（1）计量单位：m^2。

（2）项目特征：支架高度、材料种类，面层材料品种、规格、颜色，防护材料种类。

（3）工作内容：基层清理，固定支架安装，活动面层安装，刷防护材料，材料运输。

（4）工程量计算规则：按设计图示尺寸以面积计算。门洞、空圈、暖气包槽、壁龛的开口部分并入相应的工程量内。

五、踢脚线（011105）

1. 水泥砂浆踢脚线（011105001）

（1）计量单位：m^2 或 m。

（2）项目特征：踢脚线高度，底层厚度、砂浆配合比，面层厚度、砂浆配合比。

（3）工作内容：基层清理，底层和面层抹灰，材料运输。

（4）工程量计算规则：以平方米计量，按设计图示长度乘以高度以面积计算。以米计量，按延长米计算。

2. 石材踢脚线（011105002）

（1）计量单位：m^2 或 m。

（2）项目特征：踢脚线高度，粘贴层厚度、材料种类，面层材料品种、规格、颜色，防护材料种类。

（3）工作内容：基层清理，底层抹灰，面层铺贴、磨边，擦缝，磨光、酸洗、打蜡，刷防护材料，材料运输。

（4）工程量计算规则：以平方米计量，按设计图示长度乘以高度以面积计算。以米计量，按延长米计算。

3. 块料踢脚线（011105003）

（1）计量单位：m^2 或 m。

（2）项目特征：踢脚线高度，粘贴层厚度、材料种类，面层材料品种、规格、颜色，防护材料种类。

（3）工作内容：基层清理，底层抹灰，面层铺贴、磨边，擦缝，磨光、酸洗、打蜡，刷防护材料，材料运输。

（4）工程量计算规则：以平方米计量，按设计图示长度乘以高度以面积计算。以米计量，按延长米计算。

4. 塑料板踢脚线（011105004）

（1）计量单位：m^2 或 m。

（2）项目特征：踢脚线高度，粘结层厚度、材料种类，面层材料种类、规格、颜色。

（3）工作内容：基层清理，基层铺贴，面层铺贴，材料运输。

（4）工程量计算规则：以平方米计量，按设计图示长度乘以高度以面积计算。以米计量，按延长米计算。

5. 木质踢脚线（011105005）

（1）计量单位：m^2 或 m。

（2）项目特征：踢脚线高度，基层材料种类、规格，面层材料品种、规格、颜色。

（3）工作内容：基层清理，基层铺贴，面层铺贴，材料运输。

（4）工程量计算规则：以平方米计量，按设计图示长度乘以高度以面积计算。以米计量，按延长米计算。

6. 金属踢脚线（011105006）

（1）计量单位：m^2 或 m。

（2）项目特征：踢脚线高度，基层材料种类、规格，面层材料品种、规格、颜色。

（3）工作内容：基层清理，基层铺贴，面层铺贴，材料运输。

（4）工程量计算规则：以平方米计量，按设计图示长度乘以高度以面积计算。以米计量，按延长米计算。

7. 防静电踢脚线（011105007）

（1）计量单位：m^2 或 m。

（2）项目特征：踢脚线高度，基层材料种类、规格，面层材料品种、规格、颜色。

（3）工作内容：基层清理，基层铺贴，面层铺贴，材料运输。

（4）工程量计算规则：以平方米计量，按设计图示长度乘以高度以面积计算。以米计量，按延长米计算。

六、楼梯面层（011106）

1. 石材楼梯面层（011106001）

（1）计量单位：m^2。

（2）项目特征：找平层厚度、砂浆配合比，粘结层厚度、材料种类，面层材料品种、规格、颜色，防滑条材料种类、规格，勾缝材料种类，防护材料种类，酸洗、打蜡要求。

（3）工作内容：基层清理，抹找平层，面层铺贴、磨边，贴嵌防滑条，勾缝，刷防护材料，酸洗、打蜡，材料运输。

（4）工程量计算规则：按设计图示尺寸以楼梯（包括踏步、休息平台及≤ 500mm 的楼梯井）水平投影面积计算。楼梯与楼地面相连时，算至梯口梁内侧边沿；无梯口梁者，算至最上一层踏步边沿加 300mm。

2. 块料楼梯面层（011106002）

（1）计量单位：m^2。

（2）项目特征：找平层厚度、砂浆配合比，粘结层厚度、材料种类，面层材料品种、规格、颜色，防滑条材料种类、规格，勾缝材料种类，防护材料种类，酸洗、打蜡要求。

（3）工作内容：基层清理，抹找平层，面层铺贴、磨边，贴嵌防滑条，勾缝，刷防护材料，酸洗、打蜡，材料运输。

（4）工程量计算规则：按设计图示尺寸以楼梯（包括踏步、休息平台及≤ 500mm 的楼梯井）水平投影面积计算。楼梯与楼地面相连时，算至梯口梁内侧边沿；无梯口梁者，算至最上一层踏步边沿加 300mm。

3. 拼碎块料楼梯面层（011106003）

（1）计量单位：m^2。

（2）项目特征：找平层厚度、砂浆配合比，粘结层厚度、材料种类，面层材料品种、规格、颜色，防滑条材料种类、规格，勾缝材料种类，防护材料种类，酸洗、打蜡要求。

（3）工作内容：基层清理，抹找平层，面层铺贴、磨边，贴嵌防滑条，勾缝，刷防护材料，酸洗、打蜡，材料运输。

（4）工程量计算规则：按设计图示尺寸以楼梯（包括踏步、休息平台及≤ 500mm 的楼梯井）水平投影面积计算。楼梯与楼地面相连时，算至梯口梁内侧边沿；无梯口梁者，算至最上一层踏步边沿加 300mm。

4. 水泥砂浆楼梯面层（011106004）

（1）计量单位：m^2。

（2）项目特征：找平层厚度、砂浆配合比，面层厚度、砂浆配合比，防滑条材料种类、规格。

（3）工作内容：基层清理，抹找平层，抹面层，抹防滑条，材料运输。

（4）工程量计算规则：按设计图示尺寸以楼梯（包括踏步、休息平台及≤ 500mm 的楼梯井）水平投影面积计算。楼梯与楼地面相连时，算至梯口梁内侧边沿；无梯口梁者，算至最上一层踏步边沿加 300mm。

5. 现浇水磨石楼梯面层（011106005）

（1）计量单位：m^2。

（2）项目特征：找平层厚度、砂浆配合比，面层厚度、水泥石子浆配合比，防滑条材料种类、规格，石子种类、规格、颜色，颜料种类、颜色，磨光、酸洗打蜡要求。

（3）工作内容：基层清理，抹找平层，抹面层，贴嵌防滑条，磨光、酸洗、打蜡，材料运输。

（4）工程量计算规则：按设计图示尺寸以楼梯（包括踏步、休息平台及≤ 500mm 的楼梯井）水平投影面积计算。楼梯与楼地面相连时，算至梯口梁内侧边沿；无梯口梁者，算至最上一层踏步边沿加 300mm。

6. 地毯楼梯面层（011106006）

（1）计量单位：m^2。

（2）项目特征：基层种类，面层材料品种、规格、颜色，防护材料种类，粘结材料种类，固定配件材料种类、规格。

（3）工作内容：基层清理，铺贴面层，固定配件安装，刷防护材料，材料运输。

（4）工程量计算规则：按设计图示尺寸以楼梯（包括踏步、休息平台及≤ 500mm 的楼梯井）水平投影面积计算。楼梯与楼地面相连时，算至梯口梁内侧边沿；无梯口梁者，算至最上一层踏步边沿加 300mm。

7. 木板楼梯面层（011106007）

（1）计量单位：m^2。

（2）项目特征：基层材料种类、规格，面层材料品种、规格、颜色，粘结材料种类，防护材料种类。

（3）工作内容：基层清理，基层铺贴，面层铺贴，刷防护材料，材料运输。

（4）工程量计算规则：按设计图示尺寸以楼梯（包括踏步、休息平台及≤ 500mm 的楼梯井）水平投影面积计算。楼梯与楼地面相连时，算至梯口梁内侧边沿；无梯口梁者，算至最上一层踏步边沿加 300mm。

8. 橡胶板楼梯面层（011106008）

（1）计量单位：m^2。

（2）项目特征：粘结层厚度、材料种类，面层材料品种、规格、颜色，压线条种类。

（3）工作内容：基层清理，面层铺贴，压缝条装钉，材料运输。

（4）工程量计算规则：按设计图示尺寸以楼梯（包括踏步、休息平台及≤ 500mm 的楼梯井）水平投影面积计算。楼梯与楼地面相连时，算至梯口梁内侧边沿；无梯口梁者，算至最上一层踏步边沿加 300mm。

9. 塑料板楼梯面层（011106009）

（1）计量单位：m^2。

（2）项目特征：粘结层厚度、材料种类，面层材料品种、规格、颜色，压线条种类。

（3）工作内容：基层清理，面层铺贴，压缝条装钉，材料运输。

（4）工程量计算规则：按设计图示尺寸以楼梯（包括踏步、休息平台及≤ 500mm 的楼梯井）水平投影面积计算。楼梯与楼地面相连时，算至梯口梁内侧边沿；无梯口梁者，算至最上一层踏步边沿加 300mm。

七、台阶装饰（011107）

1. 石材台阶面（011107001）

（1）计量单位：m^2。

（2）项目特征：找平层厚度、砂浆配合比，粘结材料种类，面层材料品种、规格、颜色，勾缝材料种类，防滑条材料种类、规格，防护材料种类。

（3）工作内容：基层清理，抹找平层，面层铺贴，贴嵌防滑条，勾缝，刷防护材料，材料运输。

（4）工程量计算规则：按设计图示尺寸以台阶（包括最上层踏步边沿加 300mm）水平投影面积计算。

2. 块料台阶面（011107002）

（1）计量单位：m^2。

（2）项目特征：找平层厚度、砂浆配合比，粘结材料种类，面层材料品种、规格、颜色，勾缝材料种类，防滑条材料种类、规格，防护材料种类。

（3）工作内容：基层清理，抹找平层，面层铺贴，贴嵌防滑条，勾缝，刷防护材料，材料运输。

（4）工程量计算规则：按设计图示尺寸以台阶（包括最上层踏步边沿加 300mm）水平投影

面积计算。

3. 拼碎块料台阶面（011107003）

（1）计量单位：m^2。

（2）项目特征：找平层厚度、砂浆配合比，粘结材料种类，面层材料品种、规格、颜色，勾缝材料种类，防滑条材料种类、规格，防护材料种类。

（3）工作内容：基层清理，抹找平层，面层铺贴，贴嵌防滑条，勾缝，刷防护材料，材料运输。

（4）工程量计算规则：按设计图示尺寸以台阶（包括最上层踏步边沿加300mm）水平投影面积计算。

4. 水泥砂浆台阶面（011107004）

（1）计量单位：m^2。

（2）项目特征：找平层厚度、砂浆配合比，面层厚度、砂浆配合比，防滑条材料种类。

（3）工作内容：基层清理，抹找平层，抹面层，抹防滑条，材料运输。

（4）工程量计算规则：按设计图示尺寸以台阶（包括最上层踏步边沿加300mm）水平投影面积计算。

5. 现浇水磨石台阶面（011107005）

（1）计量单位：m^2。

（2）项目特征：找平层厚度、砂浆配合比，面层厚度、水泥石子浆配合比，防滑条材料种类、规格，石子种类、规格、颜色，颜料种类、颜色，磨光、酸洗、打蜡要求。

（3）工作内容：清理基层，抹找平层，抹面层，贴嵌防滑条，打磨、酸洗、打蜡，材料运输。

（4）工程量计算规则：按设计图示尺寸以台阶（包括最上层踏步边沿加300mm）水平投影面积计算。

6. 剁假石台阶面（011107006）

（1）计量单位：m^2。

（2）项目特征：找平层厚度、砂浆配合比，面层厚度、砂浆配合比，剁假石要求。

（3）工作内容：清理基层，抹找平层，抹面层，剁假石，材料运输。

（4）工程量计算规则：按设计图示尺寸以台阶（包括最上层踏步边沿加300mm）水平投影面积计算。

八、零星装饰项目（011108）

1. 石材零星项目（011108001）

（1）计量单位：m^2。

（2）项目特征：工程部位，找平层厚度、砂浆配合比，贴结合层厚度、材料种类，面层材料品种、规格、颜色，勾缝材料种类，防护材料种类，酸洗、打蜡要求。

（3）工作内容：清理基层，抹找平层，面层铺贴、磨边，勾缝，刷防护材料，酸洗、打蜡，材料运输。

（4）工程量计算规则：按设计图示尺寸以面积计算。

2. 拼碎石材零星项目（011108002）

（1）计量单位：m^2。

（2）项目特征：工程部位，找平层厚度、砂浆配合比，贴结合层厚度、材料种类，面层材料品种、规格、颜色，勾缝材料种类，防护材料种类，酸洗、打蜡要求。

（3）工作内容：清理基层，抹找平层，面层铺贴、磨边，勾缝，刷防护材料，酸洗、打蜡，材料运输。

（4）工程量计算规则：按设计图示尺寸以面积计算。

3. 块料零星项目（011108003）

（1）计量单位：m^2。

（2）项目特征：工程部位，找平层厚度、砂浆配合比，贴结合层厚度、材料种类，面层材料品种、规格、颜色，勾缝材料种类，防护材料种类，酸洗、打蜡要求。

（3）工作内容：清理基层，抹找平层，面层铺贴、磨边，勾缝，刷防护材料，酸洗、打蜡，材料运输。

（4）工程量计算规则：按设计图示尺寸以面积计算。

4. 水泥砂浆零星项目（011108004）

（1）计量单位：m^2。

（2）项目特征：工程部位，找平层厚度、砂浆配合比，面层厚度、砂浆厚度。

（3）工作内容：清理基层，抹找平层，抹面层，材料运输。

（4）工程量计算规则：按设计图示尺寸以面积计算。

【例 7–2】某建筑平面如图 7–15 所示，墙厚 240mm，室内地面做法为 15mm 厚现浇水磨石楼地面（带嵌条）、素水泥浆一道、25 厚 1:3 水泥砂浆找平层，试计算现浇水磨石地面的工程量，并列出工程量清单。门窗表见表 7–2。

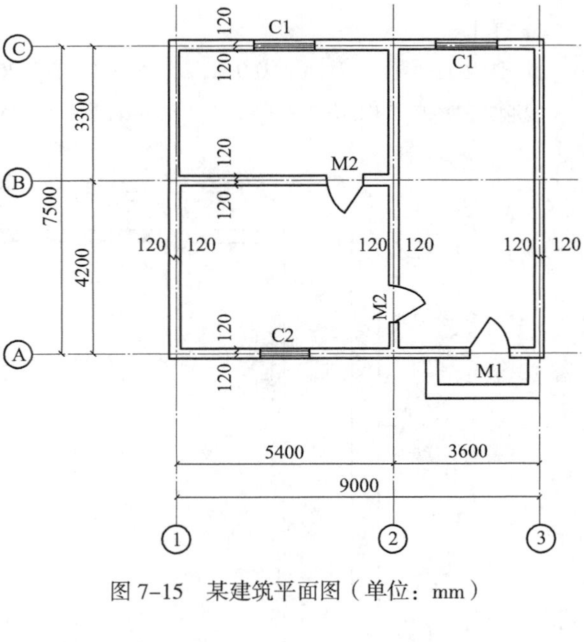

图 7–15　某建筑平面图（单位：mm）

表 7–2　门窗表

代号	洞口尺寸（mm）
M1	1000×2100
M2	900×2100
C1	1500×1800
C2	1200×1800

【解】

水磨石地面工程量：（3.6−0.24）×（4.2+3.3−0.24）+（5.4−0.24）×（4.2−0.24）+（5.4−0.24）×（3.3−0.24）= 60.62（m^2）

表 7-3　分部分项工程量清单

项目编码	项目名称	项目特征	计量单位	工程量
011101002001	现浇水磨石地面	25mm 厚 1 ：3 水泥砂浆找平层 素水泥浆一道 15mm 厚水磨石面层（带嵌条）	m^2	60.62

【例 7-3】某营业厅如图 7-16 所示，墙厚 360mm，柱子断面尺寸为 600mm × 600mm，室内地面做法为：硬木地板面层（企口）、20mm 厚 1 ：3 水泥砂浆找平层，试计算木地板地面工程量，并列出工程量清单。门窗表见表 7-4。

表 7-4　门窗表

代号	洞口尺寸（mm）
M1	1800 × 2400
C1	1800 × 1800
C2	1500 × 1800

【解】

木地板工程量：（18.9−0.06 × 2）×（12.0−0.06 × 2）= 223.1064（m^2）

扣除柱所占面积：0.6 × 0.6 × 2+（0.6−0.36）×（0.6−0.36）× 4+（0.6−0.36）× 0.6 × 6 = 1.8144（m^2）

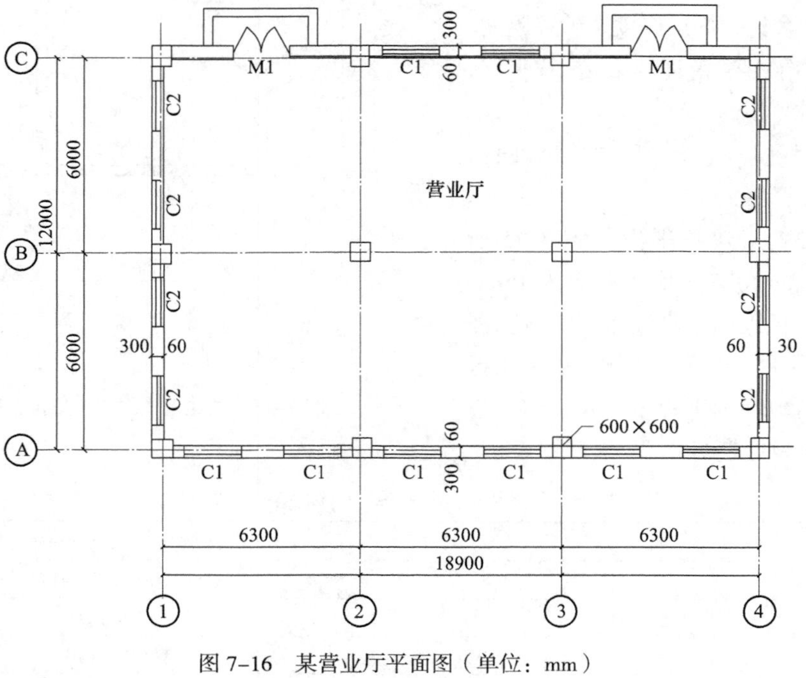

图 7-16　某营业厅平面图（单位：mm）

增门口面积：1.8×（0.36/2）×2 = 0.648（m^2）

合计：223.1064−1.8144+0.648 = 221.94（m^2）

门口面积应按不同材料及做法列入不同项目中，为保证结果的准确性，在本书例题中均以门口沿轴方向中心线分界。具体应用时，以实际施工图为准。

表 7–5　工程量清单

项目编码	项目名称	项目特征	计量单位	工程量
011104002001	硬木地板地面	20mm 厚 1:3 水泥砂浆找平层 硬木地板面层（企口）	m^2	221．94

【例 7–4】某传达室平面图如图 7–17 所示，墙厚 240mm，室内踢脚板做法为 120mm 高金属板面层、15mm 厚大芯板基层，试计算金属踢脚板工程量，并列出工程量清单。门窗表见表 7–6，门窗均不做门窗套，门居中立框，门框宽 80mm。

表 7–6　门窗表

代号	洞口尺寸（mm）
M1	1500×2400
M2	900×2000
C1	1200×1800

【解】

踢脚板长度：

（3+3−0.12×2+4.5−0.12×2）×2+（3.3−0.12×2+5.7−0.12×2）×2 = 37.08（m）

扣除 M1、M2 门洞宽：1.5+0.9×2 = 3.3（m）

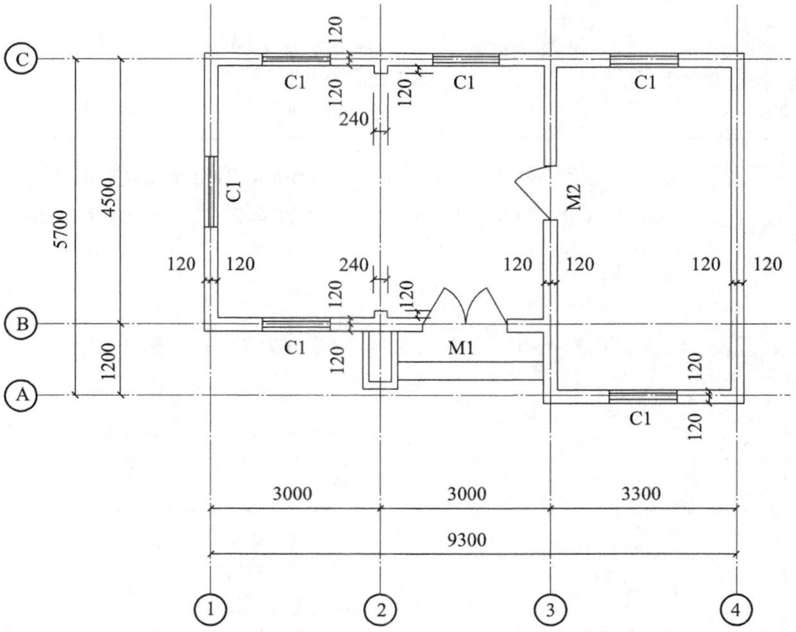

图 7–17　传达室平面图（单位：mm）

增加门洞侧壁及垛侧：（0.24−0.08）÷2×2+（0.24−0.08）×2+0.12×4 = 0.96（m）

踢脚板的工程量：（37.08−3.3+0.96）×0.12 = 4.17（m^2）

表 7−7　工程量清单

项目编码	项目名称	项目特征	计量单位	工程量
011105006001	金属踢脚板	15mm 厚大芯板基层 120mm 高金属踢脚板面层	m^2	4.17

【例 7−5】某建筑物双跑式楼梯平面图如图 7−18 所示，墙体厚 240mm，楼梯的装饰装修做法为 25mm 厚济南青石材面层、1:3 水泥砂浆结合层、20mm 厚 1:3 水泥砂浆找平层，试计算石材楼梯面层工程量，并列出工程量清单。

【解】

石材楼梯面层工程量：（3.6−0.12×2）×（2.43+1.5+0.3）= 14.21（m^2）

因楼梯井宽度为 360mm，不足 500mm，根据楼梯装饰装修工程量计算规则，不予扣除。另因楼梯图示无梯口梁，所以算至最上一层踏步边沿加 300mm。

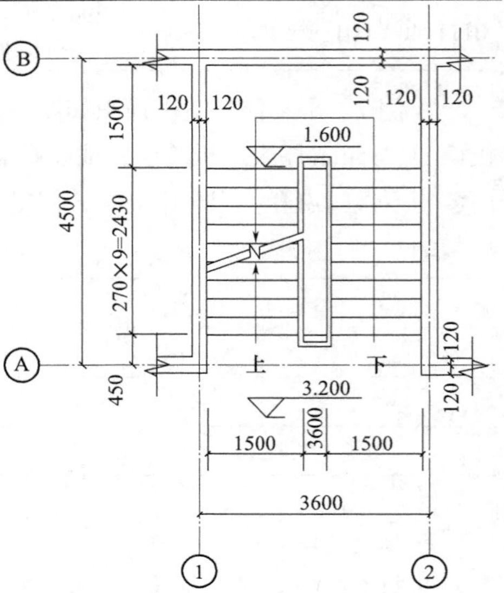

图 7−18　楼梯平面图（单位：mm）

表 7−8　工程量清单

项目编码	项目名称	项目特征	计量单位	工程量
011106001001	石材楼梯面层	20mm 厚 1:3 水泥砂浆找平层 1:3 水泥砂浆结合层 25mm 厚济南青石材面层	m^2	14.21

【例 7−6】某宿舍楼入口台阶如图 7−19 所示，300mm×300mm 黑色防滑地砖、10mm 厚 1:1 水泥砂浆结合层、20mm 厚 1:3 水泥砂浆找平层，试计算台阶装饰装修工程量，并列出工程量清单。

【解】

地砖台阶工程量：（3.6+0.3）×0.3×2+（2.0−0.3）×0.3×2=3.36（m^2）

表 7−9　工程量清单

项目编码	项目名称	项目特征	计量单位	工程量
011107002001	防滑地砖 台阶面层	20mm 厚 1 ： 3 水泥砂浆找平层 10mm 厚 1 ： 1 水泥砂浆结合层 300mm×300mm 黑色防滑地砖	m^2	3.36

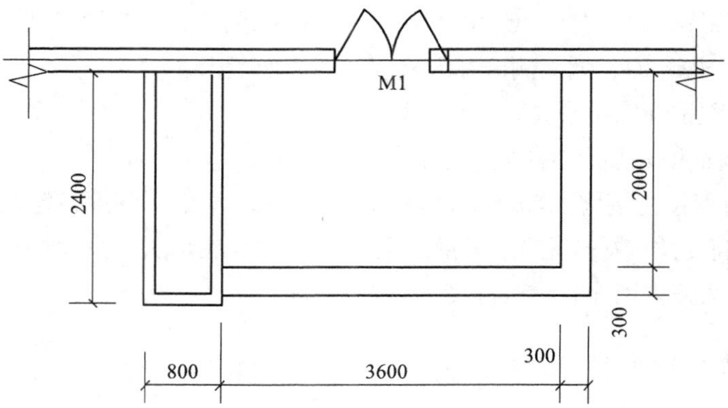

图 7–19　某台阶平面图（单位：mm）

第四节　墙、柱面装饰与隔断、幕墙工程

墙、柱面装饰与隔断、幕墙工程项目见表 7–10。

表 7–10　墙、柱面装饰与隔断、幕墙工程项目

分部工程	分项工程
墙面抹灰	一般抹灰、装饰抹灰、墙面勾缝、立面砂浆找平层
柱、梁面抹灰	一般抹灰、装饰抹灰、砂浆找平、柱面勾缝
零星抹灰	一般抹灰、装饰抹灰、砂浆找平
墙面块料面层	石材墙面、碎拼石材墙面、块料墙面、干挂石材钢骨架
柱（梁）面镶贴块料	石材、块料、拼碎块、石材梁面、块料梁面
镶贴零星块料	石材零星项目、块料零星项目、拼碎块零星项目
墙饰面	墙面装饰板、墙面装饰浮雕
柱（梁）饰面	柱（梁）面装饰、成品装饰柱
幕墙	带骨架幕墙、全玻（无框玻璃）幕墙
隔断	木、金属、玻璃、塑料、成品、其他

一、墙面抹灰（011201）

1. 墙面一般抹灰（011201001）

（1）计量单位：m^2。

（2）项目特征：墙体类型，底层厚度、砂浆配合比，面层厚度、砂浆配合比，装饰面材料种类，分格缝宽度、材料种类。

（3）工作内容：基层清理，砂浆制作、运输，底层抹灰，抹面层，抹装饰面，勾分格缝。

（4）工程量计算规则：按设计图示尺寸以面积计算。扣除墙裙、门窗洞口及单个＞ $0.3m^2$

的孔洞面积，不扣除踢脚线、挂镜线和墙与构件交接处的面积，门窗洞口和孔洞的侧壁及顶面不增加面积。附墙柱、梁、垛、烟囱侧壁并入相应的墙面面积内。

① 外墙抹灰面积按外墙垂直投影面积计算。

② 外墙裙抹灰面积按其长度乘以高度计算。

③ 内墙抹灰面积按主墙间的净长乘以高度计算（无墙裙的，高度按室内楼地面至天棚底面计算；有墙裙的，高度按墙裙顶至天棚底面计算；有吊顶天棚抹灰，高度算至天棚底）。

④ 内墙裙抹灰面按内墙净长乘以高度计算。

2. 墙面装饰抹灰（011201002）

（1）计量单位：m^2。

（2）项目特征：墙体类型，底层厚度、砂浆配合比，面层厚度、砂浆配合比，装饰面材料种类，分格缝宽度、材料种类。

（3）工作内容：基层清理，砂浆制作、运输，底层抹灰，抹面层，抹装饰面，勾分格缝。

（4）工程量计算规则：按设计图示尺寸以面积计算。扣除墙裙、门窗洞口及单个 $> 0.3m^2$ 的孔洞面积，不扣除踢脚线、挂镜线和墙与构件交接处的面积，门窗洞口和孔洞的侧壁及顶面不增加面积。附墙柱、梁、垛、烟囱侧壁并入相应的墙面面积内。

① 外墙抹灰面积按外墙垂直投影面积计算。

② 外墙裙抹灰面积按其长度乘以高度计算。

③ 内墙抹灰面积按主墙间的净长乘以高度计算（无墙裙的，高度按室内楼地面至天棚底面计算；有墙裙的，高度按墙裙顶至天棚底面计算；有吊顶天棚抹灰，高度算至天棚底）。

④ 内墙裙抹灰面按内墙净长乘以高度计算。

3. 墙面勾缝（011201003）

（1）计量单位：m^2。

（2）项目特征：勾缝类型，勾缝材料种类。

（3）工作内容：基层清理，砂浆制作、运输，勾缝。

（4）工程量计算规则：按设计图示尺寸以面积计算。扣除墙裙、门窗洞口及单个 $> 0.3m^2$ 的孔洞面积，不扣除踢脚线、挂镜线和墙与构件交接处的面积，门窗洞口和孔洞的侧壁及顶面不增加面积。附墙柱、梁、垛、烟囱侧壁并入相应的墙面面积内。

① 外墙抹灰面积按外墙垂直投影面积计算。

② 外墙裙抹灰面积按其长度乘以高度计算。

③ 内墙抹灰面积按主墙间的净长乘以高度计算（无墙裙的，高度按室内楼地面至天棚底面计算；有墙裙的，高度按墙裙顶至天棚底面计算；有吊顶天棚抹灰，高度算至天棚底）。

④ 内墙裙抹灰面按内墙净长乘以高度计算。

4. 立面砂浆找平层（011201004）

（1）计量单位：m^2。

（2）项目特征：基层类型，找平层砂浆厚度、配合比。

（3）工作内容：基层清理，砂浆制作、运输，抹灰找平。

（4）工程量计算规则：按设计图示尺寸以面积计算。扣除墙裙、门窗洞口及单个＞ $0.3m^2$ 的孔洞面积，不扣除踢脚线、挂镜线和墙与构件交接处的面积，门窗洞口和孔洞的侧壁及顶面不增加面积。附墙柱、梁、垛、烟囱侧壁并入相应的墙面面积内。

① 外墙抹灰面积按外墙垂直投影面积计算。

② 外墙裙抹灰面积按其长度乘以高度计算。

③ 内墙抹灰面积按主墙间的净长乘以高度计算（无墙裙的，高度按室内楼地面至天棚底面计算；有墙裙的，高度按墙裙顶至天棚底面计算；有吊顶天棚抹灰，高度算至天棚底）。

④ 内墙裙抹灰面按内墙净长乘以高度计算。

二、柱（梁）面抹灰（011202）

1. 柱、梁面一般抹灰（011202001）

（1）计量单位：m^2。

（2）项目特征：柱（梁）体类型，底层厚度、砂浆配合比，面层厚度、砂浆配合比，装饰面材料种类，分格缝宽度、材料种类。

（3）工作内容：基层清理，砂浆制作、运输，底层抹灰，抹面层，勾分格缝。

（4）工程量计算规则：柱面抹灰按设计图示柱断面周长乘以高度以面积计算。梁面抹灰按设计图示梁断面周长乘长度以面积计算。

2. 柱、梁面装饰抹灰（011202002）

（1）计量单位：m^2。

（2）项目特征：柱（梁）体类型，底层厚度、砂浆配合比，面层厚度、砂浆配合比，装饰面材料种类，分格缝宽度、材料种类。

（3）工作内容：基层清理，砂浆制作、运输，底层抹灰，抹面层，勾分格缝。

（4）工程量计算规则：柱面抹灰按设计图示柱断面周长乘以高度以面积计算。梁面抹灰按设计图示梁断面周长乘长度以面积计算。

3. 柱、梁面砂浆找平（011202003）

（1）计量单位：m^2。

（2）项目特征：柱（梁）体类型，找平的砂浆厚度、配合比。

（3）工作内容：基层清理，砂浆制作、运输，抹灰找平。

（4）工程量计算规则：柱面抹灰按设计图示柱断面周长乘以高度以面积计算。梁面抹灰按设计图示梁断面周长乘长度以面积计算。

4. 柱面勾缝（011202004）

（1）计量单位：m^2。

（2）项目特征：勾缝类型，勾缝材料种类。

（3）工作内容：基层清理，砂浆制作、运输，勾缝。

（4）工程量计算规则：按设计图示柱断面周长乘以高度以面积计算。

三、零星抹灰（011203）

1. 零星项目一般抹灰（011203001）

（1）计量单位：m^2。

（2）项目特征：基层类型、部位，底层厚度、砂浆配合比，面层厚度、砂浆配合比，装饰面材料种类，分格缝宽度、材料种类。

（3）工作内容：基层清理，砂浆制作、运输，底层抹灰，抹面层，抹装饰面，勾分格缝。

（4）工程量计算规则：按设计图示尺寸以面积计算。

2. 零星项目装饰抹灰（011203002）

（1）计量单位：m^2。

（2）项目特征：基层类型、部位，底层厚度、砂浆配合比，面层厚度、砂浆配合比，装饰面材料种类，分格缝宽度、材料种类。

（3）工作内容：基层清理，砂浆制作、运输，底层抹灰，抹面层，抹装饰面，勾分格缝。

（4）工程量计算规则：按设计图示尺寸以面积计算。

3. 零星项目砂浆找平（011203003）

（1）计量单位：m^2。

（2）项目特征：基层类型、部位，找平的砂浆厚度、配合比。

（3）工作内容：基层清理，砂浆制作、运输，抹灰找平。

（4）工程量计算规则：按设计图示尺寸以面积计算。

四、墙面块料面层（011204）

1. 石材墙面（011204001）

（1）计量单位：m^2。

（2）项目特征：墙体类型，安装方式，面层材料品种、规格、颜色，缝宽、嵌缝材料种类，防护材料种类，磨光、酸洗、打蜡要求。

（3）工作内容：基层清理，砂浆制作、运输，粘结层铺贴，面层安装，嵌缝，刷防护材料，磨光、酸洗、打蜡。

（4）工程量计算规则：按镶贴表面积计算。

2. 拼碎石材墙面（011204002）

（1）计量单位：m^2。

（2）项目特征：墙体类型，安装方式，面层材料品种、规格、颜色，缝宽、嵌缝材料种类，防护材料种类，磨光、酸洗、打蜡要求。

（3）工作内容：基层清理，砂浆制作、运输，粘结层铺贴，面层安装，嵌缝，刷防护材料，磨光、酸洗、打蜡。

（4）工程量计算规则：按镶贴表面积计算。

3. 块料墙面（011204003）

（1）计量单位：m^2。

（2）项目特征：墙体类型，安装方式，面层材料品种、规格、颜色，缝宽、嵌缝材料种类，防护材料种类，磨光、酸洗、打蜡要求。

（3）工作内容：基层清理，砂浆制作、运输，粘结层铺贴，面层安装，嵌缝，刷防护材料，磨光、酸洗、打蜡。

（4）工程量计算规则：按镶贴表面积计算。

4. 干挂石材钢骨架（011204004）

（1）计量单位：t。

（2）项目特征：骨架种类、规格，防锈漆品种遍数。

（3）工作内容：骨架制作、运输、安装，刷漆。

（4）工程量计算规则：按设计图示以质量计算。

五、柱（梁）面镶贴块料（011205）

1. 石材柱面（011205001）

（1）计量单位：m^2。

（2）项目特征：柱截面类型、尺寸，安装方式，面层材料品种、规格、颜色，缝宽、嵌缝材料种类，防护材料种类，磨光、酸洗、打蜡要求。

（3）工作内容：基层清理，砂浆制作、运输，粘结层铺贴，面层安装，嵌缝，刷防护材料，磨光、酸洗、打蜡。

（4）工程量计算规则：按镶贴表面积计算。

2. 块料柱面（011205002）

（1）计量单位：m^2。

（2）项目特征：柱截面类型、尺寸，安装方式，面层材料品种、规格、颜色，缝宽、嵌缝材料种类，防护材料种类，磨光、酸洗、打蜡要求。

（3）工作内容：基层清理，砂浆制作、运输，粘结层铺贴，面层安装，嵌缝，刷防护材料，磨光、酸洗、打蜡。

（4）工程量计算规则：按镶贴表面积计算。

3. 拼碎块柱面（011205003）

（1）计量单位：m^2。

（2）项目特征：柱截面类型、尺寸，安装方式，面层材料品种、规格、颜色，缝宽、嵌缝材料种类，防护材料种类，磨光、酸洗、打蜡要求。

（3）工作内容：基层清理，砂浆制作、运输，粘结层铺贴，面层安装，嵌缝，刷防护材料，磨光、酸洗、打蜡。

（4）工程量计算规则：按镶贴表面积计算。

4. 石材梁面（011205004）

（1）计量单位：m^2。

（2）项目特征：安装方式，面层材料品种、规格、颜色，缝宽、嵌缝材料种类，防护材料种类，磨光、酸洗、打蜡要求。

（3）工作内容：基层清理，砂浆制作、运输，粘结层铺贴，面层安装，嵌缝，刷防护材料，磨光、酸洗、打蜡。

（4）工程量计算规则：按镶贴表面积计算。

5. 块料梁面（011205005）

（1）计量单位：m^2。

（2）项目特征：安装方式，面层材料品种、规格、颜色，缝宽、嵌缝材料种类，防护材料种类，磨光、酸洗、打蜡要求。

（3）工作内容：基层清理，砂浆制作、运输，粘结层铺贴，面层安装，嵌缝，刷防护材料，磨光、酸洗、打蜡。

（4）工程量计算规则：按镶贴表面积计算。

六、镶贴零星块料（011206）

1. 石材零星项目（011206001）

（1）计量单位：m^2。

（2）项目特征：基层类型、部位，安装方式，面层材料品种、规格、颜色，缝宽、嵌缝材料种类，防护材料种类，磨光、酸洗、打蜡要求。

（3）工作内容：基层清理，砂浆制作、运输，面层安装，嵌缝，刷防护材料，磨光、酸洗、打蜡。

（4）工程量计算规则：按镶贴表面积计算。

2. 块料零星项目（011206002）

（1）计量单位：m^2。

（2）项目特征：基层类型、部位，安装方式，面层材料品种、规格、颜色，缝宽、嵌缝材料种类，防护材料种类，磨光、酸洗、打蜡要求。

（3）工作内容：基层清理，砂浆制作、运输，面层安装，嵌缝，刷防护材料，磨光、酸洗、打蜡。

（4）工程量计算规则：按镶贴表面积计算。

3. 拼碎块零星项目（011206003）

（1）计量单位：m^2。

（2）项目特征：基层类型、部位，安装方式，面层材料品种、规格、颜色，缝宽、嵌缝材料种类，防护材料种类，磨光、酸洗、打蜡要求。

（3）工作内容：基层清理，砂浆制作、运输，面层安装，嵌缝，刷防护材料，磨光、酸洗、打蜡。

（4）工程量计算规则：按镶贴表面积计算。

七、墙饰面（011207）

1. 墙面装饰板（011207001）

（1）计量单位：m^2。

（2）项目特征：龙骨材料种类、规格、中距，隔离层材料种类、规格，基层材料种类、规格，面层材料品种、规格、颜色，压条材料种类、规格。

（3）工作内容：基层清理，龙骨制作、运输、安装，钉隔离层，基层铺钉，面层铺贴。

（4）工程量计算规则：按设计图示墙净长乘以净高以面积计算。扣除门窗洞口及单个$>0.3m^2$的孔洞所占面积。

2. 墙面装饰浮雕（011207002）

（1）计量单位：m^2。

（2）项目特征：基层类型，浮雕材料种类，浮雕样式。

（3）工作内容：基层清理，材料制作、运输，安装成型。

（4）工程量计算规则：按设计图示尺寸以面积计算。

八、柱（梁）饰面（011208）

1. 柱（梁）面装饰（011208001）

（1）计量单位：m^2。

（2）项目特征：龙骨材料种类、规格、中距，隔离层材料种类，基层材料种类、规格，面层材料品种、规格、颜色，压条材料种类、规格。

（3）工作内容：清理基层，龙骨制作、运输、安装，钉隔离层，基层铺钉，面层铺贴。

（4）工程量计算规则：按设计图示饰面外围尺寸以面积计算。柱帽、柱墩并入相应柱饰面工程量内。

2. 成品装饰柱（011208002）

（1）计量单位：根或 m。

（2）项目特征：柱截面、高度尺寸，柱材质。

（3）工作内容：柱运输、固定、安装。

（4）工程量计算规则：以根计量，按设计数量计算，以米计量，按设计长度计算。

九、幕墙（011209）

1. 带骨架幕墙（011209001）

（1）计量单位：m^2。

（2）项目特征：骨架材料种类、规格、中距，面层材料品种、规格、颜色，面层固定方式，隔离带、框边封闭材料品种、规格，嵌缝、塞口材料种类。

（3）工作内容：骨架制作、运输、安装，面层安装，隔离带、框边封闭，嵌缝、塞口，清洗。

（4）工程量计算规则：按设计图示框外围尺寸以面积计算。与幕墙同种材质的窗所占面积不扣除。

2. 全玻（无框玻璃）幕墙（011209002）

（1）计量单位：m^2。

（2）项目特征：玻璃品种、规格、颜色，粘结塞口材料种类，固定方式。

（3）工作内容：幕墙安装，嵌缝、塞口，清洗。

（4）工程量计算规则：按设计图示尺寸以面积计算，带肋全玻幕墙按展开面积计算。

十、隔断（011210）

1. 木隔断（011210001）

（1）计量单位：m^2。

（2）项目特征：骨架、边框材料种类、规格，隔板材料品种、规格、颜色，嵌缝、塞口材料品种，压条材料种类。

（3）工作内容：骨架及边框制作、运输、安装，隔板制作、运输、安装，嵌缝、塞口，装钉压条。

（4）工程量计算规则：按设计图示框外围尺寸以面积计算。不扣除单个≤ $0.3m^2$ 的孔洞所占面积；浴厕门的材质与隔断相同时，门的面积并入隔断面积内。

2. 金属隔断（011210002）

（1）计量单位：m^2。

（2）项目特征：骨架、边框材料种类、规格，隔板材料品种、规格、颜色，嵌缝、塞口材料品种。

（3）工作内容：骨架及边框制作、运输、安装，隔板制作、运输、安装，嵌缝、塞口。

（4）工程量计算规则：按设计图示框外围尺寸以面积计算。不扣除单个≤ $0.3m^2$ 的孔洞所占面积；浴厕门的材质与隔断相同时，门的面积并入隔断面积内。

3. 玻璃隔断（011210003）

（1）计量单位：m^2。

（2）项目特征：边框材料种类、规格，玻璃品种、规格、颜色，嵌缝、塞口材料品种。

（3）工作内容：边框制作、运输、安装，玻璃制作、运输、安装，嵌缝、塞口。

（4）工程量计算规则：按设计图示框外围尺寸以面积计算。不扣除单个≤ $0.3m^2$ 的孔洞所占面积。

4. 塑料隔断（011210004）

（1）计量单位：m^2。

（2）项目特征：边框材料种类、规格，隔板材料品种、规格、颜色，嵌缝、塞口材料品种。

（3）工作内容：骨架及边框制作、运输、安装，隔板制作、运输、安装，嵌缝、塞口。

（4）工程量计算规则：按设计图示框外围尺寸以面积计算。不扣除单个≤ $0.3m^2$ 的孔洞所占面积。

5. 成品隔断（011210005）

（1）计量单位：m^2 或间。

（2）项目特征：隔断材料品种、规格、颜色，配件品种、规格。

（3）工作内容：隔断运输、安装，嵌缝、塞口。

（4）工程量计算规则：以平方米计量，按设计图示框外围尺寸以面积计算；以间计量，按设计间的数量计算。

6. 其他隔断（011210006）

（1）计量单位：m^2。

（2）项目特征：骨架、边框材料种类、规格，隔板材料品种、规格、颜色，嵌缝、塞口材料品种。

（3）工作内容：骨架及边框安装，隔板安装，嵌缝、塞口。

（4）工程量计算规则：按设计图示框外围尺寸以面积计算。不扣除单个≤ $0.3m^2$ 的孔洞所占面积。

【例 7–7】某建筑物平面图如图 7–15 所示，房间净高均为 3.6m，各房间室内混凝土墙面抹灰做法为 2mm 厚素水泥浆一道、8mm 厚 1∶3 水泥砂浆、8mm 厚 1∶2.5 水泥砂浆，踢脚板为 120mm 高成品木踢脚，试计算各房间室内墙面抹灰工程量，并列出工程量清单。

【解】

内墙抹灰工程量：（5.4−0.24+4.2−0.24）× 2 × 3.6=65.664（m^2）

扣 C2+2M^2=1.2 × 1.8+2 × 0.9 × 2.1=5.94（m^2）

（5.4−0.24+3.3−0.24）× 2 × 3.6=59.184（m^2）

扣 C1+M^2=1.5 × 1.8+0.9 × 2.1=4.59（m^2）

（3.6−0.24+7.5−0.24）× 2 × 3.6=76.464（m^2）

扣 M1+M^2+C1=1.0 × 2.1+0.9 × 2.1+1.5 × 1.8=6.69（m^2）

合计：65.664+59.184+76.464−5.94−4.59−6.69=184.09（m^2）

表 7-11 工程量清单

项目编码	项目名称	项目特征	计量单位	工程量
011201001001	内墙面抹灰	2mm 厚素水泥浆 8mm 厚 1:3 水泥砂浆 8mm 厚 1:2.5 水泥砂浆	m^2	184.09

【例 7-8】某卫生间平面图及剖面图如图 7-20 所示，其内墙面装饰装修做法为 1:2.5 水泥砂浆找平层、1:3 水泥砂浆粘结层、95mm×95mm 白色瓷砖面层。门内侧壁宽度与窗相同，蹲便区沿隔断内起地台，高度为 200mm。试求该卫生间墙面瓷砖工程量，并列出工程量清单。门窗尺寸见表 7-12。

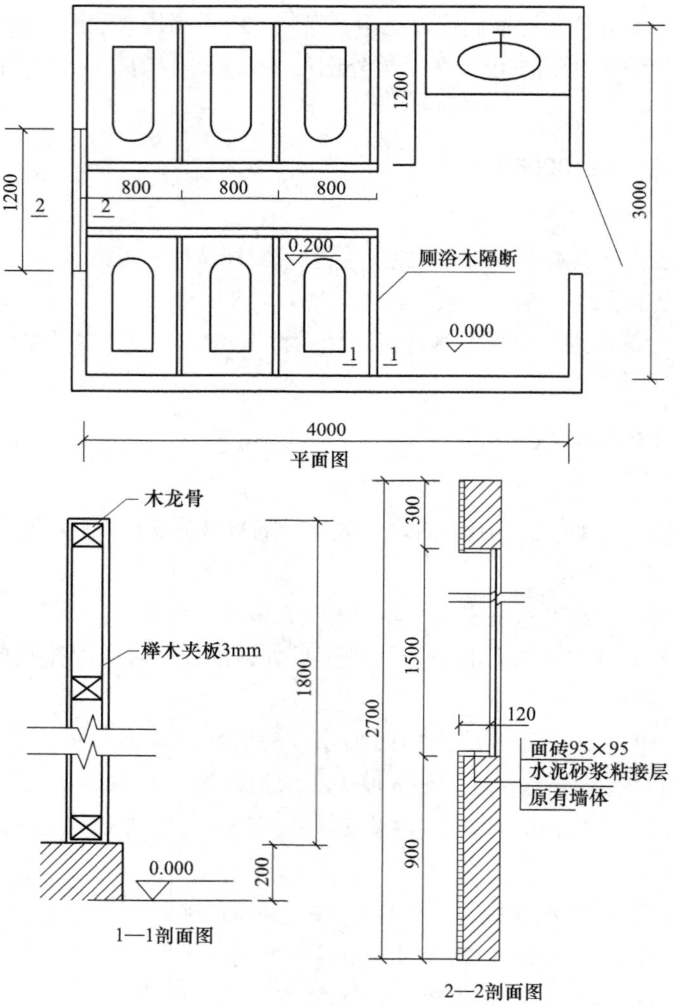

图 7-20 某卫生间

表 7-12 门窗表

代号	洞口尺寸（mm）
M1	900×2100
C1	1200×1500

【解】

墙面瓷砖工程量：（4.0+3.0）×2×2.7=37.80（m^2）

扣门窗洞口所占面积：1.2×1.5+0.9×2.1=3.69（m^2）

扣地台靠墙部分所占面积：（0.8×3×2+1.2×2）×0.2=1.44（m^2）

增门窗侧壁、顶面及窗台：[0.9+2.1×2+（1.2+1.5）×2]×0.12=1.26（m^2）

合计：37.8−3.69−1.44+1.26=33.93（m^2）

表 7–13　工程量清单

项目编码	项目名称	项目特征	计量单位	工程量
011204003001	墙面贴瓷砖	1∶2.5 水泥砂浆找平层 1∶3 水泥砂浆粘结层 95mm×95mm 白色瓷砖面层	m^2	33.93

【例 7–9】某工程室内共有 8 根混凝土独立柱，柱装饰图如图 7–21 所示，柱截面尺寸为 600mm×600mm，柱高 3m，柱面装饰做法为：80mm×80mm×8mm 不锈钢挂件、干挂 30mm 厚大理石面层，试求柱面装饰装修工程量，并列出工程量清单。

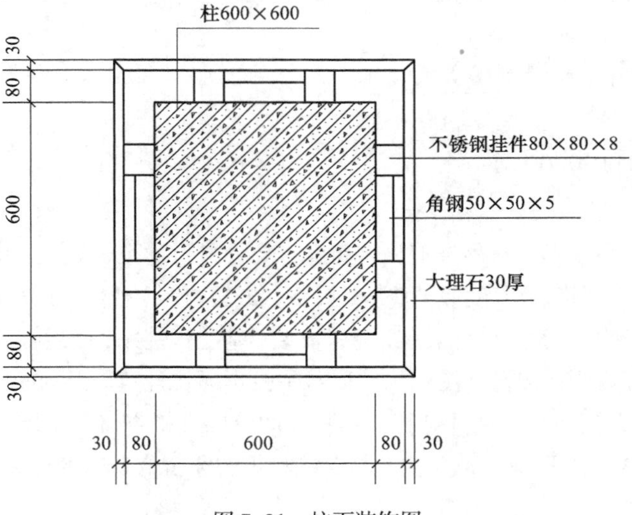

图 7–21　柱面装饰图

【解】

柱面干挂大理石工程量：（0.6+0.08×2+0.03×2）×4×3.0×8=78.72（m^2）

表 7–14　工程量清单

项目编码	项目名称	项目特征	计量单位	工程量
011205001001	柱面干挂大理石	80mm×80mm×8mm 不锈钢挂件 30mm 厚大理石面层	m^2	78.72

第五节　天棚工程

天棚工程项目见表 7–15。

表 7–15　天棚工程项目

分部工程	分项工程
天棚抹灰	天棚抹灰
天棚吊顶	吊顶天棚、格栅吊顶、吊筒吊顶、藤条造型悬挂吊顶、织物软雕吊顶、装饰网架吊顶
采光天棚	采光天棚
天棚其他装饰	灯带（槽）、送风口、回风口

一、天棚抹灰（011301）

（1）计量单位：m^2。

（2）项目特征：基层类型，抹灰厚度、材料种类，砂浆配合比。

（3）工作内容：基层清理，底层抹灰，抹面层。

（4）工程量计算规则：按设计图示尺寸以水平投影面积计算。不扣除间壁墙、垛、柱、附墙烟囱、检查口和管道所占的面积，带梁天棚的梁两侧抹灰面积并入天棚面积内，板式楼梯底面抹灰按斜面积计算，锯齿形楼梯底板抹灰按展开面积计算。

二、天棚吊顶（011302）

1. 天棚吊顶（011302001）

（1）计量单位：m^2。

（2）项目特征：吊顶形式、吊杆规格、高度，龙骨材料种类、规格、中距，基层材料种类、规格，面层材料品种、规格，压条材料种类、规格，嵌缝材料种类，防护材料种类。

（3）工作内容：基层清理、吊杆安装，龙骨安装，基层板铺贴，面层铺贴，嵌缝，刷防护材料。

（4）工程量计算规则：按设计图示尺寸以水平投影面积计算。天棚面中的灯槽及跌级、锯齿形、吊挂式、藻井式天棚面积不展开计算。不扣除间壁墙、检查口、附墙烟囱、柱垛和管道所占面积，扣除单个$>0.3m^2$的孔洞、独立柱及与天棚相连的窗帘盒所占的面积。

2. 格栅吊顶（011302002）

（1）计量单位：m^2。

（2）项目特征：龙骨材料种类、规格、中距，基层材料种类、规格，面层材料品种、规格，防护材料种类。

（3）工作内容：基层清理，安装龙骨，基层板铺贴，面层铺贴，刷防护材料。

（4）工程量计算规则：按设计图示尺寸以水平投影面积计算。

3. 吊筒吊顶（011302003）

（1）计量单位：m^2。

（2）项目特征：吊筒形状、规格，吊筒材料种类，防护材料种类。

（3）工作内容：基层清理，吊筒制作安装，刷防护材料。

（4）工程量计算规则：按设计图示尺寸以水平投影面积计算。

4. 藤条造型悬挂吊顶（011302004）

（1）计量单位：m^2。

（2）项目特征：骨架材料种类、规格，面层材料品种、规格。

（3）工作内容：基层清理，龙骨安装，铺贴面层。

（4）工程量计算规则：按设计图示尺寸以水平投影面积计算。

5. 织物软雕吊顶（011302005）

（1）计量单位：m^2。

（2）项目特征：骨架材料种类、规格，面层材料品种、规格。

（3）工作内容：基层清理，龙骨安装，铺贴面层。

（4）工程量计算规则：按设计图示尺寸以水平投影面积计算。

6. 装饰网架吊顶（011302006）

（1）计量单位：m^2。

（2）项目特征：网架材料品种、规格。

（3）工作内容：基层清理，网架制作安装。

（4）工程量计算规则：按设计图示尺寸以水平投影面积计算。

三、采光天棚（011303）

1. 采光天棚（011303001）

（1）计量单位：m^2。

（2）项目特征：骨架类型，固定类型、固定材料品种、规格，面层材料品种、规格，嵌缝、塞口材料种类。

（3）工作内容：清理基层，面层制安，嵌缝、塞口，清洗。

（4）工程量计算规则：按框外围展开面积计算。

四、天棚其他装饰（011304）

1. 灯带（槽）（011304001）

（1）计量单位：m^2。

（2）项目特征：灯带型式、尺寸，格栅片材料品种、规格，安装固定方式。

（3）工作内容：安装、固定。

（4）工程量计算规则：按设计图示尺寸以框外围面积计算。

2. 送风口、回风口（011304002）

（1）计量单位：个。

（2）项目特征：风口材料品种、规格，安装固定方式，防护材料种类。

（3）工作内容：安装、固定，刷防护材料。

（4）工程量计算规则：按设计图示数量计算。

【例 7–10】某工程现浇钢筋混凝土井字梁天棚如图 7–22 所示，顶棚抹灰做法为 2mm 厚素水泥浆、8mm 厚 1:1:6 混合砂浆、8mm 厚 1:1:4 混合砂浆，试计算顶棚抹灰工程量，并列出工程量清单。

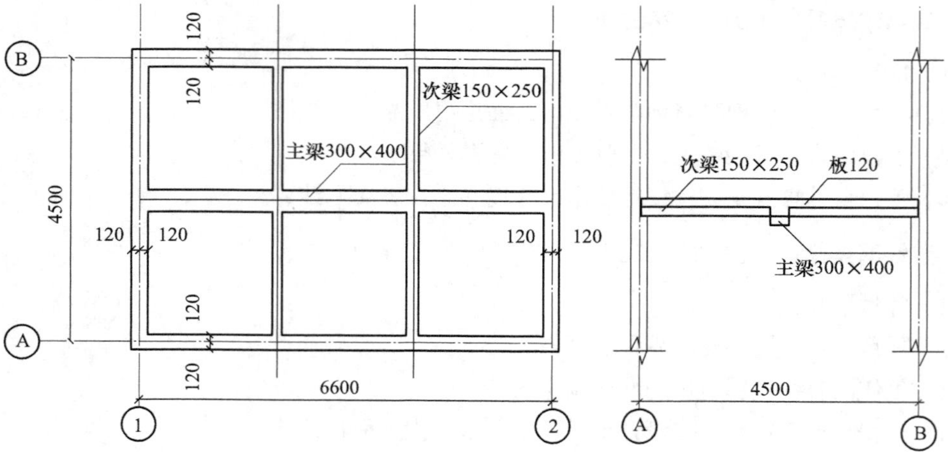

图 7–22　某房间顶棚图

【解】

顶棚平面面积：（6.6–0.12×2）×（4.5–0.12×2）=27.09（m^2）

增主梁侧壁：（6.6–0.24）×2×（0.4–0.12）=3.56（m^2）

扣主梁侧壁上次梁头所占面积：0.15×（0.25–0.12）×4=0.08（m^2）

增次梁侧壁：（4.5–0.24–0.3）×4×（0.25–0.12）=2.06（m^2）

合计：27.09+3.56–0.08+2.06=32.63（m^2）

表 7–16　工程量清单

项目编码	项目名称	项目特征	计量单位	工程量
011301001001	顶棚抹灰	2mm 厚素水泥浆 8mm 厚 1:1:6 混合砂浆 8mm 厚 1:1:4 混合砂浆	m^2	32.63

【例 7–11】如图 7–23 所示，某会议室吊顶平面布置图，顶棚做法为：C60 轻钢龙骨、纸面石膏板基层、白色乳胶漆面层。试计算吊顶工程量，并列出工程量清单。如果会议室中的两根独立柱的断面尺寸改为 600mm×600mm 方柱，其顶棚装饰工程量是多少？

【解】

工程量：8.5×5.2=44.2m^2

表 7–17　工程量清单

项目编码	项目名称	项目特征	计量单位	工程量
011302001001	天棚吊顶	C60 轻钢龙骨 石膏板基层 白色乳胶漆面层	m^2	44.2

独立柱的断面尺寸改为 600mm × 600mm 方柱时：

工程量：$8.5 \times 5.2 - 0.6 \times 0.6 \times 2 = 44.2 - 0.72 = 43.48$（$m^2$）

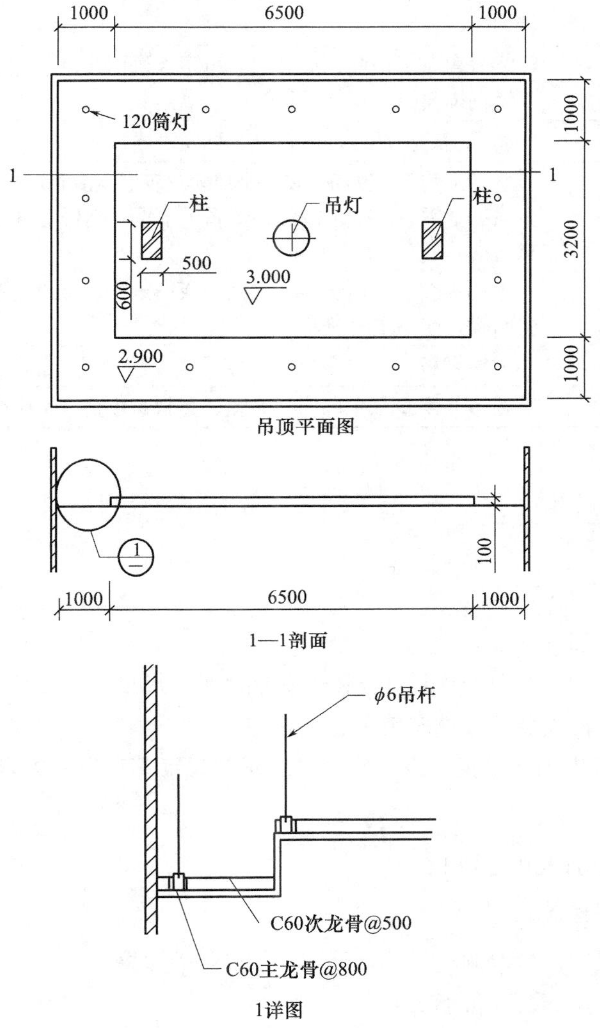

图 7-23　某房间吊顶平面布置图

第六节　门窗工程

门窗工程项目见表 7-18。

表 7-18　门窗工程项目

分部工程	分项工程
木门	木质门、木质门带套、木质连窗门、木质防火门、木门框、门锁安装
金属门	金属（塑钢）门、彩板门、钢质防火门、防盗门
金属卷帘（闸）门	金属卷帘（闸）门、防火卷帘（闸）门

续表

分部工程	分项工程
厂（库）房大门、特种门	木板大门、钢木大门、全钢板大门、防护铁丝门、金属格栅门、钢质花饰大门、特种门
其他门	平开电子感应门、旋转门、电子对讲门、电动伸缩门、全玻自由门、镜面不锈钢饰面门、复合材料门
木窗	木质窗、木飘（凸）窗、木橱窗、木纱窗
金属窗	金属（塑钢、断桥）窗、金属防火窗、金属百叶窗、金属纱窗、金属格栅窗、金属（塑钢、断桥）橱窗、金属（塑钢、断桥）飘（凸）窗、彩板窗、复合材料窗
门窗套	木门窗套、木筒子板、饰面夹板筒子板、金属门窗套、石材门窗套、门窗木贴脸、成品木门窗套
窗台板	木窗台板、铝塑窗台板、金属窗台板、石材窗台板
窗帘、窗帘盒、轨	窗帘、木窗帘盒、饰面夹板、塑料窗帘盒、铝合金窗帘盒、窗帘轨

一、木门（010801）

1. 木质门（010801001）

（1）计量单位：樘或 m^2。

（2）项目特征：门代号及洞口尺寸，镶嵌玻璃品种、厚度。

（3）工作内容：门安装，玻璃安装，五金安装

（4）工程量计算规则：以樘计量，按设计图示数量计算；以平方米计量，按设计图示洞口尺寸以面积计算。

2. 木质门带套（010801002）

（1）计量单位：樘或 m^2。

（2）项目特征：门代号及洞口尺寸，镶嵌玻璃品种、厚度。

（3）工作内容：门安装，玻璃安装，五金安装。

（4）工程量计算规则：以樘计量，按设计图示数量计算；以平方米计量，按设计图示洞口尺寸以面积计算。

3. 木质连窗门（010801003）

（1）计量单位：樘或 m^2。

（2）项目特征：门代号及洞口尺寸，镶嵌玻璃品种、厚度。

（3）工作内容：门安装，玻璃安装，五金安装。

（4）工程量计算规则：以樘计量，按设计图示数量计算；以平方米计量，按设计图示洞口尺寸以面积计算。

4. 木质防火门（010801004）

（1）计量单位：樘或 m^2。

（2）项目特征：门代号及洞口尺寸，镶嵌玻璃品种、厚度。

（3）工作内容：门安装，玻璃安装，五金安装。

（4）工程量计算规则：以樘计量，按设计图示数量计算；以平方米计量，按设计图示洞口尺寸以面积计算。

5. 木门框（010801005）

（1）计量单位：樘或 m^2。

（2）项目特征：门代号及洞口尺寸，框截面尺寸，防护材料种类。

（3）工作内容：木门框制作、安装，运输，刷防护材料。

（4）工程量计算规则：以樘计量，按设计图示数量计算；以米计量，按设计图示框的中心线以延长米计算。

6. 门锁安装（010801006）

（1）计量单位：个或套。

（2）项目特征：锁品种，锁规格。

（3）工作内容：安装。

（4）工程量计算规则：按设计图示数量计算。

二、金属门（010802）

1. 金属（塑钢）门（010802001）

（1）计量单位：樘或 m^2。

（2）项目特征：门代号及洞口尺寸，门框或扇外围尺寸，门框、扇材质，玻璃品种、厚度。

（3）工作内容：门安装，五金安装，玻璃安装。

（4）工程量计算规则：以樘计量，按设计图示数量计算；以平方米计量，按设计图示洞口尺寸以面积计算。

2. 彩板门（010802002）

（1）计量单位：樘或 m^2。

（2）项目特征：门代号及洞口尺寸，门框或扇外围尺寸。

（3）工作内容：门安装，五金安装，玻璃安装。

（4）工程量计算规则：以樘计量，按设计图示数量计算；以平方米计量，按设计图示洞口尺寸以面积计算。

3. 钢质防火门（010802003）

（1）计量单位：樘或 m^2。

（2）项目特征：门代号及洞口尺寸，门框或扇外围尺寸，门框、扇材质。

（3）工作内容：门安装，五金安装，玻璃安装。

（4）工程量计算规则：以樘计量，按设计图示数量计算；以平方米计量，按设计图示洞口尺寸以面积计算。

4. 防盗门（010802004）

（1）计量单位：樘或 m^2。

（2）项目特征：门代号及洞口尺寸，门框或扇外围尺寸，门框、扇材质。

（3）工作内容：门安装，五金安装。

（4）工程量计算规则：以樘计量，按设计图示数量计算；以平方米计量，按设计图示洞口尺寸以面积计算。

三、金属卷帘（闸）门（010803）

1. 金属卷帘（闸）门（010803001）

（1）计量单位：樘或 m^2。

（2）项目特征：门代号及洞口尺寸，门材质，启动装置品种、规格。

（3）工作内容：门运输、安装，启动装置、活动小门、五金安装。

（4）工程量计算规则：以樘计量，按设计图示数量计算；以平方米计量，按设计图示洞口尺寸以面积计算。

2. 防火卷帘（闸）门（010803002）

（1）计量单位：樘或 m^2。

（2）项目特征：门代号及洞口尺寸，门材质，启动装置品种、规格。

（3）工作内容：门运输、安装，启动装置、活动小门、五金安装。

（4）工程量计算规则：以樘计量，按设计图示数量计算；以平方米计量，按设计图示洞口尺寸以面积计算。

四、厂（库）房大门、特种门（010804）

1. 木板大门（010804001）

（1）计量单位：樘或 m^2。

（2）项目特征：门代号及洞口尺寸，门框或扇外围尺寸，门框、扇材质，五金种类、规格，防护材料种类。

（3）工作内容：门（骨架）制作、运输，门、五金配件安装，刷防护材料。

（4）程量计算规则：以樘计量，按设计图示数量计算；以平方米计量，按设计图示洞口尺寸以面积计算。

2. 钢木大门（010804002）

（1）计量单位：樘或 m^2。

（2）项目特征：门代号及洞口尺寸，门框或扇外围尺寸，门框、扇材质，五金种类、规格，防护材料种类。

（3）工作内容：门（骨架）制作、运输，门、五金配件安装，刷防护材料。

（4）程量计算规则：以樘计量，按设计图示数量计算；以平方米计量，按设计图示洞口尺寸以面积计算。

3. 全钢板大门（010804003）

（1）计量单位：樘或 m^2。

（2）项目特征：门代号及洞口尺寸，门框或扇外围尺寸，门框、扇材质，五金种类、规格，防护材料种类。

（3）工作内容：门（骨架）制作、运输，门、五金配件安装，刷防护材料。

（4）程量计算规则：以樘计量，按设计图示数量计算；以平方米计量，按设计图示洞口尺寸以面积计算。

4. 防护铁丝门（010804004）

（1）计量单位：樘或 m^2。

（2）项目特征：门代号及洞口尺寸，门框或扇外围尺寸，门框、扇材质，五金种类、规格，防护材料种类。

（3）工作内容：门（骨架）制作、运输，门、五金配件安装，刷防护材料。

（4）程量计算规则：以樘计量，按设计图示数量计算；以平方米计量，按设计图示门框或扇以面积计算。

5. 金属格栅门（010804005）

（1）计量单位：樘或 m^2。

（2）项目特征：门代号及洞口尺寸，门框或扇外围尺寸，门框、扇材质，启动装置的品种、规格。

（3）工作内容：门安装，启动装置、五金配件安装。

（4）工程量计算规则：以樘计量，按设计图示数量计算；以平方米计量，按设计图示洞口尺寸以面积计算。

6. 钢质花饰大门（010804006）

（1）计量单位：樘或 m^2。

（2）项目特征：门代号及洞口尺寸，门框或扇外围尺寸，门框、扇材质。

（3）工作内容：门安装，五金配件安装。

（4）工程量计算规则：以樘计量，按设计图示数量计算；以平方米计量，按设计图示门框或扇以面积计算。

7. 特种门（010804007）

（1）计量单位：樘或 m^2。

（2）项目特征：门代号及洞口尺寸，门框或扇外围尺寸，门框、扇材质。

（3）工作内容：门安装，五金配件安装。

（4）工程量计算规则：以樘计量，按设计图示数量计算；以平方米计量，按设计图示洞口尺寸以面积计算。

五、其他门（010805）

1. 平开电子感应门（010805001）

（1）计量单位：樘或 m^2。

（2）项目特征：门代号及洞口尺寸，门框或扇外围尺寸，门框、扇材质，玻璃品种、厚度，启动装置的品种、规格，电子配件品种、规格。

（3）工作内容：门安装，启动装置、五金、电子配件安装。

（4）工程量计算规则：以樘计量，按设计图示数量计算；以平方米计量，按设计图示洞口尺寸以面积计算。

2. 旋转门（010805002）

（1）计量单位：樘或 m^2。

（2）项目特征：门代号及洞口尺寸，门框或扇外围尺寸，门框、扇材质，玻璃品种、厚度，启动装置的品种、规格，电子配件品种、规格。

（3）工作内容：门安装，启动装置、五金、电子配件安装。

（4）工程量计算规则：以樘计量，按设计图示数量计算；以平方米计量，按设计图示洞口尺寸以面积计算。

3. 电子对讲门（010805003）

（1）计量单位：樘或 m^2。

（2）项目特征：门代号及洞口尺寸，门框或扇外围尺寸，门框、扇材质，玻璃品种、厚度，启动装置的品种、规格，电子配件品种、规格。

（3）工作内容：门安装，启动装置、五金、电子配件安装。

（4）工程量计算规则：以樘计量，按设计图示数量计算；以平方米计量，按设计图示洞口尺寸以面积计算。

4. 电动伸缩门（010805004）

（1）计量单位：樘或 m^2。

（2）项目特征：门代号及洞口尺寸，门框或扇外围尺寸，门材质，玻璃品种、厚度，启动装置的品种、规格，电子配件品种、规格。

（3）工作内容：门安装，启动装置、五金、电子配件安装。

（4）工程量计算规则：以樘计量，按设计图示数量计算；以平方米计量，按设计图示洞口尺寸以面积计算。

5. 全玻自由门（010805005）

（1）计量单位：樘或 m^2。

（2）项目特征：门代号及洞口尺寸，门框或扇外围尺寸，框材质，玻璃品种、厚度。

（3）工作内容：门安装，五金安装。

（4）工程量计算规则：以樘计量，按设计图示数量计算；以平方米计量，按设计图示洞口尺寸以面积计算。

6. 镜面不锈钢饰面门（010805006）

（1）计量单位：樘或 m^2。

（2）项目特征：门代号及洞口尺寸，门框或扇外围尺寸，框、扇材质，玻璃品种、厚度。

（3）工作内容：门安装，五金安装。

（4）工程量计算规则：以樘计量，按设计图示数量计算；以平方米计量，按设计图示洞口尺寸以面积计算。

7. 复合材料门（010805007）

（1）计量单位：樘或 m^2。

（2）项目特征：门代号及洞口尺寸，门框或扇外围尺寸，框、扇材质，玻璃品种、厚度。

（3）工作内容：门安装，五金安装。

（4）工程量计算规则：以樘计量，按设计图示数量计算；以平方米计量，按设计图示洞口尺寸以面积计算。

六、木窗（010806）

1. 木质窗（010806001）

（1）计量单位：樘或 m^2。

（2）项目特征：窗代号及洞口尺寸，玻璃品种、厚度。

（3）工作内容：窗安装，五金、玻璃安装。

（4）工程量计算规则：以樘计量，按设计图示数量计算；以平方米计量，按设计图示洞口尺寸以面积计算。

2. 木飘（凸）窗（010806002）

（1）计量单位：樘或 m^2。

（2）项目特征：窗代号及洞口尺寸，玻璃品种、厚度。

（3）工作内容：窗安装，五金、玻璃安装。

（4）工程量计算规则：以樘计量，按设计图示数量计算；以平方米计量，按设计图示尺寸以框外围展开面积计算。

3. 木橱窗（010806003）

（1）计量单位：樘或 m^2。

（2）项目特征：窗代号，框截面及外围展开面积，玻璃品种、厚度，防护材料种类。

（3）工作内容：窗制作、运输、安装，五金、玻璃安装，刷防护材料。

（4）工程量计算规则：以樘计量，按设计图示数量计算；以平方米计量，按设计图示尺寸以框外围展开面积计算。

4. 木纱窗（010806004）

（1）计量单位：樘或 m^2。

（2）项目特征：窗代号及框的外围尺寸，窗纱材料品种、规格。

（3）工作内容：窗安装，五金安装。

（4）工程量计算规则：以樘计量，按设计图示数量计算；以平方米计量，按框的外围尺寸以面积计算。

七、金属窗（010807）

1. 金属（塑钢、断桥）窗（010807001）

（1）计量单位：樘或 m^2。

（2）项目特征：窗代号及洞口尺寸，框、扇材质，玻璃品种、厚度。

（3）工作内容：窗安装，五金、玻璃安装。

（4）工程量计算规则：以樘计量，按设计图示数量计算；以平方米计量，按设计图示洞口尺寸以面积计算。

2. 金属防火窗（010807002）

（1）计量单位：樘或 m^2。

（2）项目特征：窗代号及洞口尺寸，框、扇材质，玻璃品种、厚度。

（3）工作内容：窗安装，五金、玻璃安装。

（4）工程量计算规则：以樘计量，按设计图示数量计算；以平方米计量，按设计图示洞口尺寸以面积计算。

3. 金属百叶窗（010807003）

（1）计量单位：樘或 m^2。

（2）项目特征：窗代号及洞口尺寸，框、扇材质，玻璃品种、厚度。

（3）工作内容：窗安装，五金安装。

（4）工程量计算规则：以樘计量，按设计图示数量计算；以平方米计量，按设计图示洞口尺寸以面积计算。

4. 金属纱窗（010807004）

（1）计量单位：樘或 m^2。

（2）项目特征：窗代号及框的外围尺寸，框材质，窗纱材料品种、规格。

（3）工作内容：窗安装，五金安装。

（4）工程量计算规则：以樘计量，按设计图示数量计算；以平方米计量，按框的外围尺寸以面积计算。

5. 金属格栅窗（010807005）

（1）计量单位：樘或 m^2。

（2）项目特征：窗代号及洞口尺寸，框外围尺寸，框、扇材质。

（3）工作内容：窗安装，五金安装。

（4）工程量计算规则：以樘计量，按设计图示数量计算；以平方米计量，按设计图示洞口尺寸以面积计算。

6. 金属（塑钢、断桥）橱窗（010807006）

（1）计量单位：樘或 m^2。

（2）项目特征：窗代号，框外围展开面积，框、扇材质，玻璃品种、厚度，防护材料种类。

（3）工作内容：窗制作、运输、安装，五金、玻璃安装，刷防护材料。

（4）工程量计算规则：以樘计量，按设计图示数量计算；以平方米计量，按设计图示尺寸以框外围展开面积计算。

7. 金属（塑钢、断桥）飘（凸）窗（010807007）

（1）计量单位：樘或 m^2。

（2）项目特征：窗代号，框外围展开面积，框、扇材质，玻璃品种、厚度。

（3）工作内容：窗安装，五金、玻璃安装。

（4）工程量计算规则：以樘计量，按设计图示数量计算；以平方米计量，按设计图示尺寸以框外围展开面积计算。

8. 彩板窗（010807008）

（1）计量单位：樘或 m^2。

（2）项目特征：窗代号及洞口尺寸，框外围尺寸，框、扇材质，玻璃品种、厚度。

（3）工作内容：窗安装，五金、玻璃安装。

（4）工程量计算规则：以樘计量，按设计图示数量计算；以平方米计量，按设计图示洞口尺寸或框外围以面积计算。

9. 复合材料窗（010807009）

（1）计量单位：樘或 m^2。

（2）项目特征：窗代号及洞口尺寸，框外围尺寸，框、扇材质，玻璃品种、厚度。

（3）工作内容：窗安装，五金、玻璃安装。

（4）工程量计算规则：以樘计量，按设计图示数量计算；以平方米计量，按设计图示洞口尺寸或框外围以面积计算。

八、门窗套（010808）

1. 木门窗套（010808001）

（1）计量单位：樘、m^2、m。

（2）项目特征：窗代号及洞口尺寸，门窗套展开宽度，基层材料种类，面层材料品种、规格，线条品种、规格，防护材料种类。

（3）工作内容：清理基层，立筋制作、安装，基层板安装，面层铺贴，线条安装，刷防护材料。

（4）工程量计算规则：以樘计量，按设计图示数量计算；以平方米计量，按设计图示尺寸以展开面积计算；以米计量，按设计图示中心以延长米计算。

2. 木筒子板（010808002）

（1）计量单位：樘、m^2、m。

（2）项目特征：筒子板宽度，基层材料种类，面层材料品种、规格，线条品种、规格，防护材料种类。

（3）工作内容：清理基层，立筋制作、安装，基层板安装，面层铺贴，线条安装，刷防护材料。

（4）工程量计算规则：以樘计量，按设计图示数量计算；以平方米计量，按设计图示尺寸以展开面积计算；以米计量，按设计图示中心以延长米计算。

3. 饰面夹板筒子板（010808003）

（1）计量单位：樘、m^2、m。

（2）项目特征：筒子板宽度，基层材料种类，面层材料品种、规格，线条品种、规格，防护材料种类。

（3）工作内容：清理基层，立筋制作、安装，基层板安装，面层铺贴，线条安装，刷防护材料。

（4）工程量计算规则：以樘计量，按设计图示数量计算；以平方米计量，按设计图示尺寸以展开面积计算；以米计量，按设计图示中心以延长米计算。

4. 金属门窗套（010808004）

（1）计量单位：樘、m^2、m。

（2）项目特征：窗代号及洞口尺寸，门窗套展开宽度，基层材料种类，面层材料品种、规格，防护材料种类。

（3）工作内容：清理基层，立筋制作、安装，基层板安装，面层铺贴，刷防护材料。

（4）工程量计算规则：以樘计量，按设计图示数量计算；以平方米计量，按设计图示尺寸以展开面积计算；以米计量，按设计图示中心以延长米计算。

5. 石材门窗套（010808005）

（1）计量单位：樘、m^2、m。

（2）项目特征：窗代号及洞口尺寸，门窗套展开宽度，粘结层厚度、砂浆配合比，面层材料品种、规格，线条品种、规格。

（3）工作内容：清理基层，立筋制作、安装，基层抹灰，面层铺贴，线条安装。

（4）工程量计算规则：以樘计量，按设计图示数量计算；以平方米计量，按设计图示尺寸以展开面积计算；以米计量，按设计图示中心以延长米计算。

6. 门窗木贴脸（010808006）

（1）计量单位：樘或 m。

（2）项目特征：门窗代号及洞口尺寸，贴脸板宽度，防护材料种类。

（3）工作内容：安装。

（4）工程量计算规则：以樘计量，按设计图示数量计算；以米计量，按设计图示尺寸以延长米计算。

7. 成品木门窗套（010808007）

（1）计量单位：樘、m^2、m。

（2）项目特征：门窗代号及洞口尺寸，门窗套展开宽度，门窗套材料品种、规格。

（3）工作内容：清理基层，立筋制作、安装，板安装。

（4）工程量计算规则：以樘计量，按设计图示数量计算；以平方米计量，按设计图示尺寸以展开面积计算；以米计量，按设计图示中心以延长米计算。

九、窗台板（010809）

1. 木窗台板（010809001）

（1）计量单位：m^2。

（2）项目特征：基层材料种类，窗台面板材质、规格、颜色，防护材料种类。

（3）工作内容：基层清理，基层制作、安装，窗台板制作、安装，刷防护材料。

（4）工程量计算规则：按设计图示尺寸以展开面积计算。

2. 铝塑窗台板（010809002）

（1）计量单位：m^2。

（2）项目特征：基层材料种类，窗台面板材质、规格、颜色，防护材料种类。

（3）工作内容：基层清理，基层制作、安装，窗台板制作、安装，刷防护材料。

（4）工程量计算规则：按设计图示尺寸以展开面积计算。

3. 金属窗台板（010809003）

（1）计量单位：m^2。

（2）项目特征：基层材料种类，窗台面板材质、规格、颜色，防护材料种类。

（3）工作内容：基层清理，基层制作、安装，窗台板制作、安装，刷防护材料。

（4）工程量计算规则：按设计图示尺寸以展开面积计算。

4. 石材窗台板（010809004）

（1）计量单位：m^2。

（2）项目特征：粘结层厚度、砂浆配合比，窗台板材质、规格、颜色。

（3）工作内容：基层清理，抹找平层，窗台板制作、安装。

（4）工程量计算规则：按设计图示尺寸以展开面积计算。

十、窗帘、窗帘盒、窗帘轨（010810）

1. 窗帘（010810001）

（1）计量单位：m 或 m^2。

（2）项目特征：窗帘材质，窗帘高度、宽度，窗帘层数，带幔要求。

（3）工作内容：制作、运输，安装。

（4）工程量计算规则：以米计量，按设计图示尺寸以成活后长度计算；以平方米计量，按图示尺寸以成活后展开面积计算。

2. 木窗帘盒（010810002）

（1）计量单位：m。

（2）项目特征：窗帘盒材质、规格，防护材料种类。

（3）工作内容：制作、运输、安装，刷防护材料。

（4）工程量计算规则：按设计图示尺寸以长度计算。

3. 饰面夹板、塑料窗帘盒（010810003）

（1）计量单位：m。

（2）项目特征：窗帘盒材质、规格，防护材料种类。

（3）工作内容：制作、运输、安装，刷防护材料。

（4）工程量计算规则：按设计图示尺寸以长度计算。

4. 铝合金窗帘盒（010810004）

（1）计量单位：m。

（2）项目特征：窗帘盒材质、规格，防护材料种类。

（3）工作内容：制作、运输、安装，刷防护材料。

（4）工程量计算规则：按设计图示尺寸以长度计算。

5. 窗帘轨（010810005）

（1）计量单位：m。

（2）项目特征：窗帘轨材质、规格，轨的数量，防护材料种类。

（3）工作内容：制作、运输、安装，刷防护材料。

（4）工程量计算规则：按设计图示尺寸以长度计算。

【例 7–12】某建筑物设计安装带上亮的塑钢推拉窗 30 樘，安装双层中空玻璃，窗洞口尺寸为 2400mm × 2100mm，求此塑钢推拉窗制作安装工程量，并列出工程量清单。

【解】

推拉窗工程量：$2.4 \times 2.1 \times 30 = 151.20$（$m^2$）

表 7–19 工程量清单

项目编码	项目名称	项目特征	计量单位	工程量
010807001001	塑钢推拉窗	带上亮的推拉窗 塑钢材质，尺寸：2400mm × 2100mm 双层玻璃	m^2	151.20

【例 7–13】某建筑装饰工程门洞尺寸为 1500mm × 2100mm，墙厚 360mm，其门套贴脸宽度为 50mm，门套的装饰做法为：水泥砂浆基层、木成品门套安装，试计算门套装饰工程量，并列出工程量清单。

【解】

木门套工程量：（1.5+2.1 × 2）× 0.36=2.052（m^2）

（1.5+2.1 × 2）× 0.05 × 2+0.05 × 0.05 × 4=0.578（m^2）

合计：2.052+0.578=2.63（m^2）

表 7–20 工程量清单

项目编码	项目名称	项目特征	计量单位	工程量
010808007001	木门套	水泥砂浆基层 木成品门套安装	m^2	2.63

第七节 油漆、涂料、裱糊工程

油漆、涂料、裱糊工程项目见表 7–21。

表 7–21 油漆、涂料、裱糊工程项目

分部工程	分项工程
门油漆	木门；金属门
窗油漆	木窗；金属窗
木扶手及其他板条、线条油漆	木扶手；窗帘盒；封檐板；顺水板、挂衣板、黑板框、挂镜线、窗帘棍、单独木线油漆
木材面油漆	木板墙、木墙裙油漆；窗台板、筒子板、盖板、门窗套、踢脚线油漆；清水板条天棚、檐口油漆；木方格吊顶天棚油漆；吸音板墙面、天棚面油漆；暖气罩油漆；其他木材面；木间壁、木隔断油漆；玻璃间壁露明墙筋油漆；木栅栏、木栏杆（带扶手）油漆；衣柜、壁柜油漆；梁柱饰面油漆；零星木装修油漆；木地板油漆；木地板烫硬蜡面
金属面油漆	金属面油漆
抹灰面油漆	抹灰面油漆、抹灰线条油漆、满刮腻子
喷刷涂料	墙面、天棚、空花格、栏杆、线条、金属构件、木材构件
裱糊	墙纸裱糊、织锦缎裱糊

一、门油漆（011401）

1. 木门油漆（011401001）

（1）计量单位：樘或 m^2。

（2）项目特征：门类型，门代号及洞口尺寸，腻子种类，刮腻子遍数，防护材料种类，油漆品种、刷漆遍数。

（3）工作内容：基层清理，刮腻子，刷防护材料、油漆。

（4）工程量计算规则：以樘计量，按设计图示数量计量；以平方米计量，按设计图示洞口尺寸以面积计算。

2. 金属门油漆（011401002）

（1）计量单位：樘或 m^2。

（2）项目特征：门类型，门代号及洞口尺寸，腻子种类，刮腻子遍数，防护材料种类，油漆品种、刷漆遍数。

（3）工作内容：除锈、基层清理，刮腻子，刷防护材料、油漆。

（4）工程量计算规则：以樘计量，按设计图示数量计量；以平方米计量，按设计图示洞口尺寸以面积计算。

二、窗油漆（011402）

1. 木窗油漆（011402001）

（1）计量单位：樘或 m^2。

（2）项目特征：窗类型，窗代号及洞口尺寸，腻子种类，刮腻子遍数，防护材料种类，油漆品种、刷漆遍数。

（3）工作内容：基层清理，刮腻子，刷防护材料、油漆。

（4）工程量计算规则：以樘计量，按设计图示数量计量；以平方米计量，按设计图示洞口尺寸以面积计算。

2. 金属窗油漆（011402001）

（1）计量单位：樘或 m^2。

（2）项目特征：窗类型，窗代号及洞口尺寸，腻子种类，刮腻子遍数，防护材料种类，油漆品种、刷漆遍数。

（3）工作内容：除锈、基层清理，刮腻子，刷防护材料、油漆。

（4）工程量计算规则：以樘计量，按设计图示数量计量；以平方米计量，按设计图示洞口尺寸以面积计算。

三、木扶手及其他板条、线条油漆（011403）

1. 木扶手油漆（011403001）

（1）计量单位：m。

（2）项目特征：断面尺寸，腻子种类，刮腻子遍数，防护材料种类，油漆品种、刷漆遍数。

（3）工作内容：基层清理，刮腻子，刷防护材料、油漆。

（4）工程量计算规则：按设计图示尺寸以长度计算。

2. 窗帘盒油漆（011403002）

（1）计量单位：m。
（2）项目特征：断面尺寸，腻子种类，刮腻子遍数，防护材料种类，油漆品种、刷漆遍数。
（3）工作内容：基层清理，刮腻子，刷防护材料、油漆。
（4）工程量计算规则：按设计图示尺寸以长度计算。

3. 封檐板、顺水板油漆（011403003）

（1）计量单位：m。
（2）项目特征：断面尺寸，腻子种类，刮腻子遍数，防护材料种类，油漆品种、刷漆遍数。
（3）工作内容：基层清理，刮腻子，刷防护材料、油漆。
（4）工程量计算规则：按设计图示尺寸以长度计算。

4. 挂衣板、黑板框油漆（011403004）

（1）计量单位：m。
（2）项目特征：断面尺寸，腻子种类，刮腻子遍数，防护材料种类，油漆品种、刷漆遍数。
（3）工作内容：基层清理，刮腻子，刷防护材料、油漆。
（4）工程量计算规则：按设计图示尺寸以长度计算。

5. 挂镜线、窗帘棍、单独木线油漆（011403005）

（1）计量单位：m。
（2）项目特征：断面尺寸，腻子种类，刮腻子遍数，防护材料种类，油漆品种、刷漆遍数。
（3）工作内容：基层清理，刮腻子，刷防护材料、油漆。
（4）工程量计算规则：按设计图示尺寸以长度计算。

四、木材面油漆（011404）

1. 木护墙、木墙裙油漆（011404001）

（1）计量单位：m^2。
（2）项目特征：腻子种类，刮腻子遍数，防护材料种类，油漆品种、刷漆遍数。
（3）工作内容：基层清理，刮腻子，刷防护材料、油漆。
（4）工程量计算规则：按设计图示尺寸以面积计算。

2. 窗台板、筒子板、盖板、门窗套、踢脚线油漆（011404002）

（1）计量单位：m^2。
（2）项目特征：腻子种类，刮腻子遍数，防护材料种类，油漆品种、刷漆遍数。
（3）工作内容：基层清理，刮腻子，刷防护材料、油漆。
（4）工程量计算规则：按设计图示尺寸以面积计算。

3. 清水板条天棚、檐口油漆（011404003）

（1）计量单位：m^2。

（2）项目特征：腻子种类，刮腻子遍数，防护材料种类，油漆品种、刷漆遍数。

（3）工作内容：基层清理，刮腻子，刷防护材料、油漆。

（4）工程量计算规则：按设计图示尺寸以面积计算。

4. 木方格吊顶天棚油漆（011404004）

（1）计量单位：m^2。

（2）项目特征：腻子种类，刮腻子遍数，防护材料种类，油漆品种、刷漆遍数。

（3）工作内容：基层清理，刮腻子，刷防护材料、油漆。

（4）工程量计算规则：按设计图示尺寸以面积计算。

5. 吸音板墙面、天棚面油漆（011404005）

（1）计量单位：m^2。

（2）项目特征：腻子种类，刮腻子遍数，防护材料种类，油漆品种、刷漆遍数。

（3）工作内容：基层清理，刮腻子，刷防护材料、油漆。

（4）工程量计算规则：按设计图示尺寸以面积计算。

6. 暖气罩油漆（011404006）

（1）计量单位：m^2。

（2）项目特征：腻子种类，刮腻子遍数，防护材料种类，油漆品种、刷漆遍数。

（3）工作内容：基层清理，刮腻子，刷防护材料、油漆。

（4）工程量计算规则：按设计图示尺寸以面积计算。

7. 其他木材面（011404007）

（1）计量单位：m^2。

（2）项目特征：腻子种类，刮腻子遍数，防护材料种类，油漆品种、刷漆遍数。

（3）工作内容：基层清理，刮腻子，刷防护材料、油漆。

（4）工程量计算规则：按设计图示尺寸以面积计算。

8. 木间壁、木隔断油漆（011404008）

（1）计量单位：m^2。

（2）项目特征：腻子种类，刮腻子遍数，防护材料种类，油漆品种、刷漆遍数。

（3）工作内容：基层清理，刮腻子，刷防护材料、油漆。

（4）工程量计算规则：按设计图示尺寸以单面外围面积计算。

9. 玻璃间壁露明墙筋油漆（011404009）

（1）计量单位：m^2。

（2）项目特征：腻子种类，刮腻子遍数，防护材料种类，油漆品种、刷漆遍数。

（3）工作内容：基层清理，刮腻子，刷防护材料、油漆。

（4）工程量计算规则：按设计图示尺寸以单面外围面积计算。

10. 木栅栏、木栏杆（带扶手）油漆（011404010）

（1）计量单位：m^2。
（2）项目特征：腻子种类，刮腻子遍数，防护材料种类，油漆品种、刷漆遍数。
（3）工作内容：基层清理，刮腻子，刷防护材料、油漆。
（4）工程量计算规则：按设计图示尺寸以单面外围面积计算。

11. 衣柜、壁柜油漆（011404011）

（1）计量单位：m^2。
（2）项目特征：腻子种类，刮腻子遍数，防护材料种类，油漆品种、刷漆遍数。
（3）工作内容：基层清理，刮腻子，刷防护材料、油漆。
（4）工程量计算规则：按设计图示尺寸以油漆部分展开面积计算。

12. 梁柱饰面油漆（011404012）

（1）计量单位：m^2。
（2）项目特征：腻子种类，刮腻子遍数，防护材料种类，油漆品种、刷漆遍数。
（3）工作内容：基层清理，刮腻子，刷防护材料、油漆。
（4）工程量计算规则：按设计图示尺寸以油漆部分展开面积计算。

13. 零星木装修油漆（011404013）

（1）计量单位：m^2。
（2）项目特征：腻子种类，刮腻子遍数，防护材料种类，油漆品种、刷漆遍数。
（3）工作内容：基层清理，刮腻子，刷防护材料、油漆。
（4）工程量计算规则：按设计图示尺寸以油漆部分展开面积计算。

14. 木地板油漆（011404014）

（1）计量单位：m^2。
（2）项目特征：腻子种类，刮腻子遍数，防护材料种类，油漆品种、刷漆遍数。
（3）工作内容：基层清理，刮腻子，刷防护材料、油漆。
（4）工程量计算规则：按设计图示尺寸以面积计算。空洞、空圈、暖气包槽、壁龛的开口部分并入相应的工程量内。

15. 木地板烫硬蜡面（011404015）

（1）计量单位：m^2。
（2）项目特征：硬蜡品种，面层处理要求。
（3）工作内容：基层清理，烫蜡。
（4）工程量计算规则：按设计图示尺寸以面积计算。空洞、空圈、暖气包槽、壁龛的开口部分并入相应的工程量内。

五、金属面油漆（011405）

1. 金属面油漆（011405001）

（1）计量单位：t 或 m^2。

（2）项目特征：构件名称，腻子种类，刮腻子要求，防护材料种类，油漆品种、刷漆遍数。

（3）工作内容：基层清理，刮腻子，刷防护材料、油漆。

（4）工程量计算规则：以吨计量，按设计图示尺寸以质量计算；以平方米计量，按设计展开面积计算。

六、抹灰面油漆（011406）

1. 抹灰面油漆（011406001）

（1）计量单位：m^2。

（2）项目特征：基层类型，腻子种类，刮腻子遍数，防护材料种类，油漆品种、刷漆遍数，部位。

（3）工作内容：基层清理，刮腻子，刷防护材料、油漆。

（4）工程量计算规则：按设计图示尺寸以面积计算。

2. 抹灰线条油漆（011406002）

（1）计量单位：m。

（2）项目特征：线条宽度、道数，腻子种类，刮腻子遍数，防护材料种类，油漆品种、刷漆遍数。

（3）工作内容：基层清理，刮腻子，刷防护材料、油漆。

（4）工程量计算规则：按设计图示尺寸以长度计算。

3. 满刮腻子（011406003）

（1）计量单位：m^2。

（2）项目特征：基层类型，腻子种类，刮腻子遍数。

（3）工作内容：基层清理，刮腻子。

（4）工程量计算规则：按设计图示尺寸以面积计算。

七、喷刷涂料（011407）

1. 墙面喷刷涂料（011407001）

（1）计量单位：m^2。

（2）项目特征：基层类型，喷刷涂料部位，腻子种类，刮腻子要求，涂料品种、喷刷遍数。

（3）工作内容：基层清理，刮腻子，刷、喷涂料。

（4）工程量计算规则：按设计图示尺寸以面积计算。

2. 天棚喷刷涂料（011407002）

（1）计量单位：m^2。

（2）项目特征：基层类型，喷刷涂料部位，腻子种类，刮腻子要求，涂料品种、喷刷遍数。

（3）工作内容：基层清理，刮腻子，刷、喷涂料。

（4）工程量计算规则：按设计图示尺寸以面积计算。

3. 空花格、栏杆刷涂料（011407003）

（1）计量单位：m^2。

（2）项目特征：腻子种类，刮腻子遍数，涂料品种、刷喷遍数。

（3）工作内容：基层清理，刮腻子，刷、喷涂料。

（4）工程量计算规则：按设计图示尺寸以单面外围面积计算。

4. 线条刷涂料（011407004）

（1）计量单位：m。

（2）项目特征：基层清理，线条宽度，刮腻子遍数，刷防护材料、油漆。

（3）工作内容：基层清理，刮腻子，刷、喷涂料。

（4）工程量计算规则：按设计图示尺寸以长度计算。

5. 金属构件刷防火涂料（011407005）

（1）计量单位：m^2 或 t。

（2）项目特征：喷刷防火涂料构件名称，防火等级要求，涂料品种、喷刷遍数。

（3）工作内容：基层清理，刷防护材料、油漆。

（4）工程量计算规则：以吨计量，按设计图示尺寸以质量计算；以平方米计量，按设计展开面积计算。

6. 木材构件喷刷防火涂料（011407006）

（1）计量单位：m^2。

（2）项目特征：喷刷防火涂料构件名称，防火等级要求，涂料品种、喷刷遍数。

（3）工作内容：基层清理，刷防火材料。

（4）工程量计算规则：以平方米计量，按设计图示尺寸以面积计算。

八、裱糊（011408）

1. 墙纸裱糊（011408001）

（1）计量单位：m^2。

（2）项目特征：基层类型，裱糊部位，腻子种类，刮腻子遍数，粘结材料种类，防护材料种类，面层材料品种、规格、颜色。

（3）工作内容：基层清理，刮腻子，面层铺粘，刷防护材料。

（4）工程量计算规则：按设计图示尺寸以面积计算。

2. **织锦缎裱糊（011408002）**

（1）计量单位：m^2。

（2）项目特征：基层类型，裱糊部位，腻子种类，刮腻子遍数，粘结材料种类，防护材料种类，面层材料品种、规格、颜色。

（3）工作内容：基层清理，刮腻子，面层铺粘，刷防护材料。

（4）工程量计算规则：按设计图示尺寸以面积计算。

【例 7-14】某酒店装饰工程，客房共 83 间，每间客房均有一樘平开木门 M1，尺寸为 1000mm × 2100mm，采用油漆饰面，其油漆做法为：底油一遍、刮腻子、调和漆二遍、磁漆一遍，试计算此酒店客房门 M1 的油漆工程量，并列出工程量清单。

【解】

木门油漆工程量：$1 \times 2.1 \times 83=174.30$（$m^2$）

表 7-22　工程量清单

项目编码	项目名称	项目特征	计量单位	工程量
011401001001	木门油漆	平开木门：1000mm × 2100mm 底油一遍 刮腻子 调和漆二遍 磁漆一遍	m^2	174．30

【例 7-15】某单层建筑物如图 7-24 所示，试计算在水泥砂浆内墙面刷乳胶漆工程量，并列出工程量清单。墙面具体做法为：刮腻子两遍、白色乳胶漆三遍。已知门的尺寸为：900mm × 2000mm，窗的尺寸为：1800mm × 1500mm，墙厚 240mm，门窗框均为 80mm 宽，居中立框。

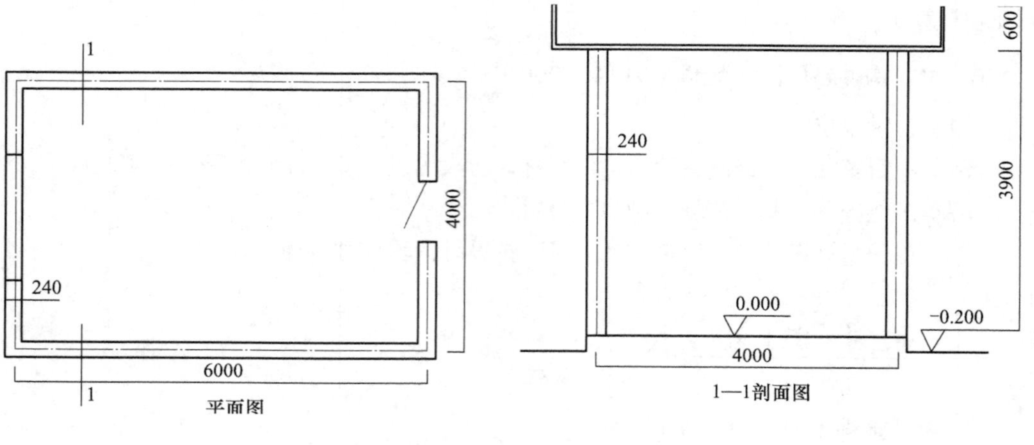

图 7-24　某建筑平面图和剖面图

【解】

内墙面乳胶漆工程量：（$6.0-0.24+4.0-0.24$）$\times 2 \times 3.9=74.256$（$m^2$）

扣门窗洞口面积：$0.9 \times 2.0+1.8 \times 1.5=4.50$（$m^2$）

增门窗侧壁及顶面面积：（$0.9+2.0 \times 2+1.8 \times 2+1.5$）$\times$（$0.24-0.08$）$\div 2=0.816$（$m^2$）

合计：74.256−4.50+0.816=70.57（m^2）

表 7–23　工程量清单

项目编码	项目名称	项目特征	计量单位	工程量
011406001001	墙面乳胶漆	刮腻子两遍 白色乳胶漆三遍	m^2	70.57

第八节　其他装饰工程

其他装饰工程项目见表 7–24。

表 7–24　其他装饰工程项目

分部工程	分项工程
柜类、货架	柜台、酒柜、衣柜、存包柜、鞋柜、书柜、厨房壁柜、木壁柜、厨房低柜、厨房吊柜、矮柜、吧台背柜、酒吧吊柜、酒吧台、展台、收银台、试衣间、货架、书架、服务台
压条、装饰线	金属装饰线 、木质装饰线、石材装饰线、石膏装饰线、镜面玻璃线、铝塑装饰线、塑料装饰线、GRC 装饰线条
扶手、栏杆、栏板装饰	金属扶手、栏杆、栏板；硬木扶手、栏杆、栏板；塑料扶手、栏杆、栏板；GRC 栏杆、扶手；金属靠墙扶手；硬木靠墙扶手；塑料靠墙扶手；玻璃栏板
暖气罩	饰面板暖气罩、塑料板暖气罩、金属暖气罩
浴厕配件	洗漱台、晒衣架、帘子杆、浴缸拉手、卫生间扶手、毛巾杆（架）、毛巾环、卫生纸盒、肥皂盒、镜面玻璃、镜箱
雨篷、旗杆	雨篷吊挂饰面、金属旗杆、玻璃雨篷
招牌、灯箱	平面、箱式招牌；竖式标箱；灯箱、信报箱
美术字	泡沫塑料字、有机玻璃字、木质字、 金属字、吸塑字

一、柜类、货架（011501）

1. 柜台（011501001）

（1）计量单位：个、m、m^3。

（2）项目特征：台柜规格，材料种类、规格，五金种类、规格，防护材料种类，油漆品种、刷漆遍数。

（3）工作内容：台柜制作、运输、安装（安放），刷防护材料、油漆，五金件安装。

（4）工程量计算规则：以个计量，按设计图示数量计量；以米计量，按设计图示尺寸以延长米计算；以立方米计量，按设计图示尺寸以体积计算。

2. 酒柜（011501002）等

酒柜（011501002）、衣柜（011501003）、存包柜（011501004）、鞋柜（011501005）、书柜（011501006）、厨房壁柜（011501007）、木壁柜（011501008）、厨房低柜（011501009）、

厨房吊柜（011501010）、矮柜（011501011）、吧台背柜（011501012）、酒吧吊柜（011501013）、酒吧台（011501014）、展台（011501015）、收银台（011501016）、试衣间（011501017）、货架（011501018）、书架（011501019）和服务台（011501020），其计量单位、项目特征、工作内容和工程量计算规则与柜台（011501001）相同。

二、压条、装饰线（011502）

1. 金属装饰线（011502001）

（1）计量单位：m。
（2）项目特征：基层类型，线条材料品种、规格、颜色，防护材料种类。
（3）工作内容：线条制作、安装，刷防护材料。
（4）工程量计算规则：按设计图示尺寸以长度计算。

2. 木质装饰线（011502002）

（1）计量单位：m。
（2）项目特征：基层类型，线条材料品种、规格、颜色，防护材料种类。
（3）工作内容：线条制作、安装，刷防护材料。
（4）工程量计算规则：按设计图示尺寸以长度计算。

3. 石材装饰线（011502003）

（1）计量单位：m。
（2）项目特征：基层类型，线条材料品种、规格、颜色，防护材料种类。
（3）工作内容：线条制作、安装，刷防护材料。
（4）工程量计算规则：按设计图示尺寸以长度计算。

4. 石膏装饰线（011502004）

（1）计量单位：m。
（2）项目特征：基层类型，线条材料品种、规格、颜色，防护材料种类。
（3）工作内容：线条制作、安装，刷防护材料。
（4）工程量计算规则：按设计图示尺寸以长度计算。

5. 镜面玻璃线（011502005）

（1）计量单位：m。
（2）项目特征：基层类型，线条材料品种、规格、颜色，防护材料种类。
（3）工作内容：线条制作、安装，刷防护材料。
（4）工程量计算规则：按设计图示尺寸以长度计算。

6. 铝塑装饰线（011502006）

（1）计量单位：m。
（2）项目特征：基层类型，线条材料品种、规格、颜色，防护材料种类。

（3）工作内容：线条制作、安装，刷防护材料。

（4）工程量计算规则：按设计图示尺寸以长度计算。

7. 塑料装饰线（011502007）

（1）计量单位：m。

（2）项目特征：基层类型，线条材料品种、规格、颜色，防护材料种类。

（3）工作内容：线条制作、安装，刷防护材料。

（4）工程量计算规则：按设计图示尺寸以长度计算。

8. GRC 装饰线条（011502008）

（1）计量单位：m。

（2）项目特征：基层类型，线条规格，线条安装部位，填充材料种类。

（3）工作内容：线条制作安装。

（4）工程量计算规则：按设计图示尺寸以长度计算。

三、扶手、栏杆、栏板装饰（011503）

1. 金属扶手、栏杆、栏板（011503001）

（1）计量单位：m。

（2）项目特征：扶手材料种类、规格，栏杆材料种类、规格，栏板材料种类、规格、颜色，固定配件种类，防护材料种类。

（3）工作内容：制作，运输，安装，刷防护材料。

（4）工程量计算规则：按设计图示以扶手中心线长度（包括弯头长度）计算。

2. 硬木扶手、栏杆、栏板（011503002）

（1）计量单位：m。

（2）项目特征：扶手材料种类、规格，栏杆材料种类、规格，栏板材料种类、规格、颜色，固定配件种类，防护材料种类。

（3）工作内容：制作，运输，安装，刷防护材料。

（4）工程量计算规则：按设计图示以扶手中心线长度（包括弯头长度）计算。

3. 塑料扶手、栏杆、栏板（011503003）

（1）计量单位：m。

（2）项目特征：扶手材料种类、规格，栏杆材料种类、规格，栏板材料种类、规格、颜色，固定配件种类，防护材料种类。

（3）工作内容：制作，运输，安装，刷防护材料。

（4）工程量计算规则：按设计图示以扶手中心线长度（包括弯头长度）计算。

4. GRC 栏杆、扶手（011503004）

（1）计量单位：m。

（2）项目特征：栏杆的规格，安装间距，扶手类型规格，填充材料种类。
（3）工作内容：制作，运输，安装，刷防护材料。
（4）工程量计算规则：按设计图示以扶手中心线长度（包括弯头长度）计算。

5. 金属靠墙扶手（011503005）

（1）计量单位：m。
（2）项目特征：扶手材料种类、规格，固定配件种类，防护材料种类。
（3）工作内容：制作，运输，安装，刷防护材料。
（4）工程量计算规则：按设计图示以扶手中心线长度（包括弯头长度）计算。

6. 硬木靠墙扶手（011503006）

（1）计量单位：m。
（2）项目特征：扶手材料种类、规格，固定配件种类，防护材料种类。
（3）工作内容：制作，运输，安装，刷防护材料。
（4）工程量计算规则：按设计图示以扶手中心线长度（包括弯头长度）计算。

7. 塑料靠墙扶手（011503007）

（1）计量单位：m。
（2）项目特征：扶手材料种类、规格，固定配件种类，防护材料种类。
（3）工作内容：制作，运输，安装，刷防护材料。
（4）工程量计算规则：按设计图示以扶手中心线长度（包括弯头长度）计算。

8. 玻璃栏板（011503008）

（1）计量单位：m。
（2）项目特征：栏杆玻璃的种类、规格、颜色，固定方式，固定配件种类。
（3）工作内容：制作，运输，安装，刷防护材料。
（4）工程量计算规则：按设计图示以扶手中心线长度（包括弯头长度）计算。

四、暖气罩（011504）

1. 饰面板暖气罩（011504001）

（1）计量单位：m^2。
（2）项目特征：暖气罩材质，防护材料种类。
（3）工作内容：暖气罩制作、运输、安装，刷防护材料。
（4）工程量计算规则：按设计图示尺寸以垂直投影面积（不展开）计算。

2. 塑料板暖气罩（011504002）

（1）计量单位：m^2。
（2）项目特征：暖气罩材质，防护材料种类。
（3）工作内容：暖气罩制作、运输、安装，刷防护材料。

（4）工程量计算规则：按设计图示尺寸以垂直投影面积（不展开）计算。

3. 金属暖气罩（011504003）

（1）计量单位：m^2。

（2）项目特征：暖气罩材质，防护材料种类。

（3）工作内容：暖气罩制作、运输、安装，刷防护材料。

（4）工程量计算规则：按设计图示尺寸以垂直投影面积（不展开）计算。

五、浴厕配件（011505）

1. 洗漱台（011505001）

（1）计量单位：m^2 或个。

（2）项目特征：材料品种、规格、颜色，支架、配件品种、规格。

（3）工作内容：台面及支架运输、安装，杆、环、盒、配件安装，刷油漆。

（4）工程量计算规则：按设计图示尺寸以台面外接矩形面积计算。不扣除孔洞、挖弯、削角所占面积，挡板、吊沿板面积并入台面面积内；按设计图示数量计算。

2. 晒衣架（011505002）

（1）计量单位：个。

（2）项目特征：材料品种、规格、颜色，支架、配件品种、规格。

（3）工作内容：台面及支架运输、安装，杆、环、盒、配件安装，刷油漆。

（4）工程量计算规则：按设计图示数量计算。

3. 帘子杆（011505003）

（1）计量单位：个。

（2）项目特征：材料品种、规格、颜色，支架、配件品种、规格。

（3）工作内容：台面及支架运输、安装，杆、环、盒、配件安装，刷油漆。

（4）工程量计算规则：按设计图示数量计算。

4. 浴缸拉手（011505004）

（1）计量单位：个。

（2）项目特征：材料品种、规格、颜色，支架、配件品种、规格。

（3）工作内容：台面及支架运输、安装，杆、环、盒、配件安装，刷油漆。

（4）工程量计算规则：按设计图示数量计算。

5. 卫生间扶手（011505005）

（1）计量单位：个。

（2）项目特征：材料品种、规格、颜色，支架、配件品种、规格。

（3）工作内容：台面及支架运输、安装，杆、环、盒、配件安装，刷油漆。

（4）工程量计算规则：按设计图示数量计算。

6. 毛巾杆（架）（011505006）

（1）计量单位：套。

（2）项目特征：材料品种、规格、颜色，支架、配件品种、规格。

（3）工作内容：台面及支架制作、运输、安装，杆、环、盒、配件安装，刷油漆。

（4）工程量计算规则：按设计图示数量计算。

7. 毛巾环（011505007）

（1）计量单位：副。

（2）项目特征：材料品种、规格、颜色，支架、配件品种、规格。

（3）工作内容：台面及支架制作、运输、安装，杆、环、盒、配件安装，刷油漆。

（4）工程量计算规则：按设计图示数量计算。

8. 卫生纸盒（011505008）

（1）计量单位：个。

（2）项目特征：材料品种、规格、颜色，支架、配件品种、规格。

（3）工作内容：台面及支架制作、运输、安装，杆、环、盒、配件安装，刷油漆。

（4）工程量计算规则：按设计图示数量计算。

9. 肥皂盒（011505009）

（1）计量单位：个。

（2）项目特征：材料品种、规格、颜色，支架、配件品种、规格。

（3）工作内容：台面及支架制作、运输、安装，杆、环、盒、配件安装，刷油漆。

（4）工程量计算规则：按设计图示数量计算。

10. 镜面玻璃（011505010）

（1）计量单位：m^2。

（2）项目特征：镜面玻璃品种、规格，框材质、断面尺寸，基层材料种类，防护材料种类。

（3）工作内容：基层安装，玻璃及框制作、运输、安装。

（4）工程量计算规则：按设计图示尺寸以边框外围面积计算。

11. 镜箱（011505011）

（1）计量单位：个。

（2）项目特征：箱体材质、规格，玻璃品种、规格，基层材料种类，防护材料种类，油漆品种、刷漆遍数。

（3）工作内容：基层安装，箱体制作、运输、安装，玻璃安装，刷防护材料、油漆。

（4）工程量计算规则：按设计图示数量计算。

六、雨篷、旗杆（011506）

1. 雨篷吊挂饰面（011506001）

（1）计量单位：m^2。

（2）项目特征：基层类型，龙骨材料种类、规格、中距，面层材料品种、规格，吊顶（天棚）材料品种、规格，嵌缝材料种类，防护材料种类。

（3）工作内容：底层抹灰，龙骨基层安装，面层安装，刷防护材料、油漆。

（4）工程量计算规则：按设计图示尺寸以水平投影面积计算。

2. 金属旗杆（011506002）

（1）计量单位：根。

（2）项目特征：旗杆材料、种类、规格，旗杆高度，基础材料种类，基座材料种类，基座面层材料、种类、规格。

（3）工作内容：土石挖、填、运，基础混凝土浇注，旗杆制作、安装，旗杆台座制作、饰面。

（4）工程量计算规则：按设计图示数量计算。

3. 玻璃雨篷（011506003）

（1）计量单位：m^2。

（2）项目特征：玻璃雨篷固定方式，龙骨材料种类、规格、中距，玻璃材料品种、规格，嵌缝材料种类，防护材料种类。

（3）工作内容：龙骨基层安装，面层安装，刷防护材料、油漆。

（4）工程量计算规则：按设计图示尺寸以水平投影面积计算。

七、招牌、灯箱（011507）

1. 平面、箱式招牌（011507001）

（1）计量单位：m^2。

（2）项目特征：箱体规格，基层材料种类，面层材料种类，防护材料种类。

（3）工作内容：基层安装，箱体及支架制作、运输、安装，面层制作、安装，刷防护材料、油漆。

（4）工程量计算规则：按设计图示尺寸以正立面边框外围面积计算。复杂形的凸凹造型部分不增加面积。

2. 竖式标箱（011507002）

（1）计量单位：个。

（2）项目特征：箱体规格，基层材料种类，面层材料种类，防护材料种类。

（3）工作内容：基层安装，箱体及支架制作、运输、安装，面层制作、安装，刷防护材料、油漆。

（4）工程量计算规则：按设计图示数量计算。

3. 灯箱（011507003）

（1）计量单位：个。

（2）项目特征：箱体规格，基层材料种类，面层材料种类，防护材料种类。

（3）工作内容：基层安装，箱体及支架制作、运输、安装，面层制作、安装，刷防护材料、油漆。

（4）工程量计算规则：按设计图示数量计算。

4. 信报箱（011507004）

（1）计量单位：个。

（2）项目特征：箱体规格，基层材料种类，面层材料种类，保护材料种类，户数。

（3）工作内容：基层安装，箱体及支架制作、运输、安装，面层制作、安装，刷防护材料、油漆。

（4）工程量计算规则：按设计图示数量计算。

八、美术字（011508）

1. 泡沫塑料字（011508001）

（1）计量单位：个。

（2）项目特征：基层类型，镌字材料品种、颜色，字体规格，固定方式，油漆品种、刷漆遍数。

（3）工作内容：字制作、运输、安装，刷油漆。

（4）工程量计算规则：按设计图示数量计算。

2. 有机玻璃字（011508002）

有机玻璃字（011508002）、木质字（011508003）、金属字（011508004）、吸塑字（011508005），其工程量计算规则同泡沫塑料字（011508001）。

【例 7–16】某卫生间立面图如图 7–25 所示，墙面基层为水泥砂浆，试计算相关构配件的工程量，并列出工程量清单。

【解】

镜面玻璃工程量：$1.4 \times 1.1=1.54$（m^2）

石材装饰线工程量：$3.0-1.1=1.9$（m）

大理石盥洗台工程量：$1.2 \times 0.7=0.84$（m^2）

不锈钢毛巾环工程量：1 副

不锈钢卫生纸盒工程量：1 个

表 7-25 工程量清单

项目编码	项目名称	项目特征	计量单位	工程量
011505010001	镜面玻璃	镜面玻璃：1400mm × 1100mm 50mm 宽不锈钢边框	m^2	1.54
011502001001	石材装饰线	水泥砂浆基层 80mm 宽石材装饰线	m	1.9
011505001001	洗漱台	大理石：1200mm × 700mm 角钢支架	m^2	0.84
011505007001	毛巾环	圆形不锈钢毛巾环	副	1
011505008001	卫生纸盒	不锈钢卫生纸盒	个	1

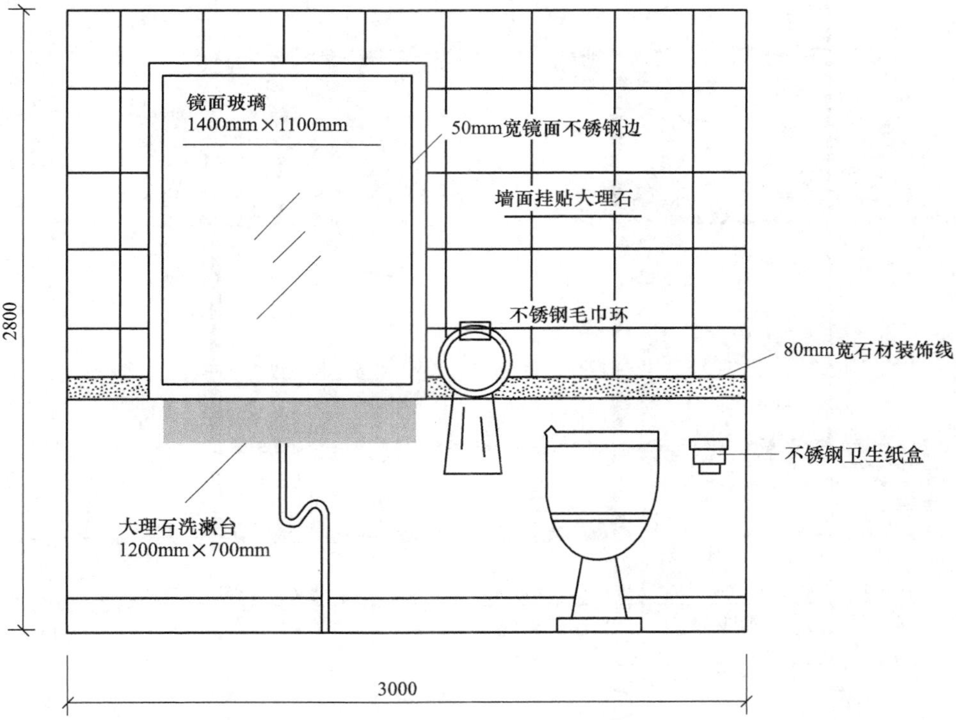

图 7-25 某卫生间立面图

第九节 建筑装饰工程清单工程量计算实例

某家装室内装饰施工图如图 7-26 至图 7-38 所示。

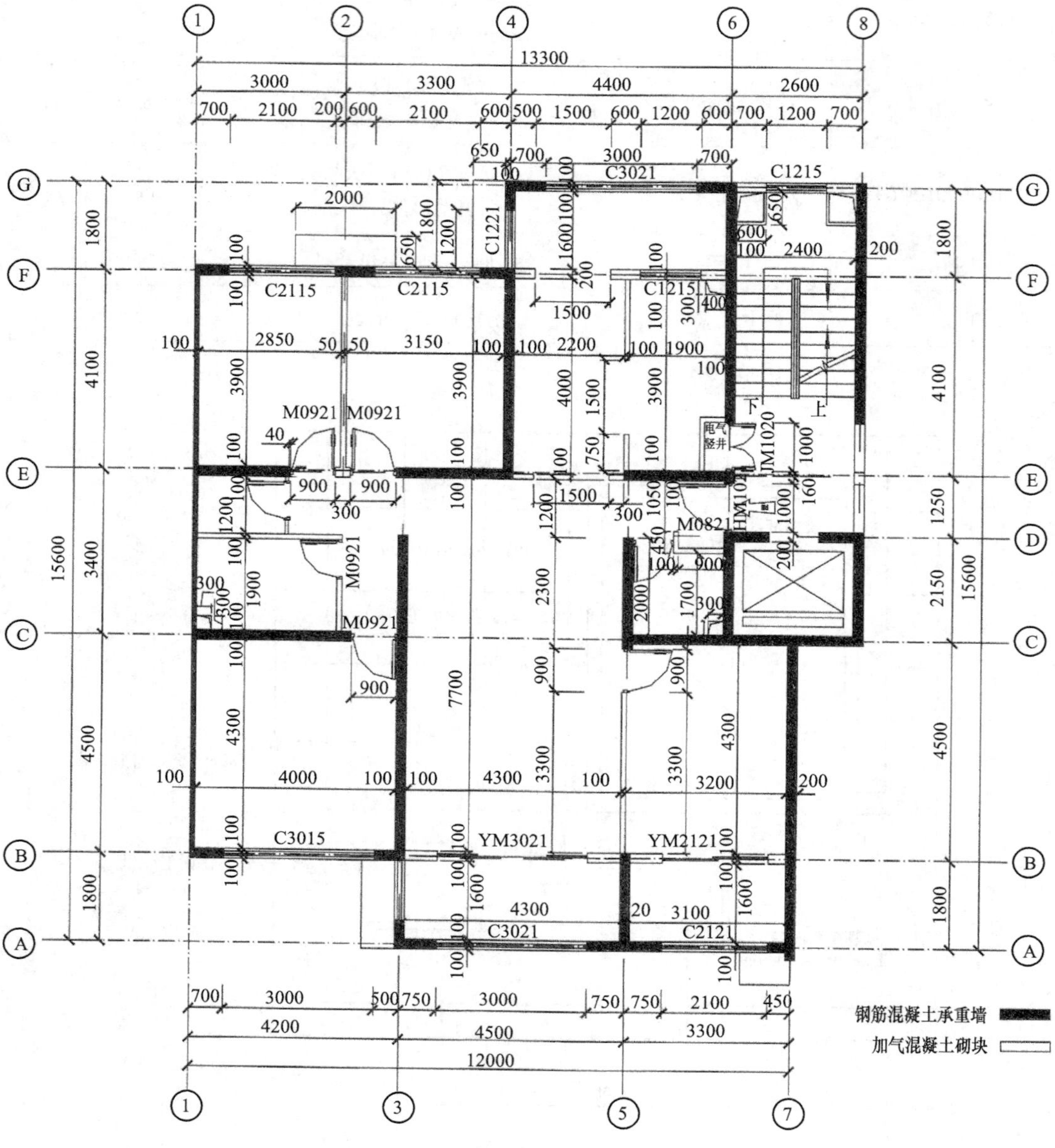

图 7–26　原始建筑框架结构图

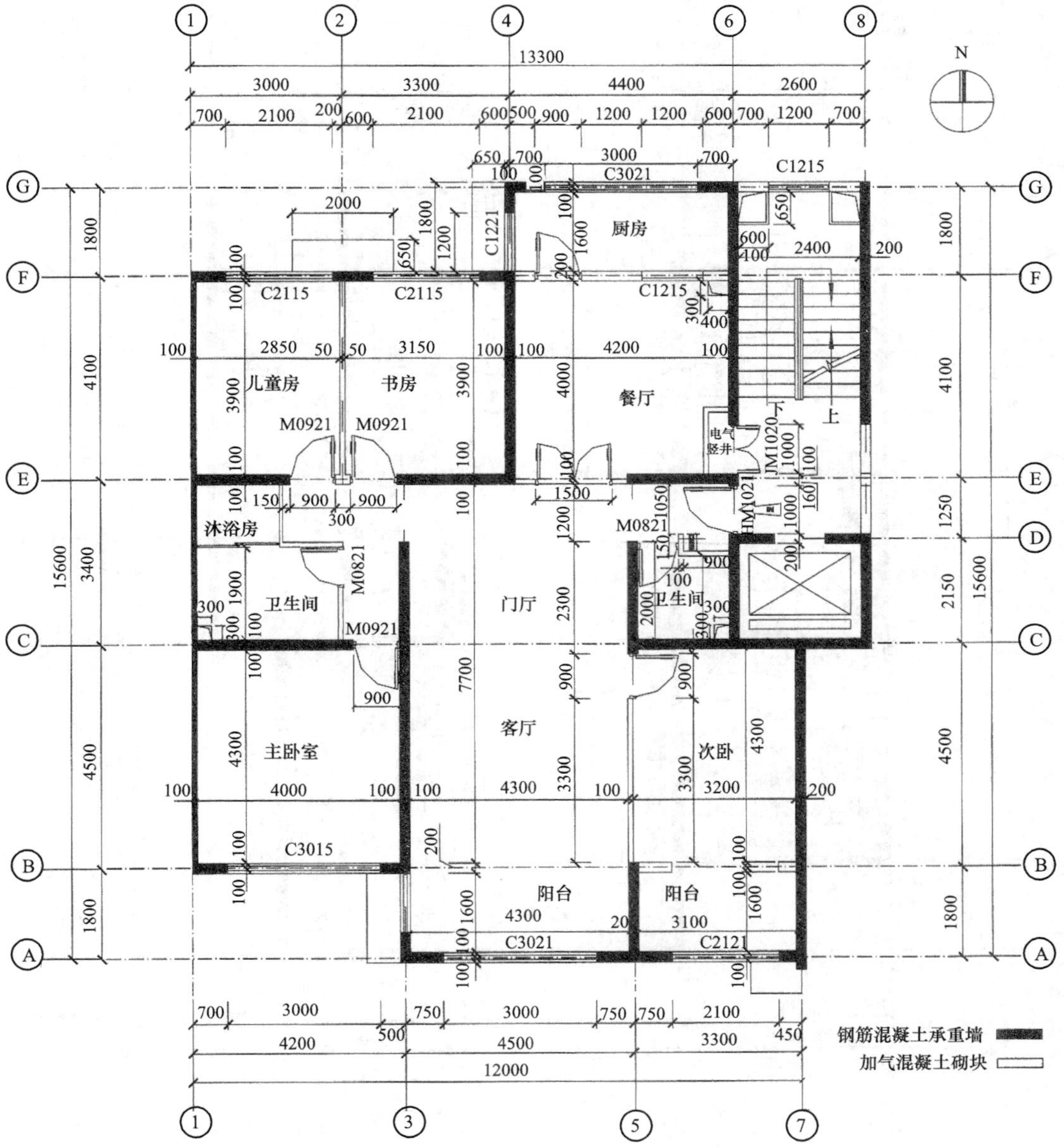

图 7-27　改造后平面布置图

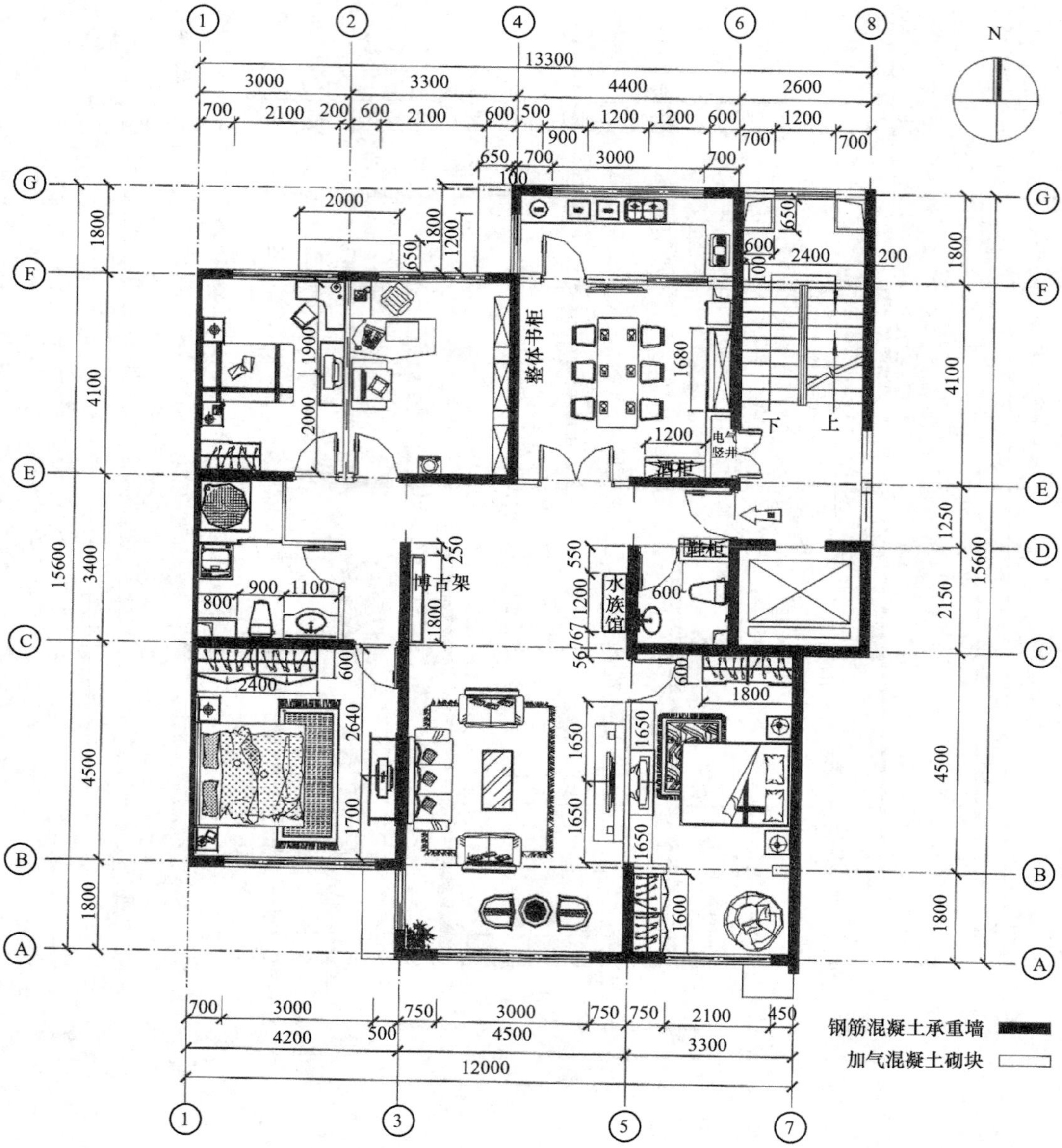

图 7-28　家具平面布置图

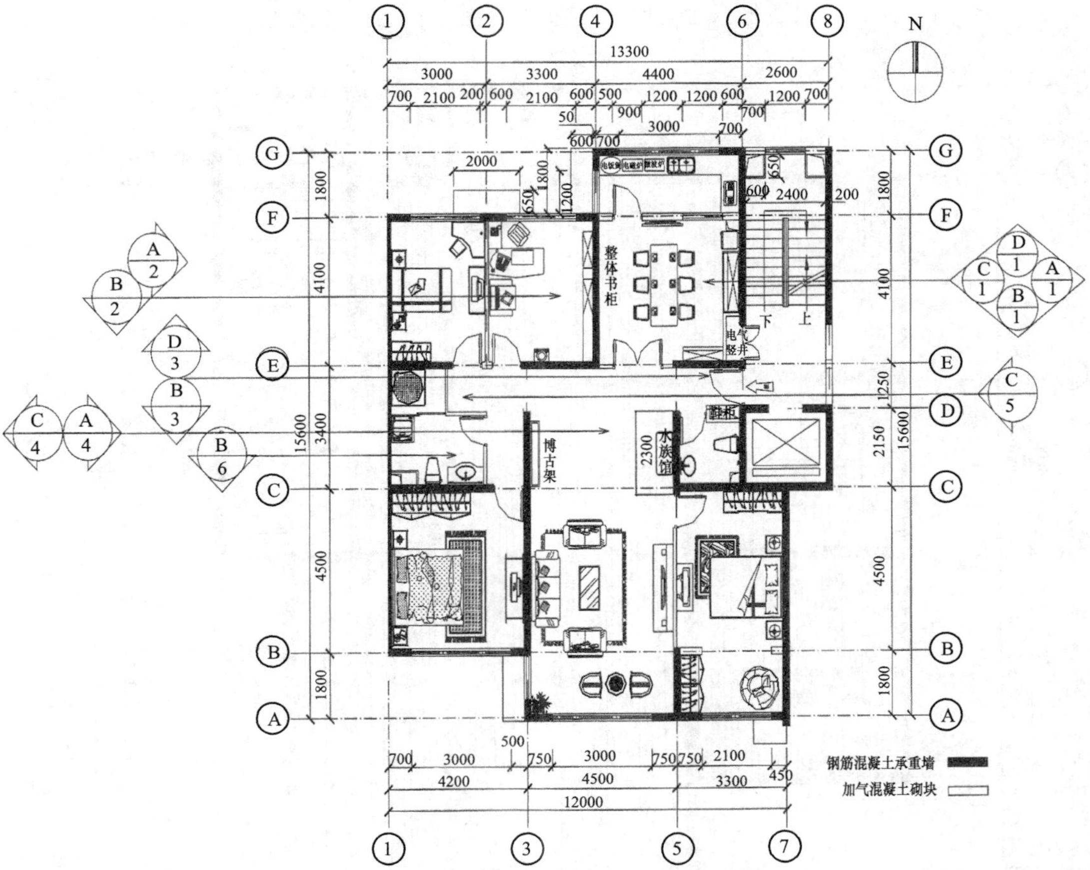

图 7–29　平面布置索引图

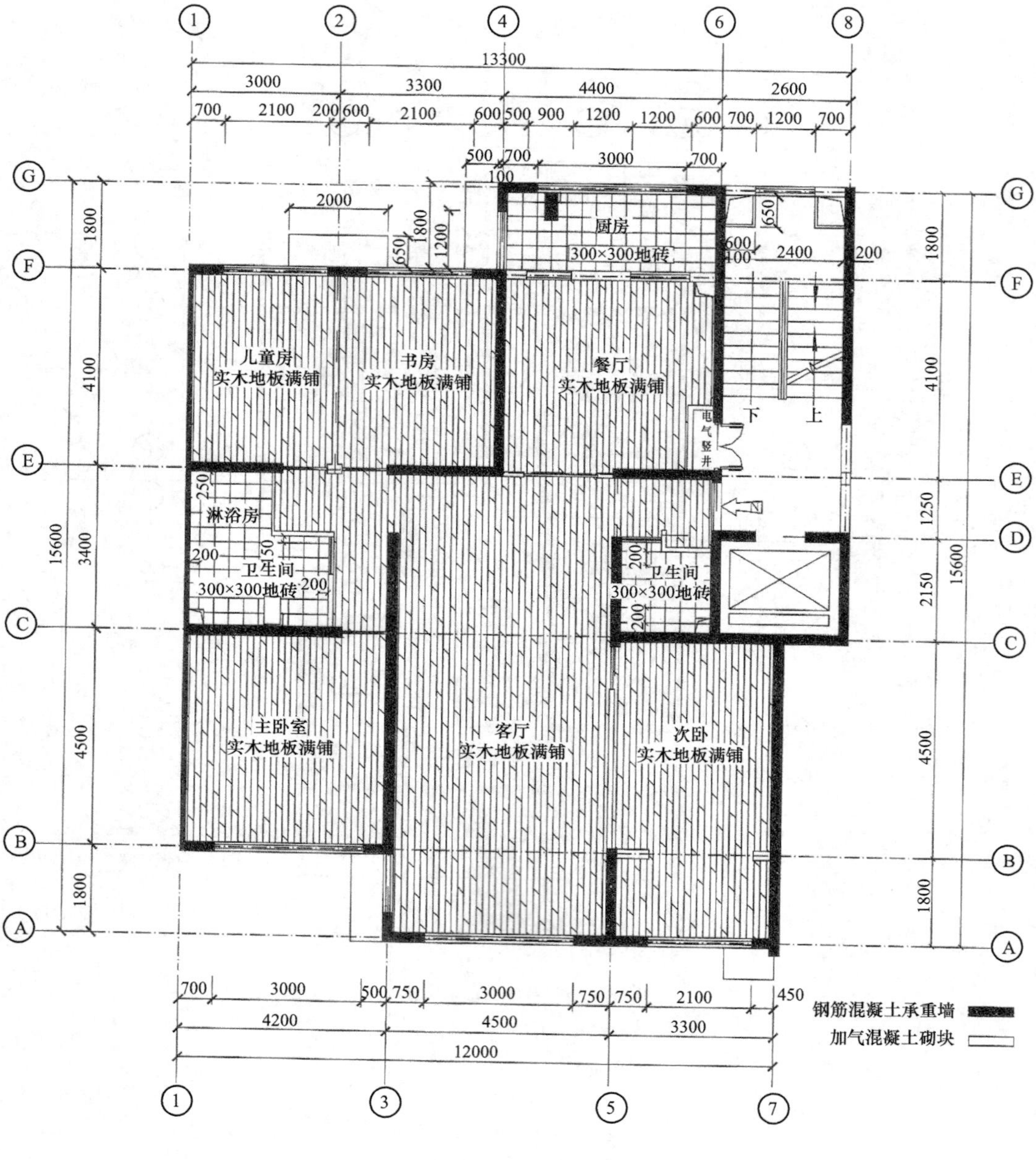

图 7-30　室内地面材料布置图

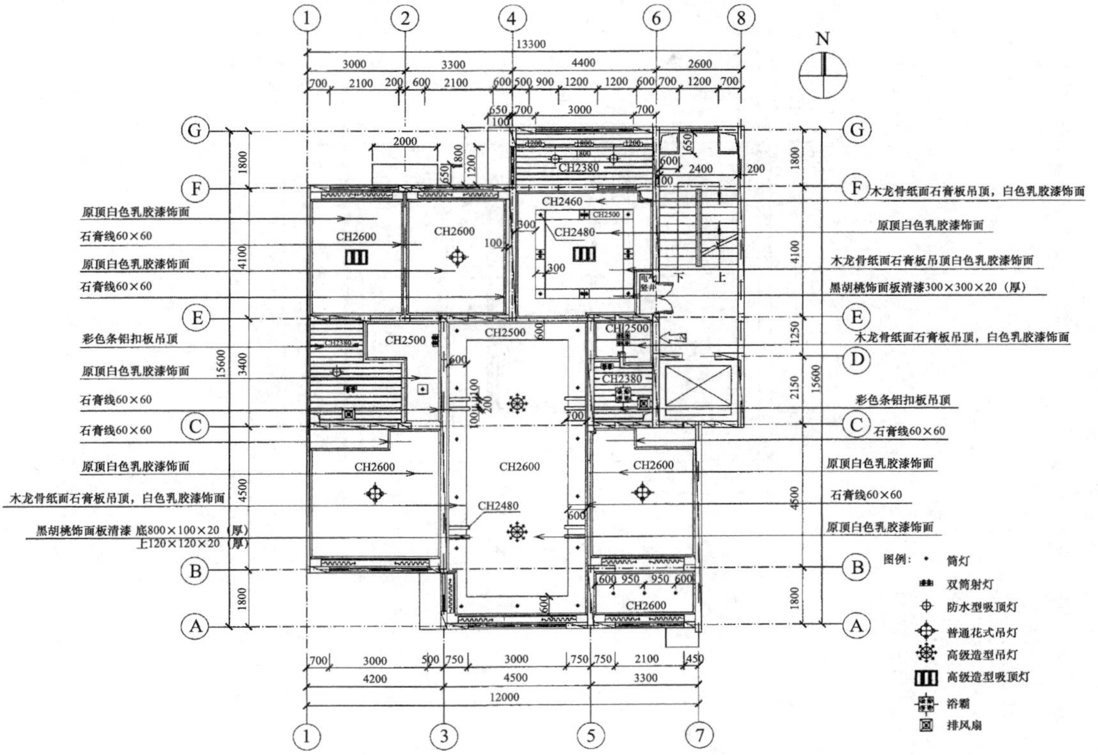

图 7-31　室内吊顶及标高标记图

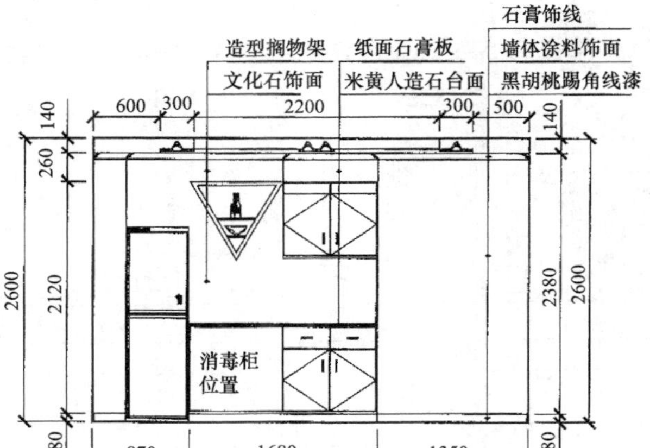

图 7-32　餐厅 A 立面图

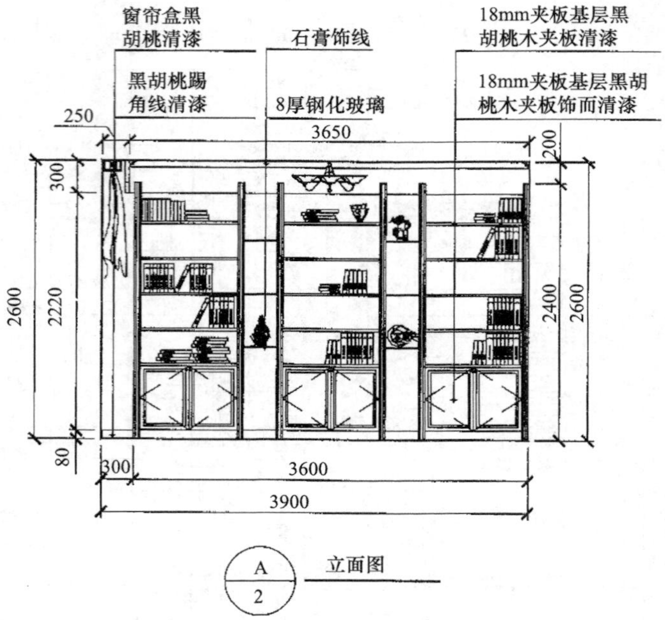

图 7-33　书房 A 立面图

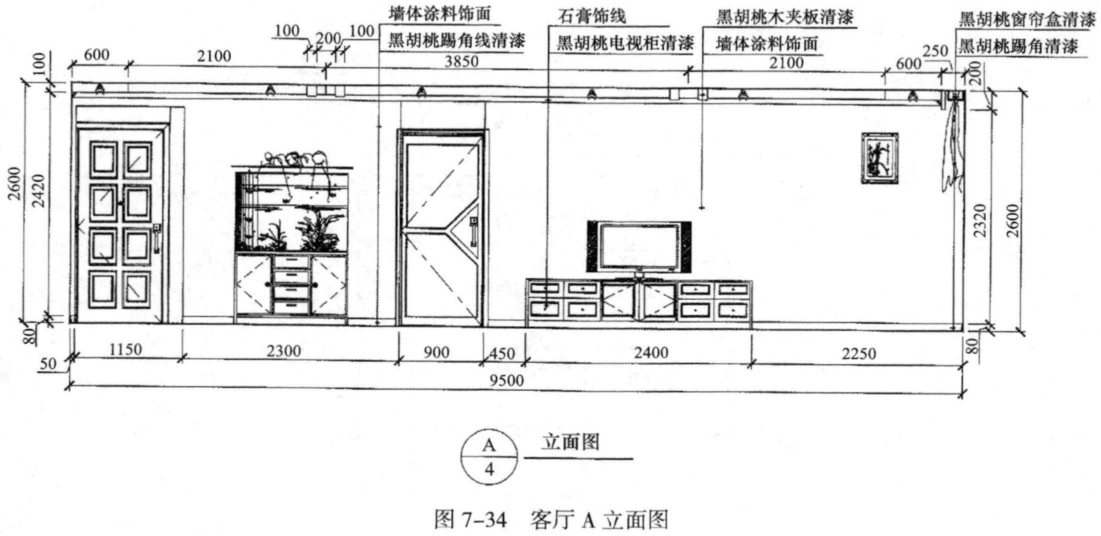

图 7-34　客厅 A 立面图

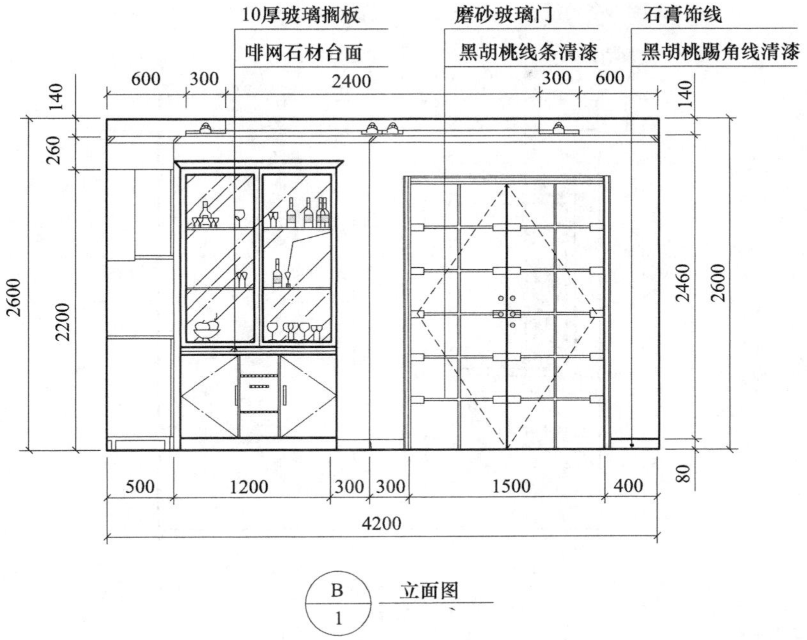

图 7-35　餐厅 B 立面图

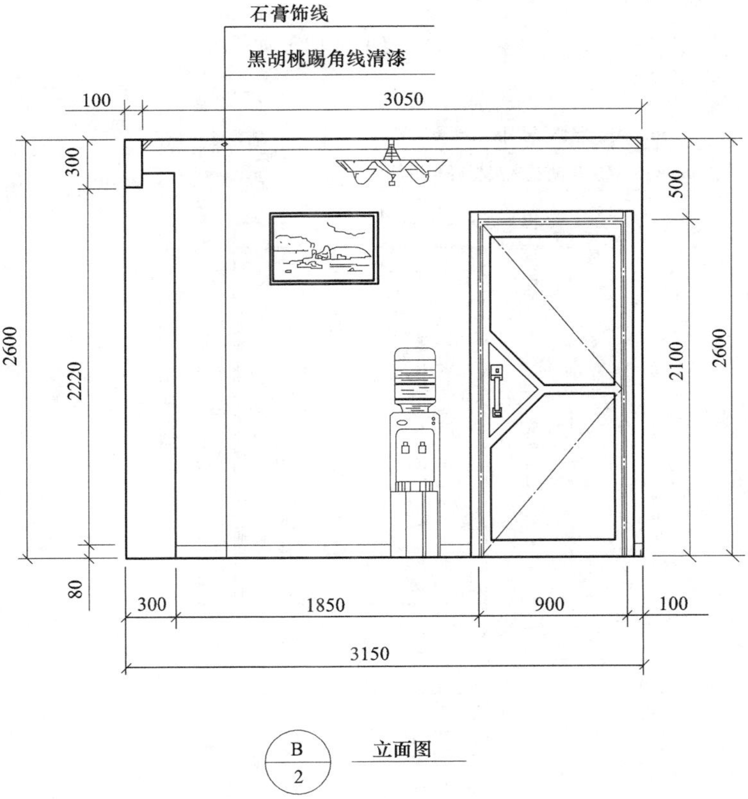

图 7-36　书房 B 立面图

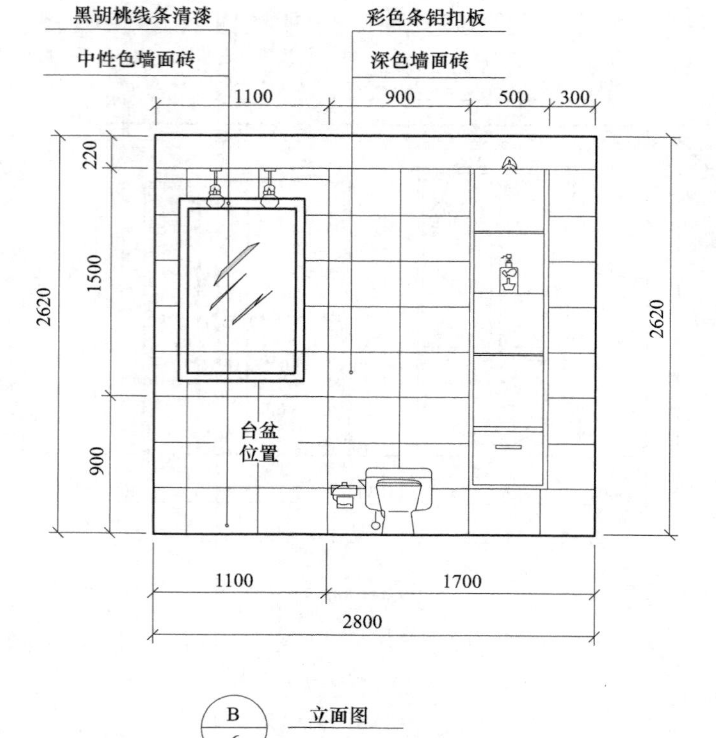

图 7-37　卫生间 1B 立面图

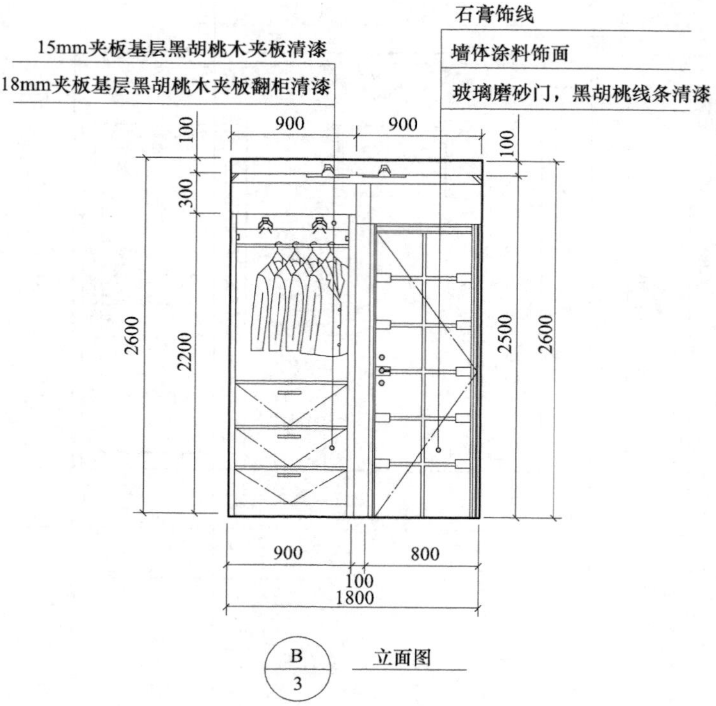

图 7-38　门厅过道 B 立面图

设计说明：室内层高 2.62m，窗台距地面 900mm。室内厨房、卫生间地坪低于楼层 20mm。③轴、⑤轴门洞高均为 2100mm。所有门框宽均为 80mm，居中立框。窗帘盒宽度为 200mm。厨房墙面为 200×300 白色瓷砖。家具尺寸见表 7–26；门窗尺寸见表 7–27。

表 7–26　家具尺寸表

序号	项目	尺寸（mm）	序号	项目	尺寸（mm）
1	主卧床	2200×2100	10	餐厅吊柜	1680×500
2	主卧衣柜	2400×600	11	次卧床	2200×1800
3	儿童床	1800×1200	12	次卧室衣柜	1800×600
4	儿童卧室衣柜	1200×600	13	次卧阳台衣柜	1600×600
5	儿童卧室书桌	1000×1000	14	客厅组合沙发	3600×2800
6	书房办公桌	1680×700	15	门厅博古架	1800×2400×280
7	书房书橱	3600×2400×300	16	门厅水族馆	1200×1800×500
8	餐厅餐桌	2250×800	17	门厅鞋柜	900×1000×350
9	餐厅酒柜	1200×400	18		

表 7–27　门窗表

编号	宽度（mm）	高度（mm）	数量（樘）	备注
M0921	900	2100	5	
M0821	800	2100	2	
M1021	1000	2100	1	
M1521	1500	2100	1	
C3021	3000	2100	1	
C2115	2100	1500	2	
C1221	1200	2100	2	
C1215	1200	1500	1	
C3015	3000	1500	1	
C3021	3000	2100	1	
C2121	2100	2100	1	

具体工程量计算如下：

一、地面工程

1. 实木地板

① 主卧室：

$4\times4.3+0.9\times0.2=17.38$（$m^2$）

② 客厅门厅加阳台：

4.3×（1.25+2.15+4.5+1.8+0.1×2）=42.57（m^2）

增 2 个门洞开口：1.2×0.2×2=0.48（m^2）

增卫 2 过道：0.9×（1.05+0.15−0.1）+（0.8+0.1）×1.2=2.07（m^2）

增入户门口：1.1×0.1=0.11（m^2）

增卫 2 门口：0.8×0.05=0.04（m^2）

小计：42.57+0.48+2.07+0.11+0.04=45.27（m^2）

③ 次卧加阳台：

3.2×（4.5−0.1×2）=13.76（m^2）

3.1×1.6=4.96（m^2）

增阳台门口：2.1×0.2=0.42（m^2）

增次卧门口 0.9×0.1=0.09（m^2）

小计：13.76+4.96+0.42+0.09=19.23（m^2）

④ 卫生间 1 过道：

（4.2−3−0.1−0.05）×2.15=2.26（m^2）

（0.9×2+0.15+0.3）×（1.25−0.1×2）=2.36（m^2）

增卫 1 门开口：0.8×0.05=0.04（m^2）

小计：2.26+2.36+0.04=4.66（m^2）

⑤ 儿童房：

2.85×3.9=11.12（m^2）

增门口：0.9×0.2=0.18（m^2）

小计：11.12+0.18=11.3（m^2）

⑥ 书房：

3.15×3.9=12.29（m^2）

增门口：0.9×0.2=0.18（m^2）

小计：12.29+0.18=12.47（m^2）

⑦ 餐厅：

4.2×4=16.8（m^2）

增门口：0.9×0.1+1.5×0.2=0.39（m^2）

扣烟道和竖井：0.4×0.3+1.4×0.5=0.82（m^2）

小计：16.8+0.39−0.82=16.37（m^2）

合计：17.38+45.27+19.23+4.66+11.3+12.47+16.37=126.68（m^2）

2. 300×300 瓷砖地面

① 厨房：

（4.4−0.2）×（1.8−0.2）=6.72（m^2）

增门口：0.9×0.1=0.09（m^2）

小计：6.72+0.09=6.81（m^2）

② 卫生间 1：
（3−0.1−0.05）×（3.4−0.1×2）=9.12（m^2）
扣：（0.05+0.15+0.9+0.1）×（1.25−0.1）=1.38（m^2）
小计：9.12−1.38=7.74（m^2）
③ 卫生间 2：
（0.8+0.1+0.9）×2=3.6（m^2）
扣：（0.1+0.9）×（0.15−0.1）=0.05（m^2）
小计：3.6−0.05=3.55（m^2）
合计：6.81+7.74+3.55=18.1（m^2）

3. 黑胡桃踢脚线清漆

踢脚线长：
① 主卧室：（4+4.3）×2−0.9+（0.1−0.04）×2=15.58（m）
② 儿童房：（2.85+3.9）×2−0.9+（0.1−0.04）×2=12.48（m）
③ 书房：（3.15+3.9）×2−0.9+（0.1−0.04）×2=13.08（m）
④ 餐厅：（4.2+4）×2−0.9−1.5+（0.1−0.04）×4=13.76（m）
⑤ 次卧：（3.2+4.3）×2−0.9−2.1+0.1−0.04=12.06（m）
⑥ 次卧阳台：（3.1+1.6）×2+0.2×2=9.8（m）
⑦ 卫生间 1 过道：（0.15+0.9×2+0.3+3.4−0.2）×2=10.9（m）
扣门洞：0.9×3+0.8+1.25−0.1×2=4.55（m）
增门口（0.1−0.04）×8=0.48（m）
小计：10.9−4.55+0.48=6.83（m）
⑧ 卫生间 2 过道：（0.8+0.1+0.9+1+0.1+0.15−0.15）×2=5.8（m）
扣门洞：1+1.2+0.8=3（m）
增门口（0.1−0.04）×6=0.36（m）
小计：5.8−3+0.36=3.16（m）
⑨ 客厅：（4.3+1.8+4.5+2.15+1.25−0.1×2）×2=27.6（m）
扣门洞：1.2×2+1.5+0.9=4.8（m）
增门口：（0.1−0.04）×4=0.24（m）
小计：27.6−4.8+0.24=23.04（m）
长度合计：15.58+12.48+13.08+13.76+12.06+9.8+6.83+3.16+23.04=109.79（m）
110.99×0.08=8.88（m^2）

二、墙面工程

1. 中性色墙面瓷砖

① 卫生间 1：（4.2−0.1×2−0.9−0.3+3.4−0.1×2）×2×0.9=10.8（m^2）
扣门洞：0.8×0.9=0.72（m^2）

② 卫生间 2：（0.8+0.1+0.9+2）× 2 × 0.9=6.84（m^2）
扣门洞：0.8 × 0.9=0.72（m^2）
合计：10.8–0.72+6.84–0.72=16.2（m^2）

2. 深色墙面瓷砖

① 卫生间 1：
（4.2–0.1 × 2–0.9–0.3+3.4–0.1 × 2）× 2 ×（2.38+0.02–0.9）=18（m^2）
扣门洞：0.8 ×（2.1+0.02–0.9）=0.98（m^2）
小计：18–0.98=17.02（m^2）
② 卫生间 2：
（0.8+0.1+0.9+2）× 2 ×（2.38+0.02–0.9）=11.4（m^2）
扣门洞：0.8 ×（2.1+0.02–0.9）=0.98（m^2）
小计：11.4–0.98=10.42（m^2）
合计 17.02+10.42=27.44（m^2）

3. 文化石饰面

餐厅：（0.87+1.68）×（2.12+0.26）=6.07（m^2）

4. 黑胡桃木夹板清漆墙面

0.8 × 0.165 × 4=0.53（m^2）

5. 石膏板涂料饰面

0.25 × 2 × 2.6=1.3（m^2）

三、天棚工程

1. 彩色条铝扣板吊顶天棚

① 卫生间 1：（3–0.1–0.05）×（3.4–0.1 × 2）=9.12（m^2）
② 卫生间 2：（0.8+0.1+0.9）× 2=3.6（m^2）
③ 厨房：（4.4–0.2）×（1.8–0.2）=6.72（m^2）
合计：9.12+3.6+6.72=19.44（m^2）

2. 木龙骨纸面石膏板吊顶白色乳胶漆

① 客厅：4.3 ×（1.25+2.15+4.5+1.8+0.1 × 2–0.2）=41.71（m^2）
扣原顶：（4.3–0.6 × 2）×（1.25+2.15+4.5+1.8+0.1 × 2–0.2–0.6 × 2）=26.35（m^2）
扣窗帘盒：1.2 × 0.2=0.24（m^2）
小计：41.71–26.35–0.24=15.12（m^2）
② 卫生间 2 过道：0.9 ×（1.05+0.15–0.1）+（0.8+0.1）× 1.2=2.07（m^2）
③ 卫生间 1 过道：（4.2–3–0.1–0.05）× 2.15=2.26（m^2）
（0.9 × 2+0.15+0.3）×（1.25–0.1 × 2）=2.36（m^2）

小计：2.26+2.36=4.62（m^2）

④ 餐厅：4.2×4=16.8（m^2）

合计：15.12+2.07+4.62+16.8=38.61（m^2）

四、油漆、涂料、裱糊工程

1. 墙面涂料

① 客厅门厅：

（4.3+1.8+4.5+2.15+1.25−0.1×2）×2×（2.5−0.08）=66.79（m^2）

扣门洞：1.5×（2.1−0.08）+（1.25−0.1）×（2.1−0.08）×2+0.9×（2.1−0.08）=9.49（m^2）

扣窗洞：（3+1.2）×2.1=8.82（m^2）

扣浅色壁纸等：1.2×2.6=3.12（m^2）

增门洞侧壁③⑤轴：[1.25−0.1+（2.1−0.08）×2]×2×0.2=2.08（m^2）

小计：66.79−9.49−8.82−3.12+2.08=47.44（m^2）

② 主卧室：

（4+4.3）×2×（2.6−0.08）=41.83（m^2）

扣门窗洞口：0.9×（2.1−0.08）+3×1.5=6.32（m^2）

增门窗侧壁：[0.9×2+（2.1−0.08）×4+3×2+1.5×2]×（0.2−0.08）/2=1.13（m^2）

小计：41.83−6.32+1.13=36.64（m^2）

③ 次卧室：

（3.2+4.3）×2×（2.6−0.08）=37.8（m^2）

增次卧阳台：（3.1+1.6）×2×（2.6−0.08）=23.69（m^2）

扣门窗洞：（0.9+2.1）×（2.1−0.08）+2.1×2.1=10.47（m^2）

增门洞侧壁：[2.1+（2.1−0.08）×2]×0.2=1.23（m^2）

增窗洞侧壁：2.1×4×（0.2−0.08）/2=0.5（m^2）

小计：37.8+23.69−10.47+1.23+0.5=52.75（m^2）

④ 儿童房：（2.85+3.9）×2×（2.6−0.08）=34.02（m^2）

扣门窗洞口：0.9×（2.1−0.08）+2.1×1.5=4.97（m^2）

增门窗侧壁：[0.9+（2.1−0.08）×2]×（0.2−0.08）=0.59（m^2）

（2.1+1.5）×2×（0.2−0.08）/2=0.43（m^2）

小计：34.02−4.97+0.59+0.43=30.07（m^2）

⑤ 书房：

（3.15+3.9）×2×（2.6−0.08）=35.53（m^2）

扣门窗：0.9×（2.1−0.08）+2.1×1.5=4.97（m^2）

增门窗侧壁：[0.9+（2.1−0.08）×2]×（0.2−0.08）=0.59（m^2）

（2.1+1.5）×2×（0.2−0.08）/2=0.43（m^2）

35.53−4.97+0.59+0.43=31.58（m^2）

⑥ 餐厅：

（4.2+4）×2×（2.46−0.08）=39.03（m^2）

扣门窗洞口：（1.5+0.9）×（2.1−0.08）+1.2×1.5=6.65（m^2）

扣文化石墙面：6.07（m^2）

增门窗侧壁：[0.9+（2.1−0.08）×2+（1.2+1.5）×2]×（0.2−0.08）=1.24（m^2）

小计：39.03−6.65−6.07+1.24=27.55（m^2）

⑦ 厨房：

（4.4−0.2+1.6）×2×（2.38+0.02）=27.84（m^2）

扣文化石墙面：（0.87+1.68）×（2.12+0.26）=6.07（m^2）

扣门窗洞口：0.9×（2.1+0.2−0.08）+3×2.1+1.2×1.5+1.2×2.1=12.62（m^2）

增窗侧壁：（3+2.1+1.2+2.1+1.2+1.5）×2×（0.2−0.08）/2=1.33（m^2）

小计：27.84−6.07−12.62+1.33=10.48（m^2）

⑧ 卫生间 1 过道：（1.65−0.1×2+0.9×2+0.15+0.3）×2×（2.5−0.08）=17.91（m^2）

扣门洞：（0.9×3+0.8+1.25−0.1）×（2.1−0.08）=9.39（m^2）

小计：17.91−9.39=8.52（m^2）

⑨ 卫生间 2 过道：（0.9+0.1+0.8+1.05+0.15−0.1）×2×（2.5−0.08）=14.04（m^2）

扣门洞：（1.25−0.1+0.8+1）×（2.1−0.08）=5.96（m^2）

扣墙面装饰：0.8×1=0.8（m^2）

小计：14.04−5.96−0.8=7.28（m^2）

总计：47.44+36.64+52.75+30.07+31.58+27.55+10.48+8.52+7.28=252.31（m^2）

2. 白色乳胶漆顶棚

① 客厅：（4.3−0.6×2）×（1.25+2.15+4.5+1.8+0.1×2−0.2−0.6×2）=26.35（m^2）

② 主卧：4×（4.3−0.2）−2.4×0.6=14.96（m^2）

③ 次卧：3.2×（4.5−0.1×2−0.2）−1.8×0.6=12.04（m^2）

增阳台：3.1×（1.6−0.2）=4.34（m^2）

④ 儿童房：2.85×（3.9−0.2）=10.55（m^2）

⑤ 书房：3.15×（3.9−0.2）=11.66（m^2）

合计：26.35+14.96+12.04+4.34+10.55+11.66=79.9（m^2）

3. 木龙骨纸面石膏板吊顶白色乳胶漆

① 客厅：4.3×（1.25+2.15+4.5+1.8+0.1×2−0.2）=41.71（m^2）

扣原顶：（4.3−0.6×2）×（1.25+2.15+4.5+1.8+0.1×2−0.2−0.6×2）=26.35（m^2）

扣窗帘盒：1.2×0.2=0.24（m^2）

小计：41.71−26.35−0.24=15.12（m^2）

② 卫生间 1 过道：（4.2−3−0.1−0.05）×2.15=2.26（m^2）

（0.9×2+0.15+0.3）×（1.25−0.1×2）=2.36（m^2）

小计：2.26+2.36=4.62（m^2）

③ 卫生间 2 过道：0.9×（1.05+0.15−0.1）+（0.8+0.1）×1.2=2.07（m^2）

④ 餐厅：4.2×4=16.8（m^2）

合计：15.12+4.62+2.07+16.8=38.61（m^2）

4. 浅黄色墙体涂料

1×0.8−0.8×0.165×4=0.27（m^2）

5. 浅色壁纸

0.7×2.6=1.82（m^2）

五、其他工程

1. 石膏装饰线

① 主卧：（4+4.3−0.2）×2=16.2（m^2）

② 客厅、门厅：（4.3+7.7+0.2+1.6−0.2）×2=27.2（m^2）

③ 次卧：（3.2+4.3−0.2）×2=14.6（m^2）

（3.1+1.6−0.2）×2=9（m^2）

④ 卫生间 1 过道：（0.9×2+0.3+0.15+3.4−0.1×2）×2=10.9（m^2）

⑤ 卫生间 2 过道：（0.9+0.1+0.8+1.05+0.15−0.1）×2=5.8（m^2）

⑥ 儿童房：（2.85+3.9−0.2）×2=13.1（m^2）

⑦ 书房：（3.15+3.9−0.2）×2=13.7（m^2）

⑧ 餐厅：（4.2+4）×2=16.4（m^2）

合计：16.2+27.2+14.6+9+10.9+5.8+13.1+13.7+16.4=126.9（m^2）

2. 黑胡桃窗帘盒清漆

① 主卧：4（m）

② 次卧：2.1+2.1=4.2（m）

③ 客厅：4.3+1.2=5.5（m）

④ 儿童房：2.85（m）

⑤ 书房：3.15（m）

合计：5.5+4+4.2+2.85+3.15=19.7（m）

3. 黑胡桃木线条清漆

（0.8+1）×2=3.6（m）

4. 不锈钢 U 型凹槽

0.8×6=4.8（m）

5. 啡网石材台面

0.8×0.2=0.16（m^2）

复习思考题

1. 什么是建筑面积？计算建筑面积的意义是什么？
2. 多层建筑物的建筑面积如何计算？
3. 半地下室的建筑面积如何计算？
4. 走廊、挑廊、檐廊、架空走廊是否计算建筑面积？如何计算？
5. 建筑物的室内楼梯、电梯井、提物井、管道井、通风排气竖井、烟道等如何计算建筑面积？
6. 楼地面其他材料面层包括哪些项目？
7. 柱面石材饰面工程量如何计算？
8. 天棚抹灰的高度如何确定？
9. 抹灰面乳胶漆的工程量如何计算？
10. 美术字的工程量如何计算？

第八章 建筑装饰工程工程量清单的编制

学习目标

通过本章学习，了解工程量清单的概念和作用；熟悉工程量清单的格式；掌握招标工程量清单的编制依据和编制方法。

工程量清单是在 19 世纪 30 年代产生的，西方国家把计算工程量、提供工程量清单专业化规定为业主估价师的职责，所有的投标都要以业主提供的工程量清单为基础，从而使得最后的投标结果具有可比性。

第一节 工程量清单的编制方法

采用工程量清单方式招标，工程量清单必须作为招标文件的组成部分，其准确性和完整性由招标人负责。投标人依据工程量清单进行投标报价，对工程量清单不负有核实的义务，更不具有修改和调整的权力。工程量清单作为投标人报价的共同平台，其准确性（数量不能算错）和完整性（不缺项漏项），均应由招标人负责，如招标人委托工程造价咨询人编制，责任仍应由招标人承担。至于工程造价咨询人应承担的具体责任则应由招标人与工程造价咨询人通过合同约定处理或协商解决。

一、工程量清单的概念

工程量清单是指载明建设工程分部分项工程项目、措施项目、其他项目的名称和相应数量以及规费、税金项目等内容的明细清单。

根据《建设工程工程量清单计价规范》（GB50500—2013），工程量清单又细分为招标工程量清单和已标价工程量清单。招标工程量清单是指招标人依据国家标准、招标文件、设计文件以及施工现场实际情况编制的，随招标文件发布供投标报价的工程量清单，包括其说明和表格。已标价工程量清单是指构成合同文件组成部分的投标文件中已标明价格，经算术性错误修正（如有）且承包方已确认的工程量清单，包括其说明和表格。

招标工程量清单是招标投标活动中，对招标人和投标人都是有约束力的重要文件，是招标投标活动的依据，专业性强，内容复杂，对编制人的业务技术水平要求高，能否编制出完整、严谨的工程量清单，直接影响招标的质量，也是招标成败的关键。因此，工程量清单应由具有编制能力的招标人或受其委托，具有相应资质的工程造价咨询人编制。根据《工程造价咨询企业管理办法》（建设部第 149 号令），受委托编制工程量清单的工程造价咨询人应依法取得工程造价咨询资质，并在其资质许可的范围内从事工程造价咨询活动。

二、招标工程量清单的作用

招标工程量清单是工程量清单计价的基础，应作为编制招标控制价、投标报价、计算或调整工程量、索赔等的依据之一。可以说工程量清单在工程量清单计价中起到基础性作用，是整个工程量清单计价活动的重要依据之一，贯穿于整个施工过程中。

三、招标工程量清单的编制依据

1. 《房屋建筑与装饰工程工程量计算规范》（GB50854—2013）和现行国家标准《建设工

程工程量清单计价规范》（GB50500—2013）。

2. 国家或省级、行业建设主管部门颁发的计价依据和办法。

3. 建设工程设计文件及相关资料。

4. 与建设工程有关的标准、规范、技术资料。

5. 拟定的招标文件。

6. 施工现场情况、地勘水文资料、工程特点及常规施工方案。

7. 其他相关资料。

四、招标工程量清单的编制方法

招标工程量清单应以单位（项）工程为单位编制，应由分部分项工程项目清单、措施项目清单、其他项目清单、规费和税金项目清单组成。

1. 分部分项工程量清单

分部分项工程量清单的五个组成要件是项目编码、项目名称、项目特征、计量单位和工程量，并且这五个要件在分部分项工程量清单的组成中缺一不可。

（1）编制要求

分部分项工程项目清单必须根据相关工程现行国家计量规范规定的项目编码、项目名称、项目特征、计量单位和工程量计算规则进行编制。

（2）项目编码

项目编码是分部分项工程量清单项目名称的数字标识，也是分部分项工程量清单五个要件之一。分部分项工程量清单编码，应采用十二位阿拉伯数字表示。一至九位应按附录的规定设置，十至十二位应根据拟建工程的工程量清单项目名称设置，同一招标工程的项目编码不得有重码。工程量清单项目编码含义如图 8-1 所示。

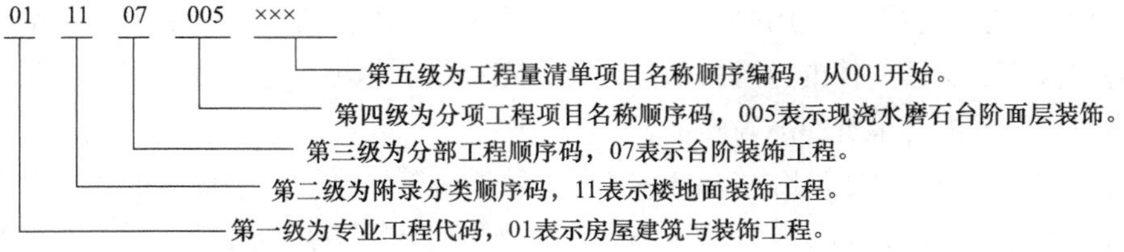

图 8-1　工程量清单项目编码含义

上图中各级编码代表的含义是：

第一级编码，表示专业工程代码；01 为房屋建筑与装饰工程、02 为仿古建筑工程、03 为通用安装工程、04 为市政工程、05 为园林绿化工程。

第二级编码，表示附录分类顺序码。如：11 表示楼地面装饰工程、12 表示墙柱面装饰与隔断幕墙工程。

第三级编码，表示分部工程顺序码。

第四级编码，表示分项工程项目名称顺序码。

第五级编码，表示工程量清单项目名称顺序码。

当同一标段（或合同段）的一份工程量清单中含有多个单位工程且工程量清单是以单位工程为编制对象时，在编制工程量清单时应特别注意对项目编码十至十二位的设置不得有重码的规定。如一个标段（或合同段）的工程量清单中含有三个单位工程，每一单位工程中都有项目特征相同的金属格栅窗，在工程量清单中又需要反映三个不同单位工程的金属格栅窗时，此时工程量清单应以单位工程为编制对象，则第一个单位工程的金属格栅窗的项目编码应为010807005001，第二个单位工程的金属格栅窗的项目编码应为010807005002，第三个单位工程的金属格栅窗的项目编码应为010807005003，并分别列出各单位工程金属格栅窗的工程量。

（3）项目名称

分部分项工程量清单的项目名称应按各专业工程计量规范附录的项目名称结合拟建工程的实际确定。附录表中的“项目名称”为分项工程项目名称，是形成分部分项工程量清单项目名称的基础。即在编制分部分项工程量清单时，以附录中的分项工程项目名称为基础，考虑该项目的规格、型号、材质等特征要求，结合拟建工程的实际情况，使其工程量清单项目名称具体化、细化，以反映影响工程造价的主要因素。例如，“柱（梁）面抹灰”中“柱、梁面一般抹灰”应区分“石灰砂浆”“水泥砂浆”“混合砂浆”“聚合物水泥砂浆”“麻刀石灰浆”“石膏灰浆”等。清单项目名称应表达详细、准确，各专业工程计量规范中的分项工程项目名称如有缺陷，招标人可做补充，并报当地工程造价管理机构（省级）备案。

（4）项目特征

项目特征是构成分部分项工程量清单项目、措施项目自身价值的本质特征。分部分项工程量清单的项目特征是确定一个清单项目综合单价的重要依据，是履行合同义务的基础。在编制的工程量清单中应按附录中规定的项目特征，结合拟建工程项目的实际予以描述。工程量清单项目特征描述的重要意义在于：

① 项目特征是区分清单项目的依据。工程量清单项目特征是用来表述分部分项清单项目的实质内容，用于区分计价规范中同一清单条目下各个具体的清单项目。没有项目特征的准确描述，对于相同或相似的清单项目名称，就无从区分。

② 项目特征是确定综合单价的前提。由于工程量清单项目的特征决定了工程实体的实质内容，必然直接决定了工程实体的自身价值。因此，工程量清单项目特征描述得准确与否，直接关系到工程量清单项目综合单价的准确确定。

③ 项目特征是履行合同义务的基础。实行工程量清单计价，工程量清单及其综合单价是施工合同的组成部分，因此，如果工程量清单项目特征的描述不清甚至漏项、错误，从而引起在施工过程中的更改，都可能会引起分歧，导致纠纷。

由此可见，清单项目特征的描述，应根据清单计价规范附录中有关项目特征的要求，结合技术规范、标准图集、施工图纸，按照工程结构、使用材质及规格或安装位置等，予以详细而准确地表述和说明。

有的项目特征用文字往往难以准确和全面地描述清楚，为达到规范、简捷、准确、全面描述项目特征的要求，在描述工程量清单项目特征时应按以下原则进行：

a．项目特征描述的内容按清单计价规范附录的规定，结合工程的实际，满足确定综合单价的需要。

b．若采用标准图集或施工图纸能够全部或部分满足项目特征描述的要求，项目特征描述可

直接采用详见 ×× 图集或 ×× 图号的方式。对不能满足项目特征描述要求的部分，仍应用文字描述。

在各专业工程计量规范附录中还有关于各清单项目“工作内容”的描述。工作内容是指完成清单项目可能发生的具体工作和操作程序，但应注意的是，在编制分部分项工程量清单时，工作内容通常无需描述，因为在计价规范中，工程量清单项目与工程量计算规则、工作内容有一一对应关系，当采用计价规范这一标准时，工作内容均有规定。

（5）计量单位

分部分项工程量清单的计量单位应按附录中规定的计量单位确定。当计量单位有两个或两个以上时，应根据所编工程量清单项目的特征要求，选择最适宜表现该项目特征并方便计量的单位。例如，门窗工程量的计量单位为“樘 /m^2”两个计量单位，在实际工作中，就应选择最适宜、最方便计量的单位来表示。

计量单位应采用基本单位，除各专业另有特殊规定外均按以下单位计量：

① 以重量计算的项目——吨或千克（t 或 kg）。

② 以体积计算的项目——立方米（m^3）。

③ 以面积计算的项目——平方米（m^2）。

④ 以长度计算的项目——米（m）。

⑤ 以自然计量单位计算的项目——个、套、块、樘、组、台……

⑥ 没有具体数量的项目——宗、项……

（6）工程量计算规则

分部分项工程量清单的工程量应按附录中规定的工程量计算规则计算。

清单计价规范中给出了房屋建筑与装饰工程、仿古建筑工程、通用安装工程、市政工程、园林绿化工程等工程量的计算规则，其中房屋建筑与装饰工程计量规范附录 H 至 O 为装饰装修工程量清单项目及计算规则，适用于工业与民用建筑物和构筑物的装饰装修工程。装饰装修工程的实体项目包括楼地面工程、墙（柱）面工程、天棚工程、门窗工程、油漆涂料裱糊工程以及其他工程。

工程计量时每一项目汇总的有效位数应遵守下列规定：

① 以“t”为单位，应保留小数点后三位数字，第四位小数四舍五入。

② 以“m”“m^2”“m^3”“kg”为单位，应保留小数点后二位数字，第三位小数四舍五入。

③ 以“个”“件”“根”“组”“系统”等为单位，应取整数。

2. 措施项目清单

措施项目是指为完成工程项目施工，发生于该工程施工准备和施工过程中的技术、生活、安全、环境保护等方面的项目。措施项目清单必须根据相关工程现行国家计量规范的规定编制。

（1）列项要求。措施项目清单应根据拟建工程的实际情况列项。具体措施项目可按表 8-1 选择列项，若出现规范未列的项目，可根据工程实际情况补充。

单价措施项目中列出了项目编码、项目名称、项目特征、计量单位、工程量计算规则的项目，编制工程量清单时，应按清单计价规范中分部分项工程的规定执行。

总价措施项目中仅列出项目编码、项目名称，未列出项目特征、计量单位和工程量计算规则，编制工程量清单时，应按清单计价规范附录S措施项目中规定的项目编码、项目名称确定。

表 8-1 房屋建筑与装饰工程措施项目一览表

序号	项目名称
1	脚手架工程
2	混凝土模板及支架
3	垂直运输
4	超高施工增加
5	大型机械设备进出场及安拆
6	施工排水、降水
7	安全文明施工及其他措施项目（包括安全文明施工、夜间施工、非夜间施工照明、二次搬运、冬雨季施工、地上地下设施建筑物的临时保护设施、已完工程及设备保护）

（2）计价方式。措施项目清单的计价方式有两种情况。一般来说，非实体性项目费用的发生和金额的大小与使用时间、施工方法或者两个以上工序相关，与实际完成的实体工程量的多少关系不大，如大中型施工机械进、出场及安、拆费，文明施工和安全防护、临时设施等措施项目，可以以“项”为计量单位进行编制。另外，有的非实体性项目，如脚手架工程，与完成的工程实体具有直接关系，且可以精确计量，可以采用分部分项工程量清单的方式，并用综合单价计价更有利于合同管理。

（3）编制依据。编制依据主要有拟建工程的施工组织设计；拟建工程的施工技术方案；与拟建工程相关的工程施工规范和工程验收规范；招标文件；设计文件。

3. 其他项目清单

其他项目清单按暂列金额、暂估价、计日工、总承包服务费列项。工程建设标准的高低、工程的复杂程度、工程的工期长短、工程的组成内容等直接影响其他项目清单中的具体内容。其他项目清单的内容可根据工程实际情况补充。

（1）暂列金额。暂列金额是招标人在工程量清单中暂定并包括在合同价款中的一笔款项。用于工程合同签订时尚未确定或者不可预见的所需材料、工程设备、服务的采购，施工中可能发生的工程变更、合同约定调整因素出现时的合同价款调整以及发生的索赔、现场签证确认等的费用。

不管采用何种合同形式，理想的标准是，一份建设工程施工合同的价格就是其最终的竣工结算价格，或者至少两者应尽可能接近，按有关部门的规定，经项目审批部门批复的设计概算是工程投资控制的刚性指标，即使是商业性开发项目也有成本的预先控制问题，否则，无法相对准确预测投资的收益和科学合理地进行投资控制。而工程建设自身的规律决定，设计需要根据工程进展不断地进行优化和调整，发包方的需求可能会随工程建设进展出现变化，工程建设过程还存在其他诸多不确定性因素。消化这些因素必然会影响合同价格的调整，暂列金额正是因应这类不可避免的价格调整而设立，以便合理确定工程造价的控制目标。设立暂列金额并不能保证合同结算价格就不会再出现超过合同价格的情况，是否超出合同价格完全取决于工程量清单编制人对暂列金额预测的准确性，以及工程建设过程是否出现了其他事先未预测到事件。

（2）暂估价。暂估价是招标人在工程量清单中提供的用于支付必然发生但暂时不能确定价格的材料、工程设备的单价以及专业工程的金额。其类似于 FIDIC 合同条款中的 Prime Cost Items，在招标阶段预见肯定要发生，只是因为标准不明确或者需要由专业承包方完成，暂时无法确定其价格或金额。

暂估价包括材料暂估单价、工程设备暂估单价、专业工程暂估价。暂估价中的材料、工程设备暂估单价应根据工程造价信息或参照市场价格估算，列出明细表；专业工程暂估价应分不同专业，按有关计价规定估算，列出明细表。

（3）计日工。计日工是为了解决现场发生的零星工作的计价而设立的。计日工是指在施工过程中，完成发包方提出的工程合同范围以外的零星项目或工作，按合同中约定的单价计价的一种方式。计日工以完成零星工作所消耗的人工工时、材料数量、机械台班进行计量，并按照计日工表中填报的适用项目的单价进行计价支付。计日工适用的所谓零星工作一般是指合同约定之外的或者因变更而产生的、工程量清单中没有相应项目的额外工作，尤其是那些时间不允许事先商定价格的额外工作。

为了获得合理的计日工单价，计日工表中一定要给出暂定数量，并且需要根据经验，尽可能估算一个比较贴近实际的数量。

（4）总承包服务费。总承包服务费是指总承包方为配合协调发包方进行的专业工程发包，对发包方自行采购的材料、工程设备等进行保管以及施工现场管理、竣工资料汇总整理等服务所需的费用。招标人应当预计该项费用并按投标人的投标报价向投标人支付该项费用。

4. 规费项目清单

规费是指根据国家法律、法规规定，由省级政府或省级有关权力部门规定施工企业必须缴纳的，应计入建筑安装工程造价的费用。规费项目清单应按照下列内容列项：

（1）社会保障费：包括养老保险费、失业保险费、医疗保险费、工伤保险费、生育保险费。

（2）住房公积金。

（3）工程排污费。

如出现以上内容未列的项目，应根据省级政府或省级有关部门的规定列项。

5. 税金项目清单

税金是指国家税法规定的应计入建筑安装工程造价内的营业税、城市维护建设税、教育费附加和地方教育附加。税金项目清单应包括下列内容：

（1）营业税。

（2）城市维护建设税。

（3）教育费附加。

（4）地方教育附加。

如出现以上内容未列项目，应根据税务部门的规定列项。

五、工程量清单的格式

1. 工程量清单封面

招标工程量清单封面如图 8–2 所示。

招标工程量清单扉页如图 8–3 所示。

2. 分部分项工程量清单

分部分项工程量和单价措施项目清单见表 8–2。

表 8–2　分部分项工程和单价措施项目清单

专业工程名称：　　　　　　　　　　　　　　　　　　第　页　共　页

序号	项目编码	项目名称	项目特征描述	计量单位	工程量

____________________ 工程

招标工程量清单

招标人：________________

（单位盖章）

造价咨询人：________________

（单位盖章）

年　月　日

图 8–2　招标工程量清单封面

____________________ 工程

招标工程量清单

招标人：__________　　**造价咨询人：__________**
（单位盖章）　　（单位资质专用章）

法定代表人　　**法定代表人**
或其授权人：________　　**或其授权人：________**
（单位盖章）　　（单位盖章）

编制人：__________　　**复刻人：__________**
（造价人员签字盖专用章）　　（造价工程师签字盖专用章）

编制时间：　年　月　日　　复核时间：　年　月　日

图 8–3　招标工程量清单扉页

3. 措施项目清单

总价措施项目清单见表 8–3。

表 8–3　总价措施项目清单

专业工程名称：　　　　　　　　　　　　　　　　　　　　第　　页 共　　页

序号	项目编码	项目名称	计算基础	计量单位
		安全文明施工费		
		夜间施工增加费		
		二次搬运费		
		冬雨季施工增加费		
		已完工程及设备保护费		

编制人（造价人员）：　　　　　　　　　　　　复核人（造价工程师）：

注：“计算基础”中安全文明施工费可为“定额基价”“定额人工费”或“定额人工费 + 定额机械费”，其他项目可为“定额人工费”或“定额人工费 + 定额机械费”。

4. 其他项目清单

其他项目清单与计价汇总表见表 8–4。

表 8–4　其他项目清单与计价汇总表

工程名称：　　　　　　　　　　　标段：　　　　　　　　　　　第　　页 共　　页

序号	项目名称	金额（元）	结算金额（元）	备注
1	暂列金额			
2	暂估价			
2.1	材料（工程设备）暂估价	—		
2.2	专业工程暂估价			
3	计日工			
4	总承包服务费			
5	索赔与现场签证	—		
合　计				—

注：材料（工程设备）暂估单价进入清单项目综合单价，此处不汇总。

5. 暂列金额项目表

暂列金额明细表见表 8–5。

表 8–5　暂列金额明细表

工程名称　　　　　　　　　　　　标段：　　　　　　　　　　　第　　页 共　　页

序号	项目名称	计量单位	暂列金额（元）	备注
合 计				

注：此表由招标人填写，如不能详列，也可只列暂定金额总额，投标人应将上述暂列金额计入投标总价中。

6. 材料（工程设备）暂估单价表

材料（工程设备）暂估单价及调整见表 8–6。

表 8–6　材料（工程设备）暂估单价及调整表

工程项目名称：　　　　　　　　　　　　　标段：　　　　　　　　　　　第　　页 共　　页

序号	材料（工程设备）名称、规格、型号	计量单位	数量		暂估（元）		确认（元）		差额 ±（元）		备注
			暂估	确认	单价	合价	单价	合价	单价	合价	

注：此表“暂估金额”由招标人填写，投标人应将“暂估金额”计入投标总价中。结算时按合同约定结算金额填写。

7. 专业工程暂估价及结算价表

专业工程暂估价及结算价表见表 8–7。

表 8–7　专业工程暂估价及结算价表

工程名称：　　　　　　　　　　　　　标段：　　　　　　　　　　　第　　页 共　　页

序号	工程名称	工程内容	暂估金额（元）	结算金额（元）	差额 ±（元）	备注
合计						

注：此表“暂估金额”由招标人填写，投标人应将“暂估金额”计入投标总价中。结算时按合同约定结算金额填写。

8. 计日工表

计日工表见表 8–8。

表 8–8 计日工表

工程项目名称： 标段： 第 页 共 页

编号	项目名称	单位	暂定数量	实际数量	综合单价（元）	合价（元）	
						暂定	实际
一	人工						
1							
2							
3							
4							
……							
二	材料						
1							
2							
3							
4							
……							
三	施工机械						
1							
2							
3							
4							
……							
四、企业管理费和利润							
总 计							

注：此表项目名称、暂定数量由招标人填写，编制招标控制价时，单价由招标人按有关计价规定确定；投标时，单价由投标人自主报价，按暂定数量计算合价计入投标总价中。结算时，按发承包双方确认的实际数量计算合价。

9. 总承包服务费计价表

总承包服务费计价表见表 8–9。

表 8-9　总承包服务费计价表

工程名称：　　　　　　　　　　　　　　　　标段：　　　　　　　　　　　　　　　第　　页 共　　页

序号	项目名称	项目价值（元）	服务内容	计算基础	费率（%）	金额（元）
1	发包方发包专业工程					
2	发包方提供材料					
…						
	合计	—	—		—	

注：此表项目名称、服务内容由招标人填写，编制招标控制价时，费率及金额由招标人按有关计价规定确定；投标时，费率及金额由投标人自主报价，计入投标总价中。

10. 规费、税金项目清单

规费、税金项目清单见表 8-10。

表 8-10　规费、税金项目清单

工程名称：　　　　　　　　　　　　　　　　标段：　　　　　　　　　　　　　　　第　　页 共　　页

序号	项目名称	计算基础	计算基数	计算费率（%）	金额（元）
1	规费	定额人工费			
1.1	社会保障费	定额人工费			
（1）	养老保险费	定额人工费			
（2）	失业保险费	定额人工费			
（3）	医疗保险费	定额人工费			
（4）	工伤保险	定额人工费			
（5）	生育保险	定额人工费			
1.2	住房公积金	定额人工费			
1.3	工程排污费	按工程所在地环境保护部门收取标准，按实计入			
2	税金	分部分项工程费 + 措施项目费 + 其他项目费 + 规费 − 按规定不计税的工程设备金额			
合　计					

编制人（造价人员）：　　　　　　　　　　　　　　　　复核人（造价工程师）：

第二节　工程量清单编制实例

工程量清单编制实例如图 8-4 和图 8-5 所示、见表 8-11 至表 8-18。

××文化中心办公楼装饰 工程

招标工程量清单

招标人： ××公司

（单位盖章）

造价咨询人： ××造价咨询公司

（单位盖章）

××××年××月××日

图 8-4　招标工程量清单封面

××文化中心办公楼装饰 工程

招标工程量清单

招标人： ×××

（单位盖章）

造价咨询人： ×××

（单位资质专用章）

法定代表人
或其授权人： ×××

（单位盖章）

法定代表人
或其授权人： ×××

（单位盖章）

编制人： ×××

（造价人员签字盖专用章）

复核人： ×××

（造价工程师签字盖专用章）

编制时间：××××年××月××日　　复核时间：××××年××月××日

图 8-5　招标工程量清单扉页

总说明

工程名称：××文化中心办公楼装饰工程　　　　　　　　　　第 1 页 共 1 页

1．编制依据：

……

2．投标报价时应注意的问题：

（1）本工程量清单的工程量均按照工程实体尺寸的净量计算，投标人应在综合单价中考虑施工方法和甲供余量部分的工程造价。

（2）施工单位在报价时应将全部设计施工措施的费用考虑到报价中。

……

3．报价说明：

（1）图纸表示为成品实际效果，图纸给出内部结构中深化设计度不够部分由施工方按照施工设计说明、防火设计专篇、节点详图及相关国家规范工并包含在报价中。

（2）家具、洁具、灯具不包含在本次招标范围内。

……

图 8-6　总说明

表 8-11　分部分项工程和单价措施项目清单

分部分项工程和单价措施项目清单

工程名称：×× 文化中心办公楼装饰工程　　　　标段：　　　　第 1 页 共 5 页

序号	项目编码	项目名称	项目特征描述	计量单位	工程量	金额（元）		
						综合单价	合价	其中 暂估价
一、楼地面工程								
1	011104001001	满铺化纤地毯	1. 1:3 水泥砂浆找平层 20mm 厚 2. 满铺化纤地毯	m^2	419.74			
2	011102001001	米黄色石材地面	1. 1:3 干硬性水泥砂浆结合层 30mm 厚 2. 表面撒水泥粉 3. 800×800 米黄色石材铺面 4. 灌稀水泥浆嵌缝	m^2	297.75			
3	011102001002	咖色大理石地面	1. 1:3 水泥砂浆结合层 2. 500×500 咖色大理石铺面	m^2	111.03			
4	011102003001	黑晶玻化砖地面	1. 1:3 水泥砂浆结合层 2. 800×800 黑晶玻化砖地面	m^2	32.19			
5	011102003002	仿古文化砖地面	1. 1:3 水泥砂浆结合层 2. 400×400 仿古文化砖地面	m^2	162.76			
6	011101001001	水泥砂浆楼地面	1. M20 干拌砂浆 2. 20 厚水泥砂浆地面 3. 带水泥砂浆踢脚线	m^2	102.8			
7	011104002001	复合木地板地面	1. XY401 胶粘结 2. 长条形复合木地板面层	m^2	192.2			
8	011102003003	瓷砖地面	1. 1:3 水泥砂浆结合层 2. 500×500 瓷砖地面	m^2	234.0			
本页小计								
合计								

注：为计取规费等的使用，可在表中增设“其中：定额人工费”。

分部分项工程和单价措施项目清单

工程名称：×× 文化中心办公楼装饰工程　　　　标段：　　　　第 2 页 共 5 页

序号	项目编码	项目名称	项目特征描述	计量单位	工程量	金额（元）		
						综合单价	合价	其中 暂估价
9	011102001003	石材过门石	1. 1:3 水泥砂浆结合层 2. 黑金砂石材过门石	m^2	12.66			
10	011105003001	瓷砖踢脚线	1. 1:3 水泥砂浆结合层 2. 10mm 陶瓷地砖踢脚线	m^2	6.04			
11	011105006001	不锈钢踢脚线	1. 903 胶粘结 2. 10mm 高不锈钢踢脚线	m^2	4.6			
12	011105005001	木踢脚线	1. 直线型榉木实木踢脚线 2. 踢脚线高 10mm	m^2	17.5			
13	011106001001	花岗岩楼梯	1. 1:3 水泥砂浆结合层 2. 黄金麻花岗岩楼梯面层	m^2	123.72			
14	011503001001	不锈钢竖条栏杆	1. 不锈钢管 D32×1.5 2. 直线型竖条幕墙栏杆	m	32.1			
15	011503001002	不锈钢栏板	1. D50 不锈钢圆管 2. 10mm 厚钢化玻璃半玻栏板	m	25.8			
二、墙、柱面工程								
16	011406001001	白色乳胶漆墙面	1. 刮腻子 2 遍 2. 封闭底涂料一道 3. 乳液内墙涂料一道 4. 罩光乳胶漆一道	m^2	564.27			
17	011204003001	瓷砖墙面	1. 1:3 水泥砂浆一道 2. 1:3 水泥砂浆结合层 3. 450×450 瓷砖墙面	m^2	196.2			
本页小计								
合计								

注：为计取规费等的使用，可在表中增设“其中：定额人工费”。

分部分项工程和单价措施项目清单

工程名称：×× 文化中心办公楼装饰工程　　　　标段：　　　　第 3 页 共 5 页

序号	项目编码	项目名称	项目特征描述	计量单位	工程量	金额（元）		
						综合单价	合价	其中 暂估价
18	011207001001	石膏板墙面	1. 轻钢龙骨 2. 钉玻璃棉毡隔离层 3. 石膏板基层	m^2	50.43			
19	011207001002	细木工板墙面	1. 木龙骨 2. 细木工板基层 3. 防火涂料 2 遍	m^2	4.72			
20	011207002001	壁纸墙面	1. 刮腻子 2 遍 2. 刷壁纸基膜 3. 贴对花壁纸	m^2	89.5			
21	011408001001	装饰软包墙面	1. 粘贴人造革面层 2. 钉木压条	m^2	20.33			
22	011406001002	浅灰色乳胶漆	1. 刮腻子 2. 浅灰色乳胶漆三遍	m^2	172.91			
		三、天棚工程						
23	011302001001	轻钢龙骨石膏板吊顶	1. C35-50 轻钢龙骨 2. 9.5 厚纸面石膏板	m^2	285.72			
24	011406001003	白色乳胶漆顶棚	1. 刮腻子 2 遍 2. 封闭底涂料一道 3. 乳液内墙涂料一道 4. 罩光乳胶漆一道	m^2	285.72			
25	011302001002	铝板天棚吊顶	1. 装配式 T 型铝合金天棚龙骨（不上人型） 2. 600×600 铝板面层	m^2	185.32			
26	011302001003	铝板天棚吊顶	1. 装配式 T 型铝合金天棚龙骨（不上人型） 2.450×450 铝板面层	m^2	89.35			
		本页小计						
		合计						

注：为计取规费等的使用，可在表中增设“其中：定额人工费”。

分部分项工程和单价措施项目清单

工程名称：×× 文化中心办公楼装饰工程　　　　标段：　　　　第 4 页 共 5 页

序号	项目编码	项目名称	项目特征描述	计量单位	工程量	金额（元）		
						综合单价	合价	其中 暂估价
27	011304002001	铝合金送风口	200×200	个	48			
28	011304002002	铝合金回风口	1200×200	个	16			
29	011304002003	铝合金送风口	1500×200	个	48			
30	011304002004	铝合金回风口	900×400	个	24			
四、门窗工程								
31	010810002001	硬木板窗帘盒	1．膨胀螺栓连接 2．硬木锯材窗帘盒 200mm 高	m	62.4			
32	010809004001	灰色人造石窗台板	1．1:2.5 水泥砂浆结合层 2.25mm 厚灰色人造石窗台板	m^2	47.12			
33	010801001001	实木镶板门制作安装	1．M1:900×2100	m^2	58.12			
34	010801001002	装饰门制作安装	2．M2:2100×2100	m^2	8.82			
35	010801006001	压把锁安装	1．压把锁	个	21			
36	010808001001	木门套	1．聚醋酸乙烯乳液粘结 2．松木锯材门套	m^2	10.71			
五、其他工程								
37	011502002001	木装饰线	1．80×20 木质装饰线 2．铁钉钉接	m	13.41			
38	011502002002	木装饰线	1．100×12 木质装饰线 2．铁钉钉接	m	16.6			
39	011502002003	木装饰线	1．150×15 木质装饰线 2．铁钉钉接	m	5.5			
本页小计								
合　计								

注：为计取规费等的使用，可在表中增设“其中：定额人工费”。

分部分项工程和单价措施项目清单

工程名称：×× 文化中心办公楼装饰工程　　标段：　　第 5 页 共 5 页

序号	项目编码	项目名称	项目特征描述	计量单位	工程量	金额（元）		
						综合单价	合价	其中：暂估价
六、脚手架工程								
40	011701003001	里脚手架	墙面高 3.5m	m^2	826.68			
41	011701006001	满堂脚手架	室内净高 3.6m	m^2	320.16			
42	011707007001	已完工程、设备保护费	已完楼梯保护：麻袋遮盖	m^2	123.72			
本页小计								
合　计								

注：为计取规费等的使用，可在表中增设“其中：定额人工费”。

表 8–12　总价措施项目清单与计价表

总价措施项目清单与计价表

工程名称：×× 文化中心办公楼装饰工程　　标段：　　第 1 页 共 1 页

序号	项目编码	项目名称	计算基础	费率（%）	金额（元）	调整费率（%）	调整后金额（元）	备注
1	011707001001	安全文明施工费						
合　计								

注：1.“计算基础”中安全文明施工费可为“定额基价”“定额人工费”或“定额人工费 + 定额机械费”，其他项目可为“定额人工费”或“定额人工费 + 定额机械费”。

2. 按施工方案计算的措施费，若无“计算基础”和“费率”的数值，也可只填“金额”数值，但应在备注栏说明施工方案出处或计算方法。

表 8–13　其他项目清单与计价汇总表

其他项目清单与计价汇总表

工程名称：× × 文化中心办公楼装饰工程　　标段：　　第 1 页 共 1 页

序号	项目名称	金额（元）	结算金额（元）	备注
1	暂列金额	50000		
2	暂估价	55800		
2.1	材料（工程设备）暂估价 / 结算价	—		
2.2	专业工程暂估价 / 结算价	55800		
3	计日工			
4	总承包服务费			
5	索赔与现场签证	—		
合　计				

注：材料（工程设备）暂估单价进入清单项目综合单价，此处不汇总。

表 8–14　暂列金额明细表

暂列金额明细表

工程名称：× × 文化中心办公楼装饰工程　　标段：　　第 1 页 共 1 页

序号	项目名称	计量单位	暂定金额（元）	备注
1	工程量清单中工程量偏差和设计变更	项	20000	
2	政策性调整和材料价格风险	项	20000	
3	其他	项	10000	
4				
5				
6				
7				
8				
9				
10				
11				
合　计			50000	—

注：此表由招标人填写，如不能详列，也可只列暂定金额总额，投标人应将上述暂列金额计入投标总价中。

表 8-15　材料（工程设备）暂估单价及调整表

材料（工程设备）暂估单价及调整表

工程名称：×× 文化中心办公楼装饰工程　　　　标段：　　　　第 1 页 共 1 页

序号	材料（工程设备）名称、规格、型号	计量单位	数量		暂估（元）		确认（元）		差额 ±（元）		备注
			暂估	确认	单价	合价	单价	合价	单价	合价	
1	咖色大理石 500×500	m^2	114		400	45600					用于展厅地面
合计						45600					

注：此表由招标人填写“暂估单价”，并在备注栏说明暂估价的材料、工程设备拟用在哪些清单项目上，投标人应将上述材料、工程设备暂估单价计入工程量清单综合单价报价中。

表 8-16　专业工程暂估价及结算价表

专业工程暂估价及结算价表

工程名称：×× 文化中心办公楼装饰工程　　　　标段：　　　　第 1 页 共 1 页

序号	工程名称	工程内容	暂估金额（元）	结算金额（元）	差额 ±（元）	备注
1	仿青铜雕塑	生态起源仿青铜雕塑一座	50000			
2	专业特制防盗门	特制防盗门制作安装	5800			
合计			55800			

注：此表“暂估金额”由招标人填写，投标人应将“暂估金额”计入投标总价中。结算时按合同约定结算金额填写。

表 8–17　计日工表

计日工表

工程名称：× × 文化中心办公楼装饰工程　　　　　　　　标段：　　　　　　　　第 1 页 共 1 页

编号	项目名称	单位	暂定数量	实际数量	综合单价（元）	合价（元）	
						暂定	实际
一	人工						
1	普通工	工日	5				
2	木工	工日	2				
3	瓦工	工日	5				
4							
人工小计							
二	材料						
1	水泥 42.5	t	0.5				
2	砂子	t	1				
3	乳胶漆	kg	40				
4							
材料小计							
三	施工机械						
1							
2							
3							
4							
施工机械小计							
总　计							

注：此表项目名称、暂定数量由招标人填写，编制招标控制价时，单价由招标人按有关计价规定确定；投标时，单价由投标人自主报价，按暂定数量计算合价计入投标总价中。结算时，按发承包双方确认的实际数量计算合价。

表 8-18　规费、税金项目清单

规费、税金项目清单

工程名称：× × 文化中心办公楼装饰工程　　标段：　　第 1 页 共 1 页

序号	项目名称	计算基础	计算基数	计算费率（%）	金额（元）
1	规费	定额人工费			
1.1	社会保障费	定额人工费			
（1）	养老保险费	定额人工费			
（2）	失业保险费	定额人工费			
（3）	医疗保险费	定额人工费			
（4）	工伤保险	定额人工费			
（5）	生育保险	定额人工费			
1.2	住房公积金	定额人工费			
1.3	工程排污费	按工程所在地环境保护部门收取标准，按实计入			
2	税金	分部分项工程费 + 措施项目费 + 其他项目费 + 规费 – 按规定不计税的工程设备金额			
合　计					

编制人（造价人员）：　　复核人（造价工程师）：

复习思考题

1. 采用工程量清单方式招标，工程量清单的准确性和完整性由谁负责？
2. 工程量清单项目编码如何构成？
3. 工程量清单项目特征描述的重要意义是什么？
4. 工程量清单的格式是什么？
5. 措施项目如何列项？

第九章

工程量清单投标报价的编制

学习目标

通过本章学习，了解工程量清单计价的适用范围和作用；熟悉工程量清单投标报价文件的内容和格式；掌握工程量清单投标报价的编制依据，以及编制方法和步骤。

工程量清单投标报价是建设工程招投标工作中，由招标人按照国家统一的工程量计算规则提供工程数量，由投标人自主报价，并按照经评审低价中标的工程造价计价模式。

第一节 工程量清单投标报价的编制方法

按《建设工程工程量清单计价规范》（GB50500—2013）的规定，投标报价由投标人自主确定，但不得低于成本。投标报价应由投标人或受其委托具有相应资质的工程造价咨询人编制。

投标人应按招标人提供的工程量清单填报价格。填写的项目编码、项目名称、项目特征、计量单位、工程量必须与招标人提供的一致。

一、工程量清单计价的适用范围

《建设工程工程量清单计价规范》适用于建设工程发承包及其实施阶段的计价活动。使用国有资金投资的建设工程发承包，必须采用工程量清单计价；非国有资金投资的建设工程，宜采用工程量清单计价；不采用工程量清单计价的建设工程，应执行计价规范中除工程量清单等专门性规定外的其他规定。

国有投资的资金包括国家融资资金、国有资金为主的投资资金。

1. 国有资金投资的工程建设项目

国有资金投资的工程建设项目包括：

（1）使用各级财政预算资金的项目。

（2）使用纳入财政管理的各种政府性专项建设资金的项目。

（3）使用国有企事业单位自有资金，并且国有资金投资者实际拥有控制权的项目。

2. 国家融资资金投资的工程建设项目

国家融资资金投资的工程建设项目包括：

（1）使用国家发行债券所筹资金的项目。

（2）使用国家对外借款或者担保所筹资金的项目。

（3）使用国家政策性贷款的项目。

（4）国家授权投资主体融资的项目。

（5）国家特许的融资项目。

3. 国有资金为主的工程建设项目

国有资金（含国家融资资金）为主的工程建设项目是指国有资金占投资总额 50% 以上，或虽不足 50% 但国有投资者实质上拥有控股权的工程建设项目。

二、工程量清单计价的作用

1. 提供一个平等的竞争条件

采用施工图预算来投标报价，由于设计图纸的缺陷，不同施工企业的人员理解不一，计算出的工程量也不同，报价就更相去甚远，也容易产生纠纷。而工程量清单报价就为投标者提供了一个平等竞争的条件，相同的工程量，由企业根据自身的实力来填不同的单价。投标人的这种自主报价，使得企业的优势体现到投标报价中，可在一定程度上规范建筑市场秩序，确保工程质量。

2. 满足市场经济条件下竞争的需要

招投标过程就是竞争的过程，招标人提供工程量清单，投标人根据自身情况确定综合单价，利用单价与工程量逐项计算每个项目的合价，再分别填入工程量清单表内，计算出投标总价。单价成了决定性的因素，定高了不能中标，定低了又要承担过大的风险。单价的高低直接取决于企业管理水平和技术水平的高低，这种局面促成了企业整体实力的竞争，有利于我国建设市场的快速发展。

3. 有利于提高工程计价效率

采用工程量清单计价方式,避免了传统计价方式下招标人与投标人在工程量计算上的重复工作，各投标人以招标人提供的工程量清单为统一平台，结合自身的管理水平和施工方案进行报价，促进了各投标人企业定额的完善和工程造价信息的积累和整理,体现了现代工程建设中快速报价的要求。

4. 有利于工程款的拨付和工程造价的最终结算

中标后，业主要与中标单位签订施工合同，中标价就是确定合同价的基础，投标清单上的单价就成了拨付工程款的依据。业主根据施工企业完成的工程量，可以很容易地确定进度款的拨付额。工程竣工后，根据设计变更、工程量增减等，业主也很容易确定工程的最终造价，可在某种程度上减少业主与施工单位之间的纠纷。

5. 有利于业主对投资的控制

采用现在的施工图预算形式,业主对因设计变更、工程量的增减所引起的工程造价变化不敏感，往往等到竣工结算时才知道这些变更对项目投资的影响有多大，但此时常常是为时已晚。而采用工程量清单报价的方式则可对投资变化一目了然，在要进行设计变更时，能马上知道它对工程造价的影响，业主就能根据投资情况来决定是否变更或进行方案比较，以决定最恰当的处理方法。

三、工程量清单投标报价文件的内容

投标报价文件的主要内容是工程量清单计价，工程量清单计价应按《建设工程工程量清单计价规范》（GB50500—2013）和招标文件要求采用统一的格式。具体内容如下。

1. 投标总价封面

投标总价封面和投标总价扉页如图 9-1 和图 9-2 所示。

2. 总说明

总说明如图 9-3 所示。

____________________工程

投标总价

投标人：____________________

（单位盖章）

年 月 日

图 9–1 投标总价封面

投标总价

招标人：____________________

工程名称：____________________

投标总价（小写）：____________

（大写）：____________

投标人：____________________

（单位盖章）

法定代表人

或其授权人：____________________

（签字或盖章）

编制人：____________________

（造价人员签字盖专用章）

年 月 日

图 9–2 投标总价扉页

总说明

工程名称：	第　页共　页

图 9–3　总说明

3. 工程项目投标报价汇总表

工程项目投标报价汇总表见表 9–1。

本表适用于工程项目招标控制价或投标报价的汇总。

表 9–1　工程项目投标报价汇总表

工程项目投标报价汇总表

工程名称：　　　　　　　　　　　　　　　　　　　　　　　　第　　页 共　　页

序号	单项工程名称	金额（元）	其中：（元）		
			暂估价	安全文明施工费	规费
合计					

4. **单项工程投标报价汇总表**

单项工程投标报价汇总表见表 9–2。本表适用于单项工程招标控制价或投标报价的汇总。暂估价包括分部分项工程中的暂估价和专业工程暂估价。

表 9–2　单项工程投标报价汇总表

单项工程投标报价汇总表

工程名称：　　　　　　　　　　　　　　　　　　　　　　　　第　　页 共　　页

序号	单位工程名称	金额（元）	其中：（元）		
			暂估价	安全文明施工费	规费
合计					

5. **单位工程投标报价汇总表**

单位工程投标报价汇总表见表 9–3。本表适用于单位工程招标控制价或投标报价的汇总，如无单位工程划分，单项工程也使用本表汇总。

表 9–3　单位工程投标报价汇总表

单位工程投标报价汇总表

工程名称：　　　　　　　　　　　　　　　标段：　　　　　　　　　　　　　第　　页 共　　页

序号	汇总内容	金额（元）	其中：暂估价（元）
1	分部分项工程		
1.1			
1.2			
1.3			
1.4			
1.5			
2	措施项目		
2.1	其中：安全文明施工费		
3	其他项目		
3.1	其中：暂列金额		
3.2	其中：专业工程暂估价		
3.3	其中：计日工		
3.4	其中：总承包服务费		
4	规费		
5	税金		
招标控制价（投标报价）合计 =1+2+3+4+5			

6. 分部分项工程和单价措施项目清单与计价表

分部分项工程和单价措施项目清单与计价表见表 9–4。为计取规费等的使用，可在表中增设“其中：定额人工费”。

表 9–4　分部分项工程和单价措施项目清单与计价表

分部分项工程和单价措施项目清单与计价表

工程名称：　　　　　　　　　　　　　　　标段：　　　　　　　　　　　　　第　　页 共　　页

序号	项目编码	项目名称	项目特征描述	计量单位	工程量	金额（元）		
						综合单价	合价	其中 暂估价
1								
2								
3								
……								

7. 综合单价分析表

综合单价分析表见表 9–5。如不使用省级或行业建设主管部门发布的计价依据，可不填定额项目、编号等。招标文件提供了暂估单价的材料，按暂估的单价填入表内“暂估单价”栏及“暂估合价”栏。

表 9–5 综合单价分析表

综合单价分析表

工程名称： 标段： 第 页 共 页

<table>
<tr><td colspan="2">项目编码</td><td colspan="2"></td><td>项目名称</td><td colspan="2"></td><td>计量单位</td><td colspan="2"></td><td>工程量</td><td></td></tr>
<tr><td colspan="12">清单综合单价组成明细</td></tr>
<tr><td rowspan="2">定额编号</td><td rowspan="2">定额名称</td><td rowspan="2">定额单位</td><td rowspan="2">数量</td><td colspan="4">单 价（元）</td><td colspan="4">合 价（元）</td></tr>
<tr><td>人工费</td><td>材料费</td><td>机械费</td><td>管理费和利润</td><td>人工费</td><td>材料费</td><td>机械费</td><td>管理费和利润</td></tr>
<tr><td></td><td></td><td></td><td></td><td></td><td></td><td></td><td></td><td></td><td></td><td></td><td></td></tr>
<tr><td></td><td></td><td></td><td></td><td></td><td></td><td></td><td></td><td></td><td></td><td></td><td></td></tr>
<tr><td></td><td></td><td></td><td></td><td></td><td></td><td></td><td></td><td></td><td></td><td></td><td></td></tr>
<tr><td></td><td></td><td></td><td></td><td></td><td></td><td></td><td></td><td></td><td></td><td></td><td></td></tr>
<tr><td colspan="2">人工单价</td><td colspan="6">小 计</td><td></td><td></td><td></td><td></td></tr>
<tr><td colspan="2">元 / 工日</td><td colspan="6">未计价材料费</td><td colspan="4"></td></tr>
<tr><td colspan="8">清单项目综合单价</td><td colspan="4"></td></tr>
<tr><td rowspan="7">材料费明细</td><td colspan="4">主要材料名称、规格、型号</td><td>单位</td><td colspan="2">数量</td><td>单价（元）</td><td>合价（元）</td><td>暂估单价（元）</td><td>暂估合价（元）</td></tr>
<tr><td colspan="4"></td><td></td><td colspan="2"></td><td></td><td></td><td></td><td></td></tr>
<tr><td colspan="4"></td><td></td><td colspan="2"></td><td></td><td></td><td></td><td></td></tr>
<tr><td colspan="4"></td><td></td><td colspan="2"></td><td></td><td></td><td></td><td></td></tr>
<tr><td colspan="4"></td><td></td><td colspan="2"></td><td></td><td></td><td></td><td></td></tr>
<tr><td colspan="7">其他材料费</td><td>—</td><td></td><td>—</td><td></td></tr>
<tr><td colspan="7">材料费小计</td><td>—</td><td></td><td>—</td><td></td></tr>
</table>

8. 总价措施项目清单与计价表

总价措施项目清单与计价表见表 9–6。“计算基础”中安全文明施工费可为“定额基价”“定额人工费”或“定额人工费 + 定额机械费”，其他项目可为“定额人工费”或“定额人工费 + 定额机械费”。按施工方案计算的措施费，若无“计算基础”和“费率”的数值，也可只填“金额”数值，但应在备注栏说明施工方案出处或计算方法。

表 9–6　总价措施项目清单与计价表

总价措施项目清单与计价表

工程名称：　　　　　　　　　　　　　　标段：　　　　　　　　　　　　　　第　　页　共　　页

序号	项目编码	项目名称	计算基础	费率（%）	金额（元）	调整费率（%）	调整后金额（元）	备注
		安全文明施工费						
		夜间施工增加费						
		二次搬运费						
		冬雨季施工增加费						
		已完工程及设备保护费						
合计								

9. 其他项目清单与计价汇总表

其他项目清单与计价汇总表见表 9–7。材料（工程设备）暂估单价计入清单项目综合单价，此处不汇总。

表 9–7　其他项目清单与计价汇总表

其他项目清单与计价汇总表

工程名称：　　　　　　　　　　　　　　标段：　　　　　　　　　　　　　　第　　页　共　　页

序号	项目名称	金额（元）	结算金额（元）	备注
1	暂列金额			
2	暂估价			
2.1	材料（工程设备）暂估价 / 结算价	—		
2.2	专业工程暂估价 / 结算价			
3	计日工			
4	总承包服务费			
5	索赔与现场签证	—		
合　计				

10. 暂列金额明细表

暂列金额明细表见表 9–8。此表由招标人填写，如不能详列，也可只列暂定金额总额，投标人应将上述暂列金额计入投标总价中。

表 9–8 暂列金额明细表

暂列金额明细表

工程名称： 标段： 第 页 共 页

序号	项目名称	计量单位	暂定金额（元）	备注
1				
2				
3				
合 计				—

11. 材料（工程设备）暂估单价及调整表

材料（工程设备）暂估单价及调整表见表 9–9。此表由招标人填写“暂估单价”，并在备注栏说明暂估价的材料、工程设备拟用在哪些清单项目上，投标人应将上述材料、工程设备暂估单价计入工程量清单综合单价报价中。

表 9–9 材料（工程设备）暂估单价及调整表

材料（工程设备）暂估单价及调整表

工程名称： 标段： 第 页 共 页

序号	材料（工程设备）名称、规格、型号	计量单位	数量		暂估（元）		确认（元）		差额 ±（元）		备注
			暂估	确认	单价	合价	单价	合价	单价	合价	
1											
2											
3											
……											
合计											

12. 专业工程暂估价及结算价表

专业工程暂估价及结算价表见表 9–10。此表“暂估金额”由招标人填写，投标人应将“暂估金额”计入投标总价中。结算时按合同约定结算金额填写。

表 9-10　专业工程暂估价及结算价表

专业工程暂估价及结算价表

工程名称：　　　　　　　　　　　　　标段：　　　　　　　　　　　　　第　　页　共　　页

序号	工程名称	工程内容	暂估金额（元）	结算金额（元）	差额±（元）	备注
1						
2						
3						
……						
合计						

13. 计日工表

计日工表见表 9-11。此表项目名称、暂定数量由招标人填写，编制招标控制价时，单价由招标人按有关计价规定确定；投标时，单价由投标人自主报价，按暂定数量计算合价计入投标总价中。结算时，按发承包双方确认的实际数量计算合价。

表 9-11　计日工表

计日工表

工程名称：　　　　　　　　　　　　　标段：　　　　　　　　　　　　　第　　页　共　　页

编号	项目名称	单位	暂定数量	实际数量	综合单价（元）	合价（元）	
						暂定	实际
一	人工						
1							
2							
3							
4							
人工小计							
二	材料						
1							
2							
3							
4							
材料小计							
三	施工机械						
1							
2							
3							
4							
施工机械小计							
总计							

14. 总承包服务费计价表

总承包服务费计价表见表9–12。此表项目名称、服务内容由招标人填写，编制招标控制价时，费率及金额由招标人按有关计价规定确定；投标时，费率及金额由投标人自主报价，计入投标总价中。

表9–12　总承包服务费计价表

总承包服务费计价表

工程名称：　　　　　　　　　　　　　　　标段：　　　　　　　　　　　　　　　第　　页 共　　页

序号	项目名称	项目价值（元）	服务内容	计算基础	费率(%)	金额（元）
1	发包方发包专业工程					
2	发包方提供材料					
……						
	合计	—	—		—	

15. 规费、税金项目计价表

规费、税金项目计价表见表9–13。

表9–13　规费、税金项目计价表

规费、税金项目计价表

工程名称：　　　　　　　　　　　　　　　标段：　　　　　　　　　　　　　　　第　　页 共　　页

序号	项目名称	计算基础	计算基数	计算费率（%）	金额（元）
1	规费	定额人工费			
1.1	社会保障费	定额人工费			
（1）	养老保险费	定额人工费			
（2）	失业保险费	定额人工费			
（3）	医疗保险费	定额人工费			
（4）	工伤保险	定额人工费			
（5）	生育保险	定额人工费			
1.2	住房公积金	定额人工费			
1.3	工程排污费	按工程所在地环境保护部门收取标准，按实计入			
2	税金	分部分项工程费＋措施项目费＋其他项目费＋规费－按规定不计税的工程设备金额			
合计					

编制人（造价人员）：　　　　　　　　复核人（造价工程师）：

四、编制工程量清单投标报价的依据

（1）《建设工程工程量清单计价规范》（GB50500—2013）。
（2）国家或省级、行业建设主管部门颁发的计价办法。
（3）企业定额，国家或省级、行业建设主管部门颁发的计价定额。
（4）招标文件、工程量清单及其补充通知、答疑纪要。
（5）建设工程设计文件及相关资料。
（6）施工现场情况、工程特点及拟定的投标施工组织设计或施工方案。
（7）与建设项目相关的标准、规范等技术资料。
（8）市场价格信息或工程造价管理机构发布的工程造价信息。
（9）其他相关资料。

五、工程量清单投标报价文件的编制步骤

投标报价应由投标方依据招标文件中提供的施工图纸、规范和工程量清单的有关要求，结合施工现场实际情况及自行制定的施工方案或施工组织设计，按照企业定额、市场价格，也可以参照当地建设行政主管部门发布的现行消耗量定额以及工程造价管理机构发布的市场价格信息，自主报价。

投标报价的程序为：熟悉招标文件→计算、核算工程量→熟悉施工组织设计→材料的市场询价→详细估价及报价→确定投标报价策略→编制投标报价文件。

1. 熟悉招标文件

招标文件是编制投标报价文件的依据，投标报价文件的格式必须完全按照招标文件的要求进行。一般来讲，投标报价文件的内容要求有响应性、逻辑性和严谨性，其中响应性是对招标文件有关投标报价要求的实质回应，不能偏离。如果招标文件允许有偏差，则可以按照招标文件要求进行编制。

2. 计算、核算工程量

采用工程量清单计价进行招标的工程，工程量清单业已由招标方提供。投标单位进行工程量计算主要有两部分内容：一是核算工程量清单所提供清单项目工程量是否准确；二是计算每一个清单主体项目所组合的辅助项目工程量，以便分析综合单价。

3. 熟悉施工组织设计

施工组织设计或施工方案不仅关系到工期，而且对工程成本和报价也有密切关系。在编制施工方案时应牢牢抓住工程特点，施工方法要有针对性，同时又能降低成本。既要采用先进的施工方法，合理安排工期，又要充分有效地利用机械设备和劳动力，尽可能减少临时设施和资金的占用。

4. 材料的市场询价

由于装饰工程材料在工程造价中的比例常常占60%以上，对报价影响很大，因而必须对该工作有高度的重视。如果甲方采用可调价合同，甲方承诺在日后材料价格上涨时给予相应的补偿，乙方则可按当时、当地询到的最低价格报价；如果甲方采用不可调价的合同，那么乙方在报价时则应考虑分析近年材料价格的变化趋势，考虑物价上涨因素以备通胀带来的不测，而不能简单地

根据眼前的市场材料价格报价。

5. 详细估价及报价

详细估价和报价是投标的核心工作，它不仅是能否中标的关键，而且是中标后能否盈利的决定因素之一。工程量清单计价一般采用综合单价计价，工料单价也可在不汇总为直接工程费用之前转计为综合单价。综合单价由完成工程量清单项目所需的人工费、材料费、机械使用费、管理费、利润等费用组成，综合单价应考虑风险因素。

6. 确定投标报价策略

投标策略是指投标人召集各专业造价师及本公司最终决策者就上述标书的计算结果和标价的静态、动态分析进行讨论，并做出调整标价的最终决定。在确定投标策略时应该对本公司和竞争对手的情况做实事求是的对比分析。决策者应从全局的高度来考虑公司期望的利润和承担风险的能力。既要考虑能最大限度的中标可能，也要考虑低价投标被综合打分排挤出局的可能。这是一个必须要做的决策，也是一个两难的非常规决策。

7. 编制投标报价文件

投标人应严格按照招标人提供的工程量清单格式编制投标报价，将分部分项工程项目费、措施项目费、其他项目费和规费、税金汇总，计算出工程总造价。投标人未按招标文件要求进行投标报价，将被招标人拒绝。尤其是废标条件，在投标文件编制之初，就要严加注意以避免发生。

第二节 工程量清单投标报价实例

某文化中心办公楼装饰工程工程量清单投标报价编制实例封面、封面扉页及总说明如图 9-4 至图 9-6 所示，报价编制实例表格见表 9-14 至表 9-23。

投标总价

投标人：××装饰公司
（单位盖章）

××××年××月××日

图 9-4　投标报价封面

投标总价

招标人：某建设工程招标有限公司

工程名称：××文化中心办公楼装饰工程

投标总价（小写）：1056269.89

（大写）：壹佰零伍万陆仟贰佰陆拾玖元捌角玖分

投标人：××装饰公司

（单位盖章）

法定代表人
或其授权人：×××

（签字或盖章）

编制人：×××

（造价人员签字盖专用章）

××××年××月××日

图 9–5　投标总价封面扉页

总说明

工程名称：×× 文化中心办公楼装饰工程　　　　第 1 页 共 1 页

1．工程概况： 本工程为 ×× 市 ×× 公司建设的 ×× 文化中心办公楼装饰工程。共三层，建筑面积 526 平方米。 2．工程招标和分包范围 施工图纸所示范围及工程量清单中的全部内容。 3．编制依据 （1）×× 文化中心办公楼装饰工程招标文件及施工图纸。 （2）《建设工程工程量清单计价规范》（GB50500—2013）、《房屋建筑与装饰工程工程量计算规范》（GB50854—2013）、×× 市装饰装修工程预算基价（上下册）、×× 市建设工程计价办法。 （3）其他说明：本投标报价不包括家具、洁具、灯具。

图 9–6　总说明

表 9-14　单位工程投标报价汇总表

单位工程投标报价汇总表

工程名称：××文化中心办公楼装饰工程　　标段：　　第 1 页 共 1 页

序号	汇总内容	金额（元）	其中：暂估价（元）
1	分部分项工程	842442.09	45600
1.1	楼地面装饰工程	616557.43	45600
1.2	墙、柱面装饰与隔断、幕墙工程	63710.41	
1.3	天棚工程	111497.22	
1.4	门窗工程	50021.23	
1.5	油漆、涂料、裱糊工程	655.80	
2	措施项目	17771.42	
2.1	其中：安全文明施工费	10104.84	
3	其他项目	108830.56	
3.1	其中：暂列金额	50000.00	
3.2	其中：专业工程暂估价	55800.00	
3.3	其中：计日工	3030.56	
3.4	其中：总承包服务费	0	
4	规费	51407.95	
5	税金	35817.87	
投标报价合计 =1+2+3+4+5		1056269.89	

注：本表适用于单位工程招标控制价或投标报价的汇总，如无单位工程划分，单项工程也使用本表汇总。

表 9–15　分部分项工程和单价措施项目清单与计价表

分部分项工程和单价措施项目清单与计价表

工程名称：×× 文化中心办公楼装饰工程　　　　标段：　　　　第 1 页 共 5 页

序号	项目编码	项目名称	项目特征描述（mm）	计量单位	工程量	金额（元）		
						综合单价	合价	其中 暂估价
		一、楼地面工程						
1	011104001001	满铺化纤地毯	1. 1∶3 水泥砂浆找平层 20mm 厚 2. 满铺化纤地毯	m^2	419.74	364.66	153062.39	
2	011102001001	米黄色石材地面	1. 1∶3 干硬性水泥砂浆结合层 30mm 厚 2. 表面撒水泥粉 3. 800×800 黄色石材铺面 4. 灌稀水泥浆嵌缝	m^2	297.75	374.54	111519.29	
3	011102001002	咖色大理石地面	1. 1∶3 水泥砂浆结合层 2. 500×500 咖色大理石铺面	m^2	111.03	461.60	51251.45	45600
4	011102003001	黑晶玻化砖地面	1. 1∶3 水泥砂浆结合层 2. 800×800 黑晶玻化砖地面	m^2	32.19	588.58	18946.39	
5	011102003002	仿古文化砖地面	1. 1∶3 水泥砂浆结合层 2. 400×400 仿古文化砖地面	m^2	162.76	123.64	20123.65	
6	011101001001	水泥砂浆楼地面	1. M20 干拌砂浆 2. 20 厚水泥砂浆地面 3. 带水泥砂浆踢脚线	m^2	102.80	27.39	2815.69	
7	011104002001	复合木地板地面	1. XY401 胶粘结 2. 长条形复合木地板面层	m^2	192.20	388.73	74713.91	
8	011102003003	瓷砖地面	1. 1∶3 水泥砂浆结合层 2. 500×500 瓷砖地面	m^2	234.00	196.88	46069.92	
本页小计							478502.69	45600
合　计							478502.69	45600

注：为计取规费等的使用，可在表中增设“其中：定额人工费”。

分部分项工程和单价措施项目清单与计价表

工程名称：×× 文化中心办公楼装饰工程　　　　标段：　　　　第 2 页 共 5 页

序号	项目编码	项目名称	项目特征描述（mm）	计量单位	工程量	金额（元）		
						综合单价	合价	其中 暂估价
9	011102001003	石材过门石	1. 1:3 水泥砂浆结合层 2. 黑金砂石材过门石	m^2	12.66	351.57	4450.88	
10	011105003001	瓷砖踢脚线	1. 1:3 水泥砂浆结合层 2. 10mm 陶瓷地砖踢脚线	m^2	6.04	134.01	809.42	
11	011105006001	不锈钢踢脚线	1. 903 胶粘结 2. 10mm 高不锈钢踢脚线	m^2	4.6	477.37	2195.9	
12	011105005001	木踢脚线	1. 直线型榉木实木踢脚线 2. 踢脚线高 10mm	m^2	17.5	366.8	6419	
13	011106001001	花岗岩楼梯	1. 1:3 水泥砂浆结合层 2. 黄金麻花岗岩楼梯面层	m^2	123.72	694.95	85979.21	
14	011503001001	不锈钢竖条栏杆	1. 不锈钢管 D32×1.5 2. 直线型竖条幕墙栏杆	m	32.1	855.63	27465.72	
15	011503001002	不锈钢栏板	1. D50 不锈钢圆管 2. 10mm 厚钢化玻璃半玻栏板	m	25.8	416.07	10734.61	
		二、墙、柱面工程						
16	011406001001	白色乳胶漆墙面	1. 刮腻子 2 遍 2. 封闭底涂料一道 3. 乳液内墙涂料一道 4. 罩光乳胶漆一道	m^2	564.27	19.45	10975.05	
17	011204003001	瓷砖墙面	1. 1:3 水泥砂浆一道 2. 1:3 水泥砂浆结合层 3. 450×450 瓷砖墙面	m^2	196.2	159.01	31197.76	
		本页小计					180227.55	
		合　计					658730.24	45600

注：为计取规费等的使用，可在表中增设“其中：定额人工费”。

分部分项工程和单价措施项目清单与计价表

工程名称：××文化中心办公楼装饰工程　　标段：　　第 3 页 共 5 页

序号	项目编码	项目名称	项目特征描述（mm）	计量单位	工程量	金额（元）		
						综合单价	合价	其中 暂估价
18	011207001001	石膏板墙面	1．轻钢龙骨 2．钉玻璃棉毡隔离层 3．石膏板基层	m^2	50.43	105.43	5316.83	
19	011207001002	细木工板墙面	1．木龙骨 2．细木工板基层 3．防火涂料 2 遍	m^2	4.72	191.83	905.44	
20	011207002001	壁纸墙面	1．刮腻子 2 遍 2．刷壁纸基膜 3．贴对花壁纸	m^2	89.5	86.43	7735.49	
21	011408001001	装饰软包墙面	1．粘贴人造革面层 2．钉木压条	m^2	20.33	183.09	3722.22	
22	011406001002	浅灰色乳胶漆	1．刮腻子 2．浅灰色乳胶漆三遍	m^2	172.91	22.31	3857.62	
		三、天棚工程						
23	011302001001	轻钢龙骨石膏板吊顶	1．C35–50 轻钢龙骨 2．9.5 厚纸面石膏板	m^2	285.72	116	33143.52	
24	011406001003	白色乳胶漆顶棚	1．刮腻子 2 遍 2．封闭底涂料一道 3．乳液内墙涂料一道 4．罩光乳胶漆一道	m^2	285.72	19.58	5594.40	
25	011302001002	铝板天棚吊顶	1．装配式 T 型铝合金天棚龙骨（不上人型） 2．600×600 铝板面层	m^2	185.32	134.74	24970.02	
26	011302001003	铝板天棚吊顶	1．装配式 T 型铝合金天棚龙骨（不上人型） 2．450×450 铝板面层	m^2	89.35	185.42	16567.28	
		本页小计					101812.82	
		合计					760543.06	45600

注：为计取规费等的使用，可在表中增设“其中：定额人工费”。

分部分项工程和单价措施项目清单与计价表

工程名称：× × 文化中心办公楼装饰工程　　　　标段：　　　　第 4 页 共 5 页

序号	项目编码	项目名称	项目特征描述（mm）	计量单位	工程量	金额（元）		
						综合单价	合价	其中 暂估价
27	011304002001	铝合金送风口	200 × 200	个	48	111.85	5368.8	
28	011304002002	铝合金回风口	1200 × 200	个	16	224.11	3585.76	
29	011304002003	铝合金送风口	1500 × 200	个	48	301.85	14488.8	
30	011304002004	铝合金回风口	900 × 400	个	24	324.11	7778.64	
			四、门窗工程					
31	010810002001	硬木板窗帘盒	1．膨胀螺栓连接 2．硬木锯材窗帘盒 200mm 高	m	62.4	71.74	4476.58	
32	010809004001	灰色人造石窗台板	1．1:2.5 水泥砂浆结合层 2．25mm 厚灰色人造石窗台板	m^2	47.12	456.92	21530.07	
33	010801001001	实木镶板门制作安装	1．M1,900 × 2100	m^2	58.12	361.33	21000.50	
34	010801001002	装饰门制作安装	2．M2,2100 × 2100	m^2	8.82	19.1	168.46	
35	010801006001	压把锁安装	1．压把锁	个	21	11.29	237.09	
36	010808001001	木门套	1．聚醋酸乙烯乳液粘结 2．松木锯材门套	m^2	10.71	243.56	2608.53	
			五、其他工程					
37	011502002001	木装饰线	1．80 × 20 木质装饰线 2．铁钉钉接	m	13.41	17.55	235.35	
38	011502002002	木装饰线	1．100 × 12 木质装饰线 2．铁钉钉接	m	16.6	17.87	296.64	
39	011502002003	木装饰线	1．150 × 15 木质装饰线 2．铁钉钉接	m	5.5	22.51	123.81	
			本页小计				81899.03	
			合计				842442.09	45600

注：为计取规费等的使用，可在表中增设“其中：定额人工费”。

分部分项工程和单价措施项目清单与计价表

工程名称：×× 文化中心办公楼装饰工程　　　　标段：　　　　第 5 页 共 5 页

序号	项目编码	项目名称	项目特征描述	计量单位	工程量	金额（元）		
						综合单价	合价	其中 暂估价
		六、脚手架工程						
40	011701003001	里脚手架	墙面高 3.5m	m^2	826.68	2.9	2397.37	
41	011701006001	满堂脚手架	室内净高 3.6m	m^2	320.16	14.58	4667.93	
42	011707007001	已完工程设备保护费	已完楼梯保护：麻袋遮盖	m^2	123.72	4.86	601.28	
本页小计							7666.58	
合　计							850108.67	45600

注：为计取规费等的使用，可在表中增设“其中：定额人工费”。

表 9–16 综合单价分析表

综合单价分析表

工程名称：× × 文化中心办公楼装饰工程 标段： 第 1 页 共 2 页

项目编码	011502002001	项目名称	木装饰线	计量单位	m	工程量	13.41

清单综合单价组成明细

定额编号	定额名称	定额单位	数量	单价（元）				合价（元）			
				人工费	材料费	机械费	管理费和利润	人工费	材料费	机械费	管理费和利润
6–70	木质装饰线条	100m	0.1341	315.84	1313.09	0	126.34	42.38	176.07	0.00	16.90
人工单价		小计						42.38	176.07	0.00	16.90
96 元 / 工日		未计价材料费						无			
清单项目综合单价								17.55			

	主要材料名称、规格、型号	单位	数量	单价（元）	合价（元）	暂估单价（元）	暂估合价（元）
材料费明细	木质装饰线（80 × 20）	m	14.08	12	168.96		
	铁钉	kg	0.09	8.32	0.75		
	其他材料费			—		—	
	材料费小计			—	169.71	—	

注：1. 如不使用省级或行业建设主管部门发布的计价依据，可不填定额项目、编号等。
2. 招标文件提供了暂估单价的材料，按暂估的单价填入表内“暂估单价”栏及“暂估合价”栏。

综合单价分析表

工程名称：×× 文化中心办公楼装饰工程　　　　标段：　　　　第 2 页 共 2 页

项目编码	011207001002	项目名称	细木工板墙面	计量单位	m^2	工程量	4.72				
清单综合单价组成明细											
定额编号	定额名称	定额单位	数量	单价（元）				合　价（元）			
				人工费	材料费	机械费	管理费和利润	人工费	材料费	机械费	管理费和利润
2–308	墙面木龙骨	$100m^2$	0.0472	971.52	3362.91	16.91	395.37	45.86	158.72	0.80	18.66
2–325	细木工板基层	$100m^2$	0.0472	794.88	12008.12	107.33	360.88	37.52	566.78	5.07	17.03
5–164	防火涂料二遍	$100m^2$	0.0472	561.6	322.64	40.25	240.74	26.51	15.23	1.90	11.36
人工单价		小　计						109.89	740.73	7.77	47.05
96 元 / 工日		未计价材料费						无			
清单项目综合单价								191.83			

材料费明细	主要材料名称、规格、型号	单位	数量	单价（元）	合价（元）	暂估单价（元）	暂估合价（元）
	杉木锯材	m^3	0.06	2300	138.00		
	膨胀螺栓	套	12.85	0.9	11.57		
	细木工板	m^2	4.96	110	545.60		
	防火涂料	kg	0.92	15	13.80		
	豆包布（白布）0.9m 宽	m	0.06	4	0.24		
	其他材料费			—		—	
	材料费小计			—	709.21	—	

注：1. 如不使用省级或行业建设主管部门发布的计价依据，可不填定额项目、编号等。
2. 招标文件提供了暂估单价的材料，按暂估的单价填入表内“暂估单价”栏及“暂估合价”栏。

表 9–17　总价措施项目清单与计价表

总价措施项目清单与计价表

工程名称：×× 文化中心办公楼装饰工程　　　　标段：　　　　第 1 页 共 1 页

序号	项目编码	项目名称	计算基础	费率（%）	金额（元）	调整费率（%）	调整后金额（元）	备注
1	011707001001	安全文明施工费	人工费	8.69	10104.84			
合　计					10104.84			

注：1. “计算基础”中安全文明施工费可为“定额基价”“定额人工费”或“定额人工费 + 定额机械费”，其他项目可为“定额人工费”或“定额人工费 + 定额机械费”。

2. 按施工方案计算的措施费，若无“计算基础”和“费率”的数值，也可只填“金额”数值，但应在备注栏说明施工方案出处或计算方法。

表 9–18　其他项目清单与计价汇总表

其他项目清单与计价汇总表

工程名称：×× 文化中心办公楼装饰工程　　　　标段：　　　　第 1 页 共 1 页

序号	项目名称	金额（元）	结算金额（元）	备注
1	暂列金额	50000		
2	暂估价	55800		
2.1	材料（工程设备）暂估价 / 结算价	—		
2.2	专业工程暂估价 / 结算价	55800		
3	计日工	3030.56		
4	总承包服务费	0		
5	索赔与现场签证	—		
合　计		108830.56		

注：材料（工程设备）暂估单价进入清单项目综合单价，此处不汇总。

表 9-19　暂列金额明细表

暂列金额明细表

工程名称：× × 文化中心办公楼装饰工程　　标段：　　第 1 页 共 1 页

序号	项目名称	计量单位	暂定金额（元）	备注
1	工程量清单中工程量偏差和设计变更	项	20000	
2	政策性调整和材料价格风险	项	20000	
3	其他	项	10000	
4				
5				
合　计			50000	

注：此表由招标人填写，如不能详列，也可只列暂定金额总额，投标人应将上述暂列金额计入投标总价中。

表 9-20　材料（工程设备）暂估单价及调整表

材料（工程设备）暂估单价及调整表

工程名称：× × 文化中心办公楼装饰工程　　标段：　　第 1 页 共 1 页

序号	材料（工程设备）名称、规格、型号	计量单位	数量		暂估（元）		确认(元)		差额 ±（元）		备注
			暂估	确认	单价	合价	单价	合价	单价	合价	
1	咖色大理石 500mm × 500mm	m^2	114		400	45600					用于展厅地面
合　计						45600					

注：此表由招标人填写“暂估单价”，并在备注栏说明暂估价的材料、工程设备拟用在哪些清单项目上，投标人应将上述材料、工程设备暂估单价计入工程量清单综合单价报价中。

表 9-21　专业工程暂估价及结算价表

专业工程暂估价及结算价表

工程名称：× × 文化中心办公楼装饰工程　　标段：　　第 1 页 共 1 页

序号	工程名称	工程内容	暂估金额（元）	结算金额（元）	差额 ±（元）	备注
1	仿青铜雕塑	生态起源仿青铜雕塑一座	50000			
2	专业特制防盗门	特制防盗门制作安装	5800			
合　计			55800			

注：此表“暂估金额”由招标人填写，投标人应将“暂估金额”计入投标总价中。结算时按合同约定结算金额填写。

表 9–22　计日工表

计日工表

工程名称：× × 文化中心办公楼装饰工程　　　　　　　　标段：　　　　　　　　第 1 页 共 1 页

编号	项目名称	单位	暂定数量	实际数量	综合单价（元）	合价（元）	
						暂定	实际
一	人工						
1	普通工	工日	5		160	800	
2	木工	工日	2		200	400	
3	瓦工	工日	5		180	900	
4							
人工小计						2100	
二	材料						
1	水泥 42.5	t	0.5		708.08	354.04	
2	砂子	t	1		158.52	158.52	
3	乳胶漆	kg	40		10.45	418	
4							
材料小计						930.56	
三	施工机械						
1							
2							
3							
4							
施工机械小计						0	
总计						3030.56	

注：此表项目名称、暂定数量由招标人填写，编制招标控制价时，单价由招标人按有关计价规定确定；投标时，单价由投标人自主报价，按暂定数量计算合价计入投标总价中。结算时，按发承包双方确认的实际数量计算合价。

表 9–23　规费、税金项目清单

规费、税金项目清单

工程名称：×× 文化中心办公楼装饰工程　　标段：　　第 1 页 共 1 页

序号	项目名称	计算基础	计算基数（元）	计算费率（%）	金额（元）
1	规费	定额人工费	116281.26	44.21	51407.95
1.1	社会保障费	定额人工费			
（1）	养老保险费	定额人工费			
（2）	失业保险费	定额人工费			
（3）	医疗保险费	定额人工费			
（4）	工伤保险	定额人工费			
（5）	生育保险	定额人工费			
1.2	住房公积金	定额人工费			
1.3	工程排污费	按工程所在地环境保护部门收取标准，按实计入			
2	税金	分部分项工程费 + 措施项目费 + 其他项目费 + 规费 – 按规定不计税的工程设备金额	882606.92	3.51	30979.5
合　计					82387.45

编制人（造价人员）：×××　　复核人（造价工程师）：×××

复习思考题

1. 工程量清单计价的适用范围是什么？
2. 工程量清单计价的作用是什么？
3. 工程量清单投标报价文件的内容有哪些？

参 考 文 献

[1] 蔺石柱，闫文周．工程项目管理．北京：机械工业出版社，2006．

[2] 房志勇．建筑装饰施工员．北京：高等教育出版社，2008．

[3] 张文举．建筑工程现场材料管理入门．北京：中国电力出版社，2006．

[4] 郑志恒．项目管理概论．北京：化学工业出版社，2012．

[5] 张文举．建筑装饰工程造价与招投标．上海：东方出版中心，2013．

[6] 张德．组织行为学．北京：高等教育出版社，2002．

[7] 朱艳．建筑装饰工程概预算教程．第二版．北京：中国建材工业出版社，2010．

[8] 中华人民共和国建设部．建筑工程建筑面积计算规范 GB/T50353—2013．北京：中国计划出版社，2013．

[9] 中华人民共和国建设部．建设工程工程量清单计价规范 GB50500—2013．北京：中国计划出版社，2013．

[10] 中华人民共和国人力资源和社会保障部，中华人民共和国住房和城乡建设部．建设工程劳动定额－建筑工程、装饰工程（人社部发 [2009]10 号，LD/T72.1~11、LD/T 73.1~4–2008）．北京：中国计划出版社，2009．

[11] 全国造价工程师执业资格考试培训教材编审组．工程造价计价与控制．北京：中国计划出版社，2013．

[12] 黄伟典．工程定额原理．北京：中国电力出版社，2008．

[13] 朱永祥，陈茂明．工程招投标与合同管理．湖北：武汉理工大学出版社，2009．

[14] 李蔚．建设工程工程量清单与计价．北京：化学工业出版社，2011．

[15] 郭婧娟．工程造价管理．北京：清华大学出版社，北京交通大学出版社，2009．

[16] 何辉，吴瑛．工程建设定额原理与实务．北京：中国建筑工业出版社，2008．

[17] 中华人民共和国建设部．房屋建筑与装饰工程工程量计算规范 GB50854—2013．北京：中国计划出版社，2013．

[18] 天津市城乡建设和交通委员会．天津市装饰装修工程预算基价（DBD29–201–2012）．北京：中国建筑工业出版社，2012．